土木工程测量

主　编　林龙镔　张荣洁

参　编　沈耀辉　吴毅峰

北京理工大学出版社

BEIJING INSTITUTE OF TECHNOLOGY PRESS

内 容 简 介

全书共包含 14 章内容，分别为绪论、水准测量、角度测量、距离测量、测量误差的基本知识、直线定向、小区域控制测量、大比例尺地形图测绘、地形图的识读与应用、测设的基本工作、建筑施工测量、道桥施工测量、常用测绘仪器介绍、测量实验与实习。

本书可作为高等院校土木工程专业及其他相关专业的教材，也可作为有关技术人员的参考书。

图书在版编目（CIP）数据

土木工程测量／林龙镔，张荣洁主编 . —北京：北京理工大学出版社，2018.3
ISBN 978 - 7 - 5682 - 5426 - 7

Ⅰ. ①土… Ⅱ. ①林… ②张… Ⅲ. ①土木工程 – 工程测量 – 高等学校 – 教材
Ⅳ. ①TU198

中国版本图书馆 CIP 数据核字（2018）第 051758 号

出版发行／北京理工大学出版社有限责任公司
社　　址／北京市海淀区中关村南大街 5 号
邮　　编／100081
电　　话／（010）68914775（总编室）
　　　　　（010）82562903（教材售后服务热线）
　　　　　（010）68948351（其他图书服务热线）
网　　址／http://www.bitpress.com.cn
经　　销／全国各地新华书店
印　　刷／北京紫瑞利印刷有限公司
开　　本／787 毫米 × 1092 毫米　1/16
印　　张／20.5
字　　数／550 千字
版　　次／2018 年 3 月第 1 版　2018 年 3 月第 1 次印刷
定　　价／79.00 元

责任编辑／李志敏
文案编辑／赵　轩
责任校对／杜　枝
责任印制／施胜娟

图书出现印装质量问题，请拨打售后服务热线，本社负责调换

前　言

　　本书根据高等院校土木建筑类各专业测量学教学大纲及国家最新测量规范编写，在完整性和系统性的基础上，力求与工程实践更好地结合，满足土木工程等专业应用型人才培养的需要。本书内容经过多次推敲、论证，不仅做到了内容系统完整，而且充分反映了工程最新发展。全书共14章，可分为4个部分：第一部分（1~5章）系统介绍工程测量的基本知识、基本理论及传统光学测量仪器的构造和使用方法；第二部分（6~9章）介绍基础运用，包括直线定向、小区域控制测量及大比例尺地形图测绘、地形图的识读与应用；第三部分（10~13章）详细介绍了测设的基本工作、建筑工程和道路与桥梁工程施工测量的内容，以及工程测量中应用的较新的仪器和技术，如电子数字水准仪、全站仪、激光垂准仪、全球定位系统（GPS）等；第四部分（14章）详细介绍该课程在实践教学中涉及的各项实验和测量实习等内容。本书由厦门大学嘉庚学院林龙镔、厦门大学嘉庚学院张荣洁任主编，编写分工如下：第1~6章、11章的11.1~11.2和11.5~11.7、13章、14章由厦门大学嘉庚学院林龙镔编写；第11章的11.3~11.4由招商局漳州开发区有限公司吴毅峰编写；第7章、9章、10章、12章由张荣洁编写；第8章由厦门大学嘉庚学院沈耀辉编写。全书由林龙镔负责统稿，张荣洁全面修改。

　　本书的编写得到了福建省教育科学"十三五"规划2016年度重点立项课题"基于微课的翻转课堂实践研究——以'工程测量'为例"（编号：FJJKCGZ16-069）的资助，该课题的研究成果将作为本书的配套资源提供给教师用于课程的教学。

　　本书采用了校企合作的编写方式，内容取舍及组织不仅汲取了教师在测量教学方法、教学手段和教学内容等方面改革的成功经验，而且充分吸收了施工现场作业人员的工程经验。教材的编写得到了中建海峡建设发展有限公司林睿源、北京建谊投资发展（集团）有限公司彭占文、福建联谊建筑工程有限公司方建进等技术人员的支持，他们对施工测量章节部分内容的编写提出了许多宝贵意见。编者参与企业现场的测量作业，使得施工测量等章节的内容能够充分地结合工程的实践，更有利于对学生实践技能的培养。

　　本书在编写过程中引用了若干公开发表的论文资料、相关教材及著作，并参考了仪器设备的使用说明书及厂家提供的相关资料。在此，对以上给予本书编写工作提供支持和帮助的企业及人员一并表示衷心的感谢！

由于时间仓促和编者的水平有限，书中难免存在疏漏之处，恳请读者批评指正。

编　者

目　录

第 1 章

绪　论

★ 本章重点

　　土木工程测量应解决的问题，水准面、大地水准面、参考椭球面的概念，地面点位的确定方法，大地坐标、天文坐标、平面直角坐标、高程系统、地球曲率对测量工作的影响，测量的基本工作和基本原则，测量常用基本单位。

★ 本章难点

　　高斯平面直角坐标系的建立方法。

1.1　测量学概述

　　测量学，又称测绘学，是研究地球的形状与大小，确定地球表面（包括地下及地上空间）各种物体的形状、大小和空间位置的科学。其主要解决以下三个方面的问题：

　　（1）研究地球的形状和大小；

　　（2）收集和采集地球表面的形态及其他相关的信息并绘制成图；

　　（3）进行经济建设和国防建设所需要的测绘工作，满足各类工程项目设计、施工、管理的需要。

1.1.1　测量学分类

　　测量学根据研究的重点对象和应用范围的差异，分为以下几门主要的分支学科：

　　（1）大地测量学：研究地球整体的形状、大小，进行地球重力场测定并按一定坐标系建立国家大地控制网，以满足测绘地形图、国防和工程建设需要的理论和方法的学科。该学科主要是以地球表面的一个广大区域甚至整个地球表面为研究对象的测绘科学。近年来，随着人造地球卫星的发射，大地测量学又分为常规地测量学和卫星地测量学。

（2）普通测量学：研究地球表面局部区域的地物和地貌，并将其按一定比例尺测绘成大比例尺地形图的基本理论和方法的学科，属测量学的基础部分。由于测量范围较小，可以把所研究的地球球面当作平面看待而不用考虑地球曲率的影响。

（3）摄影测量学：研究利用摄影或遥感技术获取被测物体（地物和地貌）的影像，并进行分析和处理，以确定被测物体的形状、大小和位置，判断其性质的一门学科。根据获得相片的方式和研究的目的不同，摄影测量学又分为航天摄影测量学、航空摄影测量学、地面摄影测量学和水下摄影测量学。

（4）工程测量学：研究工程建设在设计、施工和管理各阶段中进行测量工作的理论、技术和方法的学科，又称为实用测量学或应用测量学。它是测绘学在国民经济和国防建设中的直接应用。

（5）海洋测绘学：以海洋水体和海底为对象所进行的测量和海图编制工作，是海洋事业的一项基础性工作，其成果广泛应用于经济建设、国防建设和科学研究的各个领域。海洋测绘学的基本理论、技术方法和测量仪器设备等，同陆地测量相比，有其自身的特点，包括测量内容综合性强、测区条件复杂、大多为动态作业、精确测量难度大等。

（6）地图制图学：研究各种地图的制作理论、原理、工艺技术和应用的学科。它研究用地图图形反映自然界和人类社会各种现象的空间分布、相互联系及其动态变化，具有区域性学科和技术性学科的两重性，也称地图学。

本书内容主要属于普通测量学的范畴，并包含工程测量学的基本内容。

1.1.2 基本概念

地球的自然表面很不规则，有各种不同地形，例如：高山、丘陵、平原、盆地、湖泊、河流和海洋等。人类为了生存和发展的需要，在地球表面上建设了各类建筑物和构筑物，如房屋、工业厂房、码头、公路、铁路、桥梁等。为了满足学习的需要，首先了解地物、地貌和地形的概念。

（1）地物：地面上天然或人工形成的物体，包括湖泊、河流、海洋、房屋、道路、桥梁等。

（2）地貌：地表高低起伏的形态，包括山地、丘陵和平原等。

（3）地形：地物和地貌的总称。

1.1.3 发展历史

测绘学研究地球的形状与大小，而人类对地球形状的认识也处于不断的变化中。最初人们认为地球"天圆地方"，公元前6世纪毕达哥拉斯和公元前4世纪亚里士多德提出了"地圆说"。公元前3世纪，埃拉托斯特尼在亚历山大采用两地观测日影的方法，首次推算出地球子午圈的周长以及地球的半径，证实了"地圆说"理论，而该方法则是"弧度测量"的初始形式。724年，中国唐代的南宫说等人在张遂（一行）的指导下，首次在河南省境内实测一条300千米的子午弧，推算出纬度1°的子午弧长，也是世界上第一次弧度实测。1617年，荷兰的W.斯涅尔首创三角测量法进行弧度测量，克服了在地球表面上直接测量弧长的困难。1687年，英国的牛顿发表万有引力定律之后，1690年，荷兰的惠更斯在其著作《论重力起因》中，根据地球表面的重力值从赤道向两极增加的规律，得出地球的外形为两极略扁的扁球体论断，从此结束了半个世纪的有关地球形状的争论。1743年，法国的A. C. 克莱罗发表《地球形状理论》，奠定了用物理方法研究地球形状的理论基础。1849年，英国的G. G. 斯托克斯提出斯托克斯定理，根据这一定理，可以利用地面重力测量结果研究大地水准面形状。1873年，德国的利斯廷提出大地水准面的概念，以一个假想的由地球自由静止的海水平面扩展延伸而形成的重力等位闭合曲面表示地球的形状。1945 年，苏联的米哈伊尔·谢尔盖耶维奇·莫洛坚斯基依据地球表面的测量数据创造了确定地球自然表面形状及其引力场的基本理论，提出了似大地水准面的概念。

测绘学是技术性学科，它所依仗的工具是测绘仪器，因此测绘学的发展离不开测绘工具的革新。17 世纪以前，人们使用简单的工具，如绳尺、木杆尺等进行测量，以测量距离为主。17 世纪初，人们发明了望远镜，测绘工具开始变革。1730 年，英国的西森研制出第一台经纬仪，促进了三角测量的发展。地理大发现开始后，许多国家研究出了海上测定经纬度的仪器，以定位船只。1859 年，法国的 A. 洛斯达首创摄影测量法。20 世纪以后，随着飞机的发明，出现了航空摄影测绘地图的方法，可以将航摄相片在立体测图仪上加工成地形图。1957 年第一颗人造地球卫星发射成功后，利用人造卫星进行大地测量成为主要技术手段，卫星定位技术（GPS）和遥感技术（RS）得以广泛应用。随着电子计算机、微电子技术、激光技术、空间技术的发展与应用，以 "3S 技术" [GPS、RS 与地理信息系统技术（GIS）] 为代表的测绘科学与技术得到不断发展和完善。

1.1.4 应用范围及学习要求

在国民经济建设中，测绘技术有比较广泛的应用。城市规划、给水排水、燃气管道、工业厂房和民用建筑中的测量工作主要有：在设计阶段，测绘各种比例尺的地形图，供建、构筑物的平面及竖向设计使用；在施工阶段，将设计建、构筑物的平面位置和高程在实地标定出来，作为施工的依据；工程竣工后，测绘竣工图，供日后扩建、改建、维修和城市管理应用；对某些重要的建、构筑物，在建设中和建成以后还需进行变形观测，以保证建、构筑物的安全。在铁路、公路的建筑之前，为了确定一条最经济、最合理的路线，必须预先进行该地带的地形图测绘，在地形图上进行线路设计，然后将设计路线的位置标定在地面上，以便进行施工。当路线跨越河流时，应测绘河流两岸的地形图，测定河流的水位、流速、流量、河床地形图等以供桥梁设计、建设使用。当路线穿过山岭需要开挖隧道时，需要应用地形图确定隧道位置，根据测量数据计算隧道的长度和方向，隧道相向开挖，需要根据测量成果指示开挖方向，保证正确贯通。在房地产的开发、管理和经营中，测绘技术也起着重要的作用。

土木工程专业的学生通过本课程学习，应掌握下列基本能力：

（1）地形图测绘：运用各种测量仪器和工具，通过实地测量和计算，把小范围内地面上的地物、地貌按一定的比例尺测绘成图。

（2）地形图应用：在工程设计中，从地形图上获取设计所需要的资料，如点的坐标和高程、两点间的水平距离、地块的面积、土方量、地面坡度、地形的断面和进行地形分析等。

（3）施工放样：把图上设计好的建、构筑物标定在实地上，作为施工的依据。

（4）变形观测：监测建、构筑物的水平位移、垂直沉降、倾斜变形和裂缝扩展等，并采取措施，保证建、构筑物的使用安全。

（5）竣工测量：工程竣工后，测绘竣工图。

1.2 地球的形状和大小

测量工作是在地球表面上进行的，地球的形状和大小与测量工作和数据处理紧密相关。地球的自然表面有高山、丘陵、平原、盆地、湖泊、河流和海洋等高低起伏的形态，其中海洋面积约占 71%，陆地面积约占 29%。在地面进行测量工作应掌握重力、铅垂线、水准面、大地水准面、参考椭球面和法线的概念及其相互关系。

如图 1-1（a）所示，由于地球的自转，其表面的质点 P 同时受到万有引力与离心力的影响，P 点所受的万有引力与离心力的合力称为重力，重力的方向线称为铅垂线。

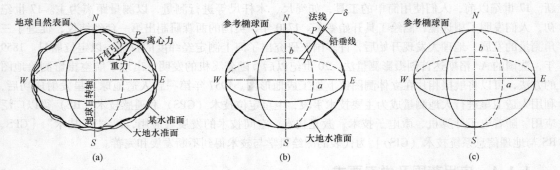

图 1-1　地球自然表面、水准面、大地水准面、参考椭球面、铅垂线、法线间的关系

假想静止不动的水面延伸穿过陆地，包围整个地球，形成一个闭合的曲面，这个闭合曲面称为水准面。水准面是受地球重力影响形成的重力等位面，其特点是面上任意一点的铅垂线都垂直于该点的曲面。由于水准面的高度可变，因此符合这个特点的水准面有无数个，其中与平均海水面相吻合的水准面称为大地水准面。大地水准面是唯一的。

由于地球内部的质量分布不均匀，地球各处万有引力的大小不同，致使重力方向发生变化，所以大地水准面是一个有微小起伏、不规则的复杂曲面，难以用数学方程表示。如果在这个曲面上直接进行测绘和数据处理，将非常困难。为了解决这个问题，通常选择一个与大地水准面非常接近的、能用数学方程表示的椭球面代表地球的几何形状，椭球面是由长半轴为 a、短半轴为 b 的椭圆 $NESW$ 绕其短轴 NS 旋转而成的参考椭球体，参考椭球体又称地球椭球体，其表面称为参考椭球面，如图 1-1（c）所示。参考椭球面可以用数学公式表示为

$$\frac{X^2}{a^2} + \frac{Y^2}{a^2} + \frac{Z^2}{b^2} = 1 \tag{1-1}$$

由地表任意一点 P 向参考椭球面所做的垂线称为法线，P 点的铅垂线与法线一般不重合，其夹角 δ 称为垂线偏差，如图 1-1（b）所示。

地球椭球体的各项参数，包括椭球体的长半轴 a、短半轴 b、扁率 α 等，参数间的关系式为

$$\alpha = (a - b) / a \tag{1-2}$$

我国在不同时期使用的地球椭球体参数如表 1-1 所示。

表 1-1　地球椭球体参数

椭球体名称	推求年代	长半轴 a	扁率 α	应用
海福特椭球体	1910 年	6 378 388 m	1 : 297.0	中华人民共和国成立前
克拉索夫斯基椭球体	1940 年	6 378 245 m	1 : 298.3	中华人民共和国成立后
国际大地测量（IAG）和地球物理学联合会（IUGG）第 16 届大会推荐值	1975 年	6 378 140 m	1 : 298.257	1980 年后
WGS-84 椭球体 IAG&IUGG 第 17 届大会推荐值	1984 年	6 378 137 m	1 : 298.257	GPS

由于地球椭球体的扁率很小，当测区面积不大时，可以把地球椭球体当作圆球体看待，半径 R 按下式计算：

$$R = (2a + b) / 3 \tag{1-3}$$

其近似值为 6 371 km。

1.3　地面点位的确定

地球表面上各种地物和地貌都是由不同形状的面连接而成的，而这些面的位置是由具有代表性的特征点连接而成的轮廓线所决定的。测量的主要工作实际上就是确定地面特征点的空间位置。地面点的空间位置一般采用三个参数表示，分别由坐标（二个参数量）和高程（一个参数）组成。坐标表示地面点沿着投影线（铅垂线或法线）投影到基准面（大地水准面、椭球面或平面）上的位置。高程表示地面点沿投影线到达基准面的距离。

地面点的空间坐标与选用的基准面及坐标系有关。测量上常用的坐标系（二维）有地理坐标系、平面直角坐标系，以及高程系（一维）。

1.3.1　地理坐标系

地理坐标系是用经度、纬度表示点在地球表面的位置，坐标值不能直接测定，只能根据基准面上基准点的起始数据和观测值来推算。按坐标系所依据的基本线和基本面的不同以及求取坐标的方法不同，地理坐标系又分为天文地理坐标系和大地地理坐标系两种，如图 1-2 所示。

1. 天文地理坐标系

天文地理坐标又称天文坐标，是以大地水准面为基准面，铅垂线为基准线，以天文经度 λ 和天文纬度 φ 表示地面点按铅垂方向投影到大地水准面上的位置。通过地面 P 点的铅垂线，并与地球旋转轴相平行的平面称为天文子午面。如图 1-2（a）所示，过地球表面任意一点 P 的天文子午面 $NPKS$ 与首子午面 $NGMS$（通过英国格林尼治天文台的子午面）之间的二面角，称 P 点的天文经度 λ；角值 $0° \sim 180°$，向东为东经，向西为西经。过 P 点的铅垂线与赤道平面的夹角，称 P 点的天文纬度 φ；从赤道面起算，角值 $0° \sim 90°$，向北为北纬，向南为南纬。

天文经、纬度是用天文观测方法测得的。各点的天文经、纬度是独立的，相互间没有联系。

2. 大地地理坐标系

大地地理坐标又称大地坐标，是以参考椭球面为基准面，法线为基准线，以大地经度 L 和大地纬度 B 表示。如图 1-2（b）所示，过地球表面任意一点 P 的大地子午面 $NPKS$ 和首子午面 $NGMS$ 所夹的二面角，称 P 点的大地经度 L。过 P 点的法线与赤道面的夹角，称 P 点的大地纬度 B。

大地经、纬度是根据起始大地点（又称大地原点，该点的大地经、纬度与天文经、纬度一致）的大地坐标，用大地测量方法推算而得，与天文经、纬度不同，两者存在微小差异。

1.3.2　平面直角坐标系

1. 高斯平面直角坐标系

大地坐标系建立在参考椭球面的基础上，若将其直接用于测图、工程建设规划、设计、施工

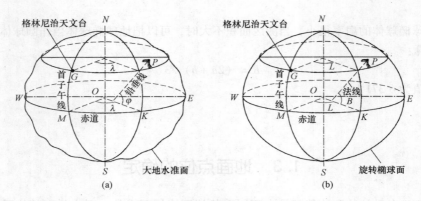

图1-2 地理坐标系

等，很不方便，因此测量工作最好在平面上进行。所以需要将参考椭球面上大地坐标按一定数学法则归算到平面上，并在平面直角坐标系中采用人们熟知的简单公式计算平面坐标。由参考椭球面上的大地坐标向平面直角坐标转化时采用地图投影理论，我国采用高斯－克吕格投影，简称高斯投影。

高斯投影首先将地球按经线划分为若干带，称为投影带。国际上常按每6°或3°为带宽对参考椭球面进行投影带划分，称为6°带投影或3°带投影。如图1-3所示，从首子午线开始，自西向东每隔6°划为一带，共60个投影带，每带均有统一编排的带号，用阿拉伯数字表示。投影带两边的两条经线称为边缘子午线，投影带中央的一条经线称为中央子午线。任意6°带中央子午线经度L与投影带号N的关系为

$$L = 6N - 3 \tag{1-4}$$

反之，已知地面任一点的经度L，要计算该点所在的统一6°带编号的公式为

$$N = \mathrm{Int}\ \left(\frac{L+3}{6} + 0.5\right) \tag{1-5}$$

如图1-3所示，3°带是在6°带的基础上划分的，其中央子午线在奇数带时与6°带中央子午线重合，每隔3°为一带，共120个投影带。任意3°带中央子午线经度L'与投影带号n的关系为

$$L' = 3n \tag{1-6}$$

反之，已知地面任一点的经度L，要计算该点所在的统一3°带编号的公式为

$$n = \mathrm{Int}\ \left(\frac{L+3}{6} + 0.5\right) \tag{1-7}$$

我国领土所处的概略经度范围为东经73°27′~东经135°09′，根据式（1-5）和式（1-7）求得的6°带投影与3°带投影的带号范围分别为13~23、24~45。可见，在我国领土范围内，6°带投影与3°带投影的带号不重叠。

根据需要，投影带还可以按每1.5°为带宽对参考椭球面进行划分，称为1.5°带投影，任意1.5°带中央子午线经度与投影带号的关系，国际上没有统一规定，通常是使1.5°带的中央子午线与3°带投影的中央子午线或边缘子午线重合。投影带也可采用任意带投影，通常用于建立城市独立坐标系。

如图1-4（a）所示，高斯投影是一种横椭圆柱正形投影。设想用一个横椭圆柱套住参考椭球面，并与某一投影带中央子午线相切，横椭圆柱的中心轴CC'通过参考椭球中心O并与地轴

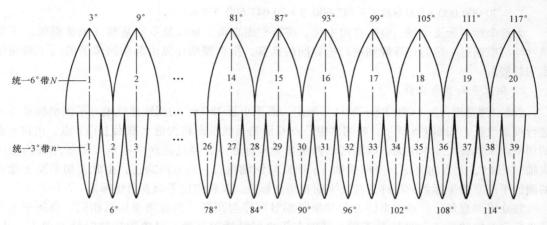

图 1-3　高斯平面直角坐标系 6°带投影与 3°带投影的关系

NS 垂直。将投影带范围内的地区投影到横椭圆柱面上，再将该横椭圆柱面沿过南、北极点的母线展开，便可在展成平面上定义平面直角坐标系。

高斯投影的特点：①椭球面上图形的角度投影到平面之后，角度值不变，但距离和面积稍有变形；②中央子午线投影后仍是直线，且长度值不变，其他子午线投影后为向两极收敛的曲线，距离中央子午线越远长度变形越大；③赤道投影后为直线，南北纬线投影后为离向两极的曲线，且与赤道投影对称。

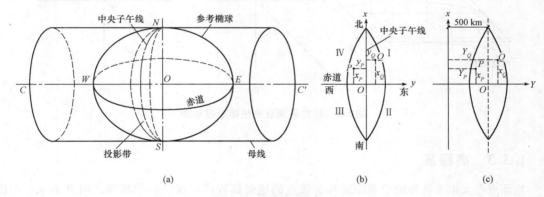

图 1-4　高斯平面坐标系投影图

高斯平面直角坐标系是以各带的中央子午线投影为 x 轴，北方向为正，赤道投影为 y 轴，东方向为正，两轴线交点为坐标原点，构成各带独立的坐标系。我国位于北半球，所以纵坐标 x 均为正，横坐标 y 有正有负。如图 1-4（b）所示，P 点在中央子午线以西，y 坐标值为负 284 440. 4 m；Q 点在中央子午线以东，y 坐标值为正 147 600. 5 m，这些值称为坐标自然值。

为了不使横坐标出现负值，通常将 x 轴线向西移动 500 km，则 P 点、Q 点的坐标值为 215 559. 6 m、647 600. 5 m，为了识别某点位于哪一个投影带的坐标系中，规定在横坐标之前冠以带号，转换后的坐标值称为坐标通用值，如图 1-4（c）所示，用 X 和 Y 表示。假设 P 点和 Q 点位于带号为 20 的 6°带投影内，则 P 点、Q 点的坐标通用值为

$$Y_P = 20\ 000\ 000 + 500\ 000. 0 - 284\ 440. 4 = 20\ 215\ 559. 6 \ （\text{m}）$$

$$Y_Q = 20\ 000\ 000 + 500\ 000.0 + 147\ 600.5 = 20\ 647\ 600.5\ （\text{m}）$$

大地坐标与天文坐标、空间直角坐标、高斯平面直角坐标以及不同基准（地球椭球）下的坐标均可以通过一定的计算规则进行坐标间的换算，换算规则详见由郭宗河编著的《工程测量实用教程》。

2. 独立平面直角坐标系

《城市测量规范》（CJJ/T 8—2011）规定，面积小于 25 km² 的城镇建立地方平面坐标系可不进行投影改正。如图 1-5 所示，将测区中心点 C 沿铅垂线投影到大地水准面上得 c 点，用过 c 点的切平面来代替大地水准面，以测区的西南角为坐标原点，经过测区中心点 C 的子午线为坐标纵轴（x 轴），北方向为正，坐标横轴（y 轴）与纵轴垂直，东方向为正，由此在切平面上建立的测区平面直角坐标系 xOy 称为独立平面直角坐标系，又称假定平面直角坐标系。

独立平面直角坐标系的坐标方向和象限编号顺序与高斯平面直角坐标系相同。高斯平面直角坐标系与数学笛卡尔坐标系不同，区别在于坐标纵横轴互换，且象限按顺时针方向 Ⅰ、Ⅱ、Ⅲ、Ⅳ 排列，如图 1-5（b）所示。笛卡尔坐标系 [图 1-5（c）] 以象限角为 45° 的直线为轴旋转 180° 即得到高斯平面直角坐标系，旋转后平面上点的位置关系并没有发生改变，所以数学中的三角和几何公式不做任何改变可直接应用于测量学中。

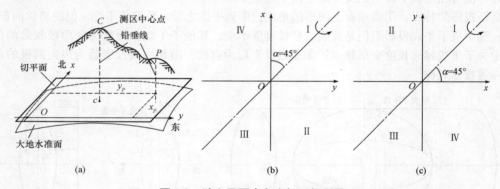

图 1-5　独立平面直角坐标系投影图

1.3.3　高程系

地面点至大地水准面的铅垂距离称为该点的绝对高程或海拔，简称高程，用 H 表示。如图 1-6 所示，地面 A、B 两点的高程分别为 H_A、H_B。在局部地区，若无法获取绝对高程时，也可假定一个水准面作为高程的基准面。地面点至假定水准面的铅垂距离称为相对高程或假定高程，用 H' 表示。如图 1-6 所示，地面 A、B 两点的相对高程分别为 H'_A、H'_B。

地面两点间的绝对高程或相对高程之差称为高差，用 h 加两点点名做下标表示。如 A、B 两点高差为

$$h_{AB} = H_B - H_A = H'_B - H'_A \tag{1-8}$$

1954 年我国在青岛市观象山建立水准原点，采用青岛大港一号码头验潮站。1953—1979 年，验潮资料将黄海平均海水面确定为起算高程的基准面，通过水准测量的方法将基准面引测到水准原点，求得水准原点的高程为 72.260 m，以这个基准面为大地水准面建立的高程系统称为"1985 国家高程基准"，简称"85 高程基准"。为了便于观测和使用，全国各地的高程都以该水准原点为基准进行推算。

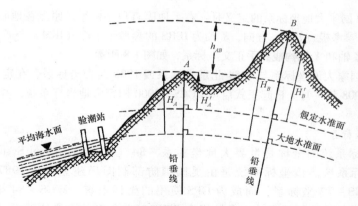

图 1-6 高程与高差的定义及其相互关系

1.3.4 常用坐标系

1. 1954 北京坐标系

20 世纪 50 年代，我国大地测量进入了全面发展时期，全国范围内开展了正规的、全面的大地测量和测图工作，迫切需要建立一个参心大地坐标系。鉴于当时的历史条件，我国采用了克拉索夫斯基椭球元素，并与苏联 1942 年普尔科沃坐标系联测，通过计算建立了我国的大地坐标系统，即 1954 北京坐标系。该坐标系起始点在我国东北边境的呼玛、吉拉林、东宁三个基线网，其坐标系的原点并不在北京而是在苏联的普尔科沃，可以认为是苏联 1942 年普尔科沃坐标系的延伸。该坐标系在我国的经济建设和国防建设中发挥了重要作用，但也存在点位精度不高等许多问题。

2. 1980 西安坐标系

为了克服 1954 北京坐标系存在的问题，1978 年 4 月我国在西安召开全国天文大地网平差会议，确定重新定位，建立我国新的坐标系。该坐标系以陕西省泾阳县永乐镇大地原点为起算点，采用 1975 年国际大地测量与地球物理联合会第十六届大会推荐的地球椭球基本参数，椭球面与我国境内大地水准面密合最佳，平差后的精度明显提高。此坐标系命名为"1980 国家坐标系"或"1980 西安坐标系"。

坐标系大地原点位于西安市西北方向约 60 km，简称西安大地原点。大地原点的整个设施由中心标志、仪器台、主体建筑、投影台四大部分组成，其中原点标石为一块边长约 0.5 m 的正方体红色大理石，中心镶有一块直径为 10 cm 的红色玛瑙石标志，玛瑙石上镌刻"中华人民共和国大地原点"这几个隶体勒金字。标志的中部有直径约 2 cm 的微微突起的半球面，半球面上镌刻有一精密"十"字，如图 1-7 所示。十字的中心即中华人民共和国大地原点。

图 1-7 大地原点标识

3. CGCS—2000 国家大地坐标系

CGCS—2000 国家大地坐标系（Chinese Geodetic Coordinate System 2000，CGCS—2000）是由 2000 国家 GPS 大地控制网、2000 国家重力基本网及国家天文大地网联合平差获取的三维地心坐标系统。CGCS—2000 国家大地坐标系的定义是：右手地固直角坐标系。原点在地心，Z 轴为国际地球旋转局（IERS）参考极（IRP）方向，X 轴为 IERS 的参考子午面（IRM）与垂直于 Z 轴的赤道面的交线，Y 轴、Z 轴和 X 轴构成右手正交坐标系，如图 1-8 所示。

CGCS—2000 国家大地坐标系与 1954 北京坐标系或 1980 西安坐标系，在定义与实现上有本质区别。我国自 2008 年 7 月 1 日起正式启用 CGCS—2000 国家大地坐标系统，并将其作为国家法定的坐标系。

4. WGS – 84 坐标系

WGS – 84 坐标系统的全称是世界大地坐标系 – 84（World Geodical System – 84），它是一个地心地固坐标系统。该坐标系统是由美国国防部制图局建立，于 1987 年取代了当时 GPS 所采用的 WGS – 72 坐标系，而成为 GPS 使用的坐标系统。WGS – 84 坐标系的几何定义是：坐标系的原点是地球的质心，Z 轴指向 BIH 1984.0 定义协议地球极（CTP）方向，X 轴指向 BIH 1984.0 的零度子午面和 CTP 赤道的交点，Y 轴和 Z 轴、X 轴构成右手坐标系，如图 1-9 所示。

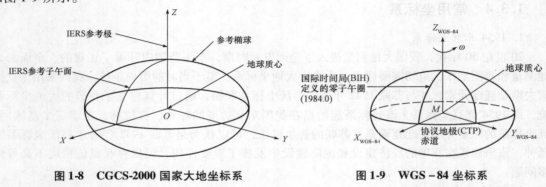

图 1-8　CGCS-2000 国家大地坐标系　　　　图 1-9　WGS – 84 坐标系

WGS – 84 坐标系可以与 1954 北京坐标系或 1980 西安坐标系等参心坐标系相互转换。

1.4　用水平面代替水准面的限度

当测区范围小或工程对测量精度要求较低时，可将大地水准面近似为水平面，不考虑地球曲率的影响。但是以水平面代替水准面是有一定限度的，只有投影后产生的误差不超过测量和制图要求的限差才可使用。下面分析水平面代替水准面对距离、高程和水平角的影响。

1.4.1　对距离的影响

如图 1-10 所示，将测区中心点 C，沿铅垂线投影到水准面上，得 c 点，过 c 点做大地水准面的切平面。地面上 C 点、P 点投影到水准面上的弧长为 D，在切平面上的距离为 D'，则以水平长度 D' 代替水准面上的弧长 D 产生的误差为

$$\Delta D = D' - D = R\tan\theta - R\theta = R（\tan\theta - \theta）\tag{1-9}$$

式中，θ 为弧长 D 所对的圆心角，以弧度为单位；R 为地球平均曲率半径。将 $\tan\theta$ 按三角级数展开并略去高次项得

$$\tan\theta = \theta + \theta^3/3 + 2\theta^5/15 + \cdots \approx \theta + \theta^3/3\tag{1-10}$$

将式（1-10）代入式（1-9），并考虑 $\theta = D/R$；得

$$\Delta D = D^3 / (3R^2) \tag{1-11}$$

则有

$$\Delta D / D = D^2 / (3R^2) \tag{1-12}$$

取地球的曲率半径为 6 371 km，用不同的 D 代入，可计算出水平面代替水准面的距离误差和相对误差，如表 1-2 所示。

表 1-2　水平面代替大地水准面的距离误差及相对误差

距离 D/km	距离误差 $\triangle D$/cm	距离相对误差 $\dfrac{\Delta D}{D}$
10	0.8	1/（120 万）
25	12.8	1/（20 万）
50	102.7	1/（4.9 万）
100	821.2	1/（1.2 万）

从表 1-2 可知，当距离为 10 km 时，以水平面代替水准面所产生的距离误差为 0.8 cm，相对误差为 1/（120 万），这样小的误差，在地面上进行精密测距时是允许的。所以，在半径为 10 km 的圆面积之内进行距离测量时，可以用水平面代替水准面，而不必考虑地球曲率对距离的影响。对于一般工程测量和地形测量来说，在半径 20 km 的范围内，可忽略地球曲率的影响。

1.4.2　对高程的影响

由图 1-10 可知，pp' 为水平面代替大地水准面对高程产生的误差，令其为 Δh，即地球曲率对高程的影响，则有

$$\Delta h = Op' - Op = R - R\sec\theta = R(1 - \sec\theta) \tag{1-13}$$

将 $\sec\theta$ 按幂级数展开并略去高次项得

$$\sec\theta = 1 + \theta^2/2 + 5\theta^4/24 + \cdots \approx 1 + \theta^2/2 \tag{1-14}$$

将式（1-14）代入式（1-13），并考虑 $\theta = D/R$，得

$$\Delta h = \frac{D^2}{2R} \tag{1-15}$$

用不同的 D 代入上式，可计算出高程误差，如表 1-3 所示。

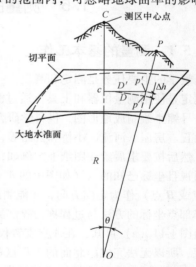

图 1-10　水平面代替大地水准面的影响

表 1-3　水平面代替大地水准面的高程误差

距离 D/m	10	50	100	200	500	1 000
Δh/mm	0.0	0.2	0.8	3	20	80

从表 1-3 可知，用水平面代替大地水准面作为高程起算面，对高程的影响很大，当距离为 200 m 时高程误差就有 3 mm，这是不允许的。所以在高程测量中，距离很短也应顾及地球曲率的影响。

1.4.3　对水平角的影响

根据球面三角理论可知，球面上三角形内角之和比平面上相应三角形内角之和多出球面角超 ε，其值可按下式计算：

$$\varepsilon = \frac{P}{R^2}\rho'' \tag{1-16}$$

式中，P 为球面多边形的面积，R 为地球半径，$\rho'' = 206\ 265''$。用不同的 P 代入上式，可计算出球面角超值，即角度误差。

表1-4　水平面代替大地水准面对角度的影响

球面多边形面积 P/km^2	10	100	400	1 000	2 000
球面角超 ε	0.05	0.51	2.03	5.08	10.16

由表1-4可知，当测区面积为 100 km² 时，以水平面代替大地水准面，地球曲率对球面多边形内角的影响仅为 0.51″。所以在测区面积小于 100 km² 时，水平角测量可不考虑地球曲率的影响。普通测量工作中可以忽略地球曲率的影响。

1.5　测量的基本工作与基本原则

1.5.1　测量的基本工作

测量学的主要任务是测定和测设。

测定是使用测量仪器和工具，通过测量与计算将地物和地貌的位置按一定比例尺、图式规定的符号缩小绘制成地形图，供科学研究和工程建设规划设计使用。如图1-11（a）所示，测区内有山丘、房屋、河流、小桥和公路等，测绘地形图的过程是先测量出这些地物、地貌特征点的坐标，然后按要求展绘在图纸上。例如，要在图纸上绘出一幢房屋，就需要在这幢房屋附近、与房屋通视且坐标已知的点（如图中的 A 点）上安置测量仪器，选择一个坐标已知的点（如图中的 F 点或 B 点）作为定向方向，才能测出这幢房屋角点的坐标。地物、地貌特征点也称碎部点，测量碎部点坐标的方法与过程称为碎部测量。

由图1-11（a）可知，在 A 点安置仪器可以测绘出西面的河流、小桥，北面的山丘，因为不能通视，所以无法完成山北面的工厂区的测绘工作。因此需要在山北面布置一些点，如图中的 C、D、E 点，这些点的坐标值必须已知。由此可知，测绘地形图，首先要在测区内均匀布置一些点，并测量计算出它们的三维坐标值。测量上将这些点称为控制点，测量与计算控制点坐标的方法与过程称为控制测量。

测设是将在地形图上设计出的建筑物和构筑物的位置在实地标定出来，作为施工的依据。假设图1-11（b）是图1-11（a）测绘得到的地形图。图上 P、Q、R 为设计好的三幢拟建建筑物，施工人员可以采用极坐标法将它们的位置标定到实地，其方法是：在控制点 A 上安置仪器，使用 F 点（或 B 点）定向，根据平面几何知识，由 A 点、F 点、拟建建筑物轴线点的设计坐标可计算得到水平夹角 β_1，β_2，… 和水平距离 S_1，S_2，…，然后用仪器分别定出水平夹角 β_1，β_2，…所指的方向，并沿这些方向分别量出水平距离 S_1，S_2…，即可在实地上标定出1点，2点

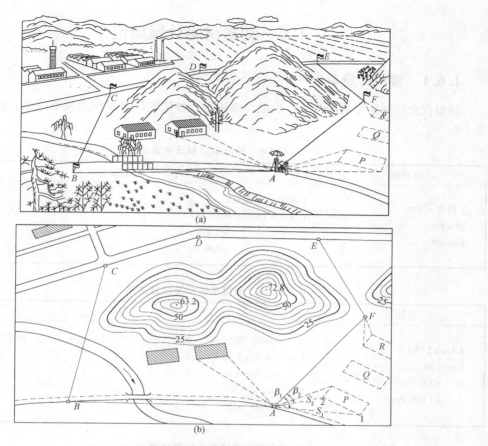

图 1-11　某测区地物、地貌透视图与地形图

等，从而确定拟建建筑物的实地位置。

在上述测量工作中，无论是测定还是测设工作，都需要测定水平角和水平距离来确定点的平面位置。另外，地面点间的高差测量可确定各点的高程。水平角、水平距离和高差是确定地面点位置的三个基本要素，因而，测量地面点的水平角、水平距离和高差是测量的主要基本工作。

1.5.2　测量的基本原则

测定和测设都是在控制点上进行的，因此，在测量工作中首先要求先在测区内建立一系列的控制点，精确测出控制点的坐标值。测定工作就是根据这些控制点进行地物、地貌特征点的碎部测量。测设同样是根据这些控制点对拟建建筑物轴线点进行施工放样的测量工作。所以测量工作的基本原则是"从整体到局部，先控制后碎部"。遵循这个原则，可使测量误差在整个测区内分布均匀，以保证测量工作精度满足要求。

测量工作的另一项基本原则是"步步检核"，即只有在前一项工作检核正确无误后，才能进行下一步工作。只有这样，才能更好地保证测绘成果的可靠性。

1.6 测量常用计量单位

1.6.1 常用计量单位

这里仅介绍测量常用的角度、长度、面积等几种法定计量单位及换算关系，详见表1-5 ~ 表1-7。

表1-5 角度单位制及换算关系

60 进制	弧度制
1 圆周 = 360° 1° = 60′ 1′ = 60″	1 圆周 = 2π 弧度 1 弧度 = 180°/π = 57.295 8° = $\rho°$ = 3 438′ = ρ' = 206 265″ = ρ''

表1-6 长度单位制及换算关系

公制	英制
1 km = 1 000 m 1 m = 10 dm = 100 cm = 1 000 mm	英里 (mile, 简写 mi)；英尺 (foot, 简写 ft)；英寸 (inch, 简写 in)。 1 km = 0.621 4 mi = 3 280.8 ft 1 m = 3.280 8 ft = 39.37 in

表1-7 面积单位制及换算关系

公制	市制	英制
1 km^2 = 1 × 10^6 m^2 1 m^2 = 100 dm^2 = 1 × 10^4 cm^2 = 1 × 10^6 mm^2	1 km^2 = 1 500 亩 1 m^2 = 0.001 5 亩 1 亩 = 666.666 6 667 m^2 = 0.066 66 667 公顷 = 0.164 7 英亩	1 km^2 = 247.11 英亩 = 100 公顷 10 000 m^2 = 1 公顷 1 m^2 = 10.764 ft^2 1 cm^2 = 0.155 0 in^2

1.6.2 测量数据计算的凑整规则

测量数据在成果计算过程中，往往涉及凑整问题。为了避免凑整误差的积累而影响测量成果的精度，通常采用"四舍六进，逢五单进双舍"的凑整规则。例如，下列数字凑整后保留三位小数：

2.633 2 = 2.633（四舍）

2.633 6 = 2.634（六进）

3.141 5 = 3.142（逢五单进）

3.142 5 = 3.142（逢五双舍）

本章小结

本章主要阐述了测量学的基本概念、测量学研究的对象和内容、测量学的发展历史；重点介绍了地面点的定位方法、各类坐标系的建立方法与区别；探讨了用水平面代替水准面对测量距离、高程和水平角的影响；介绍了测量学的主要任务是测定和测设。测量的基本工作是观测水平角、水平距离和高差，测量的基本原则，测量的常用计量单位。

思考与练习

1. 掌握以下基本概念：水准面、大地水准面、参考椭球面、铅垂线、法线、中央子午线、边缘子午线、坐标自然值、坐标通用值、绝对高程、相对高程、高差。

2. 测量学的主要任务是什么？测定和测设的区别是什么？

3. 测量的主要基本工作是什么？

4. 高斯平面直角坐标系是怎样建立的？

5. 测量中的平面直角坐标系和数学平面直角坐标系的区别有哪些？

6. 用水平面代替大地水准面对测量距离、高程和角度各有什么影响？

7. 我国领土内某点 A 的高斯平面直角坐标通用值为：$X = 498\,351.674$ m，$Y = 20\,506\,815.213$ m，问：A 点所处的 6°带投影和 3°带投影的带号、各自的中央子午线经度是什么？A 点坐标的自然值是多少？A 点位于第几象限？

水准测量

高程测量的基本原理，DS3 水准仪的构造及使用，水准测量的校核方法，水准仪的检验与校正，水准测量的误差分析及其消减方法，水准测量的施测方法及成果整理，自动安平水准仪的使用方法。

水准测量的外业观测、内业计算，水准仪的检验与校正。

在测量工作中，地面点的空间位置用平面坐标和高程来表示。测定地面点高程的工作称为高程测量，它是测量的基本工作之一。高程测量按使用的仪器和施测方法的不同，可以分为水准测量、三角高程测量、GPS 高程测量和气压高程测量，不同方法间高程测量的精度要求不同。水准测量是目前精度较高的一种高程测量方法，在工程建设中应用广泛。

2.1　水准测量原理

水准测量是利用水准仪提供的水平视线，读取竖立于两个点上水准尺的读数，来测定两点间的高差，从而根据已知点高程推算未知点的高程。

如图 2-1（a）所示，在紧挨两点 A、B 上分别竖立水准尺，在 A、B 点上两尺的重合段内假定一大地水准面，该假定水准面对应两尺面上的读数分别为 a、b（即 A、B 两点至假定大地水准面的垂直距离），得到 A、B 两点的相对高程分别为 $-a$、$-b$。根据高差的定义，A、B 两点的高差可按下式计算：

$$h_{AB} = H'_B - H'_A = -b - (-a) = a - b \qquad (2\text{-}1)$$

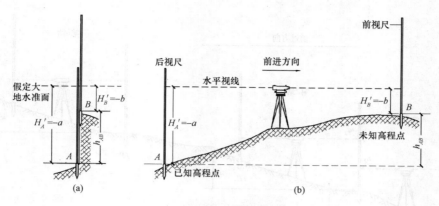

图 2-1 水准测量原理

如图 2-1（b）所示，当 A、B 两点间存在一定距离时，需要借助水准仪提供的水平视线来获取假定大地水准面对应两尺面位置的读数，再根据式（2-1）求取地面两点间的高差。如果 A 点高程已知，且 A、B 两点相距不远及高差不大，则安置一次水准仪即可测得 h_{AB}，则 B 点高程可按下式计算：

$$H_B = H_A + h_{AB} \tag{2-2}$$

通过应用水平视线获取假定大地水准面对应尺面位置的读数来测量高差的方法，会产生一定的误差，如何避免误差影响，提高测量高差的精度将在 "2.5.3 外界环境的影响" 中探讨。

如图 2-1（b）所示，在水准测量中通常把安置水准仪的位置称为测站，把高程点 A 向未知高程点 B 的方向定义为水准测量的前进方向，一测站中已知高程点 A 称为后视点，后视点处水准尺称为后视尺，后视尺读数为 a，称为后视读数；未知高程点 B 称为前视点，前视点处水准尺称为前视尺，前视尺读数为 b，称为前视读数；两点间高差等于 "后视读数 – 前视读数"。高差为正，表示 A 点比 B 点低，相反高差为负，表示 A 点比 B 点高。水准仪提供的水平视线对应高程值称为仪器的视线高程，可按下式计算

$$H_i = H_A + a \tag{2-3}$$

当一次设站需要测量多个前视点 B_1，B_2，$\cdots$，B_n 的高程时，应用视线高程 H_i 计算这些点的高程就非常便捷。可应用仪器的视线高程和各前视点前视读数 b_i 计算各前视点 B_i 的高程

$$H_{B_i} = H_i - b_i \tag{2-4}$$

如果 A、B 两点相距甚远或高差较大且一次设站无法测得两点高差，就需要在两点间增设若干个作为传递高程的临时立尺点，称为转点，如图 2-2 中的 TP_1，TP_2，$\cdots$，TP_{n-1} 点，并依次连续设站观测，各测站的实测高差为

$$h_i = a_i - b_i \tag{2-5}$$

A、B 两点间高差为各测站高差的累积和，可按下式计算：

$$h_{AB} = \sum_{i=1}^{n} h_i = \sum_{i=1}^{n} a_i - \sum_{i=1}^{n} b_i \tag{2-6}$$

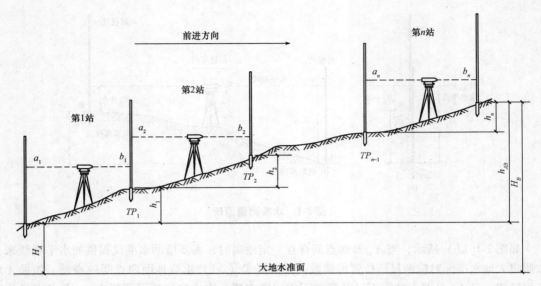

图 2-2　连续设站水准测量原理

2.2　水准测量的仪器与工具

水准测量使用的仪器是水准仪，以及与之配套的辅助工具水准尺、尺垫。水准仪的作用是提供一条水平视线，能照准离水准仪一定距离处的水准尺并读取尺上的读数。按水准仪的结构分类，目前主要有微倾式水准仪、自动安平水准仪和电子水准仪三种。本节主要介绍 DS3 型微倾式水准仪的基本构造。

2.2.1　DS3 型微倾式水准仪

微倾式水准仪是通过调整水准仪管水准气泡居中来获得水平视线。我国水准仪的型号有：DS05、DS1、DS3、DS10，其中字母 D、S 分别是"大地测量""水准仪"汉语拼音的第一个字母，数字表示该型号仪器每千米往返测高差中数的偶然中误差，单位毫米。例如，DS1 水准仪往返测高差中数的偶然中误差为 ±1 mm。DS05、DS1 型属于精密水准仪，主要用于国家一、二等水准测量和精密工程测量；DS3、DS10 型属于微倾式水准仪，主要用于国家三、四等水准测量和一般工程建设测量。在工程建设中，使用最多的是 DS3 微倾式水准仪，如图 2-3 所示。

DS3 微倾式水准仪主要由望远镜、水准器和基座组成。

1. 望远镜

望远镜用来精确照准水准尺并读取水平视线上水准尺的读数。要求望远镜具有瞄准标志，能够看清水准尺的分划和注记，有读数标志，且视线水平。如图 2-4 所示，望远镜由物镜、调焦透镜、十字丝分划板及目镜组成。

十字丝分划板的作用是确定视线方向，瞄准目标进行读数。望远镜物镜光心与十字丝交点的连线称为望远镜视准轴，通常用 CC 表示。瞄准目标时视准轴的方向就是视线，旋转微倾螺旋可以使视准轴处于水平位置，获得水平视线。

图 2-4（b）是从目镜中看到的经过放大后的十字丝分划板上的像，十字丝分划板上共有三

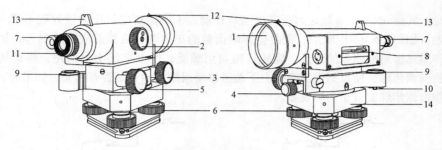

图 2-3　DS3 微倾式水准仪

1—物镜；2—物镜调焦螺旋；3—微动螺旋；4—制动螺旋；5—微倾螺旋；6—脚螺旋；7—符合水准器观测窗；
8—管水准轴；9—圆水准器；10—圆水准器校正螺钉；11—目镜；12—准星；13—照门；14—轴座

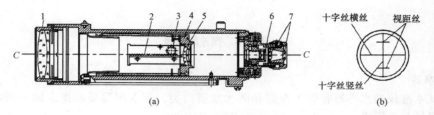

图 2-4　望远镜的结构组成

1—物镜；2—齿条；3—调焦齿轮；4—调焦镜座；5—物镜调焦螺旋；6—十字丝分划板；7—目镜组

根横丝和一根垂直于横丝的纵丝，中间的长横丝称为中丝，用于读取水准尺上分划的读数；上、下两根短横丝称为上丝和下丝，上、下丝总称为视距丝，用来测定水准仪至水准尺的距离。用视距丝测量出的距离称为视距。

望远镜的成像原理如图 2-5 所示，目标 AB 经过物镜和调焦透镜的折射后，形成一个缩小的实像 ab，随着目标 AB 的距离不同，实像 ab 的位置将发生变化，旋转物镜调焦螺旋可以使实像 ab 与十字丝分划板平面重合，通过目镜放大成虚像 $a'b'$，十字丝分划板也同时放大。观测者通过望远镜观察虚像 $a'b'$ 的视角为 β，而直接观察目标 AB 的视角为 α，显然 $\beta > \alpha$。由于视角放大了，观测者能够更加清晰地观察放大后的虚像目标，从而提高瞄准和读数的精度。通常把视角比值 $V = \beta/\alpha$ 称为望远镜的放大倍数。一般 DS3 型水准仪的望远镜放大倍数为 28~32 倍。

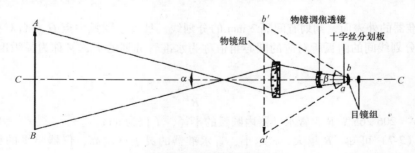

图 2-5　望远镜的成像原理

实像 ab 与十字丝分划板平面重合才可以读数，此时十字丝对应尺面的读数唯一，不因观测者眼睛在目镜上、下微动而发生改变，如图 2-6（a）所示。否则，观测者的眼睛在目镜上、下微微移动时，实像 ab 与十字丝之间会产生相对移动，十字丝对应尺面的读数就不唯一，这种现象称为视差，如图 2-6（b）所示。视差会影响读数的正确性，读数前应消除视差，消除视差的方法是：将望远镜对准明亮的背景，旋转目镜调焦螺旋，使十字丝十分清楚；将望远镜照准目标，旋转物镜调焦螺旋使目标像清晰；上下微微移动眼睛，检查是否有视差，如果有，再交替旋转目镜和物镜调焦螺旋直至消除视差。

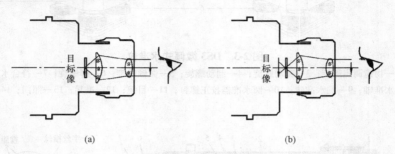

(a)   (b)

图 2-6　视差的原因

2. 水准器

微倾式水准仪的水准器有管水准器和圆水准器两类，管水准器反映视准轴是否水平，圆水准器反映竖轴是否铅垂。

（1）管水准器。管水准器又称水准管。如图 2-7（a）所示，水准管两端封闭，其纵向内壁研磨成具有一定半径 R（一般为 7～20 mm）的圆弧，内装有酒精和乙醚的混合液，加热融封，冷却后形成一个气泡，称为水准气泡。管水准器内圆弧的中点 O 称为水准器的零点，过零点作内圆弧的切线 LL 称为管水准轴，当气泡居中时，管水准轴处于水平位置。

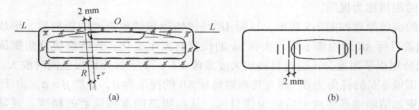

(a)   (b)

图 2-7　管水准器

在管水准器的外表面，刻划有间隔 2 mm 的分划线，且关于圆弧中点 O 左右对称，如图 2-7（b）所示。分划线间的圆弧所对应的圆心角值称为水准管分划值 τ''，又称为灵敏度，可按下式计算：

$$\tau'' = \frac{2}{R}\rho'' \tag{2-7}$$

式中，$\rho'' = 206\,265''$；R 为管水准器内圆弧的半径，单位为 mm。

根据式（2-7）可知，R 越大，τ'' 越小，管水准器的灵敏度越高，仪器整平的精度也越高，反之，整平精度越低。DS3 微倾式水准仪管水准器的分划值为 20″／（2 mm）。

为了方便观测管水准器气泡是否精确居中，在管水准器的上方装有一组符合棱镜，如图 2-8 所示。棱镜组可将气泡两端的各半个影像反射到望远镜旁的符合水准器观测窗内，旋转微倾螺旋可使气泡两端影像移动至符合一个圆弧，即表示气泡居中。

管水准器的精度较高，用于精确整平，称为精平。

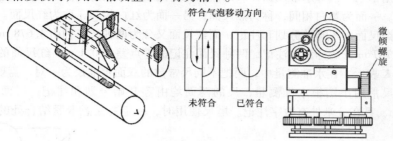

图 2-8　管水准器与符合棱镜

（2）圆水准器。圆水准器由玻璃圆柱制成，其顶面内壁研磨成具有一定半径 R 的球面，球面中央刻划有小圆圈，其圆心 O 为圆水准器的零点，过零点 O 的球面法线 $L'L'$ 为圆水准器轴，如图 2-9 所示。当气泡居中时，圆水准轴处于铅垂位置；当气泡不居中，偏移零点 2 mm 时，轴线所倾斜的角度值，称为圆水准器的分划值 τ'，τ' 一般为 $8'$。圆水准器的分划值大于管水准器的分划值，所以相比管水准器，圆水准器的灵敏度低，精度也低。圆水准器用于粗略整平仪器，称为粗平。

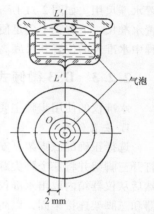

图 2-9　圆水准器

3. 基座

基座的作用是支撑仪器的上部同时连接三脚架，主要由轴座、三个脚螺旋、三角形压板构成。

2.2.2　水准尺和尺垫

1. 水准尺

水准尺是水准测量中使用的标尺，其质量的好坏直接影响水准测量的精度。水准尺一般用不易变形的优质木材、玻璃钢和铝合金材料制成，长度从 2～5 m 不等。如图 2-10 所示，水准尺按其构造形式可分为直尺、折尺和塔尺三类；按其尺面划分形式可分为双面尺和单面尺两类。

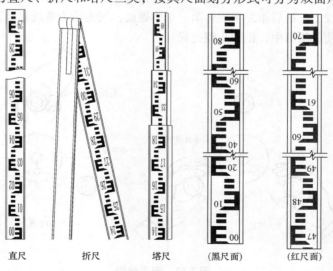

| 直尺 | 折尺 | 塔尺 | （黑尺面） | （红尺面） |

图 2-10　水准尺

双面尺多用于三、四等水准测量。尺的两面均有刻划，一般为 1 cm（或 0.5 cm），且在分米处有数字标注。一面为黑白相间，称为黑尺面；另一面为红白相间，称为红尺面。两尺面的起始分划值不同，黑尺面由零开始分划和注记；而红尺面又分为两种，一种由 4.678 m 开始分划和注记，一种由 4.787 m 开始分划和注记，两种尺面注记的零点差为 0.1 m。红尺面的起始分划值称为尺常数，用 K 表示。在水准测量中，两把不同尺常数的双面水准尺为一对，需要配合使用。

塔尺和折尺常用于图根水准测量，尺的两面均由零开始分划和注记，尺面的最小分划为 1 cm 或 0.5 cm，且在分米处有数字注记。塔尺使用时，一定要注意卡紧结合处的卡簧，保证尺面数值连续。

2. 尺垫

尺垫是用生铁材料制作而成的三角形板座，用于转点处放置水准尺用。如图 2-11 所示，尺垫中央有一凸起的半球用于放置水准尺，下有三个尖足便于将其踩入土中，保证水准测量过程中水准尺的位置和尺底高程不变。

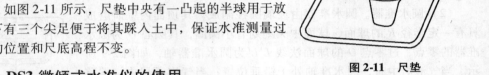

图 2-11　尺垫

2.2.3　DS3 微倾式水准仪的使用

水准仪的使用步骤主要为安置仪器、粗平、瞄准、精平、读数。

1. 安置仪器

选择正确的三脚架，安置水准仪前，首先按观测者的身高及地形情况调节好三脚架的高度，打开三脚架并将三个脚尖踩入土中，使脚架稳定，为了便于整平仪器，还应使架头面大致水平。然后从仪器箱内取出水准仪，平稳地安放在三脚架架头上，立即旋紧三脚架上的连接螺旋，使仪器和三脚架连接牢固，以防仪器坠落地面。

2. 粗平

粗平即粗略整平仪器，应用左手大拇指原则，旋转脚螺旋使圆水准气泡居中，目的是使仪器的竖轴大致铅垂，望远镜的视准轴大致水平。

具体操作步骤如图 2-12 所示，首先确定第一次需要同时旋转的两个脚螺旋，过圆水准器中心做两个脚螺旋的平行线，简称中平线，过圆水准器中心做中平线的垂线，简称中垂线；然后反方向同时旋转这两个脚螺旋，气泡沿平行中平线方向移动，方向与左手大拇指的移动方向一致，使气泡移动至中垂线上；最后用左手旋转第三个脚螺旋，气泡沿中垂线移动，方向与左手大拇指的移动方向一致，使气泡居中，粗平步骤完成。

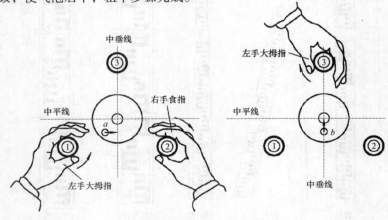

图 2-12　粗平步骤

3. 瞄准

首先进行目镜对光，将望远镜对准明亮的背景，旋转目镜调焦螺旋，使十字丝清晰。再松开制动螺旋，转动望远镜，应用准星和照门瞄准水准尺，拧紧制动螺旋。从望远镜中观察目标，旋转物镜调焦螺旋，使目标清晰，再旋转微动螺旋，使竖丝对准水准尺，检查是否存在视差现象，如果有必须消除。

4. 精平

精平的目的是保证视准轴精确水平。保证望远镜的读数为水平方向上的正确值，是微倾式水准仪读数之前不可缺少的步骤。观察符合水准器观测窗内的两个气泡半像，用右手慢慢旋转微倾螺旋，使气泡半像移动至符合一个圆弧，精平完成。

5. 读数

仪器精平后，应立即用十字丝的横丝在水准尺上读数。读数按由小到大的方向，读出米、分米、厘米，并仔细估读毫米。读数和记录，可以采用 mm 和 m 为单位，但是不能混用。如图 2-13 所示，以 mm 为单位，黑尺面与红尺面读数分别为 1 608 mm、6 295 mm；以 m 为单位，黑尺面与红尺面读数分别为 1.608 m、6.295 m，都是四位数，最小位为毫米位。红、黑尺面读数差，理论上等于该尺的尺常数 K。

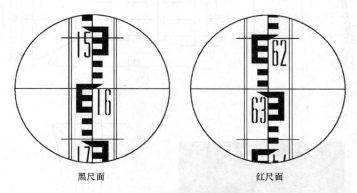

黑尺面　　　　　　　　　　　红尺面

图 2-13　瞄准水准尺与读数

读数后再次检查水准管气泡是否居中，若没居中，则须重新精平后再读数。自动安平水准仪功能与微倾式水准仪功能相同，使用步骤与微倾式水准仪有微小区别，使用步骤将在 "2.6.2 自动安平水准仪使用步骤" 中介绍。

2.3　水准测量的方法与成果处理

水准测量工作分为外业工作和内业工作，水准测量外业工作主要有水准线路的选择和水准点布设、测量高差与记录。

2.3.1　水准点

水准点是用水准测量方法测定的高程控制点。水准点分为水准原点、固定水准点和临时水准点。

水准原点是国家高程控制系统的起始点，其高程是用精密水准测量方法与水准基面直接联测确定。

固定水准点是国家高程控制网的基点，由国家各级测绘部门在全国各地埋设并测定的高程点（benchmark，通常缩写为BM），按测设线路分为四等。一、二等水准点是国家高程控制网基础，属于精密水准点，其高程与水准原点联测求得。三、四等水准点是在一、二等水准点的基础上进行加密的高程控制点，属于普通水准点，在隧道及地下工程勘测中应用广泛。如图2-14（a）所示，一般将金属水准标志灌注在规定形状的混凝土标石上，并埋于稳定的地面或地下一定深度；如图2-14（b）所示，也可将标志直接灌注在坚硬岩石层或坚固永久的建筑物上，受国家保护。图2-14（c）为水准点的标志。

临时水准点可采用将大木桩打入地下，在桩顶打入半球钉子，如图2-14（d）所示，也可以在稳固的物体上突出且便于立尺的地方做出标记。水准点设定后要编号，如1号水准点可记为BM_1。

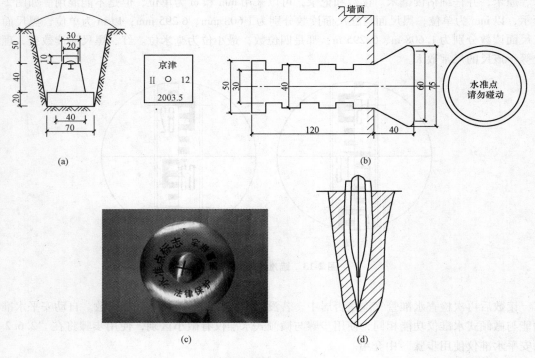

图2-14 水准点

2.3.2 水准路线

水准点之间进行水准测量所经过的路线，称为水准路线。相邻水准点间的路线称为测段。水准路线由n个测段组成，一个测段由n个测站组成，$n \geq 1$。水准路线根据已知水准点、待定水准点的分布情况不同，可以分为附合水准路线、闭合水准路线、支水准路线和水准网四种基本形式，如图2-15所示。

1. 附合水准路线

如图2-15（a）所示，从一个已知高程水准点BM_1出发，用水准测量的方法依次测量出待定点A、B、C水准点的高程，最后附合到另一个已知高程水准点BM_2上，各测站的实测高差总和的理论值应等于两已知高程水准点的高差。

2. 闭合水准路线

如图 2-15（b）所示，从一个已知高程水准点 BM_3 出发，用水准测量的方法依次测量出待定点 A、B、C、D 水准点的高程，最后返回到原水准点 BM_3 上，各测站的实测高差总和的理论值应等于零。

3. 支水准路线

如图 2-15（c）所示，从一个已知高程水准点 BM_4 出发，用水准测量的方法依次测量出待定点 A、B 水准点的高程。支水准线路应进行往返观测，理论上，往测高差总和与返测高差总和应大小相等，符号相反。

4. 水准网

如图 2-15（d）所示，由多条单一水准路线（可以是附合水准路线或闭合水准路线）相互连接构成的网状图形称水准网。其中 BM_1、BM_2、BM_3 为已知水准点。

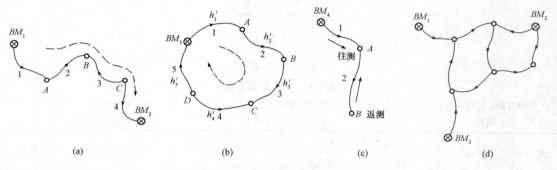

图 2-15 水准路线的基本形式

2.3.3 普通水准测量的外业作业

如图 2-16 所示，这是一条水准线路略图，由于两水准点 A、B 之间相距较远，为了保证视距符合规范要求，共设置 5 个测站（4 个临时性转点）。一般从已知高程水准点 A 出发，采用连续安置水准仪测定相邻各点间的高差，最后计算各测站高差的代数和，即可得到 A、B 两点的高差，根据公式计算水准点 B 的高程。施测步骤如下：

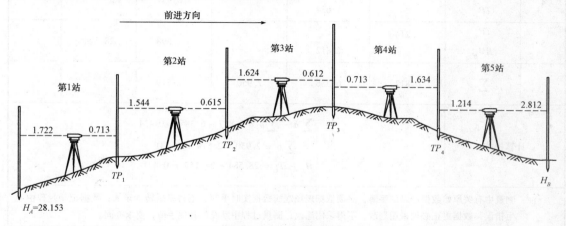

图 2-16 水准路线略图

（1）在已知水准点 A 附近适当的位置布设转点 TP_1，转点处放置尺垫并踏实，在 A 点、TP_1 点尺垫上分别竖立水准尺，在两点间适当位置安置水准仪。要求视距长度不大于 100 m，且前、后视距距离大致相等。视距长度可以采用目估法或视距测量等方法确定。

（2）观测者完成安置仪器后，即可根据"粗平、瞄准、精平、读数"的操作步骤，分别读取后视尺上的后视读数 1.722 m，前视尺上的前视读数 0.713 m。记录者将观测数据填入表 2-1 相应的水准尺读数的后视与前视栏内，根据式（2-5）计算该测站高差为 +1.009 m，至此完成第一测站的水准测量工作。

（3）记录者计算完毕后，通知观测者搬站。原后视尺手移动水准尺，在适当位置布设转点 TP_2，放置尺垫并踏实，竖立水准尺，TP_1 水准尺不动，观测者在 TP_1 和 TP_2 两点间适当位置安置水准仪，同上述方法观测并记录，完成第二测站水准测量工作。重复该过程，直至观测至待定点 H_B。

（4）记录者必须在现场完成每页手簿的计算以及校核项，如表 2-1 所示。

$$h_{AB} = \sum_{i=1}^{n} a_i - \sum_{i=1}^{n} b_i$$

$$h_{AB} = \sum_{i=1}^{n} h_i$$

$$h_{AB} = H_B - H_A$$

表 2-1　水准测量手簿

观测日期：2017.12.1　　　　仪器型号：DS3　　　　　　观测者：张三

天　气：晴朗　　　　　　　地　点：生化楼 C　　　　　记录者：李四

测站	测点	水准尺读数/m		高差/m		高程/m	备注
		后视/a	前视/b	+	−		
1	BM_A	1.722		1.009		28.153	已知
	TP_1		0.713				
2	TP_1	1.544		0.929			
	TP_2		0.615				
3	TP_2	1.624		1.012			
	TP_3		0.612				
4	TP_3	0.713			−0.921		
	TP_4		1.634				
5	TP_4	1.214			−1.598	28.584	
	BM_B		2.812				
	$\sum$	6.817	6.386	2.950	−2.519		
计算校核	$\sum a - \sum b = 6.817 - 6.386 = 0.431$ $\sum h = 2.950 - 2.519 = 0.431$ $H_B - H_A = 28.584 - 28.153 = 0.431$						

注：测量中有关原始数据记录的手簿，必须依据现场观测数据实时手写，不得事后转抄录入；数据记录过程中发生错误，数据更正必须采用划改，不得采用涂改；测量过程中涉及的其他手簿，要求亦同。

　　采用连续水准测量，每一测站的误差或错误，都将累积并影响最终所测高差的正确性。因此，在相邻测站的观测过程中必须保证转点稳定（高程不变），同时在测站观测中还需及时发现观测中的错误。在一测站观测中通常采用两次仪器高（双仪高）法或双面尺法进行观测，以检核高差测量中可能发生的错误，这种检核称为测站检核。

　　（1）双仪高法。在同一测站，采用改变仪器高度的方法（两次仪器视线高差应相差 10 cm 以上），测量两次高差，理论上两次测得的高差应相等。在普通水准测量中两次测得高差的差值在 ±5 mm 之内，取其平均值作为测量结果，否则应重新测量。表 2-2 给出图 2-16 水准路线采用双仪高法进行水准测量的记录计算数据，表中圆括号内的数值为同测站两次测量高差的差值。

表 2-2　水准测量记录（两次仪器高法）

观测日期：2017.12.1　　　　　　仪器型号：DS3　　　　　观测者：张三
天　气：晴朗　　　　　　　　　地　点：生化楼 C　　　　记录者：李四

测站	点号	水准尺读数/m		高差/m	平均高差/m	高程/m	备注
		后视 a	前视 b				
1	A	1.722				28.153	
		1.602					
	TP_1		0.713	1.009	（−0.002）		
			0.591	1.011	1.010		
2	TP_1	1.544					
		1.396					
	TP_2		0.615	0.929	（−0.003）		
			0.464	0.932	0.930		
3	TP_2	1.624					
		1.501					
	TP_3		0.612	1.012	（+0.004）		
			0.493	1.008	1.010		
4	TP_3	0.713					
		0.603					
	TP_4		1.634	−0.921	0		
			1.524	−0.921	−0.921		
5	TP_4	1.214					
		1.101					
	B		2.812	−1.598	（−0.002）		
			2.701	−1.600	−1.599	28.583	
	$\sum$	13.020	12.159	0.861	0.430		
计算校核	$\left(\sum a - \sum b\right)/2 = (13.020 - 12.159)/2 = 0.430$ $$\sum h_i = 0.430$$ $H_B - H_A = 28.583 - 28.153 = 0.430$						

（2）双面尺法。在同一测站，也可以不改变仪器高度，而通过读取每一根双面尺的黑尺面和红尺面的读数值，分别计算每根双面尺的红/黑尺面读数差值、两个黑尺面的高差 $h_{黑}$ 和两个红尺面的高差 $h_{红}$，若同一水准尺红面与黑面（加常数后）读数之差在 ±3 mm 以内，且黑尺面高差 $h_{黑}$ 与红尺面高差 $h_{红}$ 的差值不超过 ±5 mm，则取 $h_{黑}$ 和 $h_{红}$ 的平均值作为该站测得的高差值。当两根尺子的红黑面零点差相差 100 mm 时，两个高差也应相差 100 mm，此时应在红尺面高差中加或减 100 mm 后再与黑尺面高差比较。

采用双面尺法，其观测顺序为"后—前—前—后"，对于尺面分划来说，顺序为"黑—黑—红—红"。四等水准测量也可采用"后—后—前—前"的顺序进行观测。

一个测站全部记录、计算和校核完成并合格后方可搬站，校核后数据无法满足误差要求则必须重测。注意在每站观测时，应尽可能保持前后视距相等；每次读数时均应使符合水准气泡严密吻合；每个转点上应安放尺垫，已知水准点和待求高程点上则不能放置尺垫。

双面尺法主要应用于三、四等水准测量，该方法的具体施测过程及数据记录，详见第7章。

2.3.4　水准测量的成果处理

在水准测量中，仅采用测站检核的方法还不能保证水准路线的观测高差没有错误，例如，用作转点的尺垫在仪器搬站期间可能发生碰到或沉降所引起的误差，又如，温度、风力、大气不规则的折光等自然条件引起的误差，在一个测站上都反映不出来，但它们的累计结果有时会使误差超限。成果处理的目的是检查水准线路的观测高差是否满足精度要求，如果不满足则按照一定的原则消除观测误差，计算出待定水准点的高程。成果处理的主要计算步骤如下：

（1）计算高差闭合差。水准线路中各点高差的代数和理论上等于两个已知水准点之间的高差，如果不相等，两者之差称为高差闭合差，一般用 f_h 表示。不同水准路线的高差闭合差计算公式如下：

①附合水准路线高差闭合差

$$f_h = \sum h - (H_{终} - H_{始}) \tag{2-8}$$

②闭合水准路线高差闭合差

$$f_h = \sum h \tag{2-9}$$

③支水准路线高差闭合差

$$f_h = \sum h_{往} + \sum h_{返} \tag{2-10}$$

根据水准路线的测量方法可知，往返观测的高差绝对值相同而符号相反，即闭合差为零。

（2）计算高差闭合差的容许值。高差闭合差是水准测量观测中各类误差影响的综合反映。为了保证观测精度，对高差闭合差做出一定的限制，即高差闭合差 f_h 的绝对值小于容许值 $f_{h容}$ 时，认为水准测量外业观测成果合格，否则应查明原因返工重测。对于不同等级的水准测量，对高差闭合差的容许值规定不同，工程测量中对容许值 $f_{h容}$ 的规定如表2-3所示。

表2-3　高差闭合差的容许值规定

等级	容许高差闭合差/mm	主要应用范围举例
三等	$f_{h容} = \pm 12\sqrt{L}$ （平地） $f_{h容} = \pm 4\sqrt{n}$ （山地）	场内的高程控制网

续表

等级	容许高差闭合差/mm	主要应用范围举例
四等	$f_{h容} = \pm 20\sqrt{L}$（平地） $f_{h容} = \pm 6\sqrt{n}$（山地）	普通建筑工程、河道工程、用于立模、填筑放样的高程控制点
图根	$f_{h容} = \pm 40\sqrt{L}$（平地） $f_{h容} = \pm 12\sqrt{n}$（山地）	小测区地形图测绘的高程控制、山区道路、小型农田水利工程

注：1. 表中图根通常是普通（或等外）水准测量；
　　2. 表中 L 为水准路线的单程长度，单位 km；n 为单程测站数；
　　3. 每千米测站数多于 15 站时，用相应项目后面的公式，即由测站数 n 计算容许高差闭合差。

（3）调整高差闭合差。当高差闭合差 f_h 的绝对值小于容许值 $f_{h容}$ 时，观测成果合格，可以进行高差闭合差的调整，计算高差改正数。根据测量误差理论，高差闭合差的调整原则是：将高差闭合差以相反的符号，按与测段长度（或测站数）成正比的原则分配到各段高差中。各测段的高差改正数计算公式如下：

$$V_i = \frac{-f_h}{\sum L}L_i$$

$$（或 \quad V_i = \frac{-f_h}{\sum n}n_i）\tag{2-11}$$

式中　$\sum L$——水准路线总长度；

　　　$\sum n$——水准路线总测站数；

　　　L_i——第 i 测段的路线长度；

　　　n_i——第 i 测段的测站数。

（4）计算改正后高差及各点高程。各测段改正后高差等于各测段的观测高差加上其相应的高差改正数，即

$$h_i' = h_i + V_i \tag{2-12}$$

根据已知水准点的高程和各测段改正后高差，按顺序逐点计算各待测点的高程，即

$$H_i = H_{i-1} + h_i' \tag{2-13}$$

在图根水准点测量计算中，数值精度为 0.001 m。计算出终点的高程应和已知高程相等，否则说明推算有误。通常在计算完各测段的改正后高差之后，应再次计算水准路线的高差闭合差，高差闭合差应为零，否则计算过程有误，应重新检查计算。

【例题 2-1】图 2-17 为按图根水准测量要求施测某附合水准路线的观测成果略图。BM_A、BM_B 为已知高程水准点，高程分别为 20.467 m、21.123 m，图中箭头方向表示水准测量的前进方向，路线上方的数字为该测段的测量高差，下方的数据为该测段路线的长度，试计算水准点 1、2、3 的高程。

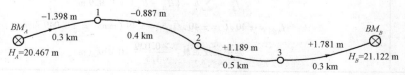

图 2-17　附合水准路线略图

解：全部计算在表2-3中进行，具体计算步骤如下：

（1）计算高差闭合差。

$$f_h = \sum h - (H_B - H_A) = (-1.398 - 0.887 + 1.189 + 1.781) - (21.123 - 20.467)$$
$$= 0.029 \ (\text{m}) = 29 \ \text{mm}$$

（2）计算高差闭合差的容许值。由表2-3可知，图根等级水准测量的闭合差容许值为 $f_{h容} = \pm 40 \sqrt{L} \ \text{mm}$。

$$L = \sum_1^4 L_i = 0.3 + 0.4 + 0.5 + 0.3 = 1.5 \ (\text{km})$$

$$f_{h容} = \pm 40 \sqrt{L} = \pm 40 \sqrt{1.5} = \pm 49 \ (\text{mm})$$

因为 $|f_h| < |f_{h容}|$，符合图根水准测量的要求，可以分配闭合差。

（3）调整高差闭合差。每千米改正数为：$\dfrac{-f_h}{\sum L} = \dfrac{-0.029}{1.5} = 0.019 \ (\text{m})$；

由公式 $V_i = \dfrac{-f_h}{\sum L} L_i$，计算各测段的高差改正数：

$$V_1 = \frac{-29}{1.5} \times 0.3 = -6 \ (\text{mm})，同理计算得到 V_2 = -8 \ \text{mm}，V_3 = -9 \ \text{mm}，V_4 = -6 \ \text{mm}。$$

（4）计算改正后高差及各点高程。由公式 $h_i' = h_i + V_i$，计算各测段改正后高差：

$h_1' = -1.398 + (-0.006) = -1.404 \ (\text{m})$，同理计算得到 $h_2' = -0.895 \ \text{m}$，$h_3' = 1.180 \ \text{m}$，$h_4' = 1.775 \ \text{m}$。

由式子 $H_i = H_{i-1} + h_i'$，计算各水准点的高程：

$H_1 = H_A + h_1' = 20.467 + (-1.404) = 19.063 \ (\text{m})$，同理计算得到 $H_2 = 18.168 \ \text{m}$，$H_3 = 19.348 \ \text{m}$。

高程计算检核：$H_B = 19.348 + 1.775 = 21.123 \ (\text{m}) = H_B$（已知）

上述计算过程可采用表2-4形式完成。首先把已知高程和观测数据填入相应的列，然后从左到右，逐列计算。有关高差闭合差的计算部分填在辅助计算一栏。

表2-4　图根水准测量的成果处理

点名	路线长度 L_i/km	观测高差 h_i/m	改正数 V_i/m	改正后高差 h_i'/m	高程 H/m
BM_A					20.467
	0.3	-1.398	-0.006	-1.404	
1					19.603
	0.4	-0.887	-0.008	-0.895	
2					18.168
	0.5	+1.189	-0.009	+1.180	
3					19.348
	0.3	+1.781	-0.006	+1.775	
BM_B					21.123
$\sum$	1.5	0.685	-0.029	0.656	
辅助计算	\multicolumn{5}{c}{$f_h = \sum h - (H_B - H_A) = 0.029 \ \text{m}$ $f_{h容} = \pm 40 \sqrt{L} = \pm 40 \sqrt{1.5} = \pm 49 \ (\text{mm}) = \pm 0.049 \ \text{m}$ 每千米改正数：$\dfrac{-0.029}{1.5} = 0.019 \ (\text{m})$}				

闭合水准路线观测成果的处理步骤，与上述附合水准路线相同。支水准路线的往返观测值处理较简单，当 $|f_h| < |f_{h容}|$ 时，改正后的高差等于改正前的往测高差加上 $-\dfrac{f_h}{2}$，即 $h'_{往} = h_{往} + (-\dfrac{f_h}{2})$。

2.4　水准仪的检验与校正

水准仪的检验是为了确定仪器的各轴线之间满足设计的几何条件，只有这样才能保证水准仪提供的是一条水平视线。当仪器的轴线之间的几何关系发生改变时，就需要对水准仪进行校正，使仪器满足应有的几何条件。仪器经过长途运输和长时间使用后，可能受到震动与碰撞，都会造成仪器的轴线之间的几何关系发生变化，因此水准仪的检验与校正是一项重要的工作。

2.4.1　水准仪的轴线及其几何关系

如图 2-18 所示，水准仪的主要轴线有视准轴 CC，管水准轴 LL，圆水准轴 $L'L'$，竖轴 VV。

水准仪的主要功能是提供一条水平视线，必须满足视准轴水平，而视线是否水平是根据水准管气泡是否居中来判断，因此水准仪的管水准轴和视准轴应为平行关系，这也是水准仪应满足的主要条件。此外，仪器的粗平是根据圆水准器的气泡居中，使仪器竖轴基本处于铅垂位置来判定，故水准仪的圆水准轴和仪器竖轴应为平行关系。同时，为了确保十字丝的横丝在水准尺上的读数正确，横丝应为水平，即横丝和仪器竖轴应为垂直关系。

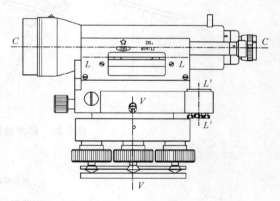

图 2-18　水准仪的主要轴线

综上所述，为使水准仪能正确工作，水准仪的轴线应该满足下列三个几何条件：

（1）圆水准轴应平行于仪器竖轴（$L'L' /\!/ VV$）；

（2）十字丝中丝应垂直于仪器竖轴（即中丝应水平）；

（3）管水准轴应平行于视准轴（$LL /\!/ CC$）。

2.4.2　水准仪的检验与校正

水准仪的检验和校正应按下列顺序进行，以保证前面检验的项目不受后面检验项目的影响。

1. 圆水准轴平行于竖轴的检验与校正

（1）检验方法。安置水准仪，旋转脚螺旋粗平，使圆水准气泡居中，如图 2-19（a）所示；将仪器绕竖轴旋转 180°，若气泡仍居中，表示圆水准轴与竖轴满足平行关系；若气泡不居中，如图 2-19（b）所示，则说明圆水准轴与竖轴不满足条件，必须进行校正，如图 2-19（c）、（d）所示。

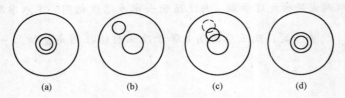

图 2-19　圆水准器的检校

（2）校正方法。方法一：检验与校正操作的原理如图 2-20 所示，假设仪器竖轴与圆水准轴不平行，两轴夹角为 δ，当圆水准轴气泡居中时，圆水准轴竖直，竖轴偏离竖直方向为 δ；将仪器绕竖轴旋转 180°，竖轴偏离竖直方向为 δ，圆水准轴偏离竖直方向为 2δ，对应圆水准气泡零点偏距；旋转脚螺旋使气泡中心向圆水准器的零点移动偏距的一半，圆水准轴偏离竖直方向为 δ，竖轴处于竖直方向，如图 2-20 所示；使用校正针拨动校正螺钉，如图 2-21 所示，使气泡居中，圆水准轴线处于竖直方向，与竖轴平行，校正完毕。

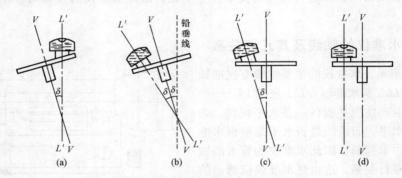

图 2-20　圆水准器的检验与校正原理

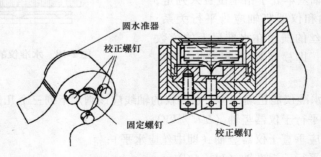

图 2-21　圆水准器的校正螺钉

方法二：先使用校正针拨动校正螺钉，使气泡中心向圆水准器的零点移动偏距的一半，此时圆水准轴平行于竖轴。圆水准气泡零点偏距对应圆水准轴偏离竖直方向 2δ，圆水准气泡零点偏距的一半对应圆水准气泡在竖直方向上旋转 δ，即校正后圆水准气泡偏离竖直方向为 δ，仪器竖轴偏离也是 δ，圆水准轴与仪器竖轴平行，校正完毕。

校正完毕后，重新检验圆水准轴和竖轴的几何关系是否满足，如果满足，则校正完毕，否则需要重复上面的校正工作，直至满足条件。校正完毕后必须拧紧固定螺钉。

2. 十字丝中丝应垂直于仪器竖轴的检验和校正

（1）检验方法。安置整平水准仪后，用十字丝交点瞄准一个清晰目标点 P，如图 2-22 所示，旋紧制动螺旋，消除视差，左右旋转微动螺旋，如果目标点始终沿着中丝移动，则横丝处于水平位置，垂直于竖轴。否则，横丝与竖轴不满足垂直关系，需要进行校正。

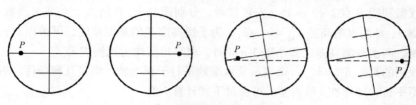

图 2-22　横丝垂直于竖轴的检验

（2）校正方法。旋下十字丝分划板护罩，如图 2-23 所示，用螺钉旋具松开十字丝压环的四个固定螺钉，按横丝倾斜的反方向转动十字丝组件，再进行检验，直至 P 点始终沿着中丝移动，中丝水平，并垂直于竖轴，校正完毕。最后，拧紧十字丝的四个固定螺钉，旋上十字丝分划板护罩。

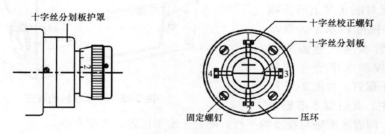

图 2-23　十字丝的校正

3. 管水准轴平行于视准轴的检验与校正

如果管水准轴与视准轴在竖直面上的投影不平行，其夹角为 i，称为 i 角误差。如图 2-24 所示，当水准管轴水平，受 i 角误差的影响，视准轴向上（或向下）倾斜，此时读数产生的误差为 x，x 与视距距离 D 成正比。

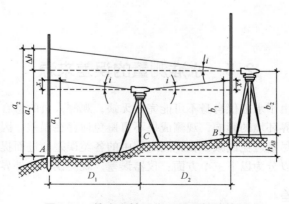

图 2-24　管水准轴平行于视准轴的检验

（1）检验方法。如图 2-24 所示，在平坦的场地上选定距离 80～100 m 的 A、B 两点，在两点上打木桩或放置尺垫作为标志。用皮尺丈量出 AB 的中点 C，在 C 点处安置水准仪，测量 A、B 两点的高差。因为前视距和后视距相等，所以前视读数 a_1 和后视读数 b_1 的误差 x 相等，在高差的计算中互相抵消，故 h_{AB} 不受 i 角误差的影响。

将水准仪搬到距 B 点 2～3 m 处，安置仪器，分别读取 A、B 两点上水准尺读数 a_2 和 b_2，计算第二次观测 A、B 两点的高差 $h'_{AB} = a_2 - b_2$。为了提高高差的观测精度，可采用双仪高法或双面尺法进行观测，两次观测高差之差小于 3 mm 时，取平均值作为观测成果。

若两次观测的高差 $h_{AB} = h'_{AB}$，则表示管水准轴平行于视准轴，满足几何条件。否则，管水准轴与视准轴不平行，即存在 i 角误差。可通过下式计算 i 角：

$$a'_2 = h_{AB} + b_2 \qquad (2\text{-}14)$$

$$i = \frac{a_2 - a'_2}{D_{AB}} \rho'' \qquad (2\text{-}15)$$

对于 DS3 水准仪，当 $i \geqslant 20''$ 时，需要对仪器进行校正。

（2）校正方法。方法一：在第二个测站上，瞄准 A 尺，旋转微倾螺旋，使十字丝对准 A 尺上的正确读数 a_2'，此时视准轴水平，管水准轴不水平，管水准气泡偏离中心。用校正针拨动水准管一端的上、下两个校正螺钉，如图 2-25 所示，使气泡居中。此时管水准轴也

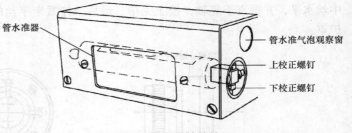

图 2-25　管水准轴的校正

处于水平位置，即管水准轴与视准轴平行，同处于水平位置，校正完毕。

注意：这种成对的校正螺钉在校正时应遵循"先松后紧"的规则，例如，要抬高管水准器的一端，必须先松开左右两个螺钉，再松开上校正螺钉，让出管水准器的上调空间，然后旋紧下校正螺钉，使气泡居中。校正完毕后，再重新旋紧左右两个校正螺钉。

方法二：在第二个测站上，使水准管气泡始终居中，即管水准轴水平。旋下十字丝分划板护罩，转动十字丝校正螺钉，使横丝对准 A 尺上的正确读数 a_2'，此时视准轴水平，与管水准轴平行，校正完毕。

2.5　水准测量的误差来源

水准测量过程中，由于水准仪自身不可能完美无缺，观测人员的感官也有一定的局限，再加上野外观测必定受到外界环境的影响，观测成果不可避免地存在误差。因此，测量人员需要研究误差产生的原因，并且尽量避免或减少在施测过程中的各类误差，进而提高观测成果的质量。水准测量误差按其来源可以分为以下三个方面：仪器误差、观测误差和外界条件影响。

2.5.1　仪器误差

（1）仪器校正后的残余误差。水准仪在使用前虽然按照规定进行了检验和校正，但是会存在一些残余误差，使得管水准轴不完全平行于视准轴，即 i 角残余误差。测量规范规定，DS3 水

准仪的 i 角误差小于 20″，不需校正。一般情况，由于 i 角残余误差存在，读数存在一定误差，且读数误差与视距成正比。在测站观测中，如果使前、后视距相等，便可消除或减弱 i 角误差的影响。严格地检校仪器和按水准测量技术要求限制前、后视距差值，是降低该项误差的主要措施。i 角残余误差对高差的影响为 Δh，即

$$\Delta h = x_1 - x_2 = \frac{i''}{\rho''}D_A - \frac{i''}{\rho''}D_B = \frac{i''}{\rho''}\left(D_A - D_B\right) \tag{2-16}$$

（2）水准尺误差。水准尺的分划不精确、尺长变化、尺弯曲等原因引起的水准尺分划误差会影响水准测量的精度，因此必须使用符合技术要求的水准尺。水准尺长时间使用会造成尺底磨损，造成水准尺的零点差，一对水准尺的零点差，可通过在水准测段中安排偶数个测站予以消除。对于精度要求较高的水准测量，水准尺也应进行检定。

2.5.2　观测误差

（1）管水准气泡居中误差。管水准气泡居中主要依赖观测者的判断。精平仪器时，如果管水准气泡没有精确居中，管水准轴偏离水平面，将造成读数误差。DS3 微倾式水准仪管水准器的分划值为 20″／（2 mm），假设视距长度为 50 m，气泡偏离居中位置 0.5 格时引起的读数误差为

$$\frac{0.5\tau}{\rho''}D = \frac{0.5 \times 20}{206\ 265''} \times 50 = 0.002\ 4\ （m）\ = 2.4\ mm$$

由于该误差在前、后视读数中并不相等，所以不能在高差计算中抵消。在观测中，每次读数前应该仔细进行精平操作，尽可能减少此项误差。

（2）读数误差。普通水准测量观测中的毫米位数字是根据横丝在水准尺厘米分划内的位置进行估读的，因此在望远镜内看到的横丝宽度与厘米分划格宽度的比例决定了估读精度。读数误差与望远镜的放大倍数和视距长度有关。望远镜放大倍数一定，视距越长，读数误差越大。因此在水准测量中，应按相应等级的测量规范限制视距长度，减小读数误差。使用 DS3 水准仪进行四等水准测量时，视距长度应小于 80 m。

（3）视差。望远镜存在视差时，观测者的眼睛在目镜上、下微微移动，横丝对应尺面的读数不唯一。视差造成眼睛的观察位置不同，导致读数不同，由此产生读数误差。该项误差只能通过仔细对光来避免。

（4）水准尺倾斜。根据水准测量的原理，水准尺必须竖直立在点上，否则会使读数恒偏大，且读数值越大，误差越大。例如，当水准尺竖立不直，倾斜角 $\alpha = 3°$，视线离开尺底（即尺上读数）为 2.5 m，则对读数影响为

$$\delta = 2\ 500 \times （1 - \cos\alpha）\approx 3.4\ mm$$

测量中，水准尺的左右倾斜可以通过纵丝察觉并纠正，但是前后倾斜在望远镜的视场中不会被察觉。在水准尺上安置圆水准器是保证尺子竖直的主要措施。如果水准尺上无圆水准器，可采用摇尺法：扶尺者缓慢前后摇尺，观测者读取最小读数，即水准尺竖直时的正确读数。

2.5.3　外界环境的影响

（1）地球曲率和大气折光的影响。高差是通过不同地面点的水准面之间的铅垂距离，因此理论上用水准仪测量高差，视线应是和水准面平行的曲线，这里用水平视线代替与水准面平行的曲线对读数的影响，即地球曲率的影响。

由于地面上的空气密度不同，因此光线会产生折射，使得视线并不是水平的。所以在水准测

量中，实际上并不是水平视线代替与水准面平行的曲线，水准测量还受到大气折光的影响。

分析和研究发现，地球曲率和大气折光对水准尺读数的总和影响 f 可用下式表示：

$$f = (1 - K) \frac{D^2}{2R} \approx 0.43 \frac{D^2}{R} \tag{2-17}$$

式中　D——视距长度；

　　　R——地球半径；

　　　K——大气折光系数，一般取 0.14。

若 $D = 100$ m，$R = 6\ 371$ km，则 $f \approx 0.7$ mm。这说明在水准测量中，即使视距很短，都应当考虑地球曲率和大气折光对读数的影响。由式（2-17）可知，当前、后视距相等时，地球曲率和大气折光对前、后视读数误差是相等的，在高差计算中可以消除。

（2）大气温度（日光）和风力的影响。当日光直接照射水准仪时，仪器各部件受热不均匀，会影响仪器轴线之间的正常几何关系，使观测产生误差。例如，水准仪气泡偏离中心或三脚架扭转等。在水准测量观测中，应注意撑伞遮阳，避免烈日直照仪器。当风力较大时，应暂停水准测量作业。

（3）仪器或尺垫下沉的影响。由于水准仪或尺垫处地面的土质疏松，在测站观测中随着时间的延长，仪器和水准尺都可能产生下沉（也可能回弹上升），导致读数误差。为了消除或减小此类误差，观测者尽可能把水准仪安置在坚实的地面上，并将脚架踩实，减少每一测站的观测时间。对于精度要求较高的水准测量，采取一定的观测程序（后—前—前—后），可以减弱水准仪下沉对高差的影响；在同一水准路线采用往、返观测并取其高差平均值的方法，可以减弱尺垫下沉对高差的影响。

2.5.4　水准测量的注意事项

水准测量是一项由小组成员共同参与的测量工作，涉及观测、记录和扶尺等多项工作，需要全体成员认真负责，按规定要求仔细观测与操作，才能取得良好的成果。归纳起来应注意如下几点：

1. 观测

（1）观测前应认真按要求检校水准仪，检视水准尺；

（2）仪器应安置在土质坚实处，并踩实三脚架；

（3）保持前视距和后视距尽可能相等；

（4）仪器安置好后，观测前应进行消除视差工作；

（5）读数前要精平，确保符合水准气泡居中，读数应迅速、果断、准确，特别应认真估读毫米数；

（6）仪器应打伞防晒，操作时应细心认真，做到"人不离开仪器"，使之安全；

（7）只有一测站记录计算合格后才能搬站，搬站时先检查仪器连接螺旋是否固紧，一手扶托仪器，一手握住脚架稳步前进。

2. 记录

（1）认真记录，边记边复报数字，准确无误地记入记录手簿相应栏，严禁伪造和转抄；

（2）字体要端正、清楚，不准连环涂改，不准用橡皮擦改，如按规定可以改正时，应在原数字上画线后再在上方重写；

（3）每站应当场计算，检查符合要求后，才能通知观测者搬站。

3. 扶尺

（1）扶尺员应认真竖立水准尺，注意保持尺上圆气泡居中；

（2）转点应选择土质坚实处，并将尺垫踩实；

（3）水准仪搬站时，应注意保护好原前视点尺垫位置不被碰动。

在测量过程中，发现异常问题应及时向指导老师汇报，不得自行处理。

2.6 自动安平水准仪简介

自动安平水准仪与微倾式水准仪的主要区别是：在构造上没有管水准器和微倾螺旋，仪器精平依靠自带的自动安平补偿器。在工程测量中自动安平水准仪的工作效率更高，使用时只需粗平（圆水准器气泡居中），在十字丝交点上读取读数即可。自动安平水准仪不仅可以缩短水准测量的观测时间，迅速自动安平仪器，而且能够有效地减小外界的影响，提高观测成果的精度。例如，减小施工现场场地的微小振动、松软土地的仪器沉降及风的作用等原因造成的视线微小倾斜等不利状况的影响。目前，自动安平水准仪已广泛应用于工程测量中。

2.6.1 自动安平补偿器的工作原理

如图 2-26（a）所示，视准轴水平时在水准尺上的读数为 a，当视准轴倾斜 α 角后，此时视线读数为 a'。如图 2-26（b）所示，自动安平水准仪在望远镜的光路上增设一个补偿器，使水平方向的光线通过补偿器后偏转 β 角，光线仍然通过十字丝交点，此时读数与视准轴水平时的读数 a 相同，从而达到补偿的目的。从图上可知：仪器能够达到补偿目的，必须满足 α、β 都很小，$f \times \alpha = d \times \beta$，$f$ 为物镜到十字丝分划板的距离；d 为补偿器到十字丝分划板的距离。

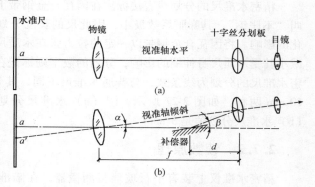

图 2-26 自动安平补偿器工作原理图

2.6.2 自动安平水准仪的使用步骤

自动安平水准仪的使用步骤主要为安置仪器、粗平、瞄准、读数四步，与微倾式水准仪的使用步骤比较，少了精平的操作步骤，其他各步骤操作方法一致。

补偿器有一定的工作范围，当视准轴倾斜角 α 过大时，就会超过工作范围，导致补偿器本身失效，无法获取正确的读数值。国产 DSZ3 型自动安平水准仪圆水准器的分划值为 8′（2 mm），补偿器作用范围为 ±8′，所以只要使圆水准器的气泡居中并不超出圆水准器中央小黑圈范围，补偿器就会产生自动安平的作用。由于补偿器相当于一个重力摆，不管是空气阻尼或者磁性阻尼，其重力摆静止稳定约需 2 s，故瞄准水准尺应约过 2 s 后再读数为好。

有的自动安平水准仪配有一个键或自动安平钮，每次读数前应按一下键或钮才能读数，否则补偿器不会起作用。使用时应仔细阅读仪器说明书。在工程测量中，使用自动安平水准仪时应认真进行粗略整平，若圆水准器气泡超出圆水准器中央小黑圈范围，应立刻停止观测，重新对仪器进行整平。

2.7 精密水准仪简介

精密水准仪主要用于国家和城市一、二等水准测量，地面及大型构筑物沉降观测，以及地面上下的建筑、大型机械安装精密水平基准测量等。精密水准仪与 DS3 普通水准仪比较具有以下特点：

（1）望远镜的优点：有效孔径大，亮度好；放大倍数大、分辨率高；外表材料采用因瓦合金钢制作，有效减小了环境温度变化的影响；

（2）仪器的管水准器灵敏度高、精平精度高；

（3）采用平板玻璃测微器读数系统，读数误差较小；

（4）精密水准仪需与精密水准尺配套使用。

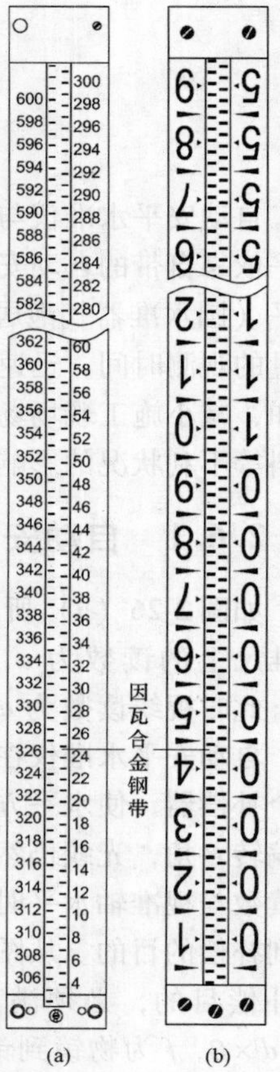

2.7.1 精密水准尺

精密水准尺的分划线直接标注在因瓦合金钢带上，因瓦合金钢又叫"不胀钢"，其膨胀系数极小，因此尺的长度分划基本不受气温变化的影响。将因瓦合金钢带以一定的拉力张在木质尺身的沟槽内，以减小其受木质尺身伸缩的影响，分划的数字则标记在木质尺面上。精密水准尺的分划为线条式，与普通水准尺不同，其分划值有 5 mm 和 10 mm 两种，如图 2-27 所示，图（a）水准尺分划值是 10 mm，图（b）水准尺分划值是 5 mm。

图 2-27　精密水准尺

2.7.2 读数原理

精密水准仪上装有平行玻璃板测微器，在瞄准水准尺进行读数时，能够提高读数精度，图 2-28 为徕卡公司 N3 精密水准仪的平板玻璃测微器结构示意图。

平板玻璃测微器由平板玻璃、测微尺、传动杆和测微螺旋等组成。平板玻璃与测微尺通过齿条传动杆连接，旋转测微螺旋可使平板玻璃绕旋转轴转动，从而使水平视线产生上下平移，水平视线对应标尺上的位置相应发生变化，同时测微尺准确记录水平视线上下的平移量。使用中通过测微螺旋调整水平视线对准精密水准尺上整分划线，获得整数值读数；通过测微尺读数指标，获得水平视线偏离视准轴位置的上下偏移量；两个数值相加即得到水平视线的实际读数值。

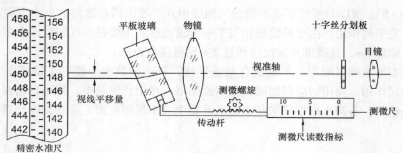

图 2-28　平板玻璃测微器结构

图 2-29 为 N3 型精密水准仪望远镜目镜与测微器读数显微镜的视场。用水准仪进行水准测量作业时，应先粗平使圆水准气泡居中，再转动测微螺旋使楔形丝夹住水准尺上某一分划，然后读数。首先由目镜视场内水准尺和十字丝影像读得厘米数为 148，由测微器视场内测微尺影像读得尾数为 655（0.655 cm），图中基本分划的全部读数为 148.655 cm。该仪器具有自动安平功能，配备正像望远镜，水准尺数字注记为正写。

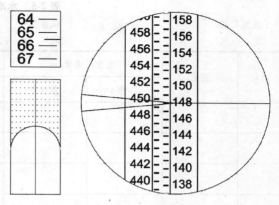

图 2-29　精密水准仪读数视场

本章小结

本章主要阐述了水准测量的基本原理、DS3 型水准仪的构造、水准测量路线的布设、水准仪的检验与校正、水准测量误差及注意事项；重点介绍了 DS3 型水准仪的使用方法、水准测量的施测方法及测量成果的内业整理方法；简要介绍了自动安平水准仪和精密水准仪的相关知识。

思考与练习

1. 将水准仪安置在 A、B 两点间，已知 $H_A = 23.456$ m，在 A 点的水准尺读数为 1.346 m，在 B 点的水准尺读数为 2.224 m，则 A、B 两点高差 h_{AB} 是多少？B 点高程是多少？仪器的视线高程是多少？A、B 两点哪点高？试绘图说明。

2. 测量望远镜由哪几个主要部分组成？各有什么作用？什么叫视准轴？

3. 水准仪如何获得水准视线？圆水准器、管水准器的作用是什么？

4. 何谓视差？发生视差的原因是什么？如何消除视差？

5. 何谓水准路线？何谓高差闭合差？如何计算容许的高差闭合差？

6. 简述水准仪的操作步骤。

7. 简述自动安平水准仪的基本原理？

8. 已知 A 点高程为 19.153 m，欲测定 B 点高程，由 A 点至 B 点进行水准测量，各测站前、后视读数如图 2-30 所示，试在表 2-5 中进行记录和计算。

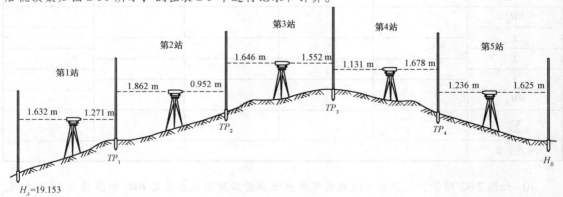

图 2-30　水准测量路线略图

表 2-5　水准测量手簿

观测日期　　　　　　　　　　仪器型号　　　　　　　　　　观测者

天　　气　　　　　　　　　　地　　点　　　　　　　　　　记录者

测站	测点	水准尺读数/m		高差/m		高程/m	备注
		后视 a	前视 b	+	-		
Σ							
计算校核							

9. 图 2-31 为一附合水准路线等外水准测量示意图，水准点 BM_A、BM_B 的高程分别为 48.654 m、50.417 m，1、2、3 点为待定高程点，各测段高差及水准路线长度均标注在图中，试计算各待定点的高程（要求列表 2-6 计算）。

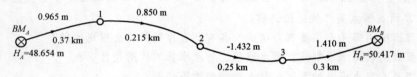

图 2-31　附合水准路线略图

表 2-6　图根水准测量的成果处理

点名	路线长度 L_i/km	观测高差 h_i/m	改正数 V_i/m	改正后高差 h'_i/m	高程 H/m
BM_A					
1					
2					
3					
BM_B					
Σ					
辅助计算					

10. 如图 2-32 所示，一闭合水准路线等外水准测量示意图中水准点 BM_2 的高程为 45.515 m，1、2、3、4 点为待定高程点，各测段高差及测站数均标注在图中，试计算各待定点的高程（要

求列表 2-7 计算）。

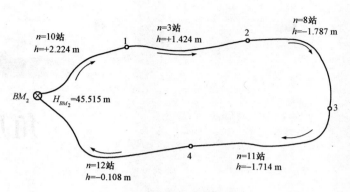

图 2-32 闭合水准路线略图

表 2-7 图根水准测量的成果处理

点名	路线长度 L_i/km	观测高差 h_i/m	改正数 V_i/m	改正后高差 h_i'/m	高程 H/m
BM_2					
1					
2					
3					
BM_2					
$\sum$					
辅助计算					

11. 已知 A、B 两水准点的高程分别为：$H_A = 44.286$ m，$H_B = 44.175$ m，水平距离 $D_{AB} = 100$ m。水准仪安置在 A 点附近，测得 A 尺上读数 $a = 1.966$ m，B 尺上读数 $b = 1.845$ m。问这架仪器的管水准轴是否平行于视准轴？若不平行，当水准管的气泡居中时，视准轴是向上倾斜还是向下倾斜？求 i 角误差值？如何校正？

角度测量

水平角和垂直角的测量原理，DJ6 经纬仪的构造、使用方法、检验与校正，角度测量的施测方法及成果整理，经纬仪的检验校正，经纬仪测量误差及消减方法。

经纬仪的技术操作，经纬仪的检验校正。

角度测量是测量工作的基本内容之一，包括水平角测量和竖直角测量。常用的角度测量仪器是光学经纬仪、电子经纬仪和全站仪。水平角用于计算地面点的坐标和两点间的坐标方位角，垂直角用于计算两点的高差或将两点间的倾斜距离换算成水平距离。

3.1 角度测量原理

3.1.1 水平角测量原理

水平角是指空间一点到两个目标点的方向线在水平面上的垂直投影所夹的角度，或者是分别过两条方向线的竖直面所夹的二面角。如图 3-1 所示，A、B、C 为地面上的任意三点，将三点沿铅垂方向投影到一水平面上，得到对应的 A_1、B_1、C_1 三点，则水平面上两直线 B_1A_1 和 B_1C_1 所成的夹角 β 即点在地面上两方向线 BA 和 BC 间的水平角。由此可见，β 也是过 BA 和 BC 的两个铅垂面所形成的二面角，且 β 与水平面的海拔高度无关。

根据水平角的基本概念，为测量水平角值，也可通过在 B 点上方架设仪器，该仪器上需具有一个能够精确地放置在水平面上的刻有度数的圆形度盘，且圆形度盘的中心在过 B 点的铅垂线上，该圆形度盘称为水平度盘。另外，仪器还应有一个能够瞄准远方目标的望远镜，且望远镜可以在水平面和铅垂面内自由旋转，通过望远镜能够顺利地瞄准地面上的 A、C 两点，以确定方向线。两方向线 BA、BC 在水平度盘上的垂直投影分别对应水平度盘上的两个数值 m、n，一般水平度盘的刻划注记为顺时针，则过 BA 和 BC 的两个铅垂面所形成的二面角值为 $n-m$，所以两方向线 BA、BC 的水平角 $\beta = n - m$，β 取值范围为 $0° \sim 360°$。

3.1.2　竖直角测量原理

竖直角是指观测目标的方向线和与其同在一个竖直面内的水平线的夹角。竖直角用 α 表示，有俯角和仰角之分。如图 3-2 所示，方向线 BA 在水平线上方称为仰角，角值符号为正，范围为 $0° \sim +90°$；方向线 BC 在水平线下方称为俯角，角值符号为负，取值范围为 $-90° \sim 0°$。方向线 BA、BC 与过 B 点向上的铅垂线之间的夹角称为天顶距，用 Z 表示，取值范围为 $0° \sim +180°$。

根据竖直角的概念，为了测量竖直角，可在 B 点上方架设仪器，该仪器需具有一个能够精确地安

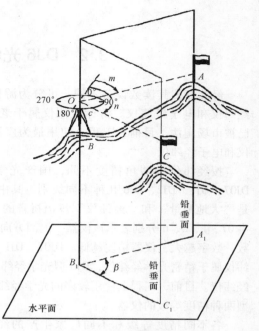

图 3-1　水平角测量原理

置在竖直面上且刻有度数的圆形度盘，并令其中心过 B 点，这个圆盘称为竖直度盘。同时仪器上的望远镜能够顺利瞄准目标确定方向线，方向线和水平线分别对应竖直度盘上的两个不同刻度值，两个数值的差值即为方向线的竖直角角值。

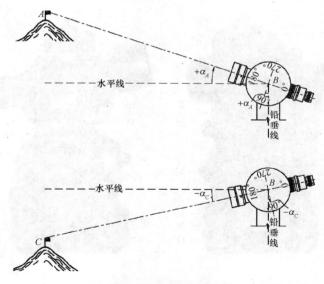

图 3-2　竖直角测量原理

根据水平角及竖直角的测量原理，用于角度测量的仪器，应具备带有刻度的水平度盘和竖直度盘，以及瞄准设备、读数设备等。经纬仪是具备了上述所有要求的测角仪器，能够用于工程中的水平和竖直角的观测。

3.2 DJ6 光学经纬仪的基本构造

经纬仪按其读数设备不同，可分为游标经纬仪、光学经纬仪和电子经纬仪。游标经纬仪属于老式型号的仪器，已被市场淘汰，目前，工程上使用最为广泛的是光学经纬仪和电子经纬仪。

按经纬仪的测角精度不同，国产光学经纬仪划分为DJ07、DJ1、DJ2、DJ6 几种不同级别。其中字母 D、J 分别是"大地测量"和"经纬仪"汉语拼音的第一个字母，数字 07、1、2、6 分别表示该仪器一测回方向观测中误差的秒数，数字越大，仪器精度越低。DJ07、DJ1 和 DJ2 型光学经纬仪属于精密光学经纬仪，DJ6 型光学经纬仪属于普通光学经纬仪。目前，工程上使用较多的光学经纬仪是 DJ2 和 DJ6型两种精度等级的仪器。

各不同精度等级和不同厂家生产的经纬仪，其外形、部件和构造略有区别，但是基本构造和原理一样，一般都包括照准部、水平度盘和基座三大部分，如图 3-3 所示。本章重点介绍 DJ6 光学经纬仪的构造和使用方法。图 3-4 和图 3-5 分别为两种构造略有区别的经纬仪。

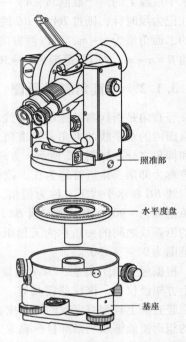

照准部
水平度盘
基座

图 3-3 DJ6 光学经纬仪的结构

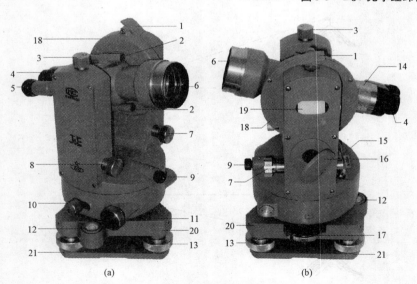

(a) (b)

图 3-4 两种不同构造经纬仪的比较 (一)

1—竖直水准管观测镜；2—瞄准器；3—望远镜制动螺旋；4—望远镜目镜；5—度盘读数镜；
6—望远镜物镜；7—竖盘水准管微动螺旋；8—望远镜微动螺旋；9—光学对中器；10—水平制动螺旋；
11—水平微动螺旋；12—圆水准器；13—脚螺旋；14—物镜调焦螺旋；15—照准部管水准器；
16—度盘照明反光镜；17—水平度盘变换手轮；18—竖直度盘；19—竖直度盘水准管；20—基座；21—基座底板

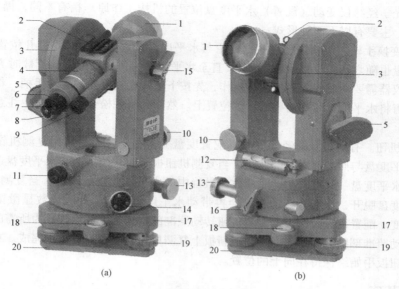

图 3-5 两种不同构造经纬仪的比较（二）

1—望远镜物镜；2—瞄准器；3—竖直度盘；4—物镜调焦螺旋；5—度盘照明反光镜；6—目镜调焦螺旋；
7—望远镜目镜；8—竖盘指标自动归零补偿器锁止开关；9—度盘读数镜；10—望远镜微动螺旋；
11—光学对中器；12—照准部管水准器；13—水平微动螺旋；14—水平度盘变换手轮；
15—望远镜制动螺旋；16—水平制动螺旋；17—基座；18—圆水准器；19—脚螺旋；20—基座底板

3.2.1 照准部

照准部是指仪器上部能绕其旋转轴做水平旋转的部分的总称。照准部主要由望远镜、望远镜制动与微动螺旋、U 形支架、竖直度盘、水平制动与微动螺旋、读数设备、管水准器、光学对中器等部分组成。

照准部水平旋转绕的轴线称为经纬仪的竖轴，竖轴插入基座内的竖轴套，水平制动与微动螺旋用于控制照准部的水平转动。

经纬仪望远镜和水准器构造及作用与水准仪基本相同。望远镜可以在竖直方向上做上下转动，旋转轴线称为经纬仪的横轴，望远镜与横轴固定连接，安装在 U 形支架上。望远镜制动与微动螺旋用于控制其在上下方向上的转动。利用水平制动与微动螺旋和望远镜制动与微动螺旋，可以使望远镜固定在任一方向线上。

竖直度盘固定在望远镜横轴一侧，随望远镜上下转动而转动，主要用于观测竖直角，与之配套的还有读数指标、竖直度盘水准管及其调节螺旋。某些厂家生产的经纬仪与之配套的是读数指标、自动归零补偿器，而没有竖直度盘水准管及其调节螺旋，此类仪器在竖直角测量作业中效率较高。

3.2.2 水平度盘

水平度盘是一个圆环形的光学玻璃盘片，盘片边缘按等角距刻划，并按顺时针注记有 0°~360°的角度数值。水平度盘通过外轴装在基座中心的套轴内，并通过中心锁紧螺旋紧固。在水平角测量过程中，水平度盘固定不动，不随照准部转动而转动。

在测角过程中，若需要将起始方向的角度值配置为所需的角度值，可通过拨动专门的机构。

不同类型 DJ6 光学经纬仪变动（配置）水平度盘位置的机构工作原理稍有不同，操作亦有差别，但是功能一样，主要有以下两种形式：

（1）度盘变换手轮。经纬仪配有一位置轮与水平度盘相连，使用时先打开位置轮护盖，转动位置轮，度盘也随之转动（照准部不动），直至水平读数为所需要配置的读数时为止，最后盖上护盖。有的仪器需要通过保险手柄配合操作，先按下度盘变换手轮的保险手柄，将手轮推压进去并转动，就可将水平度盘转到需要的读数位置上。然后，将手松开手轮退出，注意把保险手柄倒回。

（2）复测机钮。有些型号的经纬仪没有配置度盘变换手轮，而是采用复测机钮装置，复测机钮可控制水平度盘与照准部之间的连接。当复测机钮扳下时，照准部与水平度盘连接，照准部转动时将带动水平度盘一起旋转，此时读数显微镜中的水平度盘读数不变；当复测机钮扳上时，照准部与水平度盘脱开，照准部转动将不会再带动水平度盘旋转，此时读数显微镜中的水平度盘读数随之改变。配置度盘时，扳上复测机钮转动照准部直至水平度盘读数为所需的读数，再扳下复测机钮转动照准部瞄准起始方向后，重新扳上复测机钮，度盘配置工作完成。在测角作业过程中，复测机钮扳手始终保持在向上的位置。

3.2.3 基座

基座位于经纬仪的下部，用于固定和支撑整个仪器。它与水准仪的基座组成基本相同，主要由轴座、脚螺旋、底板、三角压板等部件构成。基座上设有轴座固定螺旋，通过拧紧该螺旋使得照准部能够牢固地固定在基座上，在使用仪器时切勿松动固定螺旋，以免照准部与基座分离而坠落。利用中心螺旋使经纬仪照准部紧固在三脚架上，三个脚螺旋用于整平仪器。

3.2.4 读数设备及方法

光学经纬仪的读数设备包括度盘、光路系统及测微器。不同级别的经纬仪，不同厂家生产的同一级别的经纬仪，由于采用不同的光学经纬仪测微技术，读数方法也不尽相同，可大致归纳为以下两大类：

（1）分微尺测读器的原理和读数方法。分微尺测读器结构简单，读数方便，且具有一定的读数精度，所以大部分 DJ6 型仪器都采用这种技术。如图 3-6 所示，分微尺测读器装置的光路图如下：照明光线通过反光镜的反射进入进光窗，其中照亮竖直度盘的光线通过竖直度盘显微镜将盘上的刻划和注记成像在平凸镜上；照亮水平度盘的光线通过水平度盘显微镜将度盘上的刻划和注记也成像在平凸镜上；在平凸镜上有两个测微尺，测微尺上刻划有 60 格。仪器制造时，使度盘上的一格在平凸镜上成像的宽度正好等于测微尺上刻划的 60 格的宽度，因此测微尺上一小格代表 1′。通过棱镜的反射，两个度盘分划线及注记的像连同测微尺上的刻划和注记的像可以同时通过读数显微镜的窗口观察到，读数显微镜大约将两个度盘的刻划和注记放大 65 倍。

图 3-7 为分微尺测读器读数显微镜的视场，注记有 "H" 字符窗口的像是水平度盘分划线及其测微尺的像，注记有 "V" 字符窗口的像是竖直度盘分划线及其测微尺的像。读数方法为：以测微尺上的 "0" 分划线为读数指标，"度" 数值由落在测微尺上的度盘分划线的注记读出，"分" 数值由度盘上的 "度" 分划线落在测微尺上的位置读出，最小读数估读到测微尺上 1 格的十分之一，即 0.1′或 6″。图 3-7 的水平度盘读数为 214°54.7′，竖盘读数为 79°5.5′。记录数据时需要把读数值转化为 214°54′42″，79°5′30″。

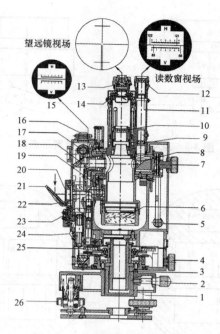

图 3-6 分微尺测读器的原理

1—竖轴套；2—轴套固定螺钉；3—竖轴；4—水平方向微动螺旋；5—望远镜微动螺旋；6—望远镜物镜；
7—望远镜制动螺旋；8—读数转向棱镜；9—读数显微镜物镜；10—望远镜调焦透镜；11—读数显微镜调焦透镜；
12—读数显微镜目镜；13—望远镜目镜；14—十字丝分划板；15—平凸镜测读尺；16—竖盘指标管水准器观察反光镜；
17—竖盘指标管水准器；18—反光棱镜；19—竖盘；20—进光窗；21—度盘照明反光镜；22—含水平度盘与竖盘成像的光线；
23—竖盘显微镜；24—水平度盘显微镜；25—水平度盘；26—脚螺旋

（2）单平板玻璃测微器装置及其读数方法。单平板玻璃测微器装置主要由平板玻璃、测微尺、测微轮及传动装置组成。单平板玻璃与测微尺用金属机构连在一起，当转动测微轮时，单平板玻璃与测微尺一起绕同一轴转动。如图 3-8 所示，从读数显微镜视场中看到，当平板玻璃转动时，度盘分划线的影像也随之移动，当读数窗上的双指标线精准地夹准度盘某分划线像时，其分划线移动的角值可在测微尺上根据单指标线读出。

图 3-9 为单平板玻璃测微器读数显微镜视场，上部窗为测微尺影像，中部窗为竖直度盘分划像，下部窗为水平度盘分划像。度盘最小分划为 30′，测微尺总长

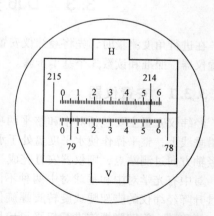

图 3-7 分微尺测读器读数显微镜视场

与度盘最小分划值相同。读数时转动测微轮，使度盘某一分划线精准地夹在双指标线中央，先读出度盘分划线的读数，再依据单指标线在测微尺上读出小于 30′ 的余数，两者之和即读数结果。图 3-9（a）中的水平度盘读数为 $15° + 12′00″ = 15°12′00″$；图 3-9（b）中的竖直度盘读数为 $91°00″ + 18′06″ = 91°18′06″$。

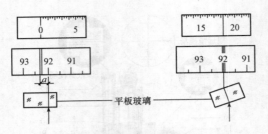

图 3-8　单平板玻璃测微器装置示意图

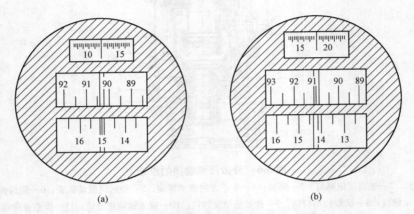

(a)　　　　　　　　　　　　　　(b)

图 3-9　单平板玻璃测微器读数显微镜视场

3.3　DJ6 光学经纬仪的基本操作

在进行角度测量时，先将经纬仪安置在测站上，然后进行观测。经纬仪的使用大致可以分为安置仪器、照准和读数 3 个基本步骤。

3.3.1　安置仪器

经纬仪安置主要包括对中和整平两项内容。对中操作使仪器中心（竖轴）与测站点位于同一铅垂线上，整平操作使水平度盘处于水平位置。仪器水平度盘水平，仪器竖轴处于铅垂方向，且竖轴方向过测站点，则仪器安置完成。

对中有光学对中和垂球对中两种不同的方法，整平又可分为粗平和精平两个步骤。粗平是通过升降经纬仪的脚架腿或旋转脚螺旋使圆水准气泡居中，其规律是圆水准气泡向升高脚架腿的一侧移动，旋转脚螺旋进行粗平可应用"左手大拇指"原则，方法与水准仪粗平相同。精平是通过旋转脚螺旋使管水准气泡居中，方法类似水准仪粗平，需要通过转动照准部调整管水准器的位置。如图 3-10（a）所示，首先转动照准部使管水准器与任意两个脚螺旋连线平行的位置上，运用"左手大拇指原则"反向旋转脚螺旋 1、2，使水准气泡居中；然后转动照准部 90°，使管水准器与脚螺旋 1、2 的连线垂直，旋转脚螺旋 3 使管水准气泡居中，如图 3-10（b）所示。最后还要将照准部转回图 3-10（a）的位置，检查气泡的偏离情况，如果气泡居中，则精平操作完成，否则还需要重复以上步骤进行精平操作，直至经纬仪精平。

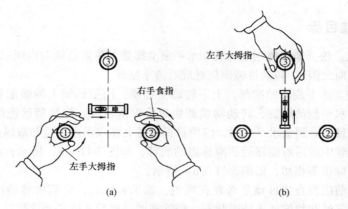

右手食指

左手大拇指

左手大拇指

(a)　　　　　　　　　　　　　(b)

图 3-10　经纬仪的精平

1. 经纬仪与脚架连接

松开角架，调整好其长度使脚架高度适合于观测者的高度，然后张开脚架，将其安置在测站点上方，使架头大致水平。从仪器箱中取出经纬仪放置在架头上，并使仪器基座中心基本对齐架头中心，基座底三边与架头面三边应大致平行，旋紧连接螺旋后，即可进行对中和整平操作。

2. 经纬仪对中

下面分别介绍光学对中法和垂球对中法的操作步骤：

（1）光学对中法。光学对中器的使用方法与望远镜的使用方法相同，需要旋转目镜调焦螺旋看清分划板上的圆形刻划线，旋转物镜调焦螺旋（部分型号仪器采用拉伸光学对中器的方式进行物镜调焦）看清地面的测点标志，重复旋转目镜和物镜调焦螺旋的步骤，进行视差消除工作。

①粗略对中和整平。双手紧握其中两支架腿，眼睛观察光学对中器，平移或转动架腿使对中标志基本对准测站点的标志中心，同时注意保持架头面基本水平，并踏实三脚架的脚尖。

升降经纬仪的其中两支脚架腿，使圆水准气泡居中，此过程不会破坏已完成的粗略对中关系。

②精确对中和整平。如图 3-10 所示，应用"左手大拇指"原则，旋转脚螺旋使管水准气泡在相互垂直的两个方向上居中，完成精平操作。旋转脚螺旋精平仪器时，会略微破坏已完成的粗略对中关系。

稍微旋松连接螺旋，双手扶住仪器基座，在架头上平移仪器，眼睛观察光学对中器，直至对中标志准确对准测站点的标志中心，停止平移并旋紧连接螺旋。精确的平动仪器不会破坏已完成的精平状态，一般情况下难以保证仪器处于精确平动，所以平动后可能少许破坏精平状态。这时需要重复进行精确对中和整平操作，直至仪器满足对中和整平关系。

光学对中法的精度高，操作效率较高，在实际测量作业中被测量人员广泛使用。

（2）垂球对中法。

①粗略对中和整平。将垂球悬挂于连接螺旋中心的挂钩上，调整垂球线长使垂球略高于测站点，以便于对中。双手紧握其中两支架腿，平移或转动架腿使垂球尖大致对准测站点标志，注意保持架头面基本水平，并踏实三脚架的脚尖。旋转脚螺旋使圆水准气泡居中。

②精确对中和整平。稍微旋松连接螺旋，双手扶住仪器基座，在架头上平移仪器，使垂球尖准确对准测站标志后，再旋紧连接螺旋。垂球对中误差应小于 3 mm。

旋转脚螺旋使管水准气泡在相互垂直的两个方向上居中，完成精平操作。旋转脚螺旋精平仪器时，不会破坏之前已完成的垂球对中关系。

垂球对中法对中误差较大，在测量作业中效率较低，特别是在风力较大的情况下，垂球对中法的误差变得很大，所以在实际测量作业中较少使用。

3.3.2 瞄准目标

（1）目镜对光。松开望远镜制动螺旋和水平制动螺旋，将望远镜对向明亮的背景（如白墙、天空，注意切勿对向太阳），转动目镜调焦螺旋看清十字丝。

（2）目标瞄准。水平旋转照准部，上下转动望远镜，用望远镜上的瞄准器瞄准目标，旋紧望远镜制动螺旋和水平制动螺旋，转动物镜调焦螺旋看清目标，旋转望远镜微动螺旋和水平微动螺旋，精确瞄准目标。测量水平角时，应使目标影像夹在双纵丝内且与双纵丝对称，或用单纵丝平分目标，十字丝中丝尽可能靠近照准标志的底部，如图 3-11（a）所示；观测竖直角时，应使十字丝中丝与目标顶部相切，如图 3-11（b）所示。

第一次读数之前应检查望远镜是否存在视差，如果有视差，应依次转动目镜调焦螺旋和物镜调焦螺旋，使十字丝和物像处于清晰状态，消除视差，然后才能开始读数。

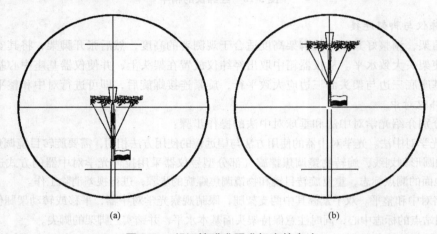

(a)   (b)

图 3-11 望远镜瞄准照准标志的方法

3.3.3 读数

观测者可以通过经纬仪的读数显微镜读取竖直度盘和水平度盘上的数值。打开照准部 U 形支架上的反光镜并调整其位置，将光线反射进入经纬仪内部，旋转读数显微镜的目镜调焦螺旋，使读数窗内的度盘影像明亮、清晰，然后读数。

需要注意，在竖直角读数前，应调节竖直度盘水准管微动螺旋，使气泡居中，或者打开竖盘指标自动归零补偿器锁止开关，然后才可以读数。

3.4 水平角观测

水平角观测方法一般根据同一测站须观测目标数量的多少而定，常用的方法有测回法和方向观测法。角度观测时，为了减小仪器误差的影响，要求分别采用盘左和盘右进行角度观测并记录数据。

3.4.1 测回法

当一个测站只需观测两个方向之间的单个水平角时，通常采用测回法进行观测。该方法是水平角观测的基本方法。如图 3-12 所示，A、O、B 为地面上的 3 个测点，若要求测量 OA、OB 两个方向的水平角 β，具体操作步骤如下：

（1）安置仪器。首先在测站点 O 上安置经纬仪，对中、整平，并分别在 A、B 两点上设置观测标志，然后进行观测。根据所需测量水平角的情况选择起始观测目标方向，当选择目标 A 为起始目标，即先观测 A，后观测 B，则测量的为水平角 β；当选择目标 B 为起始目标，即先观测 B，后观测 A，则测量的为水平角 β'。这里测量的是水平角 β，所以起始目标为 A。

图 3-12　测回法水平角观测

（2）盘左观测。经纬仪安置成盘左位置（即从望远镜目镜向物镜方向看，竖直度盘在望远镜的左边，又称正镜），转动照准部，利用望远镜瞄准器初步瞄准起始目标 A，锁紧水平制动螺旋和望远镜制动螺旋，旋转目镜和物镜调焦螺旋，使十字丝和目标成像清晰，消除视差。再利用水平微动螺旋和望远镜微动螺旋，使十字丝准确瞄准目标 A。

利用水平度盘变换手轮，将水平度盘读数配置为略大于零，读取读数 $a_左 = 0°06'24''$，并记入观测手簿，见表 3-1。使用装有复测器的经纬仪，水平度盘配置的方法略有不同，应首先配置度盘，然后瞄准起始目标。

表 3-1　测回法观测手簿

仪器等级：<u>DJ6</u>　　　　　　仪器编号：<u>T246482</u>　　　　　　观测者：<u>张三</u>

观测日期：<u>2017 年 8 月 19 日</u>　　天　　气：<u>晴朗</u>　　　　记录者：<u>李四</u>

测站	测回数	竖盘位置	目标	水平度盘读数/°′″	半测回角值/°′″	半测回互差/″	一测回角值/°′″	各测回平均角值/°′″
O	1	左	A	00 06 24	112 39 54	6	112 39 51	112 39 52
			B	112 46 18				
		右	A	180 06 48	112 39 48			
			B	292 46 36				
	2	左	A	90 06 18	112 39 48	−12	112 39 54	
			B	202 46 06				
		右	A	270 06 30	112 40 00			
			B	22 46 30				

松开水平制动螺旋和望远镜制动螺旋，顺时针旋转照准部，瞄准目标 B，读取水平度盘读数

$b_左 = 112°46'18''$，记入观测手簿。

盘左观测过程完成，此过程又称为上半测回观测，其观测值 $\beta_左 = b_左 - a_左$ 称为上半测回角值，得 $\beta_左 = 112°39'54''$。

（3）盘右观测。松开望远镜制动螺旋，纵转望远镜为盘右位置（即从望远镜目镜向物镜方向看，竖直度盘在望远镜的右边，又称倒镜），然后松开水平制动螺旋，旋转照准部180°，瞄准目标 B，读取水平度盘读数 $b_右 = 292°46'36''$，记入观测手簿。

松开水平制动螺旋和望远镜制动螺旋，逆时针旋转照准部，瞄准起始方向 A，读取水平度盘读数 $a_右 = 180°06'48''$，记入观测手簿。

盘右观测过程完成，此过程又称为下半测回观测，其观测值 $\beta_右 = b_右 - a_右$ 称为下半测回角值，得 $\beta_右 = 112°39'48''$。

若不考虑观测误差的影响，同一目标方向的盘左位置水平度盘读数与盘右位置水平度盘读数应互差180°。因此，在盘右位置观测时，记录员可据此检查观测结果是否正确。

（4）计算检核。上半测回观测和下半测回观测合称一个测回观测。理论上上半测回角值等于下半测回角值，在实际观测中，因为存在误差，所以一般情况下，上、下半测回角值并不相等。上、下半测回角值的差值称为半测回互差，不能超过规定的容许值。对于DJ6经纬仪，要求两个半测回角值之差绝对值不大于 40″（即 $|\beta_左 - \beta_右| \leq 40''$）［参看《工程测量规范》（GB 50026—2007 中 5.2.7 条规定）］。若符合要求，则取上、下半测回角值的平均值作为该测回的观测结果，否则该测回观测无效，需要重新观测。一测回角值 β 数值为

$$\beta = \frac{1}{2}(\beta_左 + \beta_右) \tag{3-1}$$

本例中，第一测回半测回互差为 112°39'54″ – 112°39'48″ = 6″，小于容许值 ± 40″，根据式（3-1）计算得到一测回角值为112°39'51″，对应填入观测手簿。

当测角精度要求较高时，一般需要观测多个测回，取各测回观测角值的算术平均值作为水平角的观测结果。为了减少水平度盘分划误差的影响，各测回间应根据测回数 n，以 $180°/n$ 为增量配置水平度盘。需要注意，一个测回水平角观测只能配置水平度盘一次，且在盘左观测起始目标方向时配置，切勿在盘右观测时重新配置度盘。本例为 2 个测回观测，在第二测回盘左观测起始目标 A 时，需要重新配置度盘数值约为 $180°/2 = 90°$。如果第二测回的半测回互差符合要求（小于40″），则取两测回角值的算术平均值作为最后结果。若测回数为 3，则每测回配置度盘的角度增量值为 $180°/3 = 60°$，即第一、二、三测回的盘左度盘配置分别约为 0°、60°、120°。

测回法采用盘左、盘右两个位置观测水平角取平均值，可以消除仪器误差（如视准轴误差、横轴不水平误差）对测角的影响，提高了测角精度，同时也可作为观测中有无错误的检验。

3.4.2 方向观测法

当一个测站需要观测三个及三个以上方向时，通常采用方向观测法（又称为全圆方向法或全圆测回法）。与测回法相同的是，方向观测法需要选定一个目标方向为起始方向（称为零方向），分别进行盘左和盘右两个半测回观测，依次观测各个目标并记录水平度盘数值，则每个角度的角值即组成该角度的两个方向的数值之差。与测回法不同的是，方向观测法在完成半个测回所有目标的观测后，最后还应再次观测起始方向并记录水平度盘数值。

如图 3-13 所示，以 O 为测站点，用方向观测法观测 A、B、C、D 四个方向间的水平角。具体操作步骤如下：

（1）安置仪器。首先在测站点 O 上安置经纬仪，对中、整平，并分别在 A、B、C、D 四个

点上设置观测标志，任意选择其中一个方向为起始观测方向，然后进行观测。这里假设以 A 点作为起始观测方向。

（2）盘左观测。经纬仪安置成盘左位置，准确瞄准目标 A，将水平度盘读数配置在 0°左右，读取水平度盘读数并记入观测手簿，见表3-2。松开水平制动螺旋和望远镜制动螺旋，顺时针转动照准部，依次瞄准 B、C、D 点的观测标志进行观测，读取各方向数值，并记入观测手簿。盘左

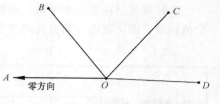

图 3-13　方向观测法

观测（又称为上半测回观测）的顺序是 A、B、C、D、A，最后返回到起始方向 A 的操作称为上半测回归零，两次观测零方向 A 的读数之差称为归零差。

（3）盘右观测。松开望远镜制动螺旋，纵转望远镜至盘右位置，然后松开水平制动螺旋，旋转照准部180°，重新瞄准目标 A，读取水平度盘读数并记入观测手簿。松开制动螺旋，逆时针转动照准部，依次瞄准 D、C、B、A 点的观测标志进行观测，读取各方向数值，并记入观测手簿。盘右观测（又称为下半测回观测）的顺序是 A、D、C、B、A，最后返回到起始方向 A 的操作称为下半测回归零。

至此一个测回的观测操作结束。半测回观测中，必须严格按观测顺序进行，上半测回照准部依次顺时针旋转，下半测回照准部依次逆时针旋转。如果需要提高观测精度，可进行多个测回观测，各测回在盘左位置开始观测起始方向时，必须以 180°/n 为增量配置水平度盘读数。

对于用 DJ6 经纬仪观测，《工程测量规范》（GB 50026—2007）3.3.8 规定，半测回归零差的限差为18″。如表3-2 所示，本例第 1 测回上半测回和下半测回归零差均为6″；第 2 测回上半测回归零差为0″，下半测回归零差为6″；2 个测回归零差均满足限差要求。

（3）计算步骤。

①计算 2C（又称两倍照准差）。理论上，相同方向的盘左、盘右观测值相差应为180°，如果不是，其偏差值称为2C，计算公式为

$$2C = 盘左读数 - （盘右读数 \pm 180°）\tag{3-2}$$

盘右读数大于180°，取" − "号，盘右读数小于180°，取" + "号，计算结果填入表3-2的第6列。对于用 DJ6 经纬仪观测，对2C 的变化范围不做规定，但对于用 DJ2 型以上经纬仪精密测角时，2C 的变化范围则有相应的限差。

②计算方向观测的平均值。

$$平均读数 = 1/2 \left[盘左读数 + （盘右读数 \pm 180°）\right]\tag{3-3}$$

式中的" ± "符号选择同式（3 − 2），计算结果填入表3-2的第7列，作为各方向的方向值。起始方向有两个平均值，应将这两个平均值再次取平均值作为该方向的方向值，填入第7列上方，并括以括号。

③计算一测回归零方向值。将各方向值分别减去起始方向值，作为各方向的归零后方向值，起始方向归零后方向值为零，计算结果填入表3-2 的第8 列，注意零方向归零后的方向值为0°00′00″。

④计算各测回归零后方向值的平均值。本例表3-2 记录了两个测回的测角数据，故取两个测回归零后方向值的平均值作为各方向最后成果，填入表3-2 第9 列。在填入此列之前应先计算各测回同一方向的归零后方向值较差（同一未知量的两个观测值之间的差值），称为同一方向值各测回较差。

对于用 DJ6 经纬仪观测，《工程测量规范》（GB 50026—2007）3.3.8 规定，同一方向值各测回较差的限差为24″。本例各方向两测回较差分别为0″、7″、2″、5″，均满足限差要求。

⑤计算各目标间的水平角。根据第 9 列的各测回归零后方向值的平均值，取任意两方向的平均值相减，即可获得该两方向间的水平角数值。

表 3-2　方向观测法观测手簿

测站	测回数	目标	读　数		2C＝左－（右 ±180°）/″	平均读数＝1/2[左＋（右±180°）]/°′″	归零后方向值/°′″	各测回归零方向值平均值/°′″
			盘左/°′″	盘右/°′″				
1	2	3	4	5	6	7	8	9
						（0 01 09）		
		A	0 01 00	180 01 12	－12	0 01 06	0 00 00	
		B	62 15 24	242 15 48	－24	62 15 36	62 14 27	
O	1	C	107 38 42	287 39 06	－24	107 38 54	107 37 45	
		D	185 29 06	5 29 12	－6	185 29 09	185 28 00	
		A	0 01 06	180 01 18	－12	0 01 12		
						（90 01 40）		
		A	90 01 36	270 01 42	－6	90 01 39	0 00 00	0 00 00
		B	152 15 54	332 16 06	－12	152 16 00	62 14 20	62 14 24
O	2	C	197 39 24	17 39 30	－6	197 39 27	107 37 47	107 37 46
		D	275 29 42	95 29 48	－6	275 29 45	185 28 05	185 28 02
		A	90 01 36	270 01 48	－12	90 01 42		

采用方向观测法进行角度测量时，在水平角观测过程中，要及时检查半测回归零差、2C 互差和同一方向值各测回较差等是否满足《工程测量规范》（GB 50026—2007）限差要求，发现数据不能满足技术要求时，应重新观测。

3.5　竖直角观测

3.5.1　竖直度盘的结构

竖直度盘装置是测量竖直角的主要设备，由于仪器设备构造设计原理的区别，竖直度盘装置主要分为以下两种不同的构造形式：

（1）竖直度盘水准管的构造。如图 3-14 所示，该类仪器竖直度盘装置主要包括竖直度盘、读数指标、竖直度盘水准管和竖盘水准管微动螺旋。竖直度盘可随望远镜在竖直面内转动，而读数指标不随望远镜转动。当望远镜上下转动瞄准不同的目标时，竖直度盘随之转动，而读数指标不动，因而可读取不同位置对应的竖直度盘读数值。

分微尺的零刻划线是竖盘读数的指标线，即读数窗内的零分划线，分微尺与竖直度盘水准管连接在一起。竖直度盘读数前必须旋转竖盘水准管微动螺旋，将带动读数指标和竖直度盘水准管一起做微小的转动，使竖直度盘水准管气泡居中，即读数指标处于正确的位置。

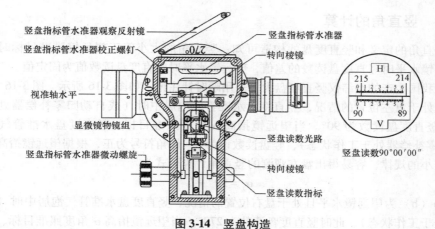

图 3-14　竖盘构造

（2）自动归零补偿器的构造。该类仪器竖直度盘装置主要包括竖直度盘、读数指标、自动归零补偿器。自动归零补偿器代替了竖直度盘水准管和竖盘水准管微动螺旋的功能，当仪器稍有微量倾斜时，自动归零补偿器能够自动调整光路，使得读数时能够获得读数指标处于正确位置的数值。

使用时，逆时针旋转打开自动归零补偿器锁止开关，使自动归零补偿器处于工作状态，即透镜处于铅垂悬挂状态，此时用手微微转动照准部，能够听到透镜碰撞仪器发出的"铛、铛"声响，否则表示自动归零补偿器工作异常，须再次转动锁止开关，直到能够听到"铛、铛"声响。仅在竖直度盘读数前，才能打开锁止开关，读数完毕应立即顺时针旋转关闭锁止开关，以保证锁紧补偿机构，防止震坏吊丝。

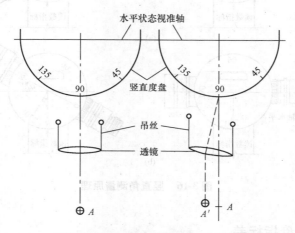

图 3-15　自动归零补偿器工作原理

如图 3-16（a）所示，读数指标的正确位置是：望远镜处于盘左位置、竖盘指标管水准气泡居中时，读数窗口的竖盘度数应为 90°（根据仪器设计不同，也可能是 0°、180° 或 270°）。竖直度盘注记为 0°~360°，分为顺时针和逆时针注记两种形式，本书仅介绍顺时针注记的形式。

3.5.2 竖直角的计算

根据竖直角的定义和竖直度盘的构造可知：竖直角的大小等于望远镜瞄准目标时竖直度盘读数和望远镜水平时竖直度盘读数的差值，望远镜水平时竖直度盘读数值为固定值。

目前，我国生产的经纬仪竖直度盘大多采用顺时针注记，如图 3-16 所示。图 3-16（a）为望远镜水平且处于盘左位置的情况，竖直度盘水准管气泡居中时（或自动归零补偿器处于工作状态），此时竖直度盘读数为 90°。当望远镜抬高 α 角度照准目标、竖直度盘水准管气泡居中时（或自动归零补偿器处于工作状态），竖盘读数设为 L。仰角符号为正，根据望远镜抬高时，竖直度盘读数变小的规律，容易得出盘左观测的竖直角计算公式为

$$\alpha_L = 90° - L \tag{3-4}$$

图 3-16（b）为望远镜水平且处于盘右位置的情况，竖直度盘水准管气泡居中时（或自动归零补偿器处于工作状态），此时竖直度盘读数为 270°。当望远镜抬高 α 角度照准目标、竖直度盘水准管气泡居中时（或自动归零补偿器处于工作状态），竖盘读数设为 R。仰角符号为正，根据望远镜抬高时，竖直度盘读数变大的规律，容易得出盘右观测的竖直角计算公式为

$$\alpha_R = R - 270° \tag{3-5}$$

竖直度盘的注记形式不同，竖直角的计算公式不同，可以通过观察望远镜水平时的竖直度盘读数值及望远镜转动与竖直度盘读数变化的规律推导得出。

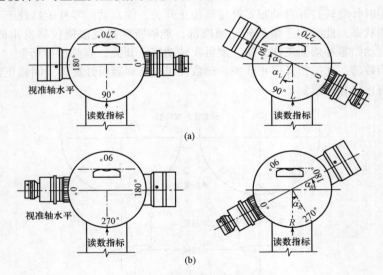

图 3-16　竖直角测量原理

3.5.3 竖直度盘指标差

由于长期使用及运输，经纬仪在望远镜视线水平、竖直度盘水准管气泡居中时，竖直度盘指标偏离了正确的位置，读数不是 90° 或 270°，而是增大或者减小了一个小角度 x，x 即竖直度盘指标差。

如图 3-17（a）所示，望远镜视线水平时，盘左竖盘读数为 $90° + x$。根据竖直角测量原理，可得到存在竖直度盘指标差 x 时，正确的竖直角计算公式应为

$$\alpha_L' = (90° + x) - L = \alpha_L + x \tag{3-6}$$

如图 3-17（b）所示，当望远镜旋转至盘右位置、望远镜水平时，盘右竖盘读数为 $270° + x$。同理可得，正确的竖直角计算公式应为

$$\alpha'_R = R - (270° + x) = \alpha_R - x \tag{3-7}$$

由式（3-4）~ 式（3-7）比较可得，如果仪器存在竖直度盘指标差，应用式（3-4）、式（3-5）计算得到的竖直角与正确的竖直角不相等，两者相差一个小角度 x，这也是盘左观测竖直角与盘右观测竖直角不相等的原因。

将式（3-6）减去式（3-7）可求出竖直度盘指标差 x 为

$$x = \frac{1}{2}(\alpha_R - \alpha_L) \tag{3-8}$$

将式（3-6）加上式（3-7）可求出正确的竖直角

$$\alpha = \frac{1}{2}(\alpha_L + \alpha_R) \tag{3-9}$$

由式（3-9）可知，通过求盘左与盘右所测竖直角的平均值可以消除竖直度盘指标差 x 的影响。在同一测站的竖直角观测中，竖直度盘指标差 x 固定不变，可根据指标差的数值检查竖直角观测质量。

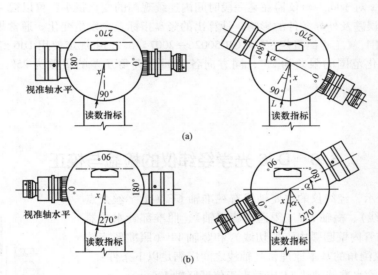

图 3-17　竖直度盘指标差

（a）盘左；（b）盘右

3.5.4　竖直角的观测

竖直角观测应用横丝瞄准目标的特定位置，通常瞄准标杆的顶部或标尺上的某一位置。竖直角观测的操作步骤如下：

（1）将仪器安置于测站点上，对中、整平，消除视差。判断竖直度盘的注记形式，确定竖直角的计算公式，这里假设仪器竖直度盘注记如图 3-16 所示，顺时针注记。

（2）盘左位置瞄准目标，旋转竖盘水准管微动螺旋使竖直度盘水准管气泡居中，或逆时针旋转打开自动归零补偿器锁止开关，读取竖直度盘读数 L，并记入观测手簿，如表 3-3 所示。

（3）盘右位置瞄准目标，十字丝横丝瞄准位置与盘左位置瞄准位置务必一致，旋转竖盘水

准管微动螺旋使竖直度盘水准管气泡居中，或逆时针旋转打开自动归零补偿器锁止开关，读取竖直度盘读数 R，并记入观测手簿，如表 3-3 所示。

（4）根据式（3-4）、式（3-5）分别计算盘左、盘右竖直角度观测值，根据式（3-8）计算竖直度盘指标差 x，根据式（3-9）计算一测回竖直角值，并将计算结果填入手簿。至此，一个方向的一测回竖直角度观测完成。

表 3-3 竖直角观测手簿

仪器等级：DJ6 仪器编号：T246482 观测者：张三
观测日期：2017 年 8 月 19 日 天　气：晴朗 记录者：李四

测站	目标	竖盘位置	竖盘读数/°′″	半测回角值/°′″	指标差/″	一测回角值/°′″
O	A	左	83 12 36	6 47 24	−12	6 47 12
		右	276 47 00	6 47 00		
	B	左	101 18 42	−11 18 42	−9	−11 18 51
		右	258 41 00	−11 19 00		

竖盘指标差 x 对于同一台仪器在某一段时间内连续观测的变化很小，可以视为定值。但由于仪器误差、观测误差及外界条件的影响，计算出的竖盘指标差会发生变化。通常规范规定了指标差变化的容许范围，《工程测量规范》（GB 50026—2007）5.2.14 规定使用 DJ6 经纬仪观测竖直角竖盘指标差变化范围的限差为 25″，同方向各测回竖直角互差的限差为 25″，若超限，则应重测。

3.6 DJ6 光学经纬仪的检验与校正

如图 3-18 所示，经纬仪的主要轴线有视准轴 CC（十字丝交点与物镜光心的连线）、横轴 HH（望远镜旋转轴）、照准部管水准器轴 LL（通过水准管内壁圆弧中点的切线）和竖轴 VV（照准部旋转轴）。根据经纬仪测角的基本原理，其轴线之间应满足以下条件：

（1）照准部管水准器轴线 LL 应垂直于仪器竖轴 VV；

（2）十字丝竖丝应垂直于仪器横轴 HH；

（3）视准轴 CC 垂直于仪器横轴 HH；

（4）仪器横轴 HH 垂直于仪器竖轴 VV。

此外，经纬仪还需要满足：当竖直度盘水准管气泡居中时，竖直度盘指标处于正确的位置上，即指标差为零；光学对中器的视准轴与仪器竖轴重合。经纬仪在长期使用后，主要轴线间的关系易发生变化，会对角度测量的精度产生一定影响，因此在使用经纬仪前应对经纬仪的上述关系进行检验，必要时应进行校正。

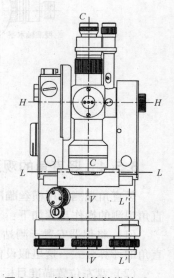

图 3-18 经纬仪的轴线关系

3.6.1 照准部管水准器的检验与校正

（1）检验和校正的目的：使水准管垂直于竖轴，即 $LL \perp VV$。若照准部管水准器轴线 LL 不垂

直于仪器竖轴 VV，则不能保证竖轴 VV 处于铅垂线方向、水平度盘处于水平面上，该误差又称为竖轴误差。

（2）检验方法：首先利用圆水准器，将仪器粗略整平，旋转照准部，使照准部管水准器轴线平行于任意两个脚螺旋的连线，旋转脚螺旋使气泡居中。再旋转照准部 180°，如果气泡仍然居中，说明此关系成立。反之，气泡不居中且偏离量超过刻划线一格，则应进行校正。

（3）校正方法：如图 3-19（a）所示，假设照准部水准器轴线与仪器竖轴不垂直，当水准器气泡居中，水准器轴线水平，则仪器竖轴偏离竖直方向 α。如图 3-19（b）所示，将照准部旋转180°后，仪器竖轴位置不变，但是照准部水准器气泡不居中，且水准器轴线偏离水平面的角度为 2α，此时气泡偏离水准器刻划中心的偏离格值对应的水准器偏离水平面的角度值正好为 2α。如图 3-19（c）所示，用校正针拨动管水准器一端的校正螺钉，使气泡向中央移动偏离格值的一半；如图 3-19（d）所示，剩下偏离格值的一半校正用与水准器轴平行的脚螺旋完成。此时，照准部管水准器轴线水平，仪器竖轴竖直，两者满足垂直关系。通常该项校正需要反复进行多次，直至气泡偏离值在一格以内为止。

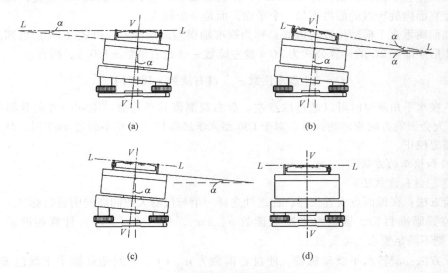

图 3-19 照准部管水准器的检验与校正

3.6.2 十字丝竖丝的检验与校正

（1）检验和校正的目的：仪器整平后，使十字丝竖丝垂直于横轴，即竖丝竖直，以便能精确地瞄准目标。

（2）检验方法：架设仪器，对中、整平，并消除望远镜视差。如图 3-20（a）所示，用十字丝的交点精确瞄准一个清晰的目标点 P，拧紧水平制动螺旋，旋转水平微动螺旋，观察目标点 P 是否偏离十字丝横丝运动。也可通过拧紧望远镜制动螺旋，旋转望远镜微动螺旋，观察目标点 P 是否偏离十字丝竖丝。如果没有，说明条件满足，否则需要进行校正。

（3）校正方法：旋转并卸下目镜外罩，如图 3-20（b）所示，松开 4 颗压环螺钉，缓慢转动十字丝组，直至转动水平微动螺旋时 P 点始终在横丝上移动。然后对称地、逐步地拧紧 4 颗压环螺钉。

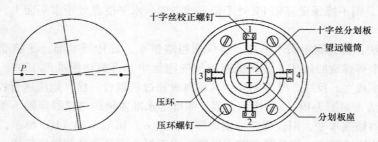

图 3-20 十字丝竖丝垂直于仪器横轴的检验

3.6.3 视准轴的检验与校正

1. 检验和校正的目的

使视准轴垂直于仪器横轴，即 $CC \perp HH$。若视准轴 CC 与仪器横轴 HH 不垂直，视准轴绕仪器横轴在竖直面内旋转过的面将不是一个平面，而是一个圆锥面。

视准轴偏离垂直于横轴位置的角值 C 称为视准轴误差或照准差。由式（3-2）可知，同一方向观测的 2 倍照准差 $2C$ 的计算公式为 $2C = $ 盘左读数 $-$（盘右读数 $\pm 180°$），则有

$$C = \frac{1}{2}[\,盘左读数 - （盘右读数 \pm 180°）\,] \tag{3-10}$$

虽然，在水平角测量时可以通过取盘左、盘右观测值的平均值消除同一方向观测的照准差 C，但 C 过大会影响方向观测的计算。对于 DJ6 型光学经纬仪，当 C 不超过 $\pm 60″$ 时，认为满足要求，否则需要校正。

2. 检验和校正的方法

（1）盘左盘右读数法。

①检验方法：在地面点安置仪器，在远处选择一个与仪器大致同高的明显目标 A，分别在盘左、盘右位置瞄准目标，读取水平度盘读数 $\alpha_左$、$\alpha_右$，带入式（3-10）计算照准差 C，如果 $|C| > 60″$，则不满足要求，需要校正。

②校正方法：旋转水平微动螺旋，使盘右读数为 $\alpha_右 + C$，此时望远镜十字丝已偏离目标。如图 3-20 所示，调节十字丝环左右两颗校正螺钉，使十字丝交点精确对准目标，此时视准轴应与仪器横轴垂直。

（2）四分之一法。盘左盘右读数法对于单指标的经纬仪，仅在水平度盘无偏心或偏心差的影响小于估读误差时才见效。若水平度盘偏心差的影响大于估读误差，则式（3-10）计算得到的视准轴误差 C 值可能是偏心差引起的，或者是偏心差的影响占主要原因。这样检验将得不到正确的结果。此时，则应选择四分之一法。

①检验方法：如图 3-21 所示，选择一建筑外墙面具备通视条件的平坦场地，在距离墙面约 100 m 处标定一点 A，在 A 点与墙面的中点 O 处安置经纬仪，在墙面上与仪器等高处横置一把毫米刻度尺，尺面与 AO 连线垂直。先用盘左瞄准 A 点标志，固定照准部，然后旋转望远镜瞄准刻度尺，记录十字丝交点对应尺面的刻度值 B_1；再用盘右瞄准 A 点标志，重复刚才步骤，并记录刻度值 B_2。如果 B_1 与 B_2 相等，则视准轴垂直于横轴；若两者不垂直，则需要校正。

②校正方法：由 B_2 点向 B_1 点量取 1/4 的 B_1B_2 距离，定为 B_3 点。如图 3-20 所示，调节十字丝环左右两颗校正螺钉，使十字丝交点精确对准 B_3 点，此时视准轴应与仪器横轴垂直。

校正完成后，应重复上述的检验操作，直至满足 C 在 $\pm 60″$ 范围内。

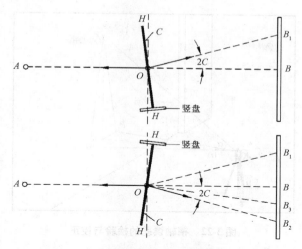

图 3-21　视准轴与横轴不垂直的检验与校正

3.6.4　仪器横轴的检验与校正

（1）检校目的：使横轴垂直于竖轴，这样当仪器整平后竖轴铅直，横轴水平，视准轴绕仪器横轴在竖直方向上旋转过的面（视准面）将是一个竖直面。仪器横轴 HH 不垂直于仪器竖轴 VV，其偏差值称为横轴误差，用 i 表示。当存在横轴误差时，仪器精平后，视准面是一个倾斜平面。

（2）检验方法：如图 3-22 所示，在距离一建筑物墙体约 30 m 处安置仪器，并在墙面高处选择一目标点 P，用盘左位置精确瞄准 P 点，固定照准部，转动望远镜使视准轴水平（即竖直度盘读数为 90°），由十字丝交点在墙上定出一点 P_1；旋转望远镜至盘右位置，用同样的方法在墙上定出一点 P_2，则 i 角可按下式计算：

$$i = \rho'' \frac{P_1 P_2}{2 D} \cot\alpha \tag{3-11}$$

式中，α 为 P 点的竖直角，D 为测站至 P 点的水平距离。当 $i > 20''$ 时，必须校正。

（3）校正方法：转动照准部，瞄准 $P_1 P_2$ 的中点 P_M，拧紧水平制动螺旋，转动望远镜瞄准 P 点，这时高处 P 点偏离十字丝交点，调整仪器横轴，使十字丝交点对准 P 点。该项校正应在无尘室内环境中，使用专用的平行光管进行操作，一般交给专业维修人员校正。

3.6.5　竖直度盘指标差的检验与校正

（1）检校目的：使竖直度盘指标差为零，即 $x = 0$。

（2）检验方法：在一测站点安置仪器，瞄准某一方向进行竖直角测量，由式（3-8）计算竖直度盘指标差 x。一般要观测另一明显目标验证上述求得的竖直度盘指标差 x 是否正确，若两者相差甚微或相同，证明检验无误。对于 DJ6 型光学经纬仪，当竖直度盘指标差 x 值不超过 ±60″ 时，可不校正，否则应进行校正。

（3）校正方法：如图 3-17（b）所示，可知盘右瞄准目标时，竖盘指标处于正确的位置，竖直度盘读数应为 $R - x$，旋转竖盘水准管微动螺旋，使竖盘读数为 $R - x$，此时，竖直度盘管水准

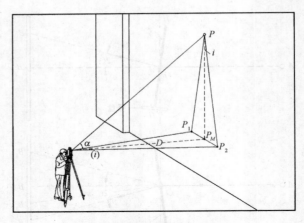

图 3-22　横轴误差的检验与校正

器气泡偏离中心位置，用校正针拨动竖直度盘水准器校正螺钉，使气泡居中。该项校正需要反复进行，直至竖直度盘指标差 x 满足要求。

具有自动归零装置的仪器，竖直度盘指标差的检验方法与上述相同，但校正宜送仪器专门检修部门进行。

3.6.6　光学对中器的检验与校正

光学对中器的构造与望远镜类似，由物镜、分划板和目镜三部分组成。分划板刻划中心与物镜光学中心的连线是光学对中器的视准轴。光学对中器的视准轴由转向棱镜折射 90° 后，应与仪器竖轴重合，如果无法满足，则会由此产生对中误差，影响测角精度。

（1）检校目的：使对中器的视准轴与仪器竖轴重合。

（2）检验方法：架设经纬仪，精确整平后，在仪器的正下方地面上放置一张白色纸板，纸板上画有一个十字形标志 P，如图 3-23 所示。移动纸板，使光学对中器分划圆圈对准 P 点，固定纸板。将照准部旋转 180°，如果对中器分划圆圈仍然对准 P 点，说明条件满足，否则需要进行校正。

（3）校正方法：在纸板上标记出分划圆圈对准的另一点 P'，画出 P 与 P' 两点连线及线段中点 P''。调节光学对中器校正螺钉，使对中器分划圆圈中心对准 P'' 点，然后再将照准部旋转 180° 检验。

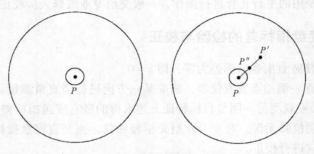

图 3-23　光学对中器的检验与校正

3.7　角度测量的误差及注意事项

角度的测量会受到误差的影响，主要有仪器自身的误差、观测者在观测过程中的误差，以及观测时外界条件的影响造成的误差。研究误差的成因及性质，有助于观测者采取适当措施消除或减小误差影响，从而提高观测精度。

3.7.1　仪器误差

仪器误差主要是由仪器的制造加工不完善或者仪器的几何轴线检校不完善（残余误差）两方面原因造成的。由仪器加工不完善而引起的误差，有照准部偏心差及度盘刻划不均匀误差等；由仪器校正不完善而引起的误差，有视准轴不垂直于横轴的误差（视准轴误差）、横轴不垂直于竖轴的误差（横轴误差）等。

（1）视准轴误差。视准轴误差指望远镜视准轴 CC 不垂直于仪器横轴 HH 的偏差。此误差是由于望远镜十字丝安装不正确或外界温度变化引起十字丝与物镜位置变动等原因造成的。因为视准轴误差存在，望远镜视准轴绕横轴旋转形成的不是铅垂面，而是一个圆锥面，导致望远镜瞄准同一方向的不同高度时，水平度盘的读数值不同，从而引起水平角观测误差。

仪器校正，可以使视准轴和横轴满足垂直关系。由于视准轴误差在盘左、盘右位置时符号相反而数值相等，故校正后的残余误差可通过盘左、盘右观测，取平均值的方法消除。

（2）横轴误差。横轴误差指仪器横轴 HH 不垂直于仪器竖轴 VV 的偏差。因为横轴误差存在，仪器精平后，竖轴 VV 处于竖直方向，而横轴不水平，此时视准轴绕横轴旋转形成的也不是铅垂面，而是一个倾斜的平面，导致望远镜瞄准同一方向的不同高度时，水平度盘的读数值不同，从而引起水平角观测误差。

仪器校正，可以使横轴和竖轴满足垂直关系。由于横轴不水平误差在盘左、盘右位置时符号相反而数值相等，校正后的残余误差可通过盘左、盘右观测，取平均值的方法消除。

（3）竖轴误差。竖轴误差指仪器安置好后，竖轴不处于竖直方向的偏差。它可能是由照准部管水准器轴线与竖轴不垂直，或者安置仪器时照准部管水准器气泡没有居中导致的。竖轴不在竖直方向上，会引起横轴及水平度盘不在水平面上，造成水平角观测误差。

竖轴误差不能通过盘左、盘右观测，取平均值的方法消除。只能通过在观测前对仪器进行严格的检验和校正来避免，在观测时仔细整平，照准部管水准器气泡偏离中心位置不能超过 1 格。特别是在观测目标的竖直角较大时，此误差的影响更明显。

（4）照准部偏心差和水平度盘分划不均匀误差。照准部偏心差指照准部旋转中心与水平度盘圆心不重合而产生的测角误差，可以通过盘左、盘右观测，取平均值的方法消除。水平度盘分划不均匀误差指度盘最小分划间隔不相等而产生的测角误差，可以通过多测回观测水平角，取平均值的方法削弱。各测回零方向根据测回数 n 不同，按照 $180°/n$ 依次递增变换水平度盘位置。

3.7.2　观测误差

（1）对中误差。对中误差指仪器在安置过程中，光学对中器的刻划中心与测站点不在同一铅垂线上，即水平度盘中心与测站点不在同一铅垂线上而造成的测角误差。

如图 3-24 所示，A、C 为观测目标，B 为测站点，B' 为仪器安置中心，BB' 即对中误差。θ 为观测水平角的起始方向 $B'A$ 与偏心方向 $B'B$ 的水平夹角，称为测站偏心角。β 为准确的水平角值，β' 为观测的水平角值，两者之间的关系如下：

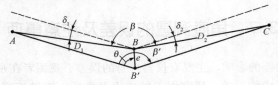

图 3-24　对中误差

$$\beta = \beta' + (\delta_1 + \delta_2) \tag{3-12}$$

其中，$\sin\delta_1 = \dfrac{e\sin\theta}{D_1}$，$\sin\delta_2 = \dfrac{e\sin(\beta'-\theta)}{D_2}$，因为 δ_1、δ_2 很小，所以有 $\delta_1 = \dfrac{e\sin\theta}{D_1}\rho''$，$\delta_2 = \dfrac{e\sin(\beta'-\theta)}{D_2}\rho''$，则对中误差对观测水平角的影响为

$$\Delta\beta = \beta' - \beta = \delta_1 + \delta_2 = \left[\frac{\sin\theta}{D_1} + \frac{\sin(\beta'-\theta)}{D_2}\right]e\rho'' \tag{3-13}$$

由式（3-13）可知：

① 当 β' 和 θ 一定时，仪器对中误差 δ_1、δ_2 与测站偏心距 e 成正比，即偏心距越大，$\Delta\beta$ 越大。

② 当 e 和 θ 一定时，$\Delta\beta$ 与距离 D_1、D_2 成反比，即边长越短，$\Delta\beta$ 越大。

仪器对中误差 δ 与测站偏心角 θ 和水平角观测值 β' 有关，当 $\theta = 90°$、$\beta' = 180°$ 时，仪器对中误差 δ 最大。该项误差无法通过观测方法消除，所以观测者安置仪器时应严格对中，特别是观测边长距离较短时，更应严格对中。

（2）目标偏心误差。目标偏心误差指目标点上竖立的瞄准标志（标杆、测钎）没有竖直或没有准确地安置在目标点上而产生的测角误差。

如图 3-25 所示，A、C 为观测目标，B 为测站点，C' 为实际瞄准的目标，D 为 BC 边的距离，e 为 C 目标的偏心距，θ 为偏心方向 CC' 与 BC 边的水平夹角，则 C 目标偏心误差对水平角观测的影响为

$$\delta = \frac{e\sin\theta}{D}\rho'' \tag{3-14}$$

由式（3-14）可知：

① 当 θ 一定时，目标偏心误差 δ 对水平方向观测值的影响与目标偏心距 e 成正比，与距离 D 成反比。

② 当 e、D 一定时，若 $\theta = 90°$，表明垂直于瞄准视线方向的目标偏心对水平方向观测值的影响最大；对水平角的影响随着 θ 的方位及大小而定，但与 β 角的大小无关。

该项误差无法通过观测方法消除，只能使标杆、测钎等标志保持竖直，瞄准时尽可能瞄准标志底部，以减小该项误差影响。

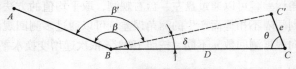

图 3-25　目标偏心误差

（3）瞄准误差。瞄准误差指测角时，人眼通过望远镜瞄准目标产生的误差。一般情况下，可用望远镜的放大倍数 V 和人眼的最小分辨视角（$60''$）来衡量仪器的瞄准精度，如下式所示：

$$m_V = \pm\frac{60''}{V} \tag{3-15}$$

m_V 越小，瞄准误差越小。DJ6 经纬仪的望远镜放大倍数 $V = 28$ 倍，则 $m_V = \pm 2.2''$。

瞄准误差无法消除，可以通过选择望远镜放大倍数较大的经纬仪，或者改进观测标志的形状、大小、颜色和瞄准方法等减小此项误差。

（4）读数误差。读数误差主要取决于经纬仪的读数设备。观测者的读数经验以及仪器内部光路的照明度和读数视窗的清晰度也会对读数有一定影响。DJ6 型经纬仪读数误差为 $\pm 6''$，DJ2 型经纬仪读数误差为 $\pm 2''$。为使读数误差控制在上述范围内，观测中必须仔细操作，照明亮度均匀，读数显微镜仔细调焦，准确估读，否则读数误差将会较大。

3.7.3　外界条件的影响

角度测量外业工作主要在室外进行，外界环境的诸多影响因素都会给角度测量精度带来一定的影响。例如，松软的土壤、风力和车辆振动均会影响仪器的稳定；日晒和环境温度的变化会引起水准器气泡的偏移和视准轴的变化；大气热辐射和大气折光会导致视线改变方向，降低望远镜的瞄准精度；大气透明度低（如雾天）时目标成像不清晰，造成瞄准困难等。

要完全避免外界条件的影响是不可能的，但选择有利的观测时间和避开不利的外界条件，并采取相应的措施，可以使这些外界条件的影响降低到较小的程度。例如，可以选择在微风多云，空气透明度高的条件下观测；布设测量点位时，尽量选择在土壤密实的表面设点；仪器安置时踏实脚架，必要时利用测伞防止仪器受到日晒等措施减小外界条件的影响。

3.7.4　角度观测中应注意的事项

上述分析表明，为了保证测角的精度，观测时必须注意下列事项：

（1）观测前应先检验仪器，如不符合要求应进行校正。

（2）仪器高度应与观测者身高相适应；踏实脚架，仪器与架头连接牢固，观测过程中手不扶脚架；转动照准部和望远镜之前，应松开制动螺旋，旋转各螺旋时，用力要轻，切勿强力旋转仪器各螺旋，或是在仪器制动状态下强制转动照准部和望远镜。

（3）安置仪器要稳定，仔细对中和整平。尤其对短边时应特别注意仪器对中，在地形起伏较大地区观测时，应严格整平。一测回内不得再对中、整平，若气泡偏离中心超过 2 格，应再次整平重测该测回。

（4）照准标杆要竖直，仔细对准地上的标志中心，根据远近选择不同粗细的标杆，尽可能用十字丝交点瞄准标杆或测钎底部，最好直接瞄准地面上的标志中心。

（5）严格遵守各项操作规定和限差要求。采用测回法观测，取盘左、盘右位置观测的平均值作为观测值。望远镜使用前要消除视差，一测回内观测避免碰到度盘。竖直角观测时，应先使竖盘指标水准管气泡居中或打开自动归零补偿器锁止开关后，才能读取竖盘读数。

（6）当对一水平角进行多测回观测时，各测回观测间应进行水平度盘配置。同测回内观测时，不允许调整水平度盘，每测回观测度盘起始读数变动值为 $\dfrac{180°}{n}$（n 为测回数）。

（7）水平角观测和竖直角观测，望远镜瞄准目标的位置不同。水平角观测应瞄准目标底部；竖直角观测应瞄准目标的顶部（或某一标志）。

（8）严格按顺序观测、读数和记录，记录员注意检查限差，一经超限，立即重测。记录时，不允许同时改动观测值与半测回方向值的分、秒数值；数据更改，应用划改，不能涂改，不得使用橡皮，不得转抄结果。

（9）选择有利的观测时间和避开不利的外界因素进行测量作业。

本章小结

本章主要阐述水平角及竖直角的概念及测量的基本原理、经纬仪的等级与参数、DJ6 型经纬仪的构造与操作方法、水平角与竖直角的测量及角度计算方法、经纬仪的检验与校正、角度测量的误差来源、角度观测时的注意事项。

思考与练习

1. 何谓水平角和竖直角？测量水平角和竖直角的作用是什么？

2. 光学经纬仪由哪几部分组成？水平度盘与竖直度盘有什么区别？

3. 简述观测水平角的步骤。

4. 观测水平角时，对中、整平的目的是什么？

5. 根据下列水平角观测记录（表3-4），计算水平角。

表3-4　测回法观测手簿

测站	测回数	竖盘位置	目标	水平度盘读数/° ′ ″	半测回角值/° ′ ″	半测回互差/″	一测回角值/° ′ ″	各测回平均角值/° ′ ″
O	1	左	A	0　01　00				
			B	88　20　48				
		右	A	180　01　30				
			B	268　21　12				
	2	左	A	90　00　06				
			B	178　19　36				
		右	A	270　00　36				
			B	358　20　00				

6. 根据下列竖直角观测记录（表3-5），计算竖直角（盘左视线水平时指标读数为90°，仰起望远镜读数减小）。

表3-5　竖直角观测手簿

测站	目标	竖盘位置	竖盘读数/° ′ ″	半测回角值/° ′ ″	指标差/″	一测回角值/° ′ ″
O	A	左	78　18　24			
		右	281　42　00			
	B	左	91　32　42			
		右	268　27　30			

7. 何谓竖盘指标差？观测垂直角时如何消除竖盘指标差的影响？

8. 经纬仪有哪几条主要轴线？各轴线间应满足怎样的几何关系？

9. 测量水平角时，采用盘左、盘右可消除哪些误差？能否消除仪器竖轴倾斜引起的误差？

10. 测量水平角时，当测站点与目标点较近时，为什么更要注意仪器的对中误差和瞄准误差？

距离测量

钢尺量距的一般方法、精密方法和误差分析，视距测量原理及方法，电磁波测距的基本原理，三角高程测量原理、观测与计算。

钢尺精密量距的改正数计算，视准轴倾斜时的视距计算，三角高程测量的观测与计算。

距离测量是测量工作的基本内容之一，主要工作是确定地面上各点之间的水平距离。距离测量的方法有很多，主要有钢尺量距、视距测量、电磁波量距和 GPS 测量等。随着测绘技术的发展，全站仪在距离测量方面得到广泛的应用。本章重点介绍前三种距离测量的基本方法。

4.1 钢尺量距

钢尺量距主要是借助钢尺以及其他辅助测设距离的工具和仪器，进行地面两点间距离的测量作业。钢尺量距工具简单，是工程测量中最常用的一种距离测量方法，按精度要求不同可分为一般方法和精密方法。钢尺量距的基本步骤为定线、量距及成果计算。

4.1.1 测量工具

钢尺测距主要的测量工具是钢尺，俗称钢卷尺。钢尺是用薄钢片制成的带状尺，可卷入金属圆盒内，或者卷放在金属尺架上，如图 4-1 所示，尺宽 10～15 mm，长度有 20 m、30 m 和 50 m 等几种。根据尺的零点位置不同，有端点尺和刻线尺之分，如图 4-2 所示。钢尺的基本划分为毫米，在每厘米、每分米及每米处标有数字注记。

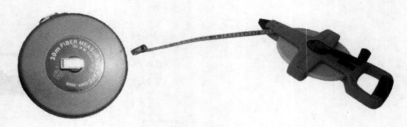

图 4-1 钢尺

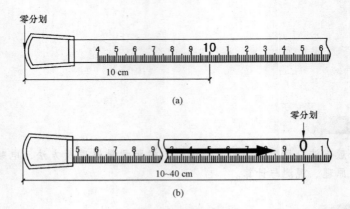

图 4-2 钢尺的划分
（a）端点尺；（b）刻线尺

钢尺的优点：抗拉强度高，不易拉伸，所以量距精度较高，在工程测量中常用钢尺量距。

钢尺的缺点：性脆，易折断，易生锈，使用时要避免扭折，防止受潮。

其他辅助工具主要有测钎、标杆、垂球，精密量距时还需要有弹簧秤、温度计，如图 4-3 所示。标杆用来直线定线；测钎用来计算整尺段数；弹簧秤用于控制施加在钢卷尺上的拉力；温度计用于测量距离测量时的环境温度，以便对观测值进行温度改正。

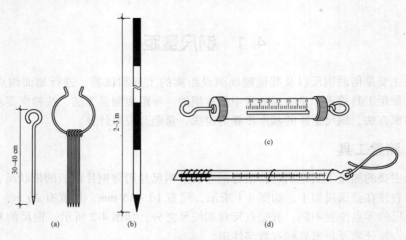

图 4-3 钢尺量距辅助工具
（a）测钎；（b）标杆；（c）弹簧秤；（d）温度计

4.1.2　直线定线

当地面两点间的距离大于钢尺的一个整尺段时，就需要在两点间进行线段划分，以便于钢卷尺分段丈量距离。把分段点定在待测量直线端点的连线上的过程称为直线定线，一般可采用以下两种方法进行：

（1）目测定线。目测定线需要地面 A、B 两点具备通视条件，如图 4-4 所示。首先要在 A、B 间标出 1、2 两个分段点。然后在 A、B 点上分别竖立标杆，甲站在 A 点标杆后 1 m 处，瞄准 B 点标杆，指挥乙移动标杆位置，直至乙的标杆位置与 A、B 点的标杆在一条直线上时，一个分段点的定线工作才算完成。用同样的方法，把其他分段点标定出来，直至所有分段点标定完成，直线定线工作完成，可以进行分段距离测量。

（2）经纬仪定线。经纬仪定线适用于钢尺量距的精密方法。经纬仪定线是利用望远镜绕仪器横轴在竖直方向上旋转过的是一个竖直面的原理进行直线定线工作。在 A 点安置仪器，瞄准 B 点确定一条方向直线，锁紧水平制动螺旋，转动望远镜时，望远镜十字丝交点在地面上的运动轨迹即 A、B 两点确定的方向直线。仪器观测者甲，可以指挥乙移动标杆位置，直至标杆像被十字丝纵丝平分，则该点定线工作完成。为了减小照准误差，精密定线时，可以选用直径更小的测钎或垂球线代替标杆。

以上两种方法均要求 A、B 两点具备通视条件，但是，有时因地形所限制，A、B 两点不具备通视条件时，也可以通过对方法的一些改进，完成定线工作。例如，在 A、B 两标杆处由两人同时做定线瞄准，在 1、2 点处同时由两人立标杆，瞄准者虽然不能看见直线的端点，但可以看见中间的分段点 1、2 处的标杆，完成直线端点和分段点 1、2 三点的定线工作。如果 A 处瞄准者完成 A、1、2 三点一线，B 处瞄准者完成 1、2、B 三点一线，则 A、B、1、2 自然在一条直线上。

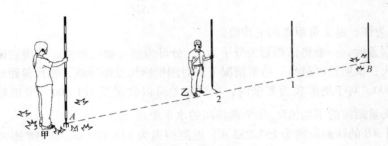

图 4-4　目测定线

4.1.3　钢尺量距的一般方法

钢尺量距作业一般需要三人配合完成，分别由前尺手、后尺手及记录人员组成。根据测量距离场地的地势情况不同，可采用以下不同方法测量。

（1）平坦地面的距离量测。如图 4-5 所示，首先清除 AB 直线上的障碍物后，在 A、B 点上竖立标杆，后尺手持钢尺的零端位于 A 点，前尺手持钢尺的末端和一组测钎沿 AB 方向前进，行至一个整尺段处停下。后尺手将钢尺零点对准 A 点，当两人同时将钢尺拉紧后，前尺手在钢尺末端整尺段位置竖直插下一根测钎（即图中 1 点），后尺手用目测定线的方法指挥前

尺手把测钎插在 AB 的直线上，则一个整尺段丈量完毕。后尺手、前尺手同时向 B 方向前进，后尺手持钢尺的零端于 1 点，用同样的方法，定出整尺段分段点 2，完成第二整尺段的测量。依次前进，直到丈量完 AB 直线的最后一段余长，余长值是前尺手在钢尺上读取 B 点所对应的数值，通常余长不会等于整尺段长度。记录人员需要准确记录整尺段的段数和余长。则 A、B 两点间的水平距离为

$$D = nl + q \qquad\qquad (4\text{-}1)$$

式中，n 为整尺段数；l 为钢尺整尺段长度；q 为最后一段余长。

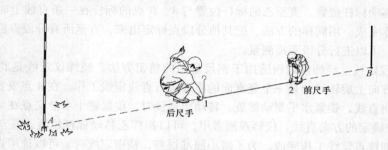

图 4-5　平坦地面的距离丈量

为了防止丈量过程出现错误和保证丈量的精度，通常采取往、返丈量的方法。返测量时，由 B 点向 A 点出发，整尺段分段点需要重新划分和定线。以往、返丈量的距离之差与往、返丈量距离的平均值之比，作为距离丈量的精度指标，称为相对误差，用 K 表示：

$$K = \frac{|D_{AB} - D_{BA}|}{\overline{D_{AB}}} = \frac{1}{\dfrac{\overline{D_{AB}}}{|\Delta D|}} \qquad\qquad (4\text{-}2)$$

式中，$\overline{D_{AB}}$ 为往、返丈量距离的平均值。

计算相对误差时，一般将结果划为分子为 1，分母为整百数的形式，并用它衡量测距结果的精度，分母越大，说明精度越高。通常情况下，对图根钢尺量距导线，钢尺量距的相对误差要求不应大于 1/3 000，对于地形较为复杂时，相对误差可以放宽至 1/1 000。当相对误差满足要求时，取往、返丈量距离的平均值 $\overline{D_{AB}}$ 作为两点间的水平距离。

【例题 4-1】AB 的往测距离为 153.733 m，返测距离为 153.780 m，求 AB 距离丈量的结果及相对误差。

解：$D_{AB} = \dfrac{|D_{AB} + D_{BA}|}{2} = \dfrac{|153.733 + 153.780|}{2} = 153.7565 = 153.756$（m）

$$K = \frac{|D_{AB} - D_{BA}|}{\overline{D_{AB}}} = \frac{1}{\dfrac{\overline{D_{AB}}}{|\Delta D|}} = \frac{1}{\dfrac{153.7565}{|153.733 - 153.780|}} = \frac{1}{3\,271} \approx \frac{1}{3\,200} < \frac{1}{3\,000}$$

相对误差满足要求，AB 距离为 153.756 m。

表 4-1 为钢尺丈量记录、计算实例。

表 4-1 钢尺丈量手簿

起终点	往测		返测		往、返较差/m	相对误差 $\dfrac{\|往-返\|}{平均值}$	平均长度/m
	尺段数 尾数	D/m	尺段数 尾数	D/m			
AB	$\dfrac{5}{3.733}$	153.733	$\dfrac{5}{3.780}$	153.780	-0.047	$\dfrac{1}{3\,200}$	153.756
注：尺长为 30 m。							

（2）倾斜地面的距离丈量。倾斜地面距离丈量时，根据倾斜地面的坡度变化不同可以采用平量法和斜量法。

①平量法。在倾斜地面坡度变化不均匀，地势起伏也不大的情况下，可直接将钢尺拉平直接丈量各分段的水平距离，然后把各分段距离求和计算总长。如图 4-6（a）所示，AB 坡度不均匀，用平量法丈量 AB 水平距离，丈量方法与在平坦地面上的距离丈量方法较为类似，主要区别是：可以不划分整尺段，而是根据地形实际情况方便丈量为前提进行线段划分；有一尺手需要抬高钢尺，并目估使钢尺水平；需要使用垂球将此段的末端投影到地面上，并插上测钎。

②斜量法。当倾斜地面坡度比较均匀时，如图 4-6（b）所示，直接在斜坡上丈量 AB 的倾斜距离，丈量方法与在平坦地面上的距离丈量方法相同。首先丈量斜坡上整尺段的长度和余长，可通过式（4-1）计算倾斜距离 S。然后利用其他仪器测出 AB 两点间的倾斜角 α 或 AB 两点的高差 h，按下式计算 AB 两点间的水平距离 D：

$$D = S\cos\alpha = \sqrt{S^2 - h^2} \tag{4-3}$$

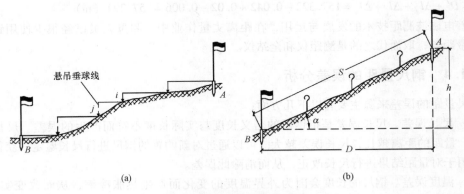

图 4-6 倾斜地面的距离丈量
（a）平量法；（b）斜量法

4.1.3 钢尺量距的精密方法

用一般方法丈量距离，其相对误差只能达到 1/3 000 ~ 1/1 000，当要求量距的精度进一步提高时，例如要求相对误差达到 1/40 000 ~ 1/10 000，就需要采用精密方法进行距离丈量。精密方法丈量距离的主要工具为钢尺、弹簧秤、温度计。钢尺必须经过专业鉴定部门的检验，并得到其检定的尺长方程式，用于误差调整。

（1）尺长方程式。由于钢尺材料质量、数值的刻划误差，在丈量中又会受到温度和拉力的影响，尺长会发生微小的变化。所以，用于精密方法丈量的钢尺需要进行检定，得到钢尺实际尺长的修正等式，即尺长方程式：

$$l = l_0 + \Delta l + \alpha l_0 \ (t - t_0) \tag{4-4}$$

式中，l_0 为钢尺名义长度（m）；Δl 为尺长改正数（mm）；α 为钢的热膨胀系数；t_0 为标准温度（℃）；t 为丈量时的温度（℃）。

（2）长度改正。假设实际丈量距离为 D'，则需经过尺长改正 Δl_d、温度改正 Δl_t 和倾斜改正 Δl_h 三项改正后才能得到水平距离 D，如下式：

$$D = D' + \Delta l_d + \Delta l_t + \Delta l_h \tag{4-5}$$

式中，尺长改正 $\Delta l_d = \dfrac{\Delta l}{l} D'$，温度改正 $\Delta l_t = \alpha \ (t - t_0) \ D'$，倾斜改正 $\Delta l_h = -\dfrac{h^2}{2D'}$，$h$ 为丈量线段两端点的高差。

【例题 4-2】 已知钢尺尺长方程式为 $l = 30 - 0.008 + 1.25 \times 10^{-5} \times 30 \times \ (t - 20)$，$AB$ 两点水平距离的丈量值为 157.322 m，两点高差为 1.32 m，环境温度为 30 ℃，求 AB 两点间的实际水平距离。

解：根据已知条件，可分别求得

尺长改正 $\Delta l_d = \dfrac{\Delta l}{l} D' = \dfrac{-0.008}{30} \times 157.322 = -0.042$（m）

温度改正 $\Delta l_t = \alpha \ (t - t_0) \ D' = 1.25 \times 10^{-5} \times \ (30 - 20) \ \times 157.322 = 0.020$（m）

高差改正 $\Delta l_h = -\dfrac{h^2}{2D'} = -\dfrac{1.32^2}{2 \times 157.322} = -0.006$（m）

将上面三项改正数代入式（4-5），可得 AB 两点间的实际水平距离

$D = D' + \Delta l_d + \Delta l_t + \Delta l_h = 157.322 - 0.042 + 0.02 - 0.006 = 157.294$（m）

随着电磁波测距技术的发展与运用，在距离丈量作业中，测量人员已经很少使用钢尺精密方法丈量距离，取而代之的是测距仪和全站仪。

4.1.4　钢尺量距的误差分析

钢尺量距的误差来源主要有以下几方面：

（1）尺长误差。尺长误差是指钢尺的名义长度与实际长度不符而产生的误差。尺长误差是累积的，量距的距离越长，尺长误差越大。可以通过对新购置的钢尺进行尺长鉴定，获得尺长改正数，用于对量距结果进行尺长改正，从而消除此误差。

（2）温度误差。钢尺的长度会因为外界温度的变化而产生热胀冷缩，从而改变实际尺长。根据钢的热膨胀系数计算，温度每变化 1 ℃，整尺段 30 m 长的钢尺长度变化是 0.4 mm。一般量距过程，温度变化较小，可以不考虑温度误差的影响，而对量距精度要求较高时，则需要对测量结果进行温度改正。

（3）定线误差。直线的分段点，没有定点在所丈量距离的直线上时，使得实际丈量的距离不是直线距离，而是一组折线的长度，造成丈量距离结果偏大，这种误差称为定线误差。丈量距离为 30 m，当偏差为 0.25 m 时，量距偏大 1 mm。该误差无法通过测量方法消除，当量距精度要求较高时，通常采用经纬仪定线的方法。

（4）钢尺倾斜和垂曲误差。钢尺倾斜和垂曲误差的原理与定线误差类似，垂曲误差指钢尺在竖直面内的倾斜，而定线误差是钢尺在水平面内的偏差。在进行水平距离量距时，地面的高低不平，造成钢尺不水平，以及采用平量法量距时，钢尺的中间尺段下垂，都使得距离丈量结果偏大。所以，在量距时，应尽量使钢尺水平，当整尺段悬空时，可在中间托住尺段，减小倾斜误差和垂曲误差的影响。

（5）拉力误差。外界拉力的大小也会改变钢尺的长度，因此在进行钢尺量距时，尽可能让施加的拉力与钢尺的尺长鉴定时的拉力相同，从而减小拉力误差。拉力变化 2.6 kg，尺长改变 ±1 mm，在精密量距方法中，采用弹簧秤施加标准拉力。

（6）丈量误差。在距离丈量过程中，插设测钎标志位置不准确，前、后尺手配合不佳，钢尺端点对准误差，余长读数的误差等都会引起丈量误差，这种误差不具有方向性，对丈量结果的影响可正可负，可大可小。丈量中可以通过精细操作，准确对点，细心读数，人员协调配合等减小丈量误差的影响。

4.1.5　钢尺维护

（1）钢尺易发生锈蚀，在每次作业完成后，应及时擦干净钢尺上的泥水，并涂上机油后进行保存，防止钢尺生锈。

（2）钢尺较薄，不允许尺面扭曲时，对钢尺进行大力拉伸。在使用中如果发生行人踩踏或车辆碾压尺面，容易使钢尺发生折痕或断裂等破坏。必要时，作业中需要安排人员进行钢尺保护，作业完毕后及时把钢尺卷入保尺盒。

（3）一整尺段测量完毕，在进入下一尺段丈量过程中，不允许尺手在地面上拖行钢尺，以免造成尺面刻度的磨损。

4.2　视距测量

视距测量是一种间接测距的方法，它是根据光学与几何学原理来测定两点的距离和高差。该方法操作方便、速度快、不受地形的影响，但是测量的精度较低，距离测量的相对误差大约为 1/300，精度不及钢尺量距；测定高差的精度也低于水准测量。视距测量在地形图测量中被广泛应用于碎部测量。

4.2.1　视准轴水平时的视距计算

如图 4-7 所示，AB 为待测距离，在 A 点安置水准仪，B 点立视距尺，水准仪望远镜瞄准视距尺，精平后读得上丝、中丝、下丝的读数分别为 1.188 m、1.286 m 和 1.385 m。此时，视准轴与视距尺垂直。

图中 f 为望远镜物镜的焦距，δ 为物镜中心到仪器中心的距离，p 为十字丝分划板上、下丝的间距，φ 是望远镜上、下丝引出去的视线在竖直面内的夹角，由于 f、δ、p 在仪器制造过程中已经固定，所以 φ 也是固定的。

l 为视距间隔，指望远镜上、下丝在视距尺上对应读数数值刻划线 M、N 之间的距离，可以通过上、下丝读数的差值计算得到，图中视距间隔 $l = 1.385 - 1.188 = 0.197$（m）。

根据几何学原理可知，$\triangle MNF$ 和 $\triangle n'm'F$ 相似，所以有

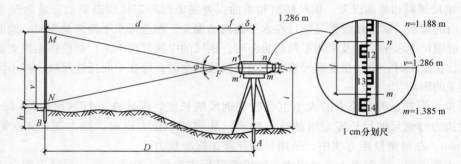

图 4-7　视准轴水平时的视距测量原理

$$\frac{d}{f} = \frac{l}{p}, \ d = \frac{f}{p}l$$

所以，AB 水平距离

$$D = d + f + \delta = \frac{f}{p}l + f + \delta$$

假设 $K = \dfrac{f}{p}$，$C = f + \delta$，则有

$$D = Kl + C$$

式中，K 为视距常数，C 为视距加参数。仪器设计制造时，通常使 $K = 100$，C 接近于零。因此视准轴水平时的视距计算公式为

$$D = 100 \ l \tag{4-6}$$

如图 4-7 所示，如果读取望远镜中丝读数 v（或者取上、下丝读数的平均值），用钢卷尺量出仪器高 i，则 A、B 两点的高差为

$$h = i - v \tag{4-7}$$

图 4-7 中，AB 两点的水平距离为 $D = 0.197 \times 100 = 19.7$（m）。中丝读数 $v = 1.286$，仪器高 i 为 1.597 m，高差 $h_{AB} = 1.597 - 1.286 = 0.311$（m）。

4.2.2　视准轴倾斜时的视距计算

当 A、B 两点高差较大时，使用水准仪无法进行视距读数，就需要改用经纬仪，并使望远镜倾斜一个竖直角 α，才能在视距尺上完成读数，此时由于视准轴与视距尺不垂直，所以不能采用式（4-6）、式（4-7）进行水平距离和高差计算。

如图 4-8 所示，图中 α 即视准轴倾斜时的竖直角，将视距尺绕 O' 点旋转 α 角，则使视准轴与视距尺垂直。由于图中 φ 角很小，所以 $\triangle M'O'M$ 和 $\triangle NO'N'$ 可近似为两个相似直角三角形。此时视距间隔为：

$$l' = 2 \times MO' = 2 \times M'O' \times \cos\alpha = 2 \times \frac{1}{2}l \times \cos\alpha = l\cos\alpha$$

则望远镜旋转中心 O 与视距尺旋转中心 O' 之间的倾斜距离为

$$S = Kl' = Kl\cos\alpha \tag{4-8}$$

A、B 两点间的水平距离为

$$D = S\cos\alpha = Kl\cos^2\alpha \tag{4-9}$$

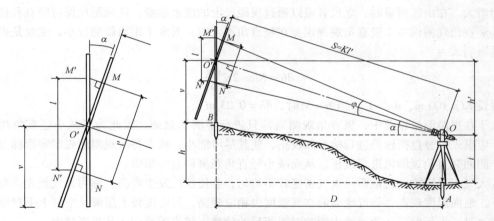

图 4-8　视准轴倾斜时视距测量原理

【例题 4-3】如图 4-8 所示，在 A 点安置经纬仪，在 B 点竖立视距尺，进行视距测量。仪器高 $i = 1.34$ m，照准 B 点时，上丝、下丝读数分别为 1.258 m、1.642 m，竖直角 $\alpha = 3°28'00''$，求 A、B 两点的水平距离 D。

解：视距间隔为 $l = 1.642 - 1.258 = 0.384$（m）

水平距离 $D = Kl\cos^2\alpha = 100 \times 0.384 \times \cos^2 3°28'00'' = 38.260$（m）

4.2.3　视距测量的步骤

（1）在测站点上安置经纬仪，量取仪器高 i，精确至 cm；

（2）在目标点上竖立视距尺，并将尺面对准经纬仪，分别读取上丝、中丝、下丝读数，估读至 mm，并计算视距间隔 l；

（3）读取竖盘读数，并计算竖直角 α；

（4）将以上数据分别代入式（4-9），即可计算得到两点间的水平距离。

依照此步骤，可以分别测量测站点至其他点的水平距离。

4.2.4　视距测量的误差分析及注意事项

（1）视距测量的误差。视距测量的误差来源主要有读数误差、视距尺不竖直的误差、竖直角观测误差及大气折光影响等。

①读数误差。根据式（4-6）、式（4-9）可知，读数误差会影响视距间隔，然后该影响被放大 100 倍影响所测距离。如果读数误差为 1 mm，则产生视距误差即 0.1 m。因此，在读数之前必须进行消除视差的操作，读数时应十分仔细，上、下丝读数尽可能同时读取。在测量中，可以旋转望远镜微动螺旋使十字丝上丝对准视距尺的整分划，立即估读下丝读数，缩减上、下丝的读数时间差。同时注意视距测量的距离不能太长，因为距离越长，视距尺成像越小，读数误差越大。

②视距尺不竖直的误差。当视距尺不竖直且偏离铅垂线方向 $d\alpha$ 角时，对水平距离影响的微分关系式为

$$dD = -\frac{1}{2}Kl\sin 2\alpha \frac{d\alpha}{\rho} \tag{4-10}$$

假设视距尺偏离铅垂线方向 1°，$Kl = 100$ m，按式（4-10）计算，当竖直角 $\alpha = 5°$ 时，$dD = 0.15$ m，当竖直角 $\alpha = 30°$ 时，$dD = 0.76$ m。由此可见，水平距离的观测误差随视准轴竖直角的

增大而增大。在山区测量时，立尺者可以通过视距尺上的圆水准器，使视距尺保持竖直和稳定。

③竖直角观测误差。竖直角观测误差在竖直角不大时，对水平距离影响较小，主要是影响高差，其影响式为

$$dh = Kl\cos2\alpha\,\frac{d\alpha}{\rho} \tag{4-11}$$

假设 $Kl = 100$ m，$d\alpha = 1'$，当 $\alpha = 5°$ 时，$dh = 0.03$ m。

由于在视距测量作业中，竖直角观测通常只进行半测回观测，因此为了减小竖直角观测的误差，应事先对竖盘指标差进行检验和校正，使其尽可能小；或者每次观测前先测定指标差，然后对半测回竖直角观测值进行改正，从而减小竖直角观测误差的影响。

④大气折光影响。近地面的大气密度较不均匀，会使视线发生弯曲，称为大气折光。在日光照射下，地面温度较高，靠近地面的空气温度也相应较高，其密度较上层稀，空气上下对流会使光线通过时产生折射，在望远镜中影响对视距尺的读数。越靠近地面，其影响越大。

大气湍流还会使望远镜的物像晃动，风力可使视距尺摇动，这些因素都可能造成视距测量的误差，可以通过选择阴天且有微风的有利气象条件进行观测。

以上误差来源中，以读数误差和视距尺不竖直误差的影响最为突出，作业中应特别注意。根据实践资料分析，在较为良好的外界条件下，视距测量距离在 200 m 以内，视距测量的相对误差约为 1/300。

（2）注意事项。

①观测时应抬高视线，使视线距地面 1 m 以上，以减少垂直折光的影响。

②为减小水准尺倾斜误差的影响，在立尺时应将水准尺垂直，尽量采用带有水准器的水准尺。

③水准尺一般应选择整尺，如用塔尺，应注意检查各节的接头处是否正确。

④竖直角观测时，应注意将竖盘水准管气泡居中或将竖盘自动补偿器开关打开。在观测前，应对竖盘指标差进行检验与校正，确保竖盘指标差满足要求。

⑤观测时应选择风力较小、成像稳定的情况下进行。

4.3　电磁波测距仪简介

电磁波测距（EDM）是利用电磁波作为载波，经调制后由测线一端发射出去，由另一端反射或转送回来，测定发射波与回波相隔的时间，以测量距离的方法。

4.3.1　电磁波测距概述

从 20 世纪 40 年代开始，雷达以及各种脉冲式和相位式导航系统的发展，促进了人们对电子测时技术、测相技术和高稳定度频率源等领域的深入研究。在此基础上，贝里斯特兰德（E. Bergstrand）和沃德利（T. L. Wadley）分别于 1948 年和 1956 年研制成功了第一代光电测距仪和微波测距仪。随着电子技术的高速发展，这些仪器不断改进，现在已经达到相当完善的程度，使大地测量和工程测量发生了较大的变化。

（1）三角测量中的起始边长度，现在一律用电磁波测距仪直接测量，过去布设基线网推算起始边长度的方法已成历史。

（2）导线测量、三边测量和测边测角布网方式的应用越来越广泛，有逐渐取代三角测量的趋势。

（3）利用电子全站仪或速测仪，采取边角测量方法加密大地控制网和布设高程导线，有很高的经济效益。

光电测距仪按仪器测程的不同，大体可以分为以下三类：

（1）短程光电测距仪：该类仪器测程在 3 km 以内，测距精度一般在 1 cm 左右。这种仪器可用来测量三等以下的三角锁网的起始边，以及相应等级的精密导线和三边网的边长，适用于工程测量和矿山测量。

（2）中程光电测距仪：测程在 3～15 km 的仪器称为中程光电测距仪，这类仪器适用于二、三、四等控制网的边长测量。

（3）远程激光测距仪：测程在 15 km 以上的光电测距仪，能满足国家一、二等控制网的边长测量。

中、远程光电测距仪，多采用氦－氖（He－Ne）气体激光器作为光源，也有采用砷化镓激光二极管作为光源的，还有其他光源的，如二氧化碳（CO_2）激光器等。由于激光器发射激光具有方向性强、亮度高、单色性好等特点，其发射的瞬时功率大，所以在中、远程测距仪中多用激光作载波，称为激光测距仪。

根据测距仪出厂的标称精度的绝对值，按 1 km 的测距中误差，将测距仪的精度分为三级，如表 4-2 所示。

表 4-2　测距仪的精度分级

测距中误差/mm	小于 5	5～10	11～20
测距仪精度等级	I	II	III

4.3.2　电磁波测距的基本原理

如图 4-9 所示，电磁波测距是通过测定电磁波束在待测距离上往返传播的时间 t_{2D} 来计算待测距离 D 的，电磁波测距的基本公式为

$$D = \frac{1}{2} C t_{2D} \tag{4-12}$$

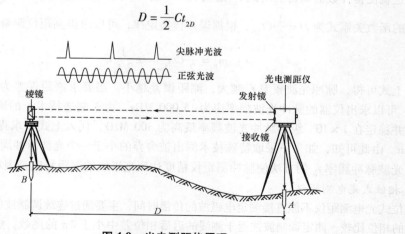

图 4-9　光电测距仪原理

式中，C 为电磁波在大气中的传播速度（$C \approx 3 \times 10^8$ m/s），C 可按 $C = \dfrac{C_0}{n}$ 计算，其中 C_0 为光在真空中的传播速度（$C_0 = 299\ 792\ 458$ m/s ± 1.2 m/s）；n 为大气折射率（$n \geq 1$），它是光波长 λ、大气温度 t 和气压 p 的函数，即

$$n = f(\lambda,\ t,\ p) \tag{4-13}$$

由于 $n \geq 1$，所以 $C \leq C_0$，也即光在大气中的传播速度小于其在真空中的传播速度。由式（4-13）可知，在光电测距作业中，应实时测定现场的大气温度和气压，并对所测距离施加气象改正。

电磁波在测线上的往返传播时间 t_{2D} 可以直接测定，也可以间接测定，根据测定方法的不同，光电测距仪可分为脉冲式和相位式两种。

1. 脉冲式光电测距仪

直接测定电磁波传播时间是用一种脉冲光波，它是由仪器的发送设备发射出去，被目标反射回来，再由仪器接收器接收，最后由仪器的显示系统显示出脉冲在测线上往返传播的时间 t_{2D} 或直接显示出测线的斜距，这种测距仪称为脉冲式测距仪。

如图 4-10 所示，脉冲式光电测距仪发射尖脉冲光波瞬间，电子门打开，计数器开始记录脉冲周期个数，仪器接收到由棱镜反射回来的尖脉冲光波的瞬间，电子门关闭，计数器停止记录脉冲周期个数。通过计数器，可以记录仪器从发射尖脉冲光波到仪

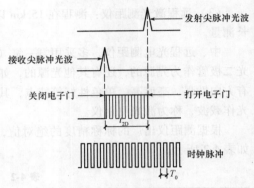

图 4-10 脉冲式测距原理

器接收到由棱镜反射回来的尖脉冲光波的期间，共有多少个脉冲周期，则脉冲从发射到返回的时间为

$$t_{2D} = qT_0 = \frac{q}{f_0} \tag{4-14}$$

式中，q 为脉冲个数；T_0 为脉冲周期；f_0 为脉冲频率。

由于计数器只能记录完整尖脉冲光波周期的数量，而小于一个脉冲光波周期 T_0 的时间无法体现，这就使得计数器测得的时间 t_{2D} 最大有一个脉冲周期 T_0 的误差，即 $m_{t_{2D}} = \pm T_0$。测距仪测量距离的函数关系式为 $D = \dfrac{1}{2}Ct_{2D}$，根据误差传播定律，可以求得测距仪测量距离的中误差为

$$m_D = \frac{1}{2}Cm_{t_{2D}} = \pm \frac{1}{2f_0}C \tag{4-15}$$

由上式可得，脉冲光波频率 f_0 越大，测距误差越小。当要求测距误差为 ± 0.01 m 时，由式（4-15）可以求出仪器的脉冲光波频率应为 15 000 MHz。由于制造技术上的原因，目前世界上可以做到并稳定在 1×10^{-6} 级的脉冲光波频率最高为 300 MHz，代入上式可求得仪器的测距误差为 ± 0.5 m。由此可知，如果不采取特殊技术测出被舍弃的小于一个光波脉冲周期 T_0 的时间，而仅靠提高光波脉冲频率 f_0 的方法使脉冲测距仪精度达到毫米级的测距精度是困难的。

2. 相位式光电测距仪

相位式光电测距仪不能直接测定电磁波的传播时间，主要通过连续调制波信号与返回连续调制波信号的相位比较，测定调制波往返于测线的迟后相位差中小于 2π 的尾数，然后通过使用 n 个不同调制波的测相结果，间接推算出传播时间 t_{2D}，并计算（或直接显示）出测线的倾斜距离。

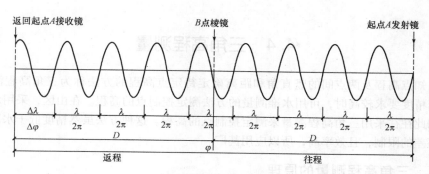

图 4-11 相位测距原理

由图 4-11 所示，发射信号与接收信号的相位差 φ 可以分解为 N 个 2π 整数周期和不足一个整数周期相位差 $\Delta\varphi$，即：

$$\varphi = 2\pi N + \Delta\varphi \tag{4-16}$$

A、B 两点的距离可由下式计算：

$$D = \frac{\lambda}{2}(N + \Delta N) = \frac{\lambda}{2}\left(N + \frac{\Delta\varphi}{2\pi}\right) \tag{4-17}$$

式中，λ 为波长，可由式 $\lambda = \dfrac{C}{f}$ 计算。$\dfrac{\lambda}{2}$ 为半波长，又称为测距仪的测尺。不同的调制频率 f 对应的测尺长度如表 4-3 所示。

表 4-3 调制频率与测尺长度的关系

调制频率 f	15 MHz	7.5 MHz	1.5 MHz	150 kHz	75 kHz
测尺长 $\dfrac{\lambda}{2}$	10 m	20 m	100 m	1 km	2 km

如果能够测出光波在待测距离上往返传播的整周期数 N，和不足一个整数周期相位差 $\Delta\varphi$，代入式（4-17）即可计算出距离 D。但是在相位式测距仪中，测定相位差 φ，用的是比相法，只能测定出光波相位差的尾数 $\Delta\varphi$，而无法测出整周期数 N，使得测得的距离会出现多解的情况。只有当待测距离小于测尺长度时，得到的才是唯一解。所以，相位式光电测距仪一般设置多个测尺，使用各测尺分别测距，然后组合测距结果来解决距离的多解问题。

例如，一台测程为 1 km 的相位式光电测距仪设置有 10 m 和 1 000 m 两个测尺，由表 4-3 可查出其对应的调制频率为 15 MHz 和 150 kHz。根据式 $D = \dfrac{\lambda}{2}\Delta N = \dfrac{\lambda}{2}\dfrac{\Delta\varphi}{2\pi}$，可计算出用 1 000 m 的测尺测量的距离为 587.1 m，用 10 m 的测尺测量的距离为 6.486 m，两个测尺测量的组合结果为 586.486 m。在仪器的多个测尺中，一般称长度最短的测尺为精测尺，其余的为粗测尺，精测尺和粗测尺测距结果的组合由测距仪内的微处理器自动完成，并输送到显示窗显示，无须用户参与。

目前，相位式测距仪的计时精度可达 10^{-10} s 以上，从而使测距精度提高到 1 cm 左右，可基本满足精密测距的要求，所以该类测距仪在精密测距中得到广泛运用。

4.4 三角高程测量

根据已知点高程及两点间的竖直角和距离确定待定点高程的方法称为三角高程测量。在平坦地区，当精度要求较高时，可用水准测量的方法测定控制点的高程。在山区，采用水准测量难度较大，因此往往采用三角高程测量来测定控制点的高程。这种方法虽然精度低于水准测量，但不受地面高差的限制，且效率高，所以应用甚广。

4.4.1 三角高程测量的原理

如图 4-12 所示，已知点 A 的高差 H_A，B 为待定点，待求高程为 H_B。当用水准测量方法测定 A、B 两点间的高差 h_{AB} 有困难时，可通过在 A 点安置经纬仪，照准点 B 目标顶端，测得竖直角 α，量取仪器高 i、觇高 v，采用视距法或光电测距仪测得斜距 S，则 A、B 两点的高差 h_{AB} 为

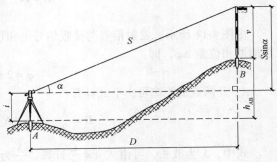

$$h_{AB} = S\sin\alpha + i - v \quad (4-18)$$

图 4-12　三角高程测量

仪器高 i 是指仪器横轴至测点的铅垂高度；觇高 v 指十字丝横丝瞄准目标标杆位置至地面点的铅垂高度，当瞄准位置为标杆顶时，觇高 v 即为标杆的长度。仪器高 i、觇高 v 可由钢卷尺直接量取。

如果测得 A、B 两点的水平距离，则高差 h_{AB} 为

$$h_{AB} = D\tan\alpha + i - v \quad (4-19)$$

则 B 点高程可由下式计算得到：

$$H_B = H_A + h_{AB} \quad (4-20)$$

【**例题 4-4**】如图 4-12 所示，在 A 点设站瞄准 B 点，假设测得 A、B 两点的倾斜距离 S_{AB} 为 225.015 m，竖直角 $\alpha_{AB} = 4°25'16''$，仪器高 $i = 1.520$ m，觇高 $v = 1.100$ m，已知 A 点高程为 44.48 m，求 AB 水平距离和 B 点高程。

解：由式（4-9）得

$$D = S\cos\alpha = 225.015 \times \cos4°25'16'' = 224.345 （m）$$

由式（4-18）得

$$h_{AB} = S\sin\alpha + i - v = 225.015 \times \sin4°25'16'' + 1.52 - 1.1 = 17.766 （m）$$

B 点的高程为

$$H_B = H_A + h_{AB} = 44.48 + 17.766 = 62.246 （m）$$

【**例题 4-5**】如图 4-8 所示，在 A 点安置经纬仪，在 B 点竖立视距尺，进行视距测量。仪器高 $i = 1.34$ m，照准 B 点时，上丝、下丝读数分别为 1.258、1.642 m，竖直角 $\alpha = 3°28'00''$，求 A、B 两点的高差 h_{AB}。

解：视距间隔为 $l = 1.642 - 1.258 = 0.384 （m）$

水平距离 $D = Kl\cos^2\alpha = 100 \times 0.384 \times \cos^2 3°28'00'' = 38.260 （m）$

中丝读数为 $v = （1.258 + 1.642） \div 2 = 1.45 （m）$

A、B 高差为 $h_{AB} = D\tan\alpha + i - v = 38.260 \times \tan3°28'00'' + 1.34 - 1.45 = 2.208$（m）

4.4.2　地球曲率和大气折光对高差的影响与改正

基于三角高程测量原理的公式是建立在假定地球表面为水平面、观测视线为直线的条件下推导得到的。当地面上两点间距离小于 300 m 时，可以近似认为这些假定条件是成立的，上述公式可以直接使用。但当两点间距离超过 300 m 时，就要考虑地球曲率对高程的影响，加以曲率改正，称为球差改正，其改正数为 c。同时，观测视线受大气折光的影响并不是一条直线，而是一条向上凸起的弧线，须加大气折光影响的改正，称为气差改正，其改正数为 γ。以上两项改正合称为球气差改正，简称两差改正，其改正数为 $f = c - \gamma$。

（1）地球曲率改正。当地面两点距离超过 300 m 时，不能假定大地水准面是水平面，由式（4-18）至式（4-20）计算高程时，须加上球差改正 c，其计算公式如下：

$$c = \frac{D^2}{2R} \tag{4-21}$$

式中，R 为地球的平均曲率半径，计算时可取 $R = 6\ 371$ km。

（2）大气折光改正。在进行竖直角观测时，由于大气层密度分布不均匀，使得观测视线受折光的影响总是一条向上凸起的曲线，竖直角观测值比实际值偏大，必须进行气差改正。一般认为，大气折光的曲率半径约为地球曲率半径的 7 倍，气差改正数 γ 计算公式如下：

$$\gamma = \frac{D^2}{14R} \tag{4-22}$$

则二差改正数 f 为

$$f = c - \gamma = \frac{D^2}{2R} - \frac{D^2}{14R} \approx 0.43\frac{D^2}{R} = 6.7 \times 10^{-5}D^2 \tag{4-23}$$

式中，水平距离 D 单位为 km。

在实际三角高程测量过程中，还可通过对向观测的方法消除地球曲率和大气折光对高程的影响。如图 4-12 所示，首先由 A 点向 B 点观测（称为直觇），然后由 B 点向 A 点观测（称为反觇），取对向观测所得高差绝对值的平均值作为最终结果，即可消除或减弱二差的影响。

4.4.3　三角高程测量的观测与计算

（1）三角高程测量的观测方法。三角高程测量路线一般布设成闭合或附合路线的形式，每边均采用对向观测。在每个测站上，按以下步骤进行：

①在测站上安装经纬仪，量取仪器高 i 和觇高 v。

②采用盘左盘右观测竖直角 α。

③用光电测距仪测量两点间的斜距，通过公式计算两点间的平距。

④采用反觇，重复以上步骤。

某三角高程测量的附合路线 A $-1-2-B$，如图 4-13 所示，A、B 为已知高程控制点，其高程分别为 $H_A = 1\ 406.45$ m、$H_B = 1\ 487.28$ m，1、2 为高程待定点。观测记录和高差计算见表 4-4，高差计算结果标注于图 4-13。

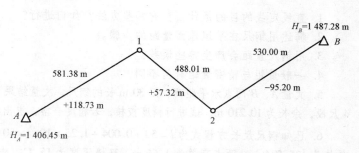

图 4-13　三角高程附合路线图

表4-4 三角高程附合路线的高差计算

起算点	A		1		2	
待定点	1		2		B	
觇法	直觇	反觇	直觇	反觇	直觇	反觇
竖直角 α	11°38′30″	−11°24′00″	6°52′15″	−6°35′18″	−10°04′45″	10°20′30″
平距 D/m	581.38	581.38	488.01	488.01	530.00	530.00
Dtanα/m	119.78	−117.23	58.80	−56.36	−94.21	96.71
仪器高 i/m	1.44	1.49	1.49	1.5	1.5	1.48
觇高 v/m	2.5	3	3	2.5	2.5	3
二差改正 f/m	0.02	0.02	0.02	0.02	0.02	0.02
高差 h/m	+118.74	−118.72	+57.31	−57.34	−95.19	+95.22
平均高差/m	+118.73		+57.32		−95.20	

（2）三角高程计算。三角高程直觇、反觇测量所得的高差，经过二差改正后，其互差不应大于 0.1D 米，D 为边长，单位为 km。若精度满足要求，取对向观测所得高差的平均值作为测量结果。

计算闭合或附合路线的闭合差 f_h（单位：m），闭合差的容许限差为：

$$f_{h容} = \pm 0.05 \sqrt{\sum D^2} \tag{4-24}$$

其中，水平距离 D 以 km 为单位。若 $f_h < f_{h容}$，则按照第 2 章中"水准测量的成果处理"进行闭合差的调整，并根据改正后的高差进行各点高程的计算。

2005 年 5 月，我国测绘工作者应用三角高程测量方法，测得珠穆朗玛峰海拔高度为 8 844.43 m。

本章小结

本章主要介绍了钢尺量距的一般方法、精密方法和误差分析，视距测量分别在望远镜视准轴水平及倾斜时的视距计算方法和误差分析，电磁波测距的基本原理，三角高程测量的原理、观测与计算。

思考与练习

1. 直线定线的目的是什么？有哪些方法？如何进行？

2. 简述用钢尺在平坦地面量距的步骤。

3. 用钢尺量距会产生哪些误差？

4. 一般量距与精密量距有何不同？

5. 丈量 A、B 两点水平距离，用 30 m 长的钢尺，丈量结果为往测 4 尺段，余长为 10.250 m，返测 4 尺段，余长为 10.210 m，试进行精度校核，若精度合格，求出水平距离。（精度要求 $K_p = 1/2\,000$）

6. 已知钢尺尺长方程式为 $l = 50 + 0.004 + 1.25 \times 10^{-5} \times 50 \times (t - 20)$，A、B 两点水平距离的丈量值为 135.574 m，两点高差为 1.66 m，环境温度为 15 ℃，求 A、B 两点间的实际水平距离。

7. 在测站 A 进行视距测量，仪器高 i = 1.37 m，照准 B 点时，上丝读数 = 1.213 m，下丝读数 = 2.068 m，中丝读数 v = 1.640 m，竖直角 $\alpha = -2°18′36″$，试计算水平距离 D 及高差 h_{AB}。

测量误差的基本知识

测量误差产生的原因、分类及特性，衡量测量精度的标准，合理地处理含有误差的观测成果，计算最可靠值，误差传播定律的原理，测量平差原理。

误差传播定律及应用。

5.1 测量误差概述

5.1.1 测量误差的概念

通过前几章的学习，人们认识到这样一个事实：在一定的外界条件下对某个量进行多次观测，尽管观测者使用精密的仪器和工具，采用合理的观测方法，以及保持认真负责的工作态度，但是观测结果之间仍然存在一些差异。首先，在对同一个未知理论值的量进行多次观测时，各次观测的结果并不完全相同。例如，在观测水平角时，上、下半测回的角值不完全相等，各测回的测量值也不相等；在丈量两点间的距离时，往、返丈量的结果也不一样，但是这些并不影响人们对测量结果的认可。其次，在对某个已知理论值的量进行观测时，同样存在观测结果与理论值不相符的现象。例如，在水准测量中，其闭合水准路线的高差闭合差通常不会等于零；对一个已知内角和等于180°的平面三角形各内角进行观测，观测所得的内角和通常也不等于理论值180°。

由此可见，某量的各观测值之间或观测值与理论值之间总是存在一定的差异，这种差异印证了测量观测中存在误差，测量误差的产生是不可避免的。

任何一个观测量，都是客观存在的一个物理性质，总存在一个能代表其真正大小的数值，这一数值称为该观测量的真值，以 X 表示。通常情况下，真值是无法获取的，也有少数情况下真值是能够知道的，但是这些并不影响真值 X 的客观存在。

对某一观测量进行多次观测所获得的数值称为观测值，用 l_1，l_2，…，l_n 表示，一般情况下，各观测值之间互不相等。

真值 X 与观测值 l_i 的差值称为真误差，即每次观测中发生的偶然误差。有 n 个观测值，就存在 n 个真误差，可用下式表达：

$$\Delta_i = X - l_i \quad (i = 1, 2, \cdots, n) \tag{5-1}$$

测量误差理论主要讨论在具有偶然误差的一系列观测值中，如何求得最可靠的结果和评定观测成果的精度，为此需要对偶然误差的性质做进一步的讨论。

5.1.2　测量误差的来源

产生误差的原因很多，究其来源大致可以分为以下 3 种：

（1）仪器误差。由于制造工艺与技术的局限性，仪器在生产时就存在一定构造缺陷。例如，钢卷尺尺面的刻划不均匀，尺段实际长度与名义长度不相等；经纬仪的主要轴线之间的几何关系无法绝对满足等，这些缺陷不可避免地会造成测量结果的误差。再者，仪器本身精密度不一样，决定了观测结果误差大小的不同。例如，在水平角观测中，使用 DJ2 型的经纬仪比 DJ6 型经纬仪的观测结果精度高。

（2）观测者的误差。观测者的操作技术水平、工作经验及工作态度等将对观测结果的质量产生不同的影响。同时观测者感觉器官的鉴别能力的差别，使得仪器在安置、照准、读数等方面产生不同的影响。这些因素同样将使观测结果产生一定的误差。

（3）外界条件的影响。观测中所处的外界条件，如温度、湿度、风力、大气折光、透明度等因素，都会对观测结果产生直接的影响，而且外界条件还时时发生变化，也同样给观测结果带来一定的误差。选择适宜的外界条件进行观测能够减少外界条件产生的影响，减小观测误差。

测量仪器、观测人员和外界条件三方面的因素综合起来称为观测条件。观测条件的好坏与测量结果有着密切的关系。观测条件好，意味着观测时产生的误差少，观测结果的质量就好；反之，观测结果的质量就差。人们把观测条件相同的各次观测称为等精度观测，把观测条件不同的各次观测称为非等精度观测。

5.1.3　测量误差的分类

测量误差按其对观测结果影响性质的不同，可以分为系统误差与偶然误差两类。

（1）系统误差。在等精度观测的条件下，对某一量进行多次观测，如果误差的大小、符号保持不变或按一定的规律变化，这种误差称为系统误差。例如，在钢尺量距中，若使用未经过尺长鉴定的钢尺进行丈量，假设钢尺的名义长度为 30 m，而实际长度为 29.996 m，则每丈量一整尺段距离就使测量结果大 0.004 m。显然，各整尺段的量距误差是相等的，都是 0.004 m，符号为正，不能抵消，具有累积性，这就是系统误差的特征。由于系统误差对观测值的影响具有一定的规律性，如果能够找到规律，就可以通过观测值改正数来消除或削弱系统误差的影响。在钢尺量距中通过钢尺的尺长方程式计算尺长改正数和温度改正数，对观测结果进行修正，就能减少此类误差。

（2）偶然误差。在等精度观测的条件下，对某一量进行多次观测，如果误差的大小和符号均表现出不确定性，但是又服从于一定的统计规律性，这种误差称为偶然误差。例如，水准测量中，在水准尺上估读毫米位数值时，可能有时偏大，有时偏小；在角度测量中，大气折光使望远镜的成像不稳定，引起瞄准目标时可能偏左、可能偏右，也可能偏上或偏下，这些都是偶然误差。通过多次观测取平均值可以削弱偶然误差的影响，但是并不能完全消除。在水准测量中，水准尺不竖直产生的读数误差不属于偶然误差，因为它产生误差的符号是确定的，读数值一定偏大。

在测量工作中，除了上述两种性质的误差外，有时还可能产生错误，如照准错误目标、读数错误、计算错误等。错误的发生多数是由观测者的疏忽大意、思想不集中等原因引起的。错误使得观测结果产生大量级的偏差，称为粗差。粗差不属于误差的范畴，在测量中是不允许出现的，含有错误的观测值应该舍弃，并重新进行观测。在观测中为了避免出现错误，观测者应做到认真负责和细心作业，并及时采用适当的方法进行检核、验算。

一般认为，当严格按规范的要求进行测量工作时，粗差是可以被消除的，系统误差可以被削减到很小，此时则认为测量误差主要是由偶然误差引起的。以后凡是提到测量误差，通常认为它只包含偶然误差，不含其他误差。

5.1.4　多余观测

为了防止错误的发生和提高观测成果的质量，在测量工作中一般要进行多于必要的观测，称为多余观测。例如，对一个水平角进行多测回法观测，如果第一个测回属于必要观测，则第一个测回结束后的多次观测均属于多余观测；水准测量中，采用改变仪高法对测站高差进行复核，第一次高差测量属于必要观测，改变仪高后进行的第二次高差观测则属于多余观测；一段距离采用往返丈量，如果往测属于必要观测，则返测就属于多余观测。有了多余观测，可以发现观测值中的错误，以便将其剔除或重测。由于观测值中的偶然误差不可避免，有了多余观测，观测值之间必然产生差值（不符值、闭合差），因此人们可根据差值的大小来判定测量的精度（精确程度），差值如果大到一定的程度，就认为观测值中有错误（不属于偶然误差），称为误差超限。差值如果不超限，则按偶然误差的规律加以处理，称为闭合差的调整，以求得最可靠的数值。

5.1.5　偶然误差的特性

偶然误差从表面上看似乎没有规律性，即从单个误差的大小和符号表现为偶然性，但是对大量的偶然误差进行归纳统计，其就会表现出一定的统计规律，而且数量越多，这种规律越明显。

在等精度的观测条件下，独立地观测 358 个三角形的全部内角，由于观测值含有误差，因此每个三角形之和一般不等于其真值 180°。由下式可以计算各次三角形内角和观测值的真误差：

$$\Delta_i = (l_1 + l_2 + l_3)_i - 180° \quad (i = 1, 2, \cdots, n) \tag{5-2}$$

式中，$(l_1 + l_2 + l_3)_i$ 为第 i 个三角形内角和观测值。

将 358 个三角形的内角和观测值的真误差进行统计分析：取误差区间的间隔 $d\Delta = \pm 3''$，将该组真误差划分为正误差、负误差，分别在正、负误差中按照绝对值由小到大排列，并统计各区间的误差个数 k，并计算其相对个数 k/n（$n = 358$），k/n 也称为频率，统计及计算结果见表 5-1。

表 5-1　偶然误差统计结果

误差区间	负误差		正误差	
$d\Delta/''$	误差个数 k	频率 k/n	误差个数 k	频率 k/n
0 ~ 3	45	0.126	46	0.128
3 ~ 6	40	0.112	41	0.115
6 ~ 9	33	0.092	33	0.092
9 ~ 12	23	0.064	21	0.059

续表

误差区间	负误差		正误差	
dΔ/″	误差个数 k	频率 k/n	误差个数 k	频率 k/n
12 ~ 15	17	0.047	16	0.045
15 ~ 18	13	0.036	13	0.036
18 ~ 21	6	0.017	5	0.014
21 ~ 24	4	0.011	2	0.006
24 以上	0	0	0	0
合计	181	0.505	177	0.495

从表 5-1 中可以看出，绝对值小的误差比绝对值大的误差多，绝对值相等的正负误差个数相近，绝对值最大的误差不超过 24″。为了更直观地表示偶然误差的分布情况，可以采用直方图的形式来表示。以真误差 Δ 为横坐标，以各区间的频率（k/n）除以区间的间隔值（dΔ = 3″）为纵坐标，依据表 5-1 的统计数据绘制出直方图 5-1，可以更加形象地表示真误差的分布情况。

当误差个数 n 趋于无穷多个时，如果把误差间隔 dΔ 无限缩小，则图 5-1 中的各长方形顶点折线就变成一条光滑的曲线，该曲线称为误差分布曲线，即正态分布曲线。误差分布曲线的函数式为

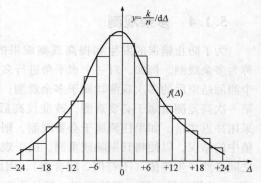

图 5-1 偶然误差频率直方图

$$y = f(\Delta) = \frac{1}{\sqrt{2\pi}\sigma} e^{-\frac{\Delta^2}{2\sigma^2}} \tag{5-3}$$

式中，$\pi = 3.141\,6$，为圆周率；$e = 2.718\,3$，为自然对数的底；σ 为标准差；标准差的平方 σ^2 称为方差。方差为偶然误差平方的理论平均值，即

$$\sigma^2 = \lim_{n\to\infty} \frac{\Delta_1^2 + \Delta_2^2 + \cdots + \Delta_n^2}{n} = \lim_{n\to\infty} \frac{[\Delta\Delta]}{n} \tag{5-4}$$

标准差为

$$\sigma = \pm \lim_{n\to\infty} \sqrt{\frac{[\Delta\Delta]}{n}} \tag{5-5}$$

由式（5-5）可知，标准差的大小取决于在一定条件下偶然误差出现的绝对值的大小。由于在计算时取各个偶然误差的平方和，当出现有较大绝对值的偶然误差时，在标准差 σ 中会得到明显的反应。式（5-3）称为正态分布密度函数，以偶然误差 Δ 为自变量，标准差 σ 为密度函数的唯一参数。

正态分布函数的特征为曲线中间高、两端低，说明小误差出现的可能性大，大误差出现的可能性小；曲线对称，说明绝对值相等的正、负误差出现的机会均等；曲线与横轴为渐近线，说明误差不会超过一定限值。

通过以上分析，可以得到偶然误差的特性：

（1）有限性：在一定观测条件下，偶然误差的绝对值有一定的限值，或者说，超出该限值的误差出现的概率为零。

（2）单峰性：绝对值较小的误差比绝对值较大的误差出现的概率大，或者说，出现的次数多。

（3）对称性：绝对值相等的正、负误差出现的概率相同，或者说，出现的次数相等。

（4）抵偿性：同一量的等精度观测，其偶然误差的算术平均值，随着观测次数 n 的无限增大而趋于零，即

$$\lim_{n \to \infty} \frac{[\Delta]}{n} = 0 \tag{5-6}$$

式中，$[\Delta] = \Delta_1 + \Delta_2 + \cdots + \Delta_n = \sum_{i=1}^{n} \Delta_i$。在测量中，常用 $[\ ]$ 表示对中括号中的数值求代数和。

5.2　衡量精度的指标

对某一个量的多次观测中，其误差分布的密集或离散的程度，称为精度。在一定的观测条件下进行观测所产生的误差分布较为集中，则表示观测质量较好，观测精度较高；如果误差分布较为离散，则表示观测质量较差，观测精度较低。

在相同的观测条件下所测得的一组观测值，它们的真误差不相等，但对应于同一分布曲线，称这些观测值的精度相同，即等精度观测。等精度观测并不意味着各次观测值的真误差相等，而是表示各次观测值的真误差分布函数相同，误差的精度指标值相同。相反，非等精度观测之间的各次观测值的真误差是可能相同的，但是非等精度观测之间的各次观测值的真误差的分布函数不同，误差的精度指标值不同。例如，用 DJ2 型和 DJ6 型经纬仪对同一水平角进行多次观测时可能得到相同的观测结果，但是用 DJ2 型经纬仪的多次观测结果的真误差分布函数与用 DJ6 型经纬仪的多次观测结果的真误差分布函数不同，误差的精度指标不同。

测量中，常用的评定精度指标有中误差、相对误差和容许误差（限差）等。

5.2.1　中误差（标准差）

在一定观测条件下观测结果的精度，取标准差 σ 是比较合适的。但是在实际测量工作中，不可能对某一量做无穷多次观测，因此，定义按有限次观测的偶然误差（真误差）求的标准差为中误差 m。即在相同的观测条件下，对某真值 X 进行了 n 次等精度的独立观测，其观测值分别为 l_1，l_2，$\cdots$，l_n，根据公式 $\Delta_i = l_i - X$ 可得各观测值的真误差为 Δ_1，Δ_2，$\cdots$，Δ_n，各真误差平方的平均值的平方根，称为中误差 m，计算式如下：

$$m = \pm \sqrt{\frac{[\Delta\Delta]}{n}} \tag{5-7}$$

式中，$[\Delta\Delta] = \Delta_1^2 + \Delta_2^2 + \cdots + \Delta_n^2$。

实际上，中误差 m 是标准差 σ 的估值。中误差与真误差不同，中误差是衡量一组观测值精度的指标，中误差数值的大小能够反映一组观测值的离散程度。中误差数值 m 越小，表明误差的分布越集中，各观测值之间的差异越小，该组观测值的精度越高；中误差数值 m 越大，表明误差的分布越离散，各观测值之间的差异越大，该组观测值的精度越低。

【例题 5-1】 在不同观测条件下分别对某三角形内角和进行一组观测（5 次），观测值与三角形内角和真值 180°相减，得到两组各次观测值的真误差分别为

第一组：$+6''$、$-5''$、$0''$、$-1''$、$+1''$
第二组：$+4''$、$-2''$、$0''$、$-4''$、$+3''$

分别求出两组观测值的中误差。

解：$m_1 = \pm \sqrt{\dfrac{[\Delta\Delta]}{n}} = \pm \sqrt{\dfrac{(+6)^2 + (-5)^2 + (0)^2 + (-1)^2 + (+1)^2}{5}} = \pm 3.5''$

$m_2 = \pm \sqrt{\dfrac{(+4)^2 + (-2)^2 + (0)^2 + (-4)^2 + (+3)^2}{5}} = \pm 3.0''$

在一组观测值中，当中误差 m 确定以后，就可以画出它所对应的误差正态分布曲线。根据式 (5-3)，当 $\Delta = 0$ 时，$f(\Delta)$ 有最大值。当以中误差 m 代替标准差 σ 时，最大值为 $\dfrac{1}{\sqrt{2\pi}m}$。由【例题 5-1】计算得到的 m_1、m_2，可画出对应的误差正态分布曲线，如图 5-2 所示。图中显示，第一组观测值中误差（$m_1 = 3.5''$）较大，曲线在纵轴方向的顶峰较低，曲线形状平缓，真误差分布较为离散；第二组观测值中误差（$m_2 = 3.0''$）较小，曲线在纵轴方向的顶峰较高，真误差分布较为集中。即 $m_1 > m_2$，第一组观测值的精度比第二组观测值的精度低。

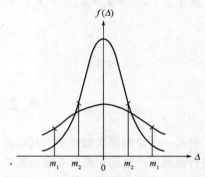

图 5-2　不同中误差的正态分布曲线

5.2.2　相对误差

在实际测量工作中，有时仅依赖中误差并不能完全客观地反映观测结果的精度。例如，对两段长度为 100 m 和 500 m 的线段进行距离丈量，观测值中误差均为 ± 0.05 m，如何判断两段距离丈量结果的精度高低？如果仅依赖中误差相等，得出两段距离丈量的结果精度相同，显然不符合 500 m 的丈量精度高于 100 m 的丈量精度的实际情况。可见距离丈量误差的大小还与距离的长短有关，所以专为距离测量定义了一个精度指标，即相对误差。

相对误差是中误差的绝对值与观测值的比值，为一无量纲数，用 K 表示。通常用分子为 1、分母为 100 整数倍的分数形式表示，如下式：

$$K = \frac{|m|}{l} = \frac{1}{\dfrac{l}{|m|}} \tag{5-8}$$

式中，m 为中误差；l 为观测值。

分母越大，相对误差越小，距离丈量的精度越高。根据式 (5-8)，可以计算上述两段测距中，相对误差分别为

$$K_1 = \frac{1}{\dfrac{100}{|\pm 0.05|}} = \frac{1}{2\,000}$$

$$K_2 = \frac{1}{\dfrac{500}{|\pm 0.05|}} = \frac{1}{10\,000}$$

因 $K_1 > K_2$，所以前者的距离丈量精度小于后者的距离丈量精度。距离丈量中，常用同一段距离往、返测量结果的相对误差来检核距离测量的符合精度，计算公式如下：

$$\frac{|l_{往} - l_{返}|}{\bar{l}} = \frac{|\Delta l|}{\bar{l}} = \frac{1}{\frac{\bar{l}}{|\Delta l|}} \tag{5-9}$$

式中，$\bar{l} = \dfrac{l_{往} + l_{返}}{2}$，即往、返丈量距离的平均值。

5.2.3　容许误差（限差）

容许误差是在一定观测条件下规定的测量误差的限值，也称为极限误差或限差。

由偶然误差频率直方图（图 5-1）可知，各矩形小条的面积代表误差出现在该区域的频率；当统计误差的个数无限增加、误差区间无限减小时，频率逐渐稳定而成概率，直方图的顶边即形成正态分布曲线。因此根据正态分布曲线可以求得出现在小区间 $\mathrm{d}\Delta$ 中的概率：

$$P(\Delta) = f(\Delta)\mathrm{d}\Delta = \frac{1}{\sqrt{2\pi}m}\mathrm{e}^{-\frac{\Delta^2}{2m^2}} \cdot \mathrm{d}\Delta \tag{5-10}$$

根据上式的积分可以得到偶然误差在任意区间出现的概率。设以 k 倍中误差作为区间，则在此区间中误差出现的概率为

$$P(|\Delta| < k \cdot m) = f(\Delta)\mathrm{d}\Delta = \int_{-km}^{+km} \frac{1}{\sqrt{2\pi}m}\mathrm{e}^{-\frac{\Delta^2}{2m^2}} \cdot \mathrm{d}\Delta \tag{5-11}$$

上式经积分后，以 $k = 1$、2、3 代入，可得到偶然误差的绝对值不大于 1 倍中误差、2 倍中误差和 3 倍中误差的概率：

$$P(|\Delta| < m) = 0.683 = 68.3\%$$
$$P(|\Delta| < 2m) = 0.954 = 95.4\%$$
$$P(|\Delta| < 3m) = 0.997 = 99.7\%$$

由此可见，在等精度的条件下对某量进行一组观测，其观测值大于 1 倍中误差的偶然误差出现的概率约为 32%，大于 2 倍中误差的偶然误差出现的概率约为 5%，大于 3 倍中误差的偶然误差出现的概率为 0.3%，此即确定测量容许误差的理论依据。

在测量作业中，观测的次数有限，可以认为出现大于 3 倍中误差的偶然误差的情况在实际中很难出现。因此，在测量规范中，为了确保观测成果的质量，通常规定以 2 倍或 3 倍中误差作为容许误差：

$$\Delta_{容} = 3m \text{ 或 } \Delta_{容} = 2m$$

前者要求较严，后者要求较宽。在测量作业中，容许误差常作为测量观测值是否有效的判断依据，如果测量观测值大于该值，就认为此次观测值无效，需要重新观测；反之，观测值有效，可以采用。

5.3　算术平均值及其精度评定

5.3.1　算术平均值

若对某一量进行 n 次等精度观测，其观测值为 l_1，l_2，$\cdots$，l_n，则该组观测值的算术平均值 $\bar{l}$ 可由下式计算：

$$\bar{l} = \frac{l_1 + l_2 + \cdots + l_n}{n} = \frac{[l]}{n} \tag{5-12}$$

利用偶然误差的特性，可以证明算术平均值比组内的任一观测值更为接近于真值。证明如下：

根据式（5-1），得各观测值真误差为

$$\Delta_i = X - l_i \quad (i = 1, 2, \cdots, n)$$

式中，X 为观测值真值。取上式的和并除以观测次数 n，得

$$\frac{[\Delta]}{n} = \frac{[l]}{n} - X = \bar{l} - X \tag{5-13}$$

根据偶然误差的"抵偿性"，式（5-13）中的观测次数 n 无限增大时，$\dfrac{[\Delta]}{n}$ 趋近于零，即

$$\lim_{n \to \infty} \frac{[\Delta]}{n} = \lim_{n \to \infty} \frac{[l]}{n} - X = \lim_{n \to \infty} \bar{l} - X = 0 \tag{5-14}$$

$$\lim_{n \to \infty} \bar{l} = X \tag{5-15}$$

由此可得，当 n 取无穷大时，算术平均值趋近于该量的真值。在实际测量工作中，不可能对某量进行无限次的观测，则算术平均值不等于真值，但是算术平均值仍比其他各观测值接近于真值。所以在等精度观测条件下，观测值的算术平均值是该量的最可靠值，又称最或然值。

5.3.2 观测值的改正数

观测值的改正数（以 V 表示）是算术平均值与观测值之差，即假设对某一观测量 X 进行 n 次等精度观测，观测值为 l_1，l_2，$\cdots$，l_n，则改正数 V_i 可按如下表达式计算：

$$\begin{cases} V_1 = \bar{l} - l_1 \\ V_2 = \bar{l} - l_2 \\ \cdots \\ V_n = \bar{l} - l_n \end{cases} \tag{5-16}$$

将等式两端分别相加，得

$$[V] = n\bar{l} - [l]$$

将 $\bar{l} = \dfrac{[l]}{n}$ 代入上式，得

$$[V] = n\frac{[l]}{n} - [l] = 0$$

因此，一组等精度观测值的改正数之和恒等于零。这一结论可作为计算工作的校核。

另外，设式（5-16）中 $\bar{l}$ 为自变量（待定值），则改正值 V_i 为自变量 $\bar{l}$ 的函数。如果使改正值的平方和为最小值，即

$$[VV]_{\min} = (\bar{l} - l_1)^2 + (\bar{l} - l_2)^2 + \cdots + (\bar{l} - l_n)^2$$

以此作为条件（称为"最小二乘原则"）来求 $\bar{l}$，这就是高等数学中求条件极值的问题。令

$$\frac{\mathrm{d}[VV]}{\mathrm{d}x} = 2[(\bar{l} - l)] = 0$$

可得到

$$n\bar{l} - [l] = 0$$

$$\bar{l} = \frac{[l]}{n}$$

此式即式（5-12），由此可知，取一组等精度观测值的算术平均值 $\bar{l}$ 作为最或然值，并据此得到各个观测值的改正数是符合最小二乘原则的。

5.3.3　按观测值的改正数计算中误差

1. 观测值中误差计算

当观测值的真值 X 已知时，每个观测值的真误差 $\Delta_i = l_i - X$ 可以求得，根据式（5-5）可以计算出一次观测值的中误差 m。在测量作业中，多数情况观测量的真值是未知且无法获取的，此时不能求得观测值的真误差，所以不能用式（5-5）计算观测值的中误差 m。

由上小节可知，在相同的观测条件下，对某真值 X 进行多次观测，可以计算得到最或然值（算术平均值 $\bar{l}$）及各个观测值的改正数 V_i；并且，当最或然值 $\bar{l}$ 在观测次数无限增多时，将逐渐趋近于真值 X。在观测次数有限时，以 $\bar{l}$ 代替 X，就相当于以改正数 V_i 代替真误差 Δ_i。由此得到按观测值的改正数计算观测值的中误差的实用公式，推导过程如下：

根据式（5-1），可得各观测值的真误差为

$$\begin{cases} \Delta_1 = X - l_1 \\ \Delta_2 = X - l_2 \\ \cdots \\ \Delta_n = X - l_n \end{cases} \tag{5-17}$$

由式（5-16）和式（5-17）相减可得

$$\begin{cases} \Delta_1 = X - (\bar{l} - V_1) = V_1 + (X - \bar{l}) \\ \Delta_2 = X - (\bar{l} - V_2) = V_2 + (X - \bar{l}) \\ \cdots \\ \Delta_n = X - (\bar{l} - V_n) = V_n + (X - \bar{l}) \end{cases} \tag{5-18}$$

对上式取平方后相加，可得

$$[\Delta\Delta] = [VV] + n(X - \bar{l})^2 + 2(X - \bar{l})[V] \tag{5-19}$$

由式（5-16）可得 $[V] = n\bar{l} - [l] = n\dfrac{[l]}{n} - [l] = 0$，代入上式得

$$[\Delta\Delta] = [VV] + n(X - \bar{l})^2 \tag{5-20}$$

将式（5-20）两边同除 n，可得：

$$\frac{[\Delta\Delta]}{n} = \frac{[VV]}{n} + (X - \bar{l})^2 \tag{5-21}$$

式中，$(X - \bar{l})^2 = (X - \dfrac{[l]}{n})^2$

$$= \frac{1}{n^2}(nX - [l])^2$$

$$= \frac{1}{n^2}(\Delta_1 + \Delta_2 + \cdots + \Delta_n)^2$$

$$= \frac{[\Delta\Delta]}{n^2} + \frac{2 \ (\Delta_1\Delta_2 + \Delta_1\Delta_3 + \cdots)}{n^2}$$

观测值 l_1，l_2，$\cdots$，l_n 独立，真误差 Δ_i 独立，当 n 趋近于无穷大时，误差 Δ_i 相互间的两两协方差等于零，即上式等号右边的第二项趋向于零，故有

$$\frac{[\Delta\Delta]}{n} = \frac{[VV]}{n} + \frac{[\Delta\Delta]}{n^2} \tag{5-22}$$

将中误差的定义式 $m = \pm\sqrt{\dfrac{[\Delta\Delta]}{n}}$ 代入上式，可得

$$m^2 = \frac{[VV]}{n} + \frac{1}{n}m^2$$

于是可得由改正数 V_i 计算观测值中误差的计算公式：

$$m = \pm\sqrt{\frac{[VV]}{n-1}} \tag{5-23}$$

式（5-23）和式（5-5）的区别在于分子以 $[VV]$ 代替了 $[\Delta\Delta]$，分母以 $(n-1)$ 代替了 n。实际上，n 和 $(n-1)$ 是代表两种不同情况下的多余观测数。因为在真值已知的情况下，所有 n 次观测均为多余观测，而在真值未知情况下，其中一个观测值是必要的，其余 $(n-1)$ 个观测值是多余的。

2. 算术平均值的中误差计算

设对某量进行 n 次等精度观测，每一观测值 l_i 的中误差为 m，用 n 次观测值的算术平均值 $\bar{l}$ 作为该量的测量值，因为平均值 $\bar{l}$ 比任一观测值 l_i 更为接近真值，所以算术平均值 $\bar{l}$ 的中误差 M 比观测值 l_i 的中误差 m 小。算术平均值 $\bar{l}$ 的中误差 M 的计算公式为

$$M = \pm\frac{m}{\sqrt{n}} \tag{5-24}$$

式（5-24）推导过程详见 5.4.1 节线性函数的误差传播定律及其应用。

由式（5-24）可知，观测次数与算术平均值中误差并不是线性比例关系，通过多次观测取算术平均值，可以提高测量精度，但是随着观测次数 n 的增加，算术平均值精度的提高在逐渐降低，即当 n 达到一定次数后，通过增加观测次数取算术平均值的方法提高观测精度的效果并不理想。在测量作业中，通过选用适当的观测仪器和观测方法，选择良好的外界环境，提高观测精度更为有效。

【例题 5-2】某一段距离共丈量了 6 次，结果如表 5-1 所示，求算术平均值、观测中误差、算术平均值的中误差及相对误差。

表 5-2　距离丈量结果计算

次序	观测值/m	$[V]$	$[VV]$	计算
1	148.643	-15	225	$m = \pm\sqrt{\dfrac{[VV]}{n-1}}$
2	148.590	+38	1 444	
3	148.610	+18	324	$= \pm\sqrt{\dfrac{3\ 046}{(6-1)}} = \pm24.7$（mm）
4	148.624	+4	16	
5	148.654	-26	676	$M = \pm\dfrac{m}{\sqrt{n}}$
6	148.647	-19	361	
	$[l]$ = 891.768	$[V]$ = 0	$[VV]$ = 3 046	$= \pm\dfrac{24.7}{\sqrt{6}} = \pm10.1$（mm）

解：根据式（5-12）计算平均值

$$\bar{l} = \frac{l_1 + l_2 + \cdots + l_n}{n} = \frac{[l]}{n} = \frac{891.768}{6} = 148.628 \ (m)$$

观测值改正数 V，任一次观测值的中误差 m 和算术平均值的中误差 M 的计算见表 5-2。

根据式（5-8）计算算术平均值的相对误差

$$K = \frac{|m|}{\bar{l}} = \frac{1}{\dfrac{\bar{l}}{|m|}} = \frac{1}{\dfrac{148.628}{0.010\ 1}} = \frac{1}{14\ 715.6} \approx \frac{1}{14\ 700}$$

【例题 5-3】已知某角观测二测回平均值的中误差为 $\pm 6''$，在同样的观测条件下，要将测角中误差提高到 $\pm 4''$，至少需要观测几个测回？

解：根据已知条件可得：$M_2 = \pm \dfrac{m}{\sqrt{n}} = \pm \dfrac{m}{\sqrt{2}} = \pm 6''$，

所以一测回观测值中误差 $m = \pm \sqrt{2} \times 6'' = \pm 8.5''$

根据 $M = \pm \dfrac{m}{\sqrt{n}}$ 可得：$n = \left(\dfrac{m}{M}\right)^2 = \left(\dfrac{\pm 8.5''}{\pm 4''}\right)^2 = 4.5$

所以要观测 5 个测回才能达到 $\pm 4''$ 的精度。

5.4　误差传播定律及其应用

在测量工作中，有些未知量不能直接观测测定，需要由直接观测量计算求出。例如，水准仪一站观测的高差 $h = a - b$，式中的后视读数 a 与前视读数 b 均为直接观测量，h 与 a、b 的函数关系为线性关系。求一矩形的面积 $S = ab$，式中矩形边长 a、b 为直接观测量，S 与 a、b 的函数关系为非线性关系。

从上面的例子可知，未知量是由观测值通过函数关系计算所得，那么各独立观测值含有误差时，则函数必受其误差的影响而相应地产生误差。这种函数误差的大小除了受到观测值误差大小的影响外，也取决于函数关系。阐述函数中误差与观测值中误差之间关系的定律称为误差传播定律。

5.4.1　线性函数的误差传播定律及其应用

（1）线性函数的误差传播定律。设有线性函数为

$$Z = \pm k_1 x_1 \pm k_2 x_2 \pm \cdots \pm k_n x_n \tag{5-25}$$

式中，k_1，k_2，$\cdots$，k_n 为常系数；x_1，x_2，$\cdots$，x_n 为独立观测量，其中误差分别为 m_1，m_2，$\cdots$，m_n，则函数 Z 的中误差为

$$m_z = \pm \sqrt{k_1^2 m_1^2 + k_2^2 m_2^2 + \cdots + k_n^2 m_n^2} \tag{5-26}$$

（2）算术平均值的中误差计算。由式（5-12）可得，若对某一量进行 n 次等精度观测，其观测值为 l_1，l_2，$\cdots$，l_n，则该组观测值的算术平均值 $\bar{l}$ 可由下式计算：

$$\bar{l} = \frac{l_1 + l_2 + \cdots + l_n}{n} = \frac{l_1}{n} + \frac{l_2}{n} + \cdots + \frac{l_n}{n}$$

根据线性函数误差传播定律、式（5-25）、式（5-26），可得

$$M_i = \pm \sqrt{\left(\frac{1}{n}\right)^2 m_1^2 + \left(\frac{1}{n}\right)^2 m_2^2 + \cdots + \left(\frac{1}{n}\right)^2 m_n^2}$$

因为 n 次观测为等精度观测，即 $m_1 = m_2 = \cdots = m_n = m$，故有

$$M_i = \pm \sqrt{n\left(\frac{1}{n}\right)^2 m^2} = \pm \sqrt{\frac{m^2}{n}} = \pm \frac{m}{\sqrt{n}}$$

即，算术平均值的中误差计算式为

$$M = \pm \frac{m}{\sqrt{n}}$$

（3）水准测量中一个测站高差的中误差计算。在一个测站上，根据高差测量的基本原理，可得一个测站高差的计算公式

$$h = a - b$$

式中，a 为后视读数；b 为前视读数。

由于在一测站观测中，前、后视的观测条件基本相同，因此可认为读数的中误差相等，均为 $m_{读}$，即 $m_a = m_b = m_{读}$。当仅考虑读数误差对测站高差的影响时，由式（5-26）可得一个测站高差的中误差的计算式为

$$m_{站} = \pm \sqrt{m_a^2 + m_b^2} = \sqrt{2}\, m_{读} \tag{5-27}$$

（4）水准测量路线高差的中误差计算。某条水准路线由 n 个测站组成，各测站高差分别为 h_1，h_2，$\cdots$，h_n，水准路线高差为测站高差的累积值，即

$$h_{线} = h_1 + h_2 + \cdots + h_n$$

由于在水准路线观测中，各测站的观测条件基本相同，因此可认为各测站的中误差相等，均为 $m_{站}$，即 $m_1 = m_2 = \cdots = m_n = m_{站}$。可得水准路线的中误差计算式为

$$m_{线} = \pm \sqrt{m_1 + m_2 + \cdots + m_n} = \sqrt{n}\, m_{站} \tag{5-28}$$

式（5-28）一般用于在山地地区进行水准测量的高差中误差计算，在平坦地区进行水准测量时，每测站的视距基本相等（测站视距等于测站前视距加上后视距），设水准路线总长为 L（km），各测站的视距为 L_i，则有 $n = \dfrac{L}{L_i}$，代入式（5-28）可得平坦地区水准路线高差计算公式：

$$m_{线} = \sqrt{\frac{L}{L_i}}\, m_{站} = \sqrt{L}\,\frac{m_{站}}{\sqrt{L_i}} = \sqrt{L}\, m_{km} \tag{5-29}$$

式中，$m_{km} = \dfrac{m_{站}}{\sqrt{L_i}}$，称为每千米水准测量的高差观测中误差。

【例题 5-4】设有关系函数式 $z = 3x + 2y$，如有 $m_x = \pm 2$ mm，$m_y = \pm 4$ mm，则 z 的中误差为多少？

解：由式（5-26）可得

$$m_z = \pm \sqrt{\left(\frac{\partial z}{\partial x}\right)^2 m_x^2 + \left(\frac{\partial z}{\partial y}\right)^2 m_y^2} = \pm \sqrt{3^2 \times 2^2 + 2^2 \times 4^2} = \pm 10 \ (\text{mm})$$

【例题 5-5】在某闭合水准路线测量中，若在测站观测中水准尺的读数中误差为 ± 1.0 mm，水准路线共有 20 个测站，求水准路线高差的中误差。

解：由式（5-27）计算一测站高差测量的中误差

$$m_{站} = \sqrt{2} m_{读} = \sqrt{2} \times (\pm 1.0) = \pm 1.4 \ (mm)$$

由式（5-28）计算水准路线高差测量的中误差

$$m_{线} = \sqrt{n} m_{站} = \sqrt{20} \times (\pm 1.4) = \pm 6.3 \ (mm)$$

【例题 5-6】在 1:500 地形图上，量得某段距离 $d = 23.2$ cm，其测量中误差 $m_d = \pm 0.1$ cm，求该段距离的实地长度及中误差。

解：根据已知条件可得实地长度的函数式为 $D = Md$，实地长度测量距离为

$$D = Md = 500 \times 23.2 = 11\ 600 \ (cm) = 116 \ m$$

可得

$$m_D = M m_d = \pm 500 \times 0.1 = \pm 50 \ (cm) = \pm 0.5 \ m$$

所以实地长度 D 为 116 m ± 0.5 m。

5.4.2　非线性函数的误差传播定律及其应用

设有非线性函数为

$$Z = f(x_1, x_2, \cdots, x_n) \tag{5-30}$$

式中，$x_1, x_2, \cdots, x_n$ 为独立观测值，中误差分别为 $m_1, m_2, \cdots, m_n$。
对式（5-26）求全微分得

$$dZ = \frac{\partial f}{\partial x_1} dx_1 + \frac{\partial f}{\partial x_2} dx_2 + \cdots + \frac{\partial f}{\partial x_n} dx_n \tag{5-31}$$

则函数 Z 的中误差为

$$m_z = \pm \sqrt{\left(\frac{\partial f}{\partial x_1}\right)^2 m_{x_1}^2 + \left(\frac{\partial f}{\partial x_2}\right)^2 m_{x_2}^2 + \cdots + \left(\frac{\partial f}{\partial x_n}\right)^2 m_{x_n}^2} \tag{5-32}$$

【例题 5-7】有一长方形草坪，测得其长度为 30.40 m，宽为 10.20 m，测量中误差相应为 ±0.02 m 和 ±0.01 m。求该草坪的面积及其中误差。

解：长方形的面积函数式为 $S = ab$，则该草坪面积为

$$S = ab = 30.40 \times 10.20 = 310.08 \ (m^2)$$

根据式（5-32）可得面积中误差为

$$\begin{aligned}
m_S &= \pm \sqrt{\left(\frac{\partial S}{\partial a}\right)^2 m_a^2 + \left(\frac{\partial S}{\partial b}\right)^2 m_b^2} \\
&= \pm \sqrt{b^2 m_a^2 + a^2 m_b^2} \\
&= \pm \sqrt{10.2^2 \times 0.02^2 + 30.4^2 \times 0.01^2} \\
&= 0.37 \ (m^2)
\end{aligned}$$

所以，该草坪的面积为 $S = 310.08 \ m^2 \pm 0.37 \ m^2$。

【例题 5-8】为了求得一水平距离 D，先量得其倾斜距离 $S = 163.563$ m，量距中误差 $m_S = \pm 0.006$ m；测得倾斜角 $\alpha = 32°15'00''$，测角中误差为 $m_\alpha = \pm 6''$，求水平距离 D 及中误差 m_D。

解：水平距离 D 的函数关系式为

$$D = S\cos\alpha = 163.563 \times \cos 32°15'00'' = 138.330 \ (m)$$

由式（5-32）得

$$m_D = \pm \sqrt{\left(\frac{\partial D}{\partial S}\right)^2 m_S^2 + \left(\frac{\partial D}{\partial \alpha}\right)^2 \left(\frac{m_\alpha}{\rho''}\right)^2}$$

$$= \pm \sqrt{\cos^2\alpha m_s^2 + (-S\sin\alpha)^2 \left(\frac{m_\alpha}{\rho''}\right)^2}$$

$$= \pm \sqrt{\cos^2 32°15'00'' \times 0.006^2 + (-163.563 \times \sin 32°15'00'')^2 \left(\frac{6}{206\ 265}\right)^2}$$

$$= \pm \sqrt{0.000\ 025\ 7 + 0.000\ 006\ 4}$$

$$= \pm 0.005\ 7\ (m)$$

式中，$\rho'' = 206\ 265$ 为弧秒值，$\frac{m_\alpha}{\rho''}$ 是将角值化为弧度。

5.5 非等精度观测的最可靠值及其中误差

前面主要讨论了从 n 次等精度观察中求出未知量的最可靠值并评定其精度。在测量作业中，经常需要处理非等精度条件下的观测结果。本节将讨论如何从非等精度观测值中求最可靠值并评定精度。

5.5.1 测量平差原理

在测量作业中，为了进行检核及提高观测成果的精度，常采用多余观测。例如，在距离丈量中，原本只需观测一次，实际作业中为了提高精度须进行多次观测；观测三角形内角和，原本只需观测其中 2 个内角，为了检核，在作业中常对三个内角都进行观测。由于多余观测，观测结果之间会产生矛盾，即产生闭合差。

在多余观测的基础上，依据一定的数学模型和某种平差原则，对观测结果进行合理的调整（加改正数消除闭合差），从而得到一组最可靠的结果并评定精度的工作称为测量平差。测量平差的任务主要是：求出未知量的最可靠值（也叫最或然值）；评定测量成果的精度。

测量平差的基本原理为最小二乘法原理。下面通过观测三角形的三个内角值的例子说明最小二乘法原理。

假设三角形的三个内角观测值分别为 $\angle A = 47°07'36''$，$\angle B = 67°34'12''$，$\angle C = 65°19'24''$，则其闭合差 $f = \angle A + \angle B + \angle C - 180° = 12''$。为了消除闭合差，求得三角形各内角的最或然值，需分别在三个观测角值上加上改正数。

假设 V_A、V_B、V_C 分别为三个内角 $\angle A$、$\angle B$、$\angle C$ 的改正数，则有

$V_A + V_B + V_C = -f = -12''$，即 $(\angle A + V_A) + (\angle B + V_B) + (\angle C + V_C) = 180°$

满足上式的改正数可以有无穷多组，见表 5-3。

表 5-3 改正数

改正数	第1组	第2组	第3组	第4组	第5组	⋯
V_A	$-2''$	$-2''$	$-3''$	$+6''$	$-4''$	⋯
V_B	$-5''$	$+2''$	$-3''$	$-10''$	$-4''$	⋯
V_C	$-5''$	$-12''$	$-6''$	$-8''$	$-4''$	⋯
$[VV]$	54	152	54	200	48	⋯

在以上无限多组的改正数中，如何选择最为合理的一组改正数？应用最小二乘理论，可知改正数 V 的平方和最小的一组最为合理，即

$$[VV] = V_A^2 + V_B^2 + V_C^2 = \min$$

若为非等精度观测，则为

$$[pVV] = p_A V_A^2 + p_B V_B^2 + p_C V_C^2 = \min$$

式中，p_A、p_B、p_C 为观测值 $\angle A$、$\angle B$、$\angle C$ 的权。

这种在残差满足 $[pVV]$ 最小的条件下求观测值的最佳估值并进行精度估计的方法称为最小二乘法。

5.5.2　权

（1）权的概念。在对某量进行非等精度观测时，获得的各观测结果的中误差不同、结果的可靠性不同。在求观测值的最可靠值时，对于精度较高的观测结果，可靠度较高，可以给予其最后结果以较大的影响程度。对观测值的可靠度，可用一些数值来表示其"比重"关系，这些用来衡量"比重"大小的数值称为观测值的权，通常用 p 表示。权的意义，不在于它本身值的大小，重要的是它们之间的比例关系。如果说中误差表示观测值的绝对精度，那么权则表示观测值之间的相对精度。观测值的精度越高，结果越可靠，对应的权也越大。

例如，用相同的仪器和方法观测同一水平角，分两组按不同的次数观测，第一组观测了 3 次，第二组观测 6 次，其观测值与中误差列于表 5-4 中。

表5-4　观测结果

组别	观测值	观测值中误差	平均值	平均值中误差
1	l_1，l_2，l_3	m	$x_1 = \dfrac{1}{3}(l_1 + l_2 + l_3)$	$M_1 = \dfrac{m}{\sqrt{3}}$
2	l_4，l_5，l_6，l_7，l_8，l_9	m	$x_2 = \dfrac{1}{6}(l_4 + l_5 + l_6 + l_7 + l_8 + l_9)$	$M_2 = \dfrac{m}{\sqrt{6}}$

在两组观测中，第二组观测值的平均值中误差 M_2 较小，则有 x_2 的精度较高，可靠度较高，所以 x_2 的权 p_2 较大。

（2）权的确定。确定权的基本方法：观测结果的权与中误差的平方成反比。即

$$p_i = \frac{C}{m_i^2} \quad (i = 1, 2, 3, \cdots, n) \tag{5-33}$$

式中，C 为任意常数。

例如，在表 5-4 中，假设 $C = m^2$，由式（5-33）计算得平均值 x_1、x_2 的权分别为 3 和 6。如果假设 $C = 3m^2$，则平均值 x_1、x_2 的权分别为 9 和 18。可见，由不同的常数 C 计算得到的权大小并不一样，但是权的相对权重关系是相同的，即：3/6 = 9/18 = 0.5。

（3）单位权。权等于 1 时，称为单位权。权等于 1 时的观测值中误差称为单位权中误差。设单位权中误差为 μ，则权与中误差的关系为

$$p_i = \frac{\mu^2}{m_i^2} \quad (i = 1, 2, 3, \cdots, n) \tag{5-34}$$

在定权时，通常以一个测站、一测回、1 km 线路的测量误差作为单位权误差。

在角度观测中，设一测回观测值的中误差为 m，n 测回的算术平均值的中误差为 M。如取一测回的观测中误差 m 为单位权中误差，则角度观测值的权可由下式表示：

$$p_\beta = \frac{\mu^2}{M^2} = \frac{m^2}{\left(\dfrac{m}{\sqrt{n}}\right)^2} = n \tag{5-35}$$

由式（5-35）可得，角度观测值的权与测回数成正比。

在水准路线测量中，设两个水准点之间观测了 n 站，每站的高差中误差为 $m_{站}$，则 n 站的高差 $h = \sum_1^n h_i$，由式（5-28）可知高差 h 的中误差 $m_h = \sqrt{n}\, m_{站}$。如取每站的高差中误差 $m_{站}$ 为单位权中误差，则观测值 h 的权可由下式表示：

$$p_h = \frac{\mu^2}{m_i^2} = \frac{m_{站}^2}{\left(\sqrt{n}\, m_{站}\right)^2} = \frac{1}{n} \tag{5-36}$$

由式（5-36）可得，水准测量高差观测值的权与测站数成反比。

在地势平坦的环境中，假设每测站的距离大致相等为 s，测量水准间的路线长度为 L 时，则测站数 $n = \dfrac{L}{s}$，则 h 的中误差 $m_h = \sqrt{n}\, m_{站} = \sqrt{\dfrac{L}{s}}\, m_{站}$。如果取 1 km 线路的测量误差作为单位权误差，即 $\mu = \dfrac{m_{站}}{\sqrt{s}}$，则观测值 h 的权可由下式表示：

$$p_h = \frac{\mu^2}{m_i^2} = \frac{\left(\dfrac{m_{站}}{\sqrt{s}}\right)^2}{\left(\sqrt{\dfrac{L}{s}}\, m_{站}\right)^2} = \frac{1}{L} \tag{5-37}$$

由式（5-37）可得，水准测量高差观测值的权与路线长度成反比。

5.5.3 非等精度观测的最可靠值

设对某一量进行了 n 次非等精度观测，观测值为 l_1，l_2，$\cdots$，l_n，相对应的权为 p_1，p_2，$\cdots$，p_n，则该量的加权平均值为

$$x = \frac{p_1 l_1 + p_2 l_2 + \cdots + p_n l_n}{p_1 + p_2 + \cdots + p_n} = \frac{[pl]}{[p]} \tag{5-38}$$

在非等精度观测条件下，观测值的加权平均值就是该量的最可靠值。

5.5.4 非等精度观测的最可靠值的精度评定

不同精度观测值 l_i 的加权平均值为

$$x = \frac{[pl]}{[p]} = \frac{p_1 l_1 + p_2 l_2 + \cdots + p_n l_n}{[p]} = \frac{p_1 l_1}{[p]} + \frac{p_2 l_2}{[p]} + \cdots + \frac{p_n l_n}{[p]}$$

利用误差传播定律，由式（5-26）可得

$$m_x = \pm \sqrt{\left(\frac{p_1}{[p]}\right)^2 l_1^2 + \left(\frac{p_2}{[p]}\right)^2 l_2^2 + \cdots + \left(\frac{p_n}{[p]}\right)^2 l_n^2} \tag{5-39}$$

由式（5-34）可得 $p_1 m_1^2 = p_2 m_2^2 = \cdots = p_n m_n^2 = \mu^2$，

将等式代入式（5-39），可得加权平均值的中误差为

$$m_x = \pm \sqrt{\frac{p_1 \mu^2}{[p]^2} + \frac{p_2 \mu^2}{[p]^2} + \cdots + \frac{p_n \mu^2}{[p]^2}}$$

$$= \pm \sqrt{\frac{(p_1 + p_2 + \cdots + p_n)}{[p]^2} \mu^2}$$

$$= \pm \frac{\mu}{\sqrt{[p]}} \qquad\qquad (5\text{-}40)$$

【例题 5-9】 如图 5-3 所示，使用 DS3 水准仪，分别从 3 个已知高程点 1、2、3 出发，测量 P 点的高程。3 段水准路线的测量高差及测站数标于图中，试求：

（1） P 点高程的加权平均值与中误差。

（2） 3 段水准路线测得 P 点高程的算术平均值与中误差。

（3） 比较加权平均值与算术平均值的精度。

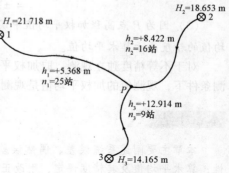

图 5-3　某水准路线图

解：（1） 根据 3 段水准路线的测量高差，可以分别计算得到 P 点的三个高程：

$$H_{P_1} = H_1 + h_1 = 21.718 + 5.368 = 27.086 \text{（m）}$$

$$H_{P_2} = H_2 + h_2 = 18.653 + 8.422 = 27.075 \text{（m）}$$

$$H_{P_3} = H_3 + h_3 = 14.165 + 12.914 = 27.079 \text{（m）}$$

因为 3 段水准路线使用仪器相同，观测条件基本相同，可以认为其每测站高差观测中误差 $m_{站}$ 相等。根据式（5-28），计算三段水准路线测得 P 点高程的中误差分别为

$$m_1 = \sqrt{n_1}\, m_{站} = \sqrt{25}\, m_{站} = 5\, m_{站}$$

同理：$m_2 = \sqrt{16}\, m_{站} = 4\, m_{站}$，$m_3 = \sqrt{9}\, m_{站} = 3\, m_{站}$。

取 $m_{站}$ 为单位权中误差，根据式（5-36）确定三段水准路线的权：

$$p_1 = \frac{\mu^2}{m_1^2} = \frac{m_{站}^2}{\left(\sqrt{n_1}\, m_{站}\right)^2} = \frac{1}{n_1} = \frac{1}{25}$$

同理：$p_2 = \dfrac{1}{16}$，$p_3 = \dfrac{1}{9}$。

根据式（5-38），计算 P 点高程的加权平均值为

$$H_P = \frac{p_1 H_{P_1} + p_2 H_{P_2} + p_3 H_{P_3}}{p_1 + p_2 + p_3} = \frac{\dfrac{27.086}{25} + \dfrac{27.075}{16} + \dfrac{27.079}{9}}{\dfrac{1}{25} + \dfrac{1}{16} + \dfrac{1}{9}} = 27.079 \text{（m）}$$

根据式（5-39），计算 P 点高程加权平均值的中误差：

$$m_{H_P} = \pm \frac{m_{站}}{\sqrt{\dfrac{1}{25} + \dfrac{1}{16} + \dfrac{1}{9}}} = \pm 2.16\, m_{站}$$

（2） 根据式（5-12）计算 P 点高程的算术平均值为

$$\bar{H}_P = \frac{p_1 + p_2 + p_3}{3} = \frac{27.086 + 27.075 + 27.079}{3} = 27.080 \text{（m）}$$

根据式（5-26）计算 P 点高程算术平均值的中误差为

$$M_{\bar{H}_P} = \pm \sqrt{k_1^2 m_1^2 + k_2^2 m_2^2 + \cdots + k_n^2 m_n^2}$$

$$= \pm \sqrt{\frac{1}{9} \times (5\,m_{站})^2 + \frac{1}{9} \times (4\,m_{站})^2 + \frac{1}{9} \times (3\,m_{站})^2}$$

$$= \pm \frac{\sqrt{50}}{3} m_{站}$$

$$= \pm 2.357\,m_{站}$$

（3）因为 P 点高程加权平均值中误差 m_{H_P} 小于算术平均值中误差 $M_{\bar{H}_P}$，所以 P 点高程加权平均值的精度高于算术平均值。

对于不等精度独立观测，取加权平均值为观测值比算术平均值更合理，所以在非等精度观测条件下，观测值的加权平均值是观测量的最可靠值。

本章小结

本章主要阐述系统误差、偶然误差、中误差、容许误差和相对误差的概念，偶然误差的特性；算术平均值及其精度评定，用改正数计算中误差；误差传播定律及应用；非等精度观测中，权的概念及计算，加权平均值及中误差的计算方法，测量平差的概念等。

思考与练习

1. 误差的来源有哪几个方面？

2. 偶然误差和系统误差有什么不同？它们分别具有哪些特性？如何消除或削弱这些误差？

3. 真值、观测值和真误差的概念是什么？

4. 精度的概念是什么？衡量精度的指标有哪些？

5. 观测值的改正数的概念是什么？如何由观测值改正数计算观测值的中误差？

6. 在等精度观测条件下，对某直线丈量了 5 次，观测结果分别为 168.135 m、168.148 m、168.120 m、168.129 m、168.150 m，计算算术平均值、每次观测的中误差及算术平均值的中误差。

7. 进行三角高程测量，已知高差函数关系式为 $h = D\tan\alpha$，竖直角的观测值及中误差为 $\alpha = 20° \pm 1'$，水平距离的观测值及中误差为 $D = 250\ m \pm 0.13\ m$，求高差及高差中误差。

8. 什么是权、单位权、单位权中误差？加权平均值及中误差的计算方法有哪些？

9. 如图 5-4 所示，使用 DS3 水准仪，分别从三个已知高程点 1、2、3 出发，测量 P 点的高程。三个测段水准观测为同等级观测，已知水准点高程、测段实测高差及测段长度如表 5-5 所示，取 1 km 线路的测量误差作为单位权误差，计算 P 点高程的加权平均值及其中误差。

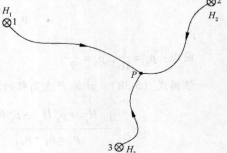

图 5-4　水准路线简图

表 5-5　观测结果

测段	测段长度/km	测段实测高差/m	已知水准点高程/m
1 – P	2.5	+1.538	$H_1 = 20.145$
2 – P	2.3	+1.782	$H_2 = 19.897$
3 – P	4.1	−2.332	$H_3 = 24.032$

第 6 章

直线定向

直线定向的概念，真子午线方向、磁子午线方向和坐标纵轴方向的定义，罗盘仪的构造及使用方法，正、反坐标方位角的关系，坐标方位角的计算，坐标方位角与坐标象限角的关系，坐标计算原理。

三种方位角之间的关系，坐标的正算、反算，方位角推算。

6.1 直线定向概述

确定地面上两点之间的相对位置，仅知道两点之间的水平距离是不够的，还必须确定此直线与标准方向之间的关系。确定地面两点间的直线与标准北方向间的水平夹角称为直线定向。

6.1.1 标准北方向

测量中常采用的基准方向有 3 种，即真子午线方向、磁子午线方向以及坐标纵轴方向，又称为三北方向。

（1）真子午线方向。如图 6-1 所示，过地球表面 P 点与地球旋转轴的平面称为天文子午面，天文子午面与地球表面的交线称为 P 点的真子午线，真子午线在 P 点位置的切线并指向北的方向称为 P 点的真子午线方向。地面某一点的真子午线方向可以通过天文测量方法或陀螺经纬仪进行测定。

（2）磁子午线方向。如图 6-1 所示，地球表面 P 点与地磁南北极连线所组成的平面与地球表面的交线称为 P 点的磁子午线，磁子午线在 P 点的切线并指向北的方向称为 P 点的磁子午线方向。磁子午线方向可以通过罗盘仪或罗盘经纬仪进行测定，即罗盘仪磁针静止时北端

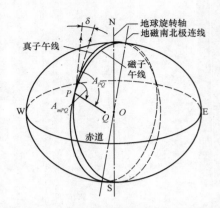

图 6-1　真子午线方向与磁子午线方向的关系

所指的方向。

（3）坐标纵轴方向。过地球表面 P 点与该点所在的高斯平面直角坐标系或者假定坐标系的坐标纵轴（x 轴）平行的直线，且指向北的方向称为 P 点的坐标纵轴方向。

6.1.2　直线方向的表示方法

在测量中，通常采用方位角表示直线的方向，地面直线的方位角指从标准方向的北端起，在平面上顺时针旋转至该直线方向的水平夹角，方位角的取值范围是 $0° \sim 360°$。利用三北方向作为标准方向，可以分别定义 3 个不同的方位角：真子午线方位角、磁子午线方位角和坐标方位角。在土木工程测量中应用最广的是坐标方位角。

（1）如图 6-1 所示，由地面 P 点的真子午线方向的北端起，顺时针旋转至地面直线 PQ 的水平夹角，称为直线 PQ 的真子午线方位角（真方位角），用 A_{PQ} 表示。

（2）如图 6-1 所示，由地面 P 点的磁子午线方向的北端起，顺时针旋转至地面直线 PQ 的水平夹角，称为直线 PQ 的磁子午线方位角（磁方位角），用 A_{mPQ} 表示。

（3）过地面 P 点的坐标纵轴的正方向，顺时针旋转至地面直线 PQ 的水平夹角，称为坐标方位角，用 α_{PQ} 表示。

6.1.3　三种方位角之间的关系

（1）真方位角与磁方位角之间的关系。如图 6-1 所示，因为地球旋转轴与地磁南北极连线并不重合，所以地球表面同一点 P 的真子午线方向和磁子午线方向并不相同，导致地面直线的真方位角和磁方位角不同，两者存在一个差值，称为磁偏角 δ。因此真方位角 A_{PQ} 和磁方位角 A_{mPQ} 之间的关系式如下：

$$A_{PQ} = A_{mPQ} + \delta$$

式中，磁偏角 δ 的符号定义：以真子午线为基准，磁子午线东偏为正，西偏为负。如图 6-2 所示，磁偏角 δ 符号为负。

（2）真方位角与坐标方位角之间的关系。如图 6-3 所示，在高斯平面直角坐标系内，地面上任一点 P 的真子午线都收敛于地球旋转轴的南北两极。因此，当 P 点不在赤道或中央子午线上时，真子午线方向与坐标纵轴方向就不重合，二者之间相差一个水平夹角，称为子午线收敛角，用 γ 表示。图 6-2 中，地面直线 PQ 的真方位角 A_{PQ} 与坐标方位角 α_{PQ} 有如下关系：

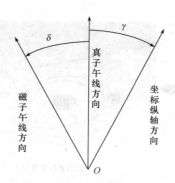

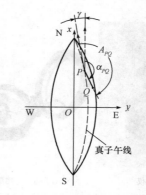

图6-2　三种方位角之间的关系图　　　　图6-3　真方位角与坐标方位角的关系图

$$A_{PQ} = \alpha_{PQ} + \gamma \qquad (6\text{-}1)$$

式中，子午线收敛角 γ 的符号定义：以真子午线方向为基准，坐标纵轴北方向偏东为正，偏西为负。图6-3 中过 P 点的子午线收敛角 γ 的符号为正。子午线收敛角可以按下式近似计算得到：

$$\gamma = (L - L_0)\ \sin B \qquad (6\text{-}2)$$

式中，L 为地面 P 点的大地经度；L_0 为地面 P 点所在投影带的中央子午线经度；B 为地面 P 点的大地纬度。

由式（6-2）可知：地面点偏离中央子午线位置越远，子午线收敛角越大；地面点的大地纬度越高，子午线收敛角越大；当地面点位于中央子午线和赤道位置时，子午线收敛角为零。

（3）坐标方位角与磁方位角之间的关系。若已知某点的磁偏角 δ 与子午线收敛角 γ，则坐标方位角 α_{PQ} 与磁方位角 A_{mPQ} 之间的换算可按下式计算：

$$\alpha_{PQ} = A_{mPQ} + \delta - \gamma \qquad (6\text{-}3)$$

真子午线方向、磁子午线方向和坐标纵轴方向在多数情况下互不平行，为了减小由此造成的计算不便，在测量中普遍采用坐标纵轴方向作为方位角的基准方向。一般在中、小比例尺地形图的图框外绘有本幅图内地面点的三北方向关系图。

6.1.4　用罗盘仪测定磁方位角

罗盘仪是测量直线磁方位角的仪器，构造简单，使用方便，但精度不高，外界环境对仪器的测量影响较大。当测区内没有国家控制点可用而需要在小范围内建立假定坐标系的平面控制网时，可用罗盘仪测量磁方位角，作为该控制网起始边的坐标方位角。

（1）罗盘仪的构造。罗盘仪的种类很多，其构造大同小异，主要部件有磁针、刻度盘和瞄准设备等，如图6-4 所示。

磁针：采用人造磁铁制成，磁针在度盘中心的顶针尖上，可自由转动。

刻度盘：用钢或铝制成的圆环，随着望远镜一起转动，每隔 $10°$ 有一注记，按逆时针方向从 $0°$ 注记到 $360°$，最小分划为 $1°$ 或 $30'$。刻度盘内装有一个圆水准器，用手控制气泡居中，使罗盘仪水平。

望远镜：罗盘仪的望远镜与经纬仪的望远镜构造基本相似，也有物镜、目镜对光螺旋和十字丝分划板等，其望远镜的视准轴与刻度盘的 $0°$ 分划线共面。望远镜用于确定地面直线方向，有些罗盘仪没有设置望远镜，而使用准星或挂绳装置进行方向确定。

森林罗盘仪　　　　　　　地质罗盘仪　　　　　　矿山悬挂罗盘仪

图 6-4　各类罗盘仪

（2）用罗盘仪测定直线的磁方位角。观测时，先将罗盘仪安置在直线的起点，对中、整平，旋松顶针螺旋，放下磁针，然后转动仪器，通过瞄准设备瞄准直线另一端的标杆。待磁针禁止后，读出磁针北端所指的读数，即为该直线的磁方位角。

目前，有些经纬仪配有罗针，用来测定磁方位角。罗针的构造与罗盘仪相似。观测时，先安置经纬仪于直线起点上，然后将罗针安置在经纬仪支架上。先利用罗针找到磁北方向，并把经纬仪的水平度盘配置为 0°，然后瞄准直线另一端的标杆，此时，经纬仪的水平度盘读数，即该直线的磁方位角。

罗盘仪在使用时，不要使铁质物质接近罗盘，以免影响磁针位置的准确性。在铁路附件及高压线铁塔下观测时，磁针读数会受到很大影响，应该注意避免。测量结束后，必须旋紧顶针螺旋，将磁针升起，避免顶针磨损，以保护磁针的灵敏性。

6.2　坐标方位角的计算

6.2.1　正、反坐标方位角

测量工作中的直线都具有一定的方向。如图 6-5 所示，地面有一直线 AB，如果称 α_{AB} 为正方位角，则 α_{BA} 为反方位角；如果称 α_{BA} 为正方位角，则 α_{AB} 为反方位角。正、反坐标方位角的概念只是相对而言。从图 6-5 中很容易得出，正、反方位角相差 180°，有以下关系式

$$\alpha_{BA} = \alpha_{AB} \pm 180° \qquad (6\text{-}4)$$

因为方位角的角值范围是 0°～360°，所以上式右边第二项 180°前的正负号取号规律为：当 $\alpha_{AB} \geqslant 180°$，取负号，当 $\alpha_{AB} \leqslant 180°$，取正号。例如，求得 $\alpha_{AB} = 130°00'00''$，则 α_{AB} 的反方位角 $\alpha_{BA} = 130°00'00'' + 180° = 310°00'00''$。

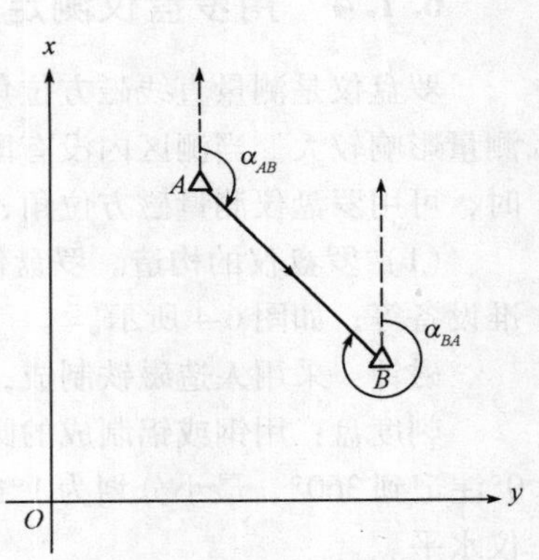

由于过地面各点的真子午线和磁子午线均收敛于两极，所以过地面各点的真子午线方向和磁子午线方向并不互相平行，致使直线的真、反真（或磁、反

图 6-5　正、反方位角的关系

磁）方位角相差不等于 180°，给测量带来不便。所以，测量工作中均采用坐标方位角进行直线定向。

6.2.2　坐标方位角的推算

在测量中，为使测量成果坐标统一，保证测量精度，通常把坐标控制点逐一用线段连接成折线，并与已知边相连，称为导线。如图 6-6 所示，AB1234 就是一条支导线。导线中各条线段的坐标方位角可通过已知边 AB 的坐标方位角和观测的水平夹角 β 进行推算。导线由已知方位角（坐标点）向未知方位角（坐标点）的方向称为前进方向，图中前进方向为 $A-B-1-2-3-4$。水平夹角 β 位于前进方向的左侧称为左角，β 位于前进方向的右侧称为右角，如图 6-6 中，线段 AB 与 B1 的水平夹角为 $\beta_左$、$\beta_右$，而 β_1、β_2、β_3 均为左角。

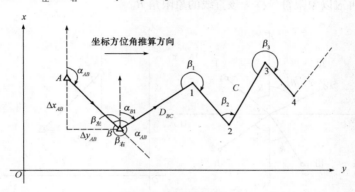

图 6-6　坐标方位角推算

从图 6-6 中，很容易推算得到 α_{B1} 的方位角计算公式为

$$\alpha_{B1} = \alpha_{AB} + \beta_左 + 180°，\text{或} \ \alpha_{B1} = \alpha_{AB} - \beta_右 + 180°$$

式中，水平夹角 β 的正负号由 β 角的性质，按 "左加右减" 的规则确定。推算过程中，如果 α_{B1} 的坐标方位角的计算结果大于 360°，则应减去 360°；如果 α_{B1} 的坐标方位角的计算结果小于 0°，则应加上 360°。这样可以保证坐标方位角的计算结果满足方位角的取值范围（0° ~ 360°）。

由此，可以得到推算坐标方位角的一般公式为：

$$\alpha_前 = \alpha_后 + \begin{Bmatrix} +\beta_左 \\ -\beta_右 \end{Bmatrix} + 180° \tag{6-5}$$

式中，$\alpha_前$ 为未知导线边的方位角，$\alpha_后$ 为已知导线边的方位角，导线边方位角均指前进方向的方位角，即 $\alpha_前$、$\alpha_后$ 的下标字母顺序应与前进方向顺序一致。例如，已知 1-2 导线边方位角，求 2-3 导线边方位角，则用公式表示应写为

$$\alpha_{12} = \alpha_{23} + \begin{Bmatrix} +\beta_左 \\ -\beta_右 \end{Bmatrix} + 180°$$

式中，方位角 α 的下标顺序不能标错，否则将导致计算结果错误。

6.3 坐标正算与坐标反算

6.3.1 象限角的概念

如图 6-7 (a) 所示，x 和 y 坐标轴方向把一个平面分为 Ⅰ、Ⅱ、Ⅲ、Ⅳ4 个象限，测量中规定，象限按顺时针编号（数学中的象限是按逆时针编号的），四个象限分别对应北东（NE）、南东（SE）、南西（SW）、北西（NW）四个方向。某直线与 x 轴的南北方向所夹的锐角（角值范围为 0°~90°），再冠以象限符号称为该直线的象限角 R。

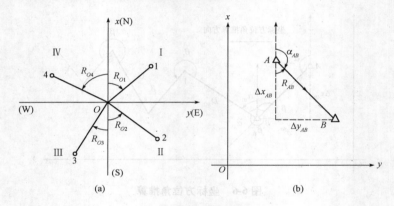

图 6-7 象限角

如图 6-7 (b) 所示，若直线 AB 的坐标方位角 $\alpha_{AB} = 130°00'00''$，其象限角为南偏东（$180°00'00'' - 130°00'00''$）$= 50°00'00''$，记为 $R_{AB} = \text{SE}50°00'00''$。

根据象限角和方位角的定义，可知象限角和方位角之间存在特定关系，两者可以互相换算，换算方法如图 6-8 所示。

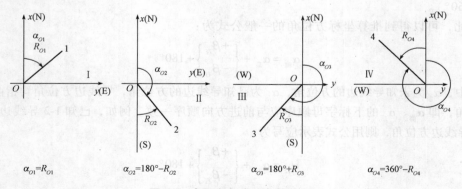

图 6-8 象限角与方位角的关系

6.3.2　坐标正算（极坐标化为直角坐标）

根据已知边长、方位角和点坐标，计算待定点坐标，称为坐标正算。如图 6-9 所示，已知 A 点坐标为 (x_A, y_A)，A 点到待定坐标点 B 的水平距离为 D，直线 AB 的坐标方位角为 α_{AB}。则可以得到 B 的坐标为

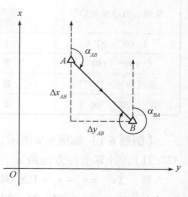

$$\left.\begin{array}{l} x_B = x_A + \Delta x_{AB} \\ y_B = y_A + \Delta y_{AB} \end{array}\right\} \tag{6-6}$$

式中，Δx_{AB}、Δy_{AB} 称为坐标增量。AB 在第 Ⅱ 象限，所以 $\Delta x_{AB} < 0$、$\Delta y_{AB} > 0$，可由下式计算：

$$\left.\begin{array}{l} \Delta x_{AB} = -D_{AB}\cos R_{AB} = D_{AB}\cos\alpha_{AB} \\ \Delta y_{AB} = D_{AB}\sin R_{AB} = D_{AB}\sin\alpha_{AB} \end{array}\right\} \tag{6-7}$$

图 6-9　坐标正/反算

由上式可得，如果采用象限角计算坐标增量，需要根据方位角的象限判断坐标增量的正负号；如果采用方位角计算坐标增量，计算结果已经包含了正负号信息，与坐标增量对应象限的正负号一致，可不用单独判断。

由此可得坐标计算的一般公式为

$$\left.\begin{array}{l} x_B = x_A + \Delta x_{AB} = x_A + D_{AB}\cos\alpha_{AB} \\ y_B = y_A + \Delta y_{AB} = y_A + D_{AB}\sin\alpha_{AB} \end{array}\right\} \tag{6-8}$$

在不同象限中，sin 函数和 cos 函数随着方位角的数值不同计算结果有正负之分，所以坐标增量有正负号区别，可根据表 6-1 坐标增量正负号规律判断坐标增量计算是否正确。

表 6-1　坐标增量的正负号

象限（方位角角值）	坐标增量符号		函数符号	
	Δx	Δy	cos	sin
Ⅰ（0°~90°）	+	+	+	+
Ⅱ（90°~180°）	−	+	−	+
Ⅲ（180°~270°）	−	−	−	−
Ⅳ（270°~360°）	+	−	+	−

6.3.3　坐标反算（直角坐标化为极坐标）

根据两点的已知坐标，求两点之间线段的水平距离和方位角，称为坐标反算。

如图 6-7 所示，地面 A、B 两点的水平距离 D_{AB} 和象限角 R_{AB} 可由下式计算：

$$D_{AB} = \sqrt{\Delta x_{AB}^2 + \Delta y_{AB}^2} = \sqrt{(x_B - x_A)^2 + (y_B - y_A)^2} \tag{6-9}$$

$$R_{AB} = \arctan\left|\frac{\Delta y_{AB}}{\Delta x_{AB}}\right| = \arctan\left|\frac{y_B - y_A}{x_B - x_A}\right| \tag{6-10}$$

由图 6-8，可整理得到在各象限中象限角与方位角的关系式，如表 6-2 所示。式（6-10）计算得到的象限角，代入表 6-2 中对应象限的关系式即可求得直线的方位角。

表 6-2　象限角 R 与方位角 α 的关系

象限（方位角角值）	象限	坐标增量符号		象限角与方位角关系
		Δx	Δy	
Ⅰ（0°～90°）	Ⅰ	+	+	$R = \alpha$
Ⅱ（90°～180°）	Ⅱ	−	+	$R = 180° - \alpha$
Ⅲ（180°～270°）	Ⅲ	−	−	$R = \alpha - 180°$
Ⅳ（270°～360°）	Ⅳ	+	−	$R = 360° - \alpha$

【例题 6-1】如图 6-9 所示，假设 A、B 两点的坐标分别为（228.568，337.337），（188.043，377.21），计算坐标方位角 α_{AB}。

解：$\Delta x_{AB} = x_B - x_A = 188.043 - 228.568 = -40.525$（m）

$\Delta y_{AB} = y_B - y_A = 377.21 - 337.337 = 39.873$（m）

象限角 $R_{AB} = \arctan\left|\dfrac{\Delta y_{AB}}{\Delta x_{AB}}\right| = \arctan\left|\dfrac{39.873}{-40.525}\right| = 44°32'07''$

根据坐标增量符号，可得 AB 方向位于第 Ⅱ 象限，查表 6-2 可得 AB 坐标方位角为

$\alpha_{AB} = 180° - R_{AB} = 180° - 44°32'07'' = 135°27'53''$

本章小结

本章主要阐述三北标准方向的概念，方位角的定义，三种方位角之间的关系，罗盘仪的构造与使用方法；正反坐标方位角之间的关系，坐标方位角的推算方法；象限角的概念，及与坐标方位角之间的关系；坐标的正算与反算的概念。

思考与练习

1. 已知各直线的坐标方位角分别为 47°27′、177°37′、226°48′、337°18′，试分别求出它们的象限角和反坐标方位角。

2. 已知点 A、B 的坐标如下：$x_A = 189.000$ m，$y_A = 102.000$ m，$x_B = 185.165$ m，$y_B = 126.702$ m，计算 AB 的方位角。

3. 如图 6-10 所示，已知 $\alpha_{AB} = 55°20'$，$\beta_B = 126°24'$，$\beta_C = 134°06'$，求其余各边的坐标方位角。

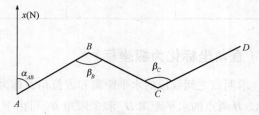

图 6-10　方位角的推算

4. 已知某直线的象限角为南西 45°18′，求它的坐标方位角。

5. 已知点 A 的坐标：$x_A = 189.000$ m，$y_A = 102.000$ m，以及 $D_{AB} = 250$ m，$\alpha_{AB} = 75°24'12''$，计算点 B 的坐标。

第 7 章

小区域控制测量

控制测量的作用、布网原则、形式和等级，导线布设形式、选点原则和测量，交会定点的基本方法，三、四等水准测量的施测要点。

★ 学习难点

导线测量的内业计算，交会定点的计算，三、四等水准测量的外业和内业计算。

7.1　控制测量概述

测量学的主要任务就是测定和测设，其实质就是确定一系列点的位置。而任何点位的确定都不可避免地存在误差，为了降低甚至消除前一个点的误差对下一个点的影响，保证测量的精度，测量工作必须遵循"从整体到局部，先控制后碎部，步步检核"的基本原则。因此，不论是测定还是测设，均应先进行控制测量。

控制测量是相对于碎部测量而言的。先在整个测区范围内，选择若干个具有控制作用的点（控制点），设想用直线连接相邻的控制点，组成一定的几何图形（控制网），用较精密的测量仪器和测量方法，确定出它们的平面坐标和高程，该项工作称为控制测量；然后以控制点的测量成果（坐标和高程）为基础，测定碎部点的位置，则是碎部测量。

7.1.1　控制测量的意义及方法

控制测量为其他测量工作提供起算数据，是各项测量工作的基础，它有传递点位坐标和高程并等精度控制全局的作用，还可以限制测量误差的传播和累积，并提高作业效率。

控制测量包括平面控制测量和高程控制测量。测量控制点平面位置的工作称为平面控制测量，其主要方法有导线测量、三角测量和 GPS（GNSS）测量。测量控制点高程的工作称为高程控制测量，其主要方法有水准测量和 GPS（GNSS）测量，在测量困难地区或精度要求不太高时也采用三角高程测量。平面控制测量和高程控制测量一般是独立布设的，条件允许也可共用，即一个点既可以是平面控制点，同时也可以是高程控制点。

（1）导线测量。导线测量是把地面上选定的控制点连接成折线或多边形，如图7-1所示，测出边长、相邻边的夹角，即可确定这些控制点的平面位置。这些控制点称为导线点，这种控制形式称为导线控制。

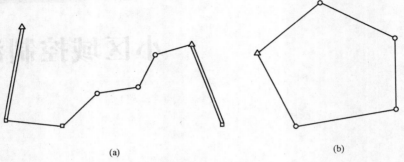

图7-1　导线测量

（a）附合导线；（b）闭合导线

（2）三角测量。三角测量是把控制点组成一系列的三角形，精确测出起算边的长度（称为基线），如图7-2两端的粗边线；再量出三角形的各个内角，可推算其余各边的长度，从而确定各控制点的平面位置。这些控制点称为三角点，构成的网称为三角网，这种控制测量工作称为三角控制测量（该部分本书不做介绍，详见测量学相关教材）。

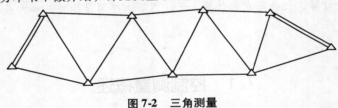

图7-2　三角测量

由于光电测距的广泛使用，量边工作可不受地形条件的限制，因此可以将三角网各边直接测出来，进而推算出控制点的平面位置，这种测量称为三边测量，这种形式称为三边网。如果既测边又测角，则称为边角网。

（3）GPS（GNSS）测量。美国的全球定位系统（GPS）是全球卫星导航系统（GNSS）的一种。GPS控制测量是按一定的要求和网形布设控制点，在控制点上安置GPS卫星地面接收机，接收GPS卫星信号，解算求得控制点到相应卫星的距离，通过一系列数据处理得出控制点坐标和高程。GPS测量技术发展较快，运用也越来越广泛。

7.1.2　控制网的分级

（1）国家控制网。控制网的布设也必须遵循"从整体到局部，由高级到低级"的原则。首先必须进行全国性的控制测量，它是全国各种比例尺测图的基础。国家控制网是用精密测量仪器和方法依照施测精度逐级控制建立的，按其精度可分为一、二、三、四等四个级别。国家一、二等控制网除了作为三、四等控制网的依据外，还为研究地球的形状和大小以及其他科学提供依据。

国家控制网同样可分为平面控制网和高程控制网，建立国家平面控制网主要采用三角测量的方法。如图 7-3 所示，一等三角网是国家平面控制网的骨干，二等三角网布设于一等三角锁环内，是国家平面控制网的全面基础。三、四等三角网是以二等三角网为基础，用插点或插网的形式进一步加密。

建立国家高程控制网主要采用精密水准测量的方法。如图 7-4 所示，一等水准网是国家高程控制网的骨干。二等水准网布设于一等水准网环内，是国家高程控制网的全面基础。三、四等水准网为国家高程控制网的进一步加密，常用于在小区域范围内建立首级高程控制网。

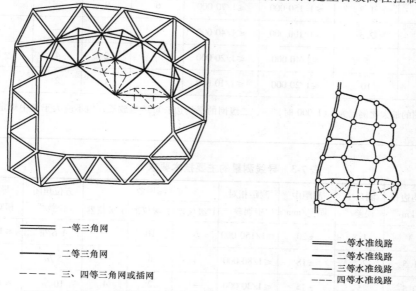

| 一等三角网 |
| 二等三角网 |
| ---- 三、四等三角网或插网 |

图 7-3　国家平面控制网示意图

| 一等水准线路 |
| 二等水准线路 |
| 三等水准线路 |
| ---- 四等水准线路 |

图 7-4　国家高程控制网示意图

（2）城市（厂矿）控制网。由于国家控制网的密度小，难以满足城市或厂矿建设的需要，所以，一般在县级以上的城市和大、中型厂矿都建立有自己的控制网。城市（厂矿）控制网一般应在国家控制网的基础上，根据测区的大小、城市规划和施工测量的要求，布设不同等级的控制网，以供地形测图和施工放样使用。

直接供地形测图使用的控制点称为图根控制点，简称图根点。测定图根点位置的工作，称为图根控制测量。图根点的密度取决于测图比例尺和地物、地貌的复杂程度，对于平坦开阔地区、困难地区或山区，其图根点的密度要求可参考国家有关规范。

根据《工程测量规范》（GB 50026—2007），平面控制网的主要技术要求如表 7-1 ~ 表 7-4 所示。中小城市一般以四等网作为首级控制网；面积在 15 km² 以下的小城镇，则可用一级导线网作为首级控制网；面积在 0.5 km² 以下的测区，可以以图根控制网作为首级控制网；厂区可布设建筑方格网。

表 7-1　卫星定位测量控制网的主要技术要求

等级	平均边长/km	固定误差 A/mm	比例误差系数 B/（mm·km^{-1}）	约束点间的边长相对中误差	约束平差后最弱边相对中误差
二等	9	≤10	≤2	≤1/250 000	≤1/120 000
三等	4.5	≤10	≤5	≤1/150 000	≤1/70 000
四等	2	≤10	≤10	≤1/100 000	≤1/40 000
一级	1	≤10	≤20	≤1/40 000	≤1/20 000
二级	0.5	≤10	≤40	≤1/20 000	≤1/10 000

表7-2 三角形网测量的主要技术要求

等级	平均边长/km	测角中误差/"	测边相对中误差	最弱边边长相对中误差	测回数			三角形最大闭合差/"
					1"级仪器	2"级仪器	6"级仪器	
二等	9	1	≤1/250 000	≤1/120 000	12	—	—	3.5
三等	4.5	1.8	≤1/150 000	≤1/70 000	6	9	—	7
四等	2	2.5	≤1/100 000	≤1/40 000	4	6	—	9
一级	1	5	≤1/40 000	≤1/20 000		2	4	15
二级	0.5	10	≤1/20 000	≤1/10 000		1	2	30

注：当测区测图的最大比例尺为1:1 000时，一、二级网的平均边长可适当放长，但不应大于表中规定长度的2倍。

表7-3 导线测量的主要技术要求

等级	导线长度/km	平均边长/km	测角中误差/"	测距中误差/mm	测距相对中误差	测回数			方位角闭合差/"	导线全长相对闭合差
						1"级仪器	2"级仪器	6"级仪器		
三等	14	3	1.8	±20	≤1/150 000	6	10	—	$3.6\sqrt{n}$	≤1/55 000
四等	9	1.5	2.5	±18	≤1/80 000	4	6	—	$5\sqrt{n}$	≤1/35 000
一级	4	0.5	5	±15	≤1/30 000	—	2	4	$10\sqrt{n}$	≤1/15 000
二级	2.4	0.25	8	±15	≤1/14 000	—	1	3	$16\sqrt{n}$	≤1/10 000
三级	1.2	0.1	12	±15	≤1/7 000	—	1	2	$24\sqrt{n}$	≤1/5 000

注：1. 表中 n 为测站数。
    2. 当测区测图的最大比例尺为1:1 000时，一、二、三级导线的导线长度、平均边长可适当放长，但最大长度不应大于表中规定相应长度的2倍。

表7-4 图根导线测量的主要技术要求

导线长度/m	相对闭合差	测角中误差/"		方位角闭合差/"	
		一般	首级控制	一般	首级控制
≤α×M	≤1/(2 000×α)	30	20	$60\sqrt{n}$	$40\sqrt{n}$

注：1. α 为比例系数，取值宜为1，当采用1:500、1:1 000比例尺测图时，其值可为1~2。
    2. M 为测图比例尺的分母；但对于工矿区现状图测量，不论测图比例尺大小，M 均应取值为500。
    3. 隐蔽或施测困难地区导线相对闭合差可放宽，但不应大于1/(1 000×α)。

城市或厂矿地区的高程控制分为二、三、四、五等水准测量和图根水准测量等几个等级，它是城市大比例尺测图及工程测量的高程控制，其主要技术要求如表7-5和表7-6所示。同样，应根据城市或厂矿的规模确定城市首级水准网的等级，然后根据等级水准点测定图根点的高程。

表 7-5　水准测量的主要技术要求

等级	每千米高差全中误差/mm	路线长度/km	水准仪型号	水准尺	观测次数		往返较差、附合或环线闭合差/mm	
					与已知点联测	附合或环线	平地	山地
二等	2	—	DS1	因瓦	往返各一次	往返各一次	$\pm 4\sqrt{L}$	—
三等	6	≤50	DS1	因瓦	往返各一次	往一次	$\pm 12\sqrt{L}$	$\pm 4\sqrt{n}$
			DS3	双面		往返各一次		
四等	10	≤16	DS3	双面	往返各一次	往一次	$\pm 20\sqrt{L}$	$\pm 6\sqrt{n}$
五等	15	—	DS3	单面	往返各一次	往一次	$\pm 30\sqrt{L}$	

注：1. 结点之间或结点与高级点之间，其路线的长度，不应大于表中规定的 70%。
　　2. L 为往返测段、附合或环线的水准路线长度（km）；n 为测站数。
　　3. 数字水准仪测量的技术要求和同等级的光学水准仪相同。

表 7-6　图根水准测量的主要技术要求

每千米高差全中误差/mm	附合路线长度/km	水准仪型号	视线长度/m	观测次数		往返较差、附合或环线闭合差/mm	
				附合或闭合路线	支水准路线	平地	山地
20	≤5	DS10	≤100	往一次	往返各一次	$\pm 40\sqrt{L}$	$\pm 12\sqrt{n}$

注：1. L 为往返测段、附合或环线水准路线的长度（km）；n 为测站数。
　　2. 当水准路线布设成支线时，其路线长度不应大于 2.5 km。

7.1.3　小区域控制测量

在 10 km² 范围内为地形测图或工程测量所建立的控制网称为小区域控制网。在这个范围内，水准面可视为水平面，可采用独立平面直角坐标系计算控制点的坐标。小区域控制网应尽可能以国家控制网或城市控制网联测，将国家或城市控制网的高级控制点作为小区域控制网的起算和校核。如果测区内或测区周边附近没有高级控制点，或联测较为困难时，也可建立独立平面控制网。小区域平面控制网应根据测区的大小分级建立测区首级控制网和图根控制网。小区域高程控制网也应根据测区的大小和工程要求分级建立。一般以国家或城市等级水准点为基础，在测区建立三、四等水准路线或水准网，再以三、四等水准点为基础，测定图根点高程。

本章主要说明小区域控制网的建立，下面将分别介绍用导线测量建立小区域平面控制网的方法和用三、四等水准测量建立小区域高程控制网的方法。

7.2　导线测量

导线测量是建立小区域平面控制网常用的一种方法。将测区内相邻控制点连成直线而构成的折线称为导线，控制点称为导线点，折线边称为导线边。导线测量就是依次测定各导线边的长度和各转折角，再根据起算数据，推算各边的坐标方位角，进而求出各导线点的坐标。

7.2.1　导线布设形式

根据测区的不同情况和要求，单一导线的布设有三种基本形式：闭合导线、附合导线和支导线。

（1）闭合导线。闭合导线是从一个已知高级控制点出发，经过若干个导线点后，又回到原已知高级控制点的导线。如图 7-5 所示，已知高级控制点 A 和 B，以 A 点为起始点，以 BA 为起始方向，依次经过待测点 2、3、4、5 后，又回到 A 点形成一闭合导线。闭合导线本身具有严密的几何条件，可以对观测结果进行检验，通常用于面积开阔的地区。

（2）附合导线。附合导线是从一个已知高级控制点出发，经过若干个导线点后，附合到另外一个已知高级控制点的导线。如图 7-6 所示，已知高级控制点 A、B、C、D，以 B 点为起始点，以 AB 为起始方向，依次经过待测点 1、2、3、4 后，附合到 C 点及终止方向 CD，形成一附合导线。附合导线同样可以对观测结果进行检验，通常用于带状地区，广泛地运用于公路、铁路和水利等工程。

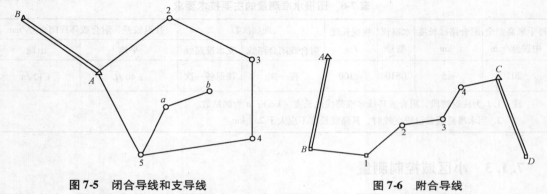

图 7-5　闭合导线和支导线　　　　　　　图 7-6　附合导线

（3）支导线。支导线是从一个已知高级控制点出发，经过若干个导线点（既不回到起始点也不附合到另外的控制点）所形成的导线。如图 7-5 所示，已知高级控制点 A 和 B，以 A 点为起始点，以 BA 为起始方向，依次经过待测点 5、a、b，形成一支导线。由于支导线缺乏检验条件，故对其导线点个数及总长都有限制。其仅用于图根控制点的补点，导线点一般不超过 2 个。

除了单一导线外，还可采用若干条闭合、附合导线组成网状，形成导线网，处理方法与单一导线相同。在具体实践中，导线要根据实际情况进行灵活布设。

7.2.2　导线测量的外业工作

导线测量的外业工作包括踏勘选点及建立标志、测角、量边、起始边定向。

（1）踏勘选点及建立标志。在选点之前，应进行导线的总体设计。首先收集测区已有的地形图和高一级控制点资料，结合地形条件及测量的具体要求，在地形图上初拟导线的布设方案；然后到现场踏勘，检查导线方案及控制点位置是否合适，根据需要调整、确定点位。如测区没有地形图资料，则直接去现场踏勘，根据已知控制点的分布、地形条件及测量的要求，合理拟定导线点的位置。

选点时，应注意下列几点：

①相邻导线点间必须通视，便于测角和量距；

②点位应选择在土质坚实处，便于保存标志和安置仪器；

③点位要选在视野开阔、控制面积大、便于碎部测量的地方；

④导线点应分布均匀，具有足够的密度，以便控制整个测区；

⑤导线边长应大致相等，相邻边长不宜相差悬殊。

导线点选定后，应根据不同级别的导线建立标志。临时性标志可在点位上打小木桩，桩顶钉一小钉，如图 7-7 所示。如为永久标志，需埋设混凝土桩，桩顶刻"十"字，如图 7-8 所示。导线点应统一编号，为查找方便，需绘制"点之记"，标明点位与周边地物的相对关系，如图 7-9 所示。

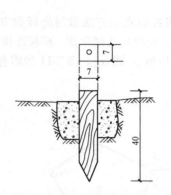

图 7-7　临时导线点的埋设

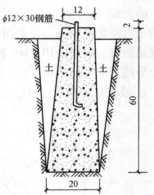

图 7-8　永久导线点的埋设

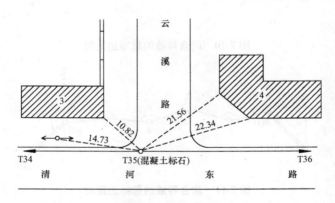

图 7-9　"点之记"

（2）测角。转折角有左角和右角、外角和内角之分，在导线前进方向左手边的角称为左角，右手边的角称为右角；闭合导线内侧边的角称为内角，外侧边的角称为外角。在测角之前应先明确观测导线点的哪个角？是内角还是外角？是左角还是右角？同一导线观测时应统一，一般在闭合导线中均测内角，如选择顺时针方向观测闭合导线，则右角就是内角。

角度观测需根据不同的等级要求，采用经过检校过的经纬仪或全站仪进行。测角的主要技术要求见表 7-3 和表 7-4。当测站上仅有两个方向时，采用测回法观测；当有三个及以上方向时，采用方向法观测。

测角时，应尽量瞄准目标的底部，可用测钎、觇牌或在标志点上用脚架悬挂垂球作为照准标志。角度观测的外业工作及数据记录参考第 3 章的相关要求进行。

（3）量边。导线边长可以用钢尺或光电测距仪测量。量边的主要技术要求见表 7-3 和表 7-4。

如用钢尺量距，钢尺必须经过实验室检定，对于一、二、三级导线，应按钢尺精密量距进行；对于图根导线，可用一般方法往返丈量，取平均值，并要求其相对误差不大于1/3 000。如量的是斜距，还应改正为水平距离。如采用光电测距，对于图根点，只需测一个测回，且无须气象改正即可满足精度要求；对于一、二级导线，应测两测回，取平均值，并加气象改正。边长测量的外业和内业工作参考第4章的相关要求进行。

（4）起始边定向。如导线附近无高级控制点，则应用罗盘仪测出导线起始边的磁方位角，并假定起始点的坐标作为起算数据。如图7-10（a）所示的闭合导线，应测出起始边方位角 α_{12} 及假定起点1的坐标 (x_1, y_1)。

如导线附近有高级控制点，则采用连接导线与高级控制点的方法取得坐标和方位角的起算数据，称为连接测量。如图7-10（b）所示的闭合导线，应测出连接角 β'、β'' 及连接边长 D_0，据此推算出闭合导线起点1的坐标 (x_1, y_1) 及起始边方位角 α_{12} 或 α_{15}。图7-11的附合导线，应测出连接角 β_1、β_6 及连接边长 D_{12}、D_{56}。

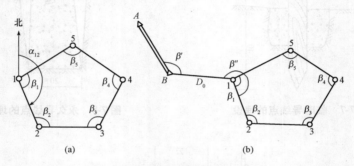

图7-10 闭合导线的起始边定向

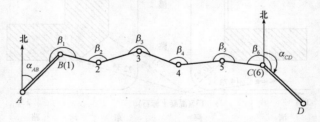

图7-11 附合导线的起始边定向

连接角和连接边测量时，由于后续内业计算时无法对其进行校核及平差作业，因此观测时要特别注意测量的正确性及精度的保证。

7.2.3 导线测量的内业计算

导线测量内业计算的目的是在外业测量结果满足精度要求的前提下，根据已知的起算数据和外业观测资料，通过对误差进行必要的调整（平差作业），计算出各导线点的坐标。

（1）准备工作。在计算之前，应当先做好如下准备工作：

①整理和检查导线测量记录，数据是否齐全，有无记错、算错，成果是否符合精度要求，起算数据是否正确；

②绘制导线草图，把各项数据标注在图中的相应位置，如图7-12所示；

③将外业数据及起算数据填入"导线坐标计算表"中，起算数据用下划线标明。填写测站

点号、观测角值及方位角时要特别注意对应关系，填写完毕后，应对照草图，仔细检查，确保无误，并判定外业观测的转角是左角还是右角，标注在表头上。

（2）内业计算步骤。内业计算的步骤一般包括：

①角度闭合差的计算和调整；

②坐标方位角的推算；

③坐标增量的计算；

④坐标增量闭合差的计算和调整；

⑤导线点坐标的计算。

（3）闭合导线内业计算。以图 7-12 所示的闭合导线为例，说明闭合导线坐标计算的步骤。

由准备工作已知 A 点的坐标 $X_A = 450.00$ m，$Y_A = 450.00$ m，导线各边长 D_{ij}、各内角 β_i 和起始边 AB 的方位角 α_{AB} 如图 7-12 所示，测站点按顺时针编号，如选择按顺时针顺序计算，则观测角均为右角，将以上数据填入表 7-7 的第 1、2、6 和 9 列相应位置，试计算 B、C、D、E 各点的坐标。

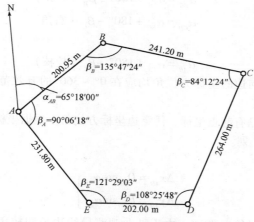

图 7-12　闭合导线草图

①角度闭合差的计算和调整。在实际观测中，不可避免地存在误差，角度闭合差即是导线转角和的观测值与理论值之差：

$$f_{\beta} = \sum \beta_{测} - \sum \beta_{理} \tag{7-1}$$

闭合导线在几何上是一个多边形，其内角和的理论值为：

$$\sum \beta_{理} = (n-2) \times 180° \tag{7-2}$$

式中，n 为导线的边数或转折角数。

对于图根导线，角度闭合差的容许值（表 7-3 和表 7-4）为

$$f_{\beta容} = \pm 60'' \sqrt{n} \tag{7-3}$$

应判定角度闭合差是否超限，如超过容许值，则应返回现场重新测定。若角度闭合差未超限，则可以进行平差作业。一般认为导线内角的观测条件相同，其测角误差大致相等，因此角度闭合差调整的基本原则是将闭合差反符号平均分配到各观测角中，以确定每个角度的改正数，计算式如下：

$$v_{\beta i} = \frac{-f_{\beta}}{n} \tag{7-4}$$

改正数必须满足

$$\sum v_{\beta} = -f_{\beta} \qquad (7\text{-}5)$$

注意，应保证改正数之和与角度闭合差符号相反，且绝对值相等，如绝对值不等，则需对个别改正数进行微调，微调的原则是"余数分配到短边构成的角上"。这是因为在短边测角时，仪器对中误差、照准误差对测角的影响较大，如表 7-7 第 3 列所示。

将角度观测值与角度改正数相加得到改正后的角值，填入表 7-7 第 4 列，并校核改正后的角度总和是否等于理论值。

②坐标方位角的推算。首先应当推算起始边 AB 的坐标方位角，在此例 α_{AB} 为已知条件，可直接使用；若起始边方位角未知，则应当根据外业起始边定向数据推算起始边坐标方位角，如图 7-10（b）所示。

然后根据起始边方位角，采用左、右角公式，依次推算后续每条边的坐标方位角，最后再回到起始边，进行校核。

具体计算如下：

$$\alpha_{BC} = \alpha_{AB} + 180° - \beta_B \quad （右角）$$

$$\alpha_{CD} = \alpha_{BC} + 180° - \beta_C \quad （右角）$$

$$\cdots$$

$$\alpha_{AB} = \alpha_{EA} + 180° - \beta_A \quad （校核）$$

注意，推算出来的任何边的坐标方位角均应在 0° ~ 360° 的有效范围内，如超出，则应当加上或者减去 360° 进行处理。

③坐标增量的计算。已有起点坐标、任意边坐标方位角，根据坐标增量计算公式可计算出各坐标增量，填入表 7-7 第 7 列。

如 AB 边坐标增量为

$$\left.\begin{array}{l} \Delta x_{AB} = D_{AB}\cos\alpha_{AB} \\ \Delta y_{AB} = D_{AB}\sin\alpha_{AB} \end{array}\right\}$$

④坐标增量闭合差的计算和调整。由于外业观测导线边长和转角过程中存在误差，所以实际上坐标增量之和往往不等于理论值而产生一个差值，这个差值称为坐标增量闭合差，分别用 f_x、f_y 表示：

$$\left.\begin{array}{l} f_x = \sum \Delta x_{测} - \sum \Delta x_{理} \\ f_y = \sum \Delta y_{测} - \sum \Delta y_{理} \end{array}\right\} \qquad (7\text{-}6)$$

闭合导线是一闭合多边形，其坐标增量的代数和在理论上应等于零，即

$$\left.\begin{array}{l} \sum \Delta x_{理} = 0 \\ \sum \Delta y_{理} = 0 \end{array}\right\} \qquad (7\text{-}7)$$

从图 7-13 可看出 f_x、f_y 的几何意义，缺口 AA' 的长度称为导线全长闭合差，以 f_D 表示：

$$f_D = \sqrt{f_x^2 + f_y^2} \qquad (7\text{-}8)$$

为判定闭合差是否满足精度要求，还必须计算导线全长相对闭合差：

$$K_D = \frac{f_D}{\sum D} = \frac{1}{\dfrac{\sum D}{f_D}} \qquad (7\text{-}9)$$

K_D 的分母值越大，精度越高。导线全长相对闭合差的容许值见表 7-3 和表 7-4。对于量距导

线和测距导线，其导线全长相对闭合差一般不应大于 1/2 000。如超过限差，则应返回现场重新测定；若未超限，可进行导线全长闭合差的调整。

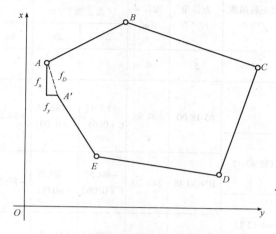

图 7-13　闭合导线全长闭合差

由于在计算坐标增量之前导线的角度闭合差已经进行了调整，坐标增量闭合差可以认为主要是由导线边长的误差所引起的，所以导线全长闭合差的调整应着重考虑导线边长的因素。调整方法为：将坐标增量闭合差反其符号，按与边长成正比的原则分配到各条边的坐标增量中（余数分配到长边），即坐标增量的改正数计算公式为

$$\left.\begin{aligned} v_{x\,ij} &= \frac{D_{ij}}{\sum D}(-f_x) \\ v_{y\,ij} &= \frac{D_{ij}}{\sum D}(-f_y) \end{aligned}\right\} \tag{7-10}$$

注意，计算完各边坐标增量改正数后，应做如下校核：全部改正数之和与坐标增量闭合差符号相反，绝对值相等，即满足

$$\left.\begin{aligned} \sum v_x &= -f_x \\ \sum v_y &= -f_y \end{aligned}\right\} \tag{7-11}$$

如不满足，需要微调改正数，原则是"长边对大数"，校核无误后，填入表 7-7 第 7 列括号内。

各边坐标增量加上各边坐标增量改正数即可得到改正后的坐标增量，填入表 7-7 第 8 列。注意校核，改正后的坐标增量之和应该等于坐标增量之和的理论值，即坐标增量的闭合差为零。

⑤导线点坐标的计算。由导线起算点的坐标（该例为 A 点）与改正后的坐标增量依次相加，可顺算出各待测点的坐标，填入表 7-7 第 9 列。注意，当计算完最后一个待测点坐标后，还需推算起算点的坐标，作为计算校核。在该例中，计算完 E 点坐标，还应加上 EA 边改正后的坐标增量，反算 A 点坐标，确保计算无误。

表7-7 闭合导线坐标计算表

测站	角度观测值 /° ′ ″	改正数 /″	改正后角值 /° ′ ″	方位角 /° ′ ″	边长 d /m	坐标增量计算值（改正数）/m		改正后坐标增量 /m		坐标值/m	
						$\Delta x'$	$\Delta y'$	Δx	Δy	x	y
1	2	3	4	5	6	7		8		9	
A	右角			65 18 00	200.95	+83.97 (+0.05)	+182.56 (−0.00)	+84.02	+182.56	450.00	450.00
B	135 47 24	−12	135 47 12	109 30 48	241.20	−80.57 (+0.06)	+227.35 (−0.01)	−80.51	+227.34	534.02	632.56
C	84 12 24	−11	84 12 13	205 18 35	264.00	−238.66 (+0.07)	−112.86 (−0.01)	−238.59	−112.87	453.51	859.90
D	108 25 48	−11	108 25 37	276 52 58	202.00	+24.21 (+0.05)	−200.54 (−0.00)	+24.26	−200.54	214.92	747.03
E	121 29 03	−11	121 28 52	335 24 06	231.80	+210.76 (+0.06)	−96.49 (−0.00)	+210.82	−96.49	239.18	546.49
A	90 06 18	−12	90 06 06	65 18 00						450.00	450.00
总和	540 00 57	−57	540 00 00		1 139.95	−0.29	+0.02	0	0		

计算	$\sum d = 1\ 139.95 \text{ m}$ $f_\beta = +57''$ $f_{\beta容} = \pm60''\sqrt{5} = \pm134''$	$\sum \Delta x = 0$ $f_x = -0.29 \text{ m}$ $f = \sqrt{f_x^2 + f_y^2} = 0.29 \text{ m}$	$\sum \Delta y = 0$ $f_y = +0.02 \text{ m}$ $K = \dfrac{f}{\sum d} = \dfrac{1}{3\ 931} < \dfrac{1}{2\ 000}$

（4）附合导线内业计算。附合导线内业计算步骤与闭合导线相同，仅在角度闭合差的计算以及坐标增量闭合差计算时，转角和的理论值及坐标增量代数和的理论值有所区别。

下面以图7-14所示的附合导线为例，介绍其计算方法。假定观测顺序为 BA 往 EF 观测，已知起始边 BA 和终止边 EF 的坐标方位角 α_{BA}、α_{EF}，及起点 A 和终点 E 的坐标（x_A，y_A）、（x_E，y_E）。

①转角和的理论值计算。各观测角均为左角，根据左角公式有

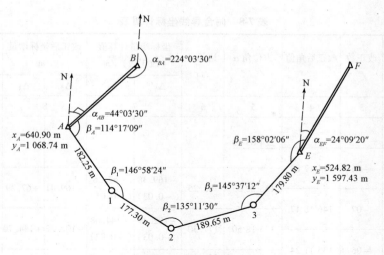

图 7-14　附合导线草图

$$\alpha_{A1} = \alpha_{BA} - 180° + \beta_A$$

$$\alpha_{12} = \alpha_{A1} - 180° + \beta_1$$

$$\alpha_{23} = \alpha_{12} - 180° + \beta_2$$

$$\alpha_{3E} = \alpha_{23} - 180° + \beta_3$$

$$\alpha_{EF} = \alpha_{3E} - 180° + \beta_E$$

将上面各式等号两边分别相加，整理可得

$$\alpha_{EF} = \alpha_{BA} - n \times 180° + \sum \beta_{左}$$

写成通用式为

$$\sum \beta_{理左} = \alpha_{终} - \alpha_{起} + n \times 180° \qquad (7\text{-}12)$$

式中，n 为观测角的个数。同样可得，观测角为右角时的计算通式：

$$\sum \beta_{理右} = \alpha_{起} - \alpha_{终} + n \times 180° \qquad (7\text{-}13)$$

②坐标增量代数和的理论值计算。列出各边坐标增量计算公式：

$$\Delta x_{A1} = x_1 - x_A$$

$$\Delta x_{12} = x_2 - x_1$$

$$\Delta x_{23} = x_3 - x_2$$

$$\Delta x_{3E} = x_E - x_3$$

将上面各式等号两边分别相加，整理可得

$$\sum \Delta x = x_E - x_A$$

写成通用式为

$$\sum \Delta x_{理} = x_{终} - x_{起} \qquad (7\text{-}14)$$

同样可得

$$\sum \Delta y_{理} = y_{终} - y_{起} \qquad (7\text{-}15)$$

其余计算方法均与闭合导线相同，在此不再赘述。附合导线内业计算的全过程见表 7-8。

表 7-8　附合导线坐标计算表

测站	角度观测值 /° ′ ″	改正数 /″	改正后角值 /° ′ ″	方位角 α /° ′ ″	边长 d /m	坐标增量计算值（改正数）/m		改正后坐标增量 /m		坐标值/m	
						Δx′	Δy′	Δx	Δy	x	y
1	2	3	4	5	6	7		8		9	
B	左角			224 03 30							
A	114 17 09	−06	114 17 03							640.90	1 068.74
				158 20 33	182.25	−169.38 (−0.03)	+67.26 (+0.03)	−169.41	+67.29		
1	146 58 24	−07	146 58 17							471.49	1 136.03
				125 18 50	177.30	−102.49 (−0.03)	+144.68 (+0.02)	−102.52	+144.70		
2	135 11 30	−06	135 11 24							368.97	1 280.73
				80 30 14	189.65	+31.29 (−0.03)	+187.05 (+0.03)	−31.26	+187.08		
3	145 37 12	−06	145 37 06							400.23	1 467.81
				46 07 20	179.80	+124.62 (−0.03)	+129.60 (+0.02)	−124.59	+129.62		
E	158 02 06	−06	158 02 00							524.82	1 597.43
F				24 09 20							
总和	700 06 21	−31	700 05 50		729.00	−115.96	528.59	−116.08	528.69		

计算	$\sum d = 729.00\ \text{m}$ $\sum \beta_{理左} = \alpha_终 - \alpha_起 + n \times 180°$ $\qquad = 700°05′50″$ $f_\beta = +31″$ $f_{\beta容} = \pm 60″\sqrt{5} = \pm 134″$	$\sum \Delta x = -115.96\ \text{m}$ $\sum \Delta y = 528.59\ \text{m}$ $f = \sqrt{f_x^2 + f_y^2} = 0.16\ \text{m}$	$f_x = -115.96 - (524.82 - 640.90) = +0.12\ (\text{m})$ $f_y = 528.59 - (1\ 597.43 - 1\ 068.74) = -0.10(\text{m})$ $K = \dfrac{f}{\sum d} = \dfrac{1}{4\ 556} < \dfrac{1}{2\ 000}$

7.3　交会定点

当测区内已有控制点的密度不能满足工程施工或大比例尺测图要求，且需要加密的控制点数量又不多时，可采用交会定点的方法加密控制点。

7.3.1　交会方法

根据观测值是角度还是边长，交会方法可分为测角交会、测边交会和边角交会。测角交会是测定两个夹角；测边交会又称距离交会，是测定两条边长；边角交会是测一边、一角。不论采用何种方法，本质上都是转化成边角交会，即极坐标法，可用坐标正算方法（极坐标转换为直角坐标）计算出待测点坐标。

根据不同的设站形式，测角交会又可分为角度前方交会、角度侧方交会及角度后方交会。如图 7-15 所示，A、B、C 点为已知点，P 点为待测点，α、β 为观测的水平角。随着全站仪的普及，全站仪自由设站法已是常用方法。本节主要介绍角度前方交会、测边交会和全站仪自由设站法，其余交会方法均可通过计算转换为以上方法。

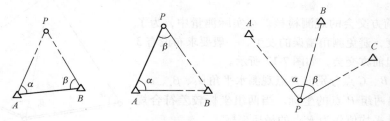

图 7-15　交会方法

7.3.2　角度前方交会

如图 7-16 所示，A、B 为坐标已知的控制点，P 为待测点。分别在 A、B 点上设站，观测水平角 α、β，根据 A、B 两点的已知坐标和 α、β 角，通过计算可得出 P 点的坐标，这就是角度前方交会。

（1）角度前方交会的计算方法。计算思路：由坐标正算知识可知，已知一点坐标，为求待测点坐标，只需要这两点间的距离及坐标方位角。在此，如能求得直线 AP 或 BP 的距离及其坐标方位角，问题便迎刃而解。

已知 A、B 两点坐标及 α、β 两角，则三角形 ABP 已完全固定，可求任意边、角。通过正弦定理可求直线 AP 的距离：

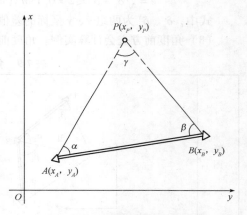

图 7-16　角度前方交会计算示意图

$$D_{AP} = \frac{D_{AB} \times \sin\beta}{\sin\gamma} = \frac{D_{AB} \times \sin\beta}{\sin(\alpha + \beta)} \qquad (7\text{-}16)$$

再由 A、B 两点坐标利用坐标反算公式，可求得 AB 的坐标方位角，然后减去 α 角可得 AP 的坐标方位角。

$$\alpha_{AP} = \alpha_{AB} - \alpha \qquad (7\text{-}17)$$

注意：该式使用时，已知点和待测点必须按 A、B、P 逆时针方向编号。如果是顺时针，可以将 A、B 点号互换，或者将式（7-17）中的负号改为正号即可，建议互换点号。图 7-16 中 A、B、P 为逆时针编号，可直接使用。

接下来直接利用坐标正算公式计算 P 点坐标：

$$x_P - x_A = D_{AP} \times \cos\alpha_{AP} = \frac{D_{AB} \times \sin\beta}{\sin(\alpha + \beta)} \times \cos(\alpha_{AB} - \alpha) \qquad (7\text{-}18)$$

$$y_P - y_A = D_{AP} \times \sin\alpha_{AP} = \frac{D_{AB} \times \sin\beta}{\sin(\alpha + \beta)} \times \sin(\alpha_{AB} - \alpha) \qquad (7\text{-}19)$$

通过整理，可得适用于计算机计算的公式：

$$x_P = \frac{x_A \cot\beta + x_B \cot\alpha - y_A + y_B}{\cot\alpha + \cot\beta} \qquad (7\text{-}20)$$

$$y_P = \frac{y_A \cot\beta + y_B \cot\alpha + x_A - x_B}{\cot\alpha + \cot\beta} \qquad (7\text{-}21)$$

使用以上公式时，要特别注意 A、B、P 三点必须按逆时针方向编号。

为了保证精度，在选定 P 点时，交会角 γ 应尽可能在 30°到 150°之间。

（2）角度前方交会的观测检核。在实际测量中，为了保证定点的精度，避免测角错误的发生，一般要求布设有 3 个已知点的两组前方交会，如图 7-17 所示。

从已知 A、B、C 点分别向 P 点观测水平角 α_1、β_1、α_2、β_2，分别计算出两组 P 点的坐标。当两组坐标较差符合规定要求时，取其平均值作为 P 点的最后坐标。

在一般测量规范中，要求两组坐标较差 e 不大于两倍比例尺精度，用公式表示为

$$e = \sqrt{\delta_x^2 + \delta_y^2} \leqslant 2 \times 0.1\ M\ (\text{mm}) \qquad (7\text{-}22)$$

式中，δ_x、δ_y 为两组 x、y 坐标的差值；M 为测图比例尺分母。

（3）角度前方交会计算实例。角度前方交会计算实例见表 7-9。

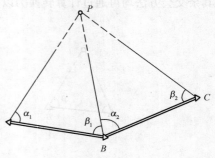

图 7-17　三点前方交会

表 7-9　角度前方交会坐标计算表

略图		点号	x/m	y/m
	已知数据	A	116.942	683.295
		B	522.909	794.647
		C	781.305	435.018
	观测数据	α_1	59°10′42″	
		β_1	56°32′54″	
		α_2	53°48′45″	
		β_2	57°33′33″	

计算结果
（1）由 I 计算得 $x_{P'} = 398.151$ m，$y_{P'} = 413.249$ m
（2）由 II 计算得 $x_{P''} = 398.127$ m，$y_{P''} = 413.215$ m
（3）两组坐标较差：$e = \sqrt{\delta_x^2 + \delta_y^2} = 0.042$（m）$\leqslant e_{容} = 2 \times 0.1 \times M = 0.2$（m）
（4）P 点最后坐标为 $x_P = 398.139$ m，$y_P = 413.232$ m

注：测图比例尺分母 $M = 1\ 000$。

7.3.3　测边交会

随着电磁波测距的普遍使用，通过测两条边长，也可算出待测点坐标。如图 7-18 所示，A、B 为坐标已知的控制点，P 为待测点。分别在 A、B 点上设站，观测 AP 及 BP 的水平距离 D_{AP} 和 D_{BP}，根据 A、B 两点的已知坐标及 D_{AP} 和 D_{BP}，通过计算可得出 P 点的坐标，这就是测边交会（又叫距离交会）。

（1）测边交会的计算方法。计算思路与测角交会基本一致：由坐标正算知识可知，已知一点坐标，为求待测点坐标，只需要这两点间的距离及坐标方位角。在此，直线 AP 或 BP 的距离是已知的，只需要求出 AP 或者 BP 的坐标方位角，问题便迎刃而解。

已知 A、B 两点坐标及 AP、BP 距离，且 A、B、P 为逆时针编号，则三角形 ABP 已完全固定，

可求任意边、角。通过余弦定理可求 $\angle BAP$ 或 $\angle ABP$：

$$\angle BAP = \arccos \frac{D_{AB}^2 + D_{AP}^2 - D_{BP}^2}{2\,D_{AB}D_{AP}} \qquad (7\text{-}23)$$

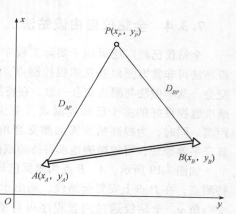

再由 A、B 两点坐标利用坐标反算公式，可求得 AB 的坐标方位角，然后减去 $\angle BAP$ 可得 AP 的坐标方位角。

$$\alpha_{AP} = \alpha_{AB} - \angle BAP \qquad (7\text{-}24)$$

注意：该式使用时，已知点和待测点必须按 A、B、P 逆时针方向编号。如果是顺时针，可以将 A、B 点号互换，或者将式（7-24）中的负号改为正号即可，建议互换点号。图 7-18 中，A、B、P 为逆时针编号，可直接使用。

同样，利用坐标正算公式计算 P 点坐标：

$$x_P = x_A + D_{AP} \times \cos\,(\alpha_{AB} - \angle BAP) \qquad (7\text{-}25)$$
$$y_P = y_A + D_{AP} \times \sin\,(\alpha_{AB} - \angle BAP) \qquad (7\text{-}26)$$

图 7-18　测边交会计算示意图

使用以上公式时，要特别注意 A、B、P 三点必须按逆时针方向编号。

（2）测边交会的观测检核。在实际测量中，为了保证定点的精度，避免测距错误的发生，一般要求布设有 3 个已知点的两组测边交会。这时，需观测三段水平距离 D_{AP}、D_{BP} 和 D_{CP}，分别计算出两组 P 点的坐标。当两组坐标较差符合式（7-22）要求时，取其平均值作为 P 点的最后坐标。

（3）测边交会计算实例。测边交会计算实例见表 7-10。

表 7-10　测边交会坐标计算表

略图	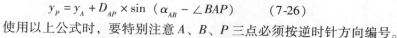		已知数据/m	x_A	1 807.041	y_A	719.853
				x_B	1 646.382	y_B	830.660
				x_C	1 765.500	y_C	998.650
			观测值/m	D_{AP}	105.983	D_{BP}	159.648
				D_{CP}	177.491		

D_{AP} 与 D_{BP} 交会			D_{BP} 与 D_{CP} 交会	
D_{AB}/m	195.165		D_{BC}/m	205.936
α_{AB}	145°24′21″		α_{BC}	54°39′37″
$\angle BAP$	54°49′11″		$\angle CBP$	56°23′37″
α_{AP}	90°35′10″		α_{BP}	358°16′00″
Δx_{AP}/m	−1.084	Δy_{AP}/m	105.977	Δx_{BP}/m	159.575	Δy_{BP}/m	−4.829
$x_{P'}$/m	1 805.957	$y_{P'}$/m	825.830	$x_{P''}$/m	1 805.957	$y_{P''}$/m	825.831
x_P/m	1 805.957		y_P/m	825.830

辅助计算	$\delta_x = 0$ mm，$\delta_y = -1$ mm， $e = \sqrt{\delta_x^2 + \delta_y^2} = 0.001$（m）$\leqslant e_{容} = 2 \times 0.1 \times M = 0.2$（m）

注：测图比例尺分母 $M = 1\,000$。

7.3.4 全站仪自由设站法

全站仪已经广泛运用于实际工程中，采用全站仪自由设站法可非常方便地补充图根控制点，其实质是边角后方交会。基本做法与测边交会一致，在待测点上安置全站仪，瞄准通视良好的多个已知控制点（至少2个），观测各边距离。同时，为提高精度需加测交会角 γ，再运用坐标正算及平差原理，可较精确地求得待测点的坐标。

如图7-19所示，A、B 点为坐标已知的控制点，P 点为待测点，在 P 点上安置全站仪，测出水平距离 D_{AP}、D_{BP} 及交会角 γ。全站仪通过内置程序可自动解算出 P 点坐标。同样，为保证测站点精度，实际测量中，交会角 γ 应在 30°到150°之间。

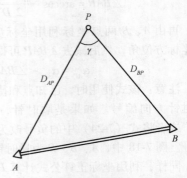

图 7-19 全站仪自由设站法示意图

7.4 三、四等水准测量

7.4.1 三、四等水准测量的技术要求

三、四等水准测量通常是在国家一、二等水准网的基础上进行加密，是为地形测图及各种工程建设建立水准控制网的主要方法，其精度要求比普通水准测量要求高。根据《工程测量规范》（GB 50026—2007），水准测量的主要技术要求见表7-5，三、四等水准观测的主要技术要求如表7-11所示。

表 7-11 三、四等水准观测的主要技术要求

等级	水准仪型号	视线长度/m	前后视的距离较差/m	前后视的距离较差累积/m	视线离地面最低高度/m	基、辅分划或黑、红面读数较差/mm	基、辅分划或黑、红面所测高差较差/mm
三等	DS3	75	3	6	0.3	2.0	3.0
四等	DS3	100	5	10	0.2	3.0	5.0

注：1. 三、四等水准采用变动仪器高度观测单面水准尺时，所测两次高差较差，应与黑面、红面所测高差之差的要求相同。

2. 数字水准仪观测，不受基、辅分划或黑、红面读数较差指标的限制，但测站两次观测的高差较差，应满足表中相应等级基、辅分划或黑、红面所测高差较差的限值。

7.4.2 三、四等水准测量的方法

三、四等水准测量均可使用 DS3 型水准仪和一对双面尺进行。两根水准尺的黑面起始刻划都是 0，红面起始刻划不同，一根是 4 687 mm，一根是 4 787 mm。下面介绍用双面尺法在一个测站上的观测及记录方法。三、四等水准测量的观测手簿见表7-12。

表 7-12 三、四等水准测量观测手簿

测站编号	后尺 上丝 / 下丝	前尺 上丝 / 下丝	方向及尺号	标尺读数		K＋黑－红	高差中数	备注
	后视距	前视距		黑面	红面			
	视距差 d	∑d						
	(1)	(4)	后	(3)	(8)	(14)		
	(2)	(5)	前	(6)	(7)	(13)		
	(9)	(10)	后－前	(15)	(16)	(17)	(18)	
	(11)	(12)						
1	1 571	0 739	后 B	1 384	6 171	0		
	1 197	0 363	前 A	0 551	5 239	－1		
	37.4	37.6	后－前	＋0 833	＋0 932	＋1	＋0.832 5	
	－0.2	－0.2						
2	2 121	2 196	后 A	1 934	6 621	0		A 尺: $K_A = 4\,687$
	1 747	1 821	前 B	2 008	6 796	－1		B 尺: $K_B = 4\,787$
	37.4	37.5	后－前	－0 074	－0 175	＋1	－0.074 5	
	－0.1	－0.3						
3	1 914	2 055	后 B	1 726	6 513	0		
	1 539	1 678	前 A	1 866	6 554	－1		
	37.5	37.7	后－前	－0 140	－0 041	＋1	－0.140 5	
	－0.2	－0.5						
4	1 965	2 141	后 A	1 832	6 519	0		
	1 700	1 874	前 B	2007	6 793	＋1		
	26.5	26.7	后－前	－0 175	－0 274	－1	－0.174 5	
	－0.2	－0.7						

注: 表中所注的 (1)、(2) …… (18) 表示读数、记录和计算的顺序。

(1) 一测站观测及记录方法。三、四等水准测量的观测应当在通视良好、望远镜成像清晰稳定的条件下观测。测站点应尽量设在前后视中间,以保证视距差不超过限值,然后整平仪器。如采用 DS3 型水准仪,每次读数前务必确认精平;如采用自动安平水准仪,则无须精平,可大大提高观测速度。在一测站上的观测顺序如下:

①瞄准后视尺黑面,读取上、下视距丝及中丝读数,记入手簿中的 (1)、(2)、(3) 栏。

②瞄准前视尺黑面,读取上、下视距丝及中丝读数,记入手簿中的 (4)、(5)、(6) 栏。

③瞄准前视尺红面,读取中丝读数,记入手簿中的 (7) 栏。

④瞄准后视尺红面,读取中丝读数,记入手簿中的 (8) 栏。

以上观测顺序简称为"后－前－前－后",这样的观测顺序可减弱仪器下沉误差的影响。对于四等水准测量,规范允许采用"后－后－前－前"的观测顺序。每站观测完 8 个读数后,应

立即进行测站的计算与校核，满足三、四等水准观测的技术要求（表7-11）后，方可迁站。

（2）测站计算与校核。

①视距计算与校核。根据前、后视的上、下丝读数（正像水准仪）计算前、后视距：

后视距离（9）＝［（1）－（2）］×100

前视距离（10）＝［（4）－（5）］×100

计算前、后视距差（11）＝（9）－（10）

计算前、后视距离累积差（12）＝上站（12）＋本站（11）

注意，计算得到的前后视距、视距差及视距累积差均应满足表7-11中的要求。

②尺常数校核。尺常数 K 为红尺面的起始分划值，双面尺为成对使用，两把尺的尺常数不同，A 尺 $K_A = 4\ 687$ mm，B 尺 $K_B = 4\ 787$ mm。尺常数误差计算式为

前视尺（13）＝（6）＋$K_前$ －（7）

后视尺（14）＝（3）＋$K_后$ －（8）

尺常数误差应满足表7-11中的要求，对于三等水准测量，不得超过2 mm；对于四等水准测量，不得超过3 mm。

③高差计算与校核。黑面高差（15）＝（3）－（6）

红面高差（16）＝（8）－（7）

校核：黑、红面高差之差（17）＝（14）－（13）＝（15）－（16）±100 mm

黑红面高差之差应满足表7-11中的要求，对于三等水准测量，不得超过3 mm；对于四等水准测量，不得超过5 mm。

当黑、红面高差之差在容许范围内时，可取黑、红面高差的平均值作为该站的观测高差：

（18）＝［（15）＋（16）±100 mm］/2

注意上式中正负号的规定：应以黑面高差（15）为基准，当（15）＞（16）时，取正号；当（15）＜（16）时，取负号。

④每页计算校核。每页记录完后，应进行该页总的计算校核：

$$\sum (3) - \sum (6) = \sum (15)$$

高差校核：
$$\sum (8) - \sum (7) = \sum (16)$$

$$\sum (15) + \sum (16) = 2 \sum (18)（偶数站）$$

$$或 \sum (15) + \sum (16) = 2 \sum (18) ± 100 \text{ mm（奇数站）}$$

视距差校核：
$$\sum (9) - \sum (10) = 本页末站(12) - 前页末站(12)$$

本页总视距 ＝ $\sum (9) + \sum (10)$

7.4.3　三、四等水准测量的成果整理

三、四等水准测量的成果整理首先应当对照表7-5的规定，检验各个指标是否满足规范要求。如果都在容许范围内，则可进行高差闭合差的计算与调整，进而得到各水准点的高程。

本章小结

本章首先介绍控制测量的基本概念和要求，然后详细介绍建立小区域平面控制网及高程控制网的方法，包括导线测量的外业及内业计算、交会定点的方法及三、四等水准测量。

思考与练习

1. 控制测量的作用是什么？控制测量包括哪些内容？

2. 建立平面控制测量的方法有哪些？

3. 导线有哪几种布设形式？导线点的选择应注意哪些事项？

4. 导线测量的外业工作包括哪些内容？

4. 闭合导线和附合导线内业计算有哪些不同？

5. 闭合导线的观测数据如图 7-20 所示，已知 B（1）点的坐标 $X_{B(1)} = 48\,311.264$ m，$Y_{B(1)} = 27\,278.095$ m；已知 AB 边的方位角 $\alpha_{AB} = 250°44'50''$，计算 2、3、4、5、6 点的坐标。

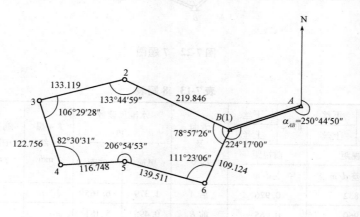

图 7-20　5 题图

6. 附合导线的观测数据如图 7-21 所示，已知 B（1）点的坐标为（507.693，215.638），C（4）点的坐标为（192.450，556.403）；已知 AB、CD 边的方位角 $\alpha_{AB} = 237°59'30''$，$\alpha_{CD} = 97°18'29''$。求 2、3 两点的坐标。

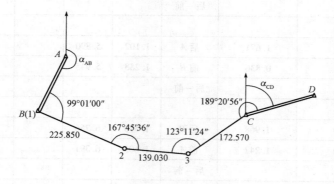

图 7-21　6 题图

7. 角度前方交会观测的数据如图 7-22 所示，已知 $x_A = 1\,112.342$ m，$y_A = 351.727$ m，$x_B = 659.232$ m，$y_B = 355.537$ m，$x_C = 406.593$ m，$y_C = 654.051$ m，求 P 点坐标。

8. 根据表 7-13 所列的一段四等水准测量观测数据，按记录格式填表计算并检核，并说明观测成果是否符合现行测量规范的要求。

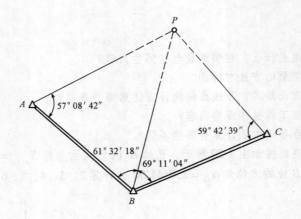

图 7-22　7 题图

表 7-13　8 题表

测站编号	后尺	下丝	前尺	下丝	方向及尺号	水准尺读数 /m		K + 黑 − 红 /mm	高差中数 /m	备注
		上丝		上丝						
	后视距		前视距			黑面	红面			
	视距差 d/m		∑d/m							
1	1.832		0.926		后 A	1.379	6.165			
	0.960		0.065		前 B	0.495	5.181			
					后 − 前					
2	1.742		1.631		后 B	1.469	6.156			
	1.194		1.118		前 A	1.374	6.161			
					后 − 前					
										$K_A = 4.787$
3	1.519		1.671		后 A	1.102	5.890			$K_B = 4.687$
	0.692		0.836		前 B	1.258	5.945			
					后 − 前					
4	1.919		1.968		后 B	1.570	6.256			
	1.220		1.242		前 A	1.603	6.391			
					后 − 前					
校核										

第8章

大比例尺地形图测绘

地形图的基本知识（比例尺、分幅及编号等），地物及地貌的表示方法，经纬仪测绘地图方法，地形图成图方法，数字化测图方法。

大比例尺地形图的常规测绘方法，数字化测图技术。

8.1 地形图的基本知识

8.1.1 地形图比例尺

（1）比例尺的表示方法。地形图上某线段的长度 l 与实地相应线段水平距离 L 之比，称为地形图比例尺。常见的地形图比例尺有数字比例尺和图示比例尺两种。

①数字比例尺。用分子为 1 的分数式表示的比例尺，称为数字比例尺。即

$$l/L = 1/M$$

式中，M 为地形图比例尺分母；l 为地形图上某线段的长度；L 为实地相应线段的水平距离。

该式可用于地形图上的线段距离与实地对应线段水平距离之间的换算。利用数字比例尺还可以求出地图上某区域面积与实地对应区域的投影面积之比的关系式，即

$$1/M^2 = f/F$$

式中，f 为地图上某区域的面积；F 为实地对应区域的投影面积。

②图示比例尺。为了用图方便，以及避免由于图纸伸缩而引起的误差，通常在纸质图上绘有图示比例尺，也称为直线比例尺。图 8-1 为 1:2 000 的图示比例尺，它是以一条线段为基准注明地图上 1 cm 长线段所代表的实地距离数为 20 m 的图示比例尺，其中比例尺的基本单位为 1 cm，

比例尺线段左端一段基本单位又细分为 10 等份，每等份长 1 mm，代表实地距离为 2 m。

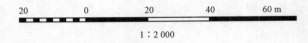

1 : 2 000

图 8-1　图示比例尺

（2）地形图的分类。通常把比例尺为 1 : 500、1 : 1 000、1 : 2 000、1 : 5 000 的地形图称为大比例尺地形图，把比例尺为 1 : 10 000、1 : 25 000、1 : 50 000、1 : 100 000 的地形图称为中比例尺地形图，把比例尺为 1 : 200 000、1 : 500 000、1 : 1 000 000 的地形图称为小比例尺地形图。

比例尺为 1 : 500、1 : 1 000 的地形图一般用平板仪、经纬仪、全站仪或 GPS 等测绘。这两种比例尺地形图常用于城市分区详细规划、工程施工设计等。比例尺为 1 : 2 000、1 : 5 000 和 1 : 10 000 的地形图一般用更大比例尺的图缩制，大面积的大比例尺测图也可以用航空摄影测量方法成图。1 : 2 000 地形图常用于城市详细规划及工程项目初步设计，1 : 5 000 和 1 : 10 000 的地形图则用于城市总体规划、厂址选择、区域布置、方案比较等。

中比例尺地形图是国家的基本图，由国家测绘部门负责测绘，目前均用航空摄影测量方法成图。小比例尺地形图可由较大比例尺图缩小编绘而成。

（3）比例尺的精度。某种比例尺的地形图在图上 0.1 mm 所对应的实地水平距离，称为比例尺精度。

地形图所能达到的最大精度取决于人眼的分辨能力和绘图与印刷的能力。其中，人眼的分辨能力是主要的因素。通过对人眼的分辨能力的分析可知，在一般情况下，人眼的最小鉴别角为 $\theta = 60''$。若以明视距离 250 mm 计算，则人眼能分辨出的两点间的最小距离约为 0.1 mm，因此一般实地测图中只需达到图上 0.1 mm 的正确性。

显然，比例尺越大，其比例尺精度也越高。例如，1 : 1 000 000、1 : 10 000、1 : 500 的地形图比例尺精度依次为 100 m、1 m、0.05 m。

8.1.2　地形图分幅与编号

各种比例尺的地形图应进行统一的分幅和编号，以便进行测图、管理和使用。地形图的分幅方法有两类：一类是旧分幅编号方法，另一类是新分幅编号方法。

（1）旧分幅编号方法。地形图的分幅与编号是在比例尺为 1 : 1 000 000 地形图的基础上按一定经差和纬差来划分的，每幅图构成一张梯形图幅。

①1 : 1 000 000 地形图的分幅与编号。1 : 1 000 000 地形图的分幅从地球赤道向两极，以纬差 4° 为一列，每列依次以英文字母 A、B、C、D、E…表示，经度由 180° 子午线起，从西向东，以经差 6° 为一行，依次以 1、2、3、4、5、…、60 表示，如图 8-2 所示。每幅 1 : 1 000 000 的地形图图号由该图的列数与行数组成，如北京所在的 1 : 1 000 000 地形图的编号为 J – 50。

由于南北半球的经度相同而纬度对称，为了区别南北半球对应图幅的编号，规定在南北半球的图号前加一个 S。如 SL – 50 表示南半球的图幅，而 L – 50 表示北半球的图幅。

②1 : 100 000 地形图的分幅与编号。将一幅 1 : 1 000 000 的图分成 144 幅，分别以 1、2、3、4、5、…、144 表示，其纬差为 20′，经差为 30′，即 1 : 100 000 的图幅，如北京所在图幅的编号为 J – 50 – 5，参见图 8-3。

③1 : 50 000、1 : 25 000、1 : 10 000 地形图的分幅与编号。这三种比例尺的地形图是在 1 : 100 000 图幅的基础上分幅和编号的。

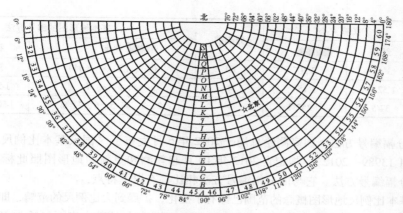

图 8-2　1∶1 000 000 地形图的分幅与编号

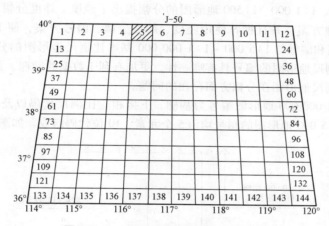

图 8-3　1∶100 000 地形图的分幅与编号

一幅 1∶100 000 的地形图分成四幅 1∶50 000 的地形图，分别以甲、乙、丙、丁表示。一幅 1∶50 000 的地形图分成 4 幅 1∶25 000 的地形图，分别以 1、2、3、4 表示。一幅 1∶100 000 的地形图分成 64 幅 1∶10 000 的地形图，分别以（1）、（2）、（3）、…、（64）表示。

④1∶5 000、1∶2 000 地形图的分幅与编号。这两种比例尺的地形图是在 1∶10 000 地形图的基础上分幅和编号的。如将一幅 1∶10 000 的地形图分成 4 幅，在 1∶10 000 地形图图号后加 a、b、c、d，即 1∶5 000 的图幅。再将一幅 1∶5 000 的地形图分为 9 幅，即得 1∶2 000 的地形图，在 1∶5 000 地形图的编号后加 1、2、…、9，就是 1∶2 000 图幅的编号，图幅的大小与编号列于表 8-1 中。

表 8-1　各种比例尺地形图分幅与编号

比例尺	图幅大小		分幅数	基本地形图的编号方法	
	经差	纬差		代字	举例（北京）
1∶100 000	30′	20′	144	1~144	J-50-5
1∶50 000	15′	10′	4	甲、乙、丙、丁	J-50-5-乙
1∶25 000	7′30″	5′	4	1、2、3、4	J-50-5-乙-4

续表

比例尺	图幅大小		分幅数	基本地形图的编号方法	
	经差	纬差		代字	举例（北京）
1:10 000	3′45″	2′30″	64	(1)、(2)…(64)	J-50-5-(24)
1:5 000	1′52″5	1′15″	4	a、b、c、d	J-50-5-(24)-b
1:2 000	37′5	25″	9	1、2、3、4、5、6、7、8、9	J-50-5-(24)-b-4

（2）新分幅编号方法。国家测绘总局于 2012 年 6 月发布了《国家基本比例尺地形图分幅和编号》（GB/T 13989—2012），规定自 2012 年 10 月起新测和更新的地形图照此标准进行分幅和编号，即新分幅编号方法。它与旧分幅编号方法相比，有以下特点：

①国家基本比例尺地形图概念的范围已经有了变化，扩展到大比例尺的范畴，即已经从原来的 1:1 000 000 ~ 1:5 000 延伸为 1:1 000 000 ~ 1:500，而旧版的标准内容不包括 1:500、1:1 000、1:2 000 比例尺地形图的分幅和编号要求。

②针对 1:2 000、1:1 000、1:500 地形图的分幅提出了经度、纬度分幅、编号以及正方形、矩形分幅、编号两种方案，并且推荐使用经度、纬度分幅、编号方案，使 1:2 000、1:1 000、1:500 地形图的分幅和编号与 1:5 000 ~ 1:1 000 000 基本比例尺地形图的分幅、编号方式相统一，而且使得大比例尺地形图的编号具有唯一性，更加有利于数据的管理、共享和应用，基本上可以解决上述大比例尺地形图在分幅方面存在的问题。

③编号仍以 1:1 000 000 地形图编号为基础，下接相应比例尺代码以及行、列代码。因此，所有 1:500 000 ~ 1:5 000 地形图的图号均由 5 个元素、10 位代码组成，如图 8-4 所示。

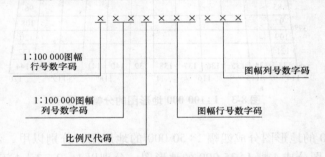

图 8-4　1:500 000 ~ 1:5 000 地形图图号构成

各比例尺地形图的经纬差、行列数和图幅数量成简单的倍数关系，为使各比例尺地形图不致混淆，分别采用不同字符作为各比例尺代码，详见表 8-2。

表 8-2　图幅数量关系及比例尺代码

比例尺		1:1 000 000	1:500 000	1:250 000	1:100 000	1:50 000	1:25 000	1:10 000	1:5 000
比例尺代码			B	C	D	E	F	G	H
图幅范围	经差	6°	3°	1°30′	30′	15′	7′30″	3′45″	1′52″
	纬差	4°	2°	1°	20′	10′	5′	2′30″	1′15″
行列数量关系	行数	1	2	4	12	24	48	96	192
	列数	1	2	4	12	24	48	96	192
图幅数量关系		1	4	16	144	576	2 304	9 216	36 864

（3）矩形分幅法。国际分幅主要应用于基本图中，工程建设中使用的大比例尺地形图，一般采用矩形分幅。矩形图幅的大小及尺寸如表 8-3 所示。

表 8-3　正方形图幅

比例尺	内图廓尺寸 /cm²	实地面积 /km²	4 km² 的图幅数
1:5 000	40 × 40	4	1
1:2 000	50 × 50	1	4
1:1 000	50 × 50	0.25	16
1:500	50 × 50	0.062 5	64

当采用国家统一坐标系时，矩形图幅编号主要由下列两项组成：

①图幅所在带的中央子午线的经度。

②图幅西南角以 km 计的坐标值 x、y。

如图 8-5 中，117° + 290 + 484，表示中央子午线为 117°，图幅西南角的坐标为 $x = +290$ km，$y = +484$ km。它是一幅 1:5 000 的地形图。

当测区未与全国性三角网联系时，可采用假定直角坐标进行分幅及编号。图 8-6（a）是 9 张 1:2 000 比例尺的分幅图。每幅图的编号及图名注于图上。有斜线的那幅图取名为俞庄，编号为"5"。有"×"号的一点是这幅图的西南角，它的坐标是 $x = 4\,000$ m，$y = 5\,000$ m。图 8-11（b）是一张图名为俞庄编号为"5"的 1:2 000 地形图图幅。要了解该图幅左右两侧的地形，可在分幅图中按结合图号拼接成一幅大图。

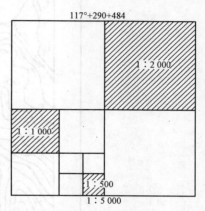

图 8-5　正方形分幅

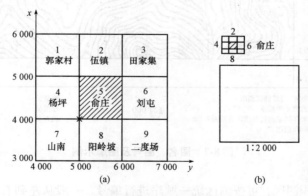

图 8-6　以假定直角坐标系的正方形分幅

8.1.3　地形图的图框外注记

（1）图名、图号和图廓。地形图一般有图名、图号和图廓。图的名称即图名，如图 8-7 所示，如"张家村"；图号则是该图幅相应分幅办法的编号，标注于图幅上方正中处。大比例尺地形图图幅图号一般采用图廓西南角坐标千米数编号法，也可选用流水编号法或行列编号法。采用图廓西南角坐标千米数编号法时，x 坐标在前，y 坐标在后，中间以短线分隔，如图中 10.0 - 21.0。

图 8-7 图名、图号及图廓示例

带状测区或小面积测区，可按测区统一顺序进行编号，一般从左到右，从上到下用数字 1、2、3、4…编定。行列编号法一般以代号（如 A、B、C、D…）为横行，由上到下排列，以数字 1、2、3、4…为纵列，从左到右排列来编定，先行后列。采用国家统一坐标系时，图廓间千米数根据需要加注带号和百千米数，如 X：4 125.5，Y：36 556.0。

（2）接图表及其他信息。接图表位于北图廓左上方，是一个画有该图幅四邻各图名（或图号）的略图。中间画有斜线的代表本幅图，四周框中分别注明相应的图名（或图号）。其作用是便于查找相邻的图幅。

图幅的左下方分别注明该图的测图方式，所采用的坐标系统、高程系统、基本等高距和所用的图式。

图幅的右下方是该图幅的测量员、绘图员和检查员姓名。

图幅的比例尺标注在图幅下方的正中间。

8.1.4　地物符号与地物注记

为了便于测图和用图，用各种符号将实地的地物和地貌表示在图上，这些符号称为地形图图式。地形图图式包含地物符号、地物注记和地貌符号（下小节介绍）三种。

1. 地物符号

地物符号又可分为比例符号、半比例符号与非比例符号。

（1）比例符号。地物的形状和大小均按测图比例尺缩小，并用地形图图式中规定的符号绘出，这种符号称为比例符号。它用于表示地面上的湖泊、房屋、体育场馆、草地和花圃等。

表 8-4 中，从 12 号至 17 号都是比例符号。

（2）半比例符号。长度能按比例缩绘但宽度不能按比例表示，这种符号称为半比例符号。半比例符号用于一些呈现线状延伸的地物，如河流、铁路、公路、管线和挡土墙等。

表 8-4 中，从 18 号至 27 号都是半比例符号。

（3）非比例符号。按比例无法在图上绘出，只能用特定的符号表示它的中心位置，这种符号称为非比例符号。某些地物（如三角点、导线点、水准点、水井等）的轮廓较小，使用非比例符号表示。

表 8-4 中，从 1 号至 8 号都是非比例符号。

2. 地物注记

对地物加以说明的文字、数字或特有符号，称为地物注记。诸如城镇、学校、河流、道路的名称，桥梁的长、宽及载重量，河流的流向、流速及深度，道路的去向，森林、果树的类别等，都以文字或特定符号加以说明。

表 8-4 中，13 号体育场馆的名称为"工人体育场"，14 号中"混凝土 5 科"表示 5 层混凝土结构的科技馆建筑，15 号中"混 3 − 2"表示混凝土结构地上 3 层、地下 2 层的建筑，21 号河流的名称为"清江"。

表 8-4　1∶500、1∶1 000、1∶2 000 常见地形图图式符号与注记

编号	符号名称	图例
1	三角点	3.0　△ 张湾岭 156.718
2	导线点	2.0　▫ 19 84.47
3	水准点	2.0　⊗ 京石 5 32.805
4	卫星定位点	3.0　△ B14 495.263
5	路灯	1.4 0.3 0.8 2.8 1.0

编号	符号名称	图例
6	喷水池	
7	管道附属设施 　　a. 水龙头 　　b. 消火栓 　　c. 阀门 　　d. 污水、雨水	
8	独立树 　　a. 阔叶 　　b. 针叶 　　c. 棕榈、椰子、槟榔 　　d. 果树	
9	学校	2.5 文
10	医疗点	2.8 ✚
11	台阶	
12	湖泊	龙湖 (咸)

编号	符号名称	图例
13	体育场、网球场、 运动场、球场 a. 有看台 b. 无看台	
14	体育馆、科技馆、 博物馆、展览馆	
15	房屋 a. 一般 b. 有地下室房屋	
16	草地	
17	花圃、花坛	
18	高压线	
19	低压线	
20	通信线	

编号	符号名称	图例
21	地面河流 a. 岸线 b. 高水位岸线	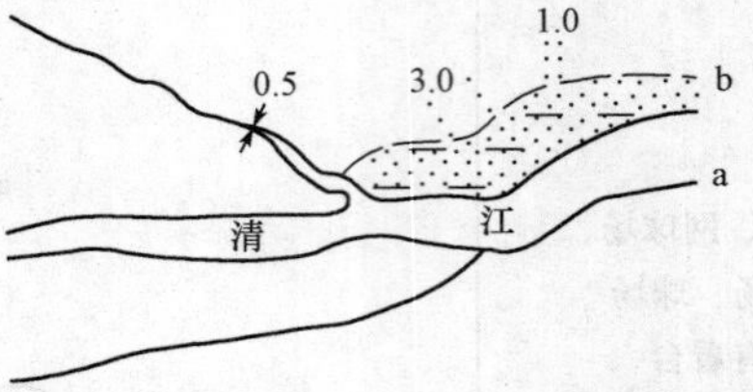
22	公路	
23	大车路	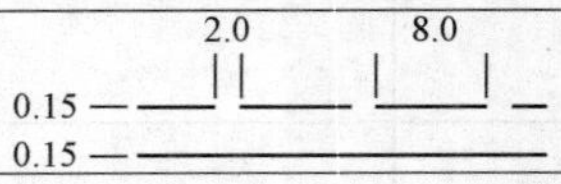
24	小路 铁路	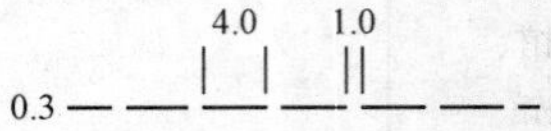
25	车行桥	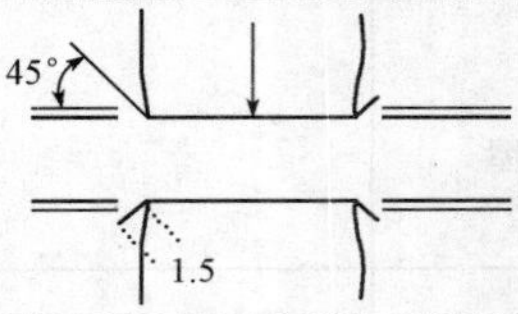
26	人行桥	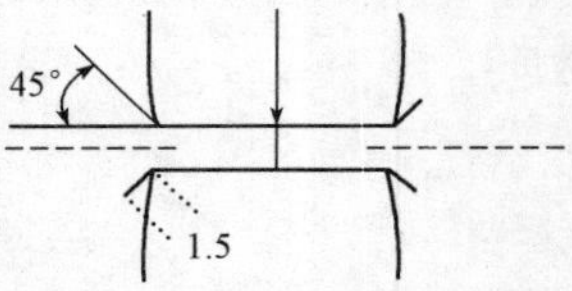
27	挡土墙	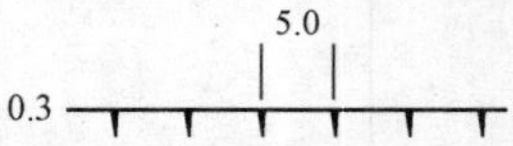
28	等高线	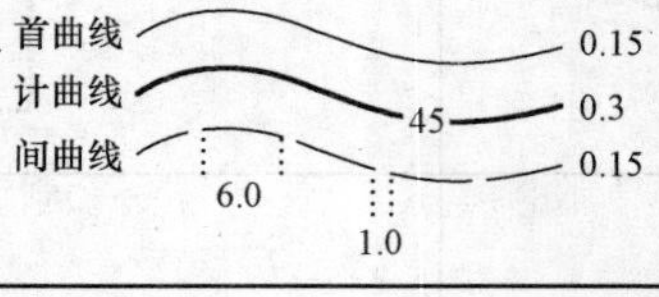

8.1.5 地貌符号

（1）典型地貌的名称。地貌是指地球表面高低起伏、凹凸不平的自然形态。

地貌一般可归纳为五种基本形状：

①山。较四周显著凸起的高地称为山，大者叫山岳，小者（比高低于 200 m）叫山丘。山的最高点叫山顶，尖的山顶叫山峰。山的侧面叫山坡（斜坡）。山坡的倾斜在 20°~45°的叫陡坡，几乎成竖直形态的叫峭壁（陡壁）。下部凹入的峭壁叫悬崖，山坡与平地相交处叫山脚。

②山脊。山的凸棱由山顶伸延至山脚者叫山脊。山脊最高的棱线称为分水线（或山脊线）。

③山谷。两山脊之间的凹部称为山谷。两侧称为谷坡。两谷坡相交部分叫谷底。谷底最低点

连线称为山谷线（又称合水线）。谷地与平地相交处称为谷口。

④鞍部。两个山顶之间的低洼山脊处，形状像马鞍形，称为鞍部。

⑤盆地（洼地）。四周高中间低的地形叫盆地。最低处称盆底。盆地没有泄水道，水都停滞在盆地中最低处。湖泊实际上是汇集有水的盆地。

（2）等高线的概念。在地形图上，显示地貌的方法很多，目前常用等高线法。等高线能够真实反映出地貌的形态和地面的高低起伏。

地貌被一系列等距离的水平面所截，在各平面上得到相应的截线，将这些截线沿铅垂方向投影（即垂直投影）到一个水平面 M 上，便得到了表示该高地的一圈套一圈的闭合曲线，即等高线。等高线是地面上高程相等的相邻各点连成的闭合曲线，是水平面与地面相交的曲线。

在某些等高线的斜坡下降方向绘一短线表示坡，并把这种短线叫作示坡线。示坡线一般仅在最高、最低两条等高线上表示，能明显地表示出坡度方向。

（3）等高线的分类。

①首曲线（又称基本等高线），即按基本等高距测绘的等高线。

②计曲线（又称加粗等高线），每隔 4 条首曲线加粗描绘一根等高线。其目的是方便计算高程。

③间曲线（又称半距等高线），是按 1/2 基本等高距测绘的等高线，以便显示首曲线不能显示的地貌特征。

（4）等高线的特性。

①在同一条等高线上的各点高程相等。等高线是水平面与地表面的交线，而在一个水平面上的高程是一样的。但是，不能说凡高程相等的点一定在同一条等高线上，如当水平面和两个山头相交时，会得出同样高程的两条等高线。

②等高线是闭合的曲线。一个无限伸展的水平面和地表面相交，构成的交线是一个闭合曲线，所以某一高程线必然是一条闭合曲线。由于具体测绘地形图范围是有限的，等高线若不在同一幅图内闭合，也会跨越一个或多个图幅闭合。

③不同高程的等高线一般不能相交。一些特殊地貌，如陡壁、陡坎的等高线就会重叠在一起，这些地貌必须加用陡壁、陡坎符号表示；通过悬崖的等高线才可能相交。

④等高线与分水线（山脊线）、合水线（山谷线）正交。由于等高线在水平方向上始终沿着同高度的地面延伸着，因此等高线在经过山脊或山谷时，几何对称地在另一山坡上延伸，这样就使得等高线与山脊线及山谷线在相交处呈正交。

⑤两等高线间的水平距离称为平距，等高线间平距的大小与地面坡度的大小成反比。在同一等高距的情况下，如果地面坡度越小，则等高线在图上的平距越大；如果地面坡度越大，则等高线在图上的平距越小。即坡度陡的地方，等高线就密；坡度缓的地方，等高线就稀。

⑥高程相同的两条等高线间不能单独存在一条不闭合的等高线。

⑦鞍部等高线必是对称的不同高程的双曲线。

等高线的特性是互相联系的，其中最本质的特性是第一个特性，其他的特性是由第一个特性决定的。在碎部测图中，只有掌握这些特性，才能用等高线较逼真地显示出地貌的形状。

（5）地貌的特征点和特征线。特征点和特征线构成地貌的骨骼。常见特征点有山顶点、盆地中心点、鞍部最低点、谷口点、山脚点、坡度变换点等。

地面坡度变化比较显著的地方，如山脊线和山谷线，称为地貌特征线。

地球表面的形状虽有千差万别，但实际上都可看作一个个不规则的曲面。这些曲面由不同方向和不同倾斜的平面组成，两相邻斜面相交处即棱线。如果将这些棱线端点的高程和平面位置测出，则棱线的方向和坡度也就能确定。

（6）等高距与等高线平距。等高距是指地形图上相邻两条等高线的高差。等高距的大小是随地图比例尺的大小而定的。

等高线平距是指在地形图上，两条相邻等高线之间的距离。在同一张地图上，等高线间隔是相等的，但等高线平距不等。等高线平距越大，说明该区域地形越平缓；等高线平距越小，说明地形越陡峭。

（7）常见地形等高线示意图。

①山头和洼地。地势向中间凸起而高于四周的称为山头。地势向中间凹下且低于四周的称为洼地。如图 8-8 所示，山头和洼地的等高线形状相似，都是一组闭合曲线。两者可根据注记的高程来区别：图 8-8（a）为山头，其等高线高程由外圈向内圈逐渐增加；而图 8-8（b）为洼地，其等高线高程由外圈向内圈逐渐减小。

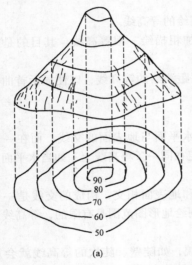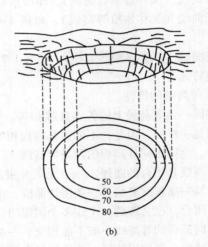

图 8-8　山头与洼地

（a）山头；（b）洼地

②山脊和山谷。如图 8-9 所示，山脊的等高线均凸向下坡方向，即等高线凸向等高线数值小的方向，山脊线是山体延伸的最高棱线，也称分水线。山谷正好相反，若等高线凸向等高线数值大的方向，则为山谷。山谷线是谷底点的连线，是雨水汇集流入的地方，也称合水线。山脊线和山谷线是表示地貌的特征线，也称地性线。地性线是构成地貌的骨架，在测图、识图及用图中具有重要的作用。

③鞍部。相邻两个山头之间的低洼部分像马鞍，称为鞍部。鞍部左右两侧的等高线是近似对称的两组山脊线和两组山谷线的组合，如图 8-10 所示。

④陡崖、断崖和悬崖。陡崖是坡度在 70°以上的陡峭崖壁。如果用等高线表示，将是非常密集或重合为一条线，因此采用陡崖符号来表示这部分等高线，如图 8-11（a）所示。

断崖是垂直的陡坡，这部分的等高线几乎重合在一起，所以在地形图上常常用锯齿形的符号来表示，如图 8-11（b）所示。

悬崖是上部突出、下部凹进的陡坡。悬崖上部的等高线投影到水平面时，与下部的等高线相交，下部凹进的等高线部分用虚线表示，如图 8-11（c）所示。

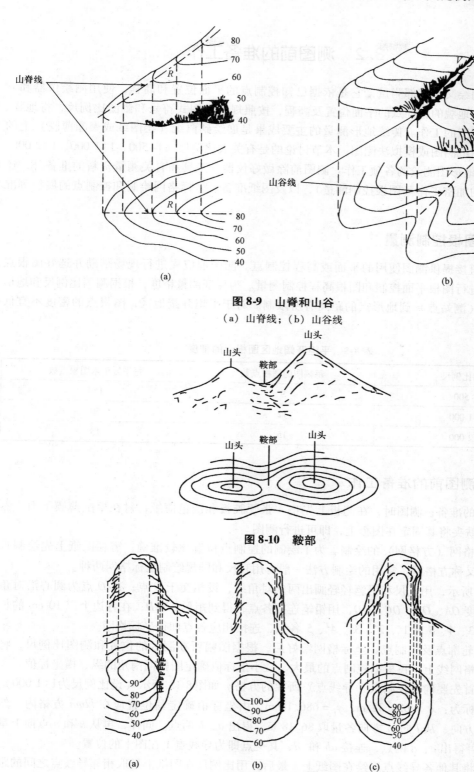

图 8-9　山脊和山谷

（a）山脊线；（b）山谷线

图 8-10　鞍部

图 8-11　陡崖、断崖、悬崖

（a）陡崖；（b）断崖；（c）悬崖

8.2 测图前的准备工作

地形图的测绘又称碎部测量，它是依据已知控制点的平面位置和高程，使用测绘仪器和方法来测定地物、地貌的特征点的平面位置及高程，按照规定的图式符号和测图比例尺，将地物、地貌缩绘成地形图的工作。传统地形测量的主要成果是展绘到白纸（绘图纸或聚酯薄膜）上的地形图，俗称白纸测图或模拟法测图。本节讨论的是有关大比例尺（1:500、1:1 000、1:2 000、1:5 000）传统地形图测绘的各项工作。测图前除做好仪器、工具和有关测量资料的准备外，还应进行控制点的加密工作（图根控制测量），以及图纸准备、坐标格网绘制和控制点的展绘等准备工作。

8.2.1 图根控制测量

图根点是直接提供测图使用的平面或高程控制点。测图前应先进行现场踏勘并选好图根点的位置，然后进行图根平面控制和图根高程控制测量。为保证测量精度，根据测图比例尺和地形条件对图根点（测站点）到地形点的距离有所限制。对于平坦开阔地区，图根点的密度不宜低于表 8-5 的规定。

表 8-5 平坦开阔地区图根点的密度

测图比例尺	每幅图的图根点数	每平方千米图根点数
1:500	9	150
1:1 000	12	50
1:2 000	15	15

8.2.2 测图前的准备工作

（1）图纸的准备。测图时，在测板上先垫一张硬胶板和浅色薄纸，衬在聚酯薄膜下面，然后用胶带纸或铁夹将其固定在图板上，即可进行测图。

（2）坐标格网（方格网）的绘制。为了绘制的控制点位置比较准确，需在图纸上先绘制直角坐标格网，又称方格网。常用的绘制方法一般有用直尺和圆规绘制坐标格网两种。

如图 8-12 所示，用直尺和铅笔轻轻画出两条对角线，设相交于 O 点；以 O 点为圆心沿对角线截取相等长度 OA、OB、OC、OD，用铅笔连接各点，得到矩形 $ABCD$；在各边上以 10 cm 的长度截取 1、2、3、4、5 和 1′、2′、3′、4′、5′各点，连接相应各点即得坐标格网。

（3）展绘轮廓点及控制。坐标格网绘好后，根据图幅所在测区的位置和测图比例尺，将坐标值注记在格网线上，再根据控制点的最大、最小坐标值确定图幅西南角的纵、横坐标值。

展点时，首先要确定控制点（导线点）所在的方格。如图 8-13 所示（设比例尺为 1:1 000），导线点 1 的坐标为：$x_1 = 624.32$ m，$y_1 = 686.18$ m，由坐标值确定其位置应在 $klmn$ 方格内。然后，从 k 向 n 方向、从 l 向 m 方向各量取 86.18 m，得出 a、b 两点。同样，再从 k 和 n 点向上量取 24.32 m，可得出 c、d 两点，连接 ab 和 cd，其交点即为导线点 1 在图上的位置。

同法，可将其他各导线点展绘在图纸上。最后，用比例尺在图纸上量取相邻导线点之间的距离，与已知的距离相比较，作为展绘导线点的检核，其最大误差在图纸上应不超过 ±0.3 mm，否则导线点应重新展绘。经检验无误，按图式规定绘出导线点符号，并注上点号和高程，这样就完成了测图前的准备工作。

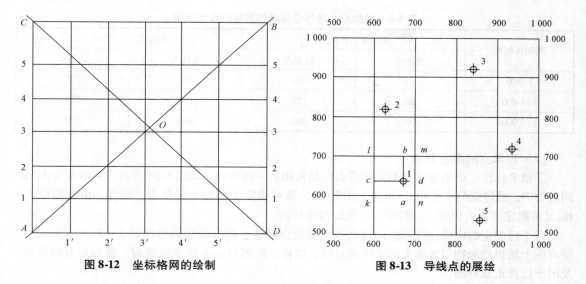

图 8-12　坐标格网的绘制　　　　　　　　图 8-13　导线点的展绘

8.2.3　碎部点的测定方法

反映地物轮廓和几何位置的点称为地物特征点，简称地物点。地貌可以近似看作由许多形状、大小、坡度方向不同的斜面组成，这些斜面的交线称为地貌特征线，如山脊线、山谷线等。地貌特征线上的点称为地貌特征点，简称地形点。地物点和地形点统称为碎部点。碎部测量就是测定碎部点的平面位置和高程，并将它们标绘在图纸上，勾绘出地物和地貌。

（1）碎部点的选择。地形图测绘的质量和速度在很大程度上取决于立尺员能否正确、合理地选择碎部点。对于地物，碎部点主要是其轮廓线的转折点（如房角点、道路中心线或边线的转折点、河岸线的转折点以及独立地物的中心点），连接这些特征点，便可得到与实地相似的地物形状，主要的特征点应独立测定，一些次要的特征点可以用量距、交会、推平行线等几何作图方法绘出。一般规定，凡主要建筑物轮廓线的凹凸长度在图上大于 0.4 mm、简单房屋大于 0.6 mm时，均应表示出来。对于独立地物，如能依比例尺在图上显示出来，应实测外廓；如图上不能表示出来，如水井、独立树等，应测其中心位置，用规定的图式符号表示。以下为按 1∶500 和 1∶1 000比例尺测图的要求提出的取点原则：

①对于房屋，可只测定其主要房屋角点（至少 3 个），然后量取与其有关的数据，按其几何关系用作图方法画出轮廓线。

②对于圆形建筑物，可测定其中心位置并量其半径后作图绘出；或在其外廓测定 3 点，然后用作图法定出圆心而作圆。

③对于公路，应实测两侧边线，而大路或小路可只测其一侧的边线，另一侧边线可按量得的路宽绘出；对于道路转折处的圆曲线边线，应至少测定 3 点（起点、终点和中点）。

④围墙应实测其特征点，按半比例符号绘出其外围的实际位置。

对于地貌，碎部点应选在最能反映地貌特征的山顶、鞍部、山脊（线）、山谷（线）、山坡、山脚等坡度变化及方向变化处。根据这些特征点的高程勾绘等高线，即可将地貌在图上表示出来。

按照《城市测量规范》（CJJ/T 8—2011）的规定，地物点、地形点视距和测距的最大长度应符合表 8-6 的要求。

表 8-6 地物点、地形点视距和测距的最大长度

测图比例尺	视距最大长度/m		测距最大长度/m	
	地物点	地形点	地物点	地形点
1 : 500	—	70	80	150
1 : 1 000	80	120	160	250
1 : 2 000	150	200	300	400

（2）碎部点的测定方法。

①极坐标法。极坐标法是测定碎部点位最常用的一种方法。如图 8-14 所示，测站点为 A、定向点为 B，通过观测水平角 β_1 和水平距离 D_1，就可确定碎部点 1 的位置。同样，由观测值 β_2、D_2 又可测定点 2 的位置。这种定位方法即极坐标法。

对于已测定的应该连接起来的地物点，要随测随连，例如房屋的轮廓线 1－2、2－3…，以便将图上测得的地物与地面上的实体相对照。这样，测图时如有错误或遗漏，就可以及时发现，及时予以修正或补测。

②方向交会法。当地物点距离较远或遇河流、水田等障碍不便丈量距离时，可以用方向交会法来测定。如图 8-15 所示，设欲测绘河对岸的特征点 1、2、3…，自 A、B 两控制点与河对岸的点 1、2、3…量距不方便，这时可先将仪器安置在 A 点经过对中、整平和定向后，测定 1、2、3各点的方向，并在图板上画出其方向线，然后将仪器安置在 B 点。按同样方法测定 1、3 点的方向，在图板上画出方向线，则其相应方向线的交会点，即 1、2、3 点在图板上的位置，并应注意检查交会点位置的正确性。

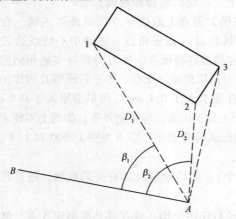

图 8-14　极坐标法测绘地物

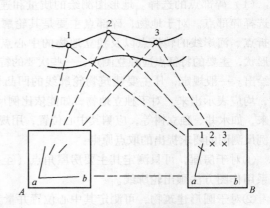

图 8-15　方向交会法测绘地物

③距离交会法。在测完主要房屋后，再测定隐蔽在建筑群内的一些次要的地物点，特别是这些点与测站不通视时，可按距离交会法测绘这些点的位置。如图 8-16 所示，图中，P、Q 为已测绘好的地物点，若欲测定 1、2 点的位置，具体测法如下：用皮尺量出水平距离 D_{P1}、D_{P2} 和 D_{Q1}、D_{Q2}，然后按测图比例尺算出图上相应的长度。在图上以 P 为圆心，用两脚规以 D_{P1} 的长度为半径作圆弧，再在图上以 Q 为圆心，以 D_{Q1} 的长度为半径作圆弧，两圆弧相交可得点 1；再按同法交会出点 2。连接图上的 1、2 两点，即得地物一条边的位置。如果再量出房屋宽度，就可以在图上用推平行线的方法绘出该地物。

④直角坐标法。如图 8-17 所示，P、Q 为已测建筑物的两房角点。以 PQ 方向为 y 轴，找出地物点在 PQ 方向上的垂足，用皮尺丈量 y_1 及其垂直方向的支距 x_1，便可定出点 1。同法可以定出 2、3…点。与测站点不通视的次要地物靠近某主要地物，地形平坦且在支距 x 很短的情况下，适合采用直角坐标法来测绘。

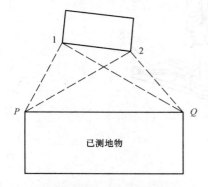

图 8-16　距离交会法测绘地物

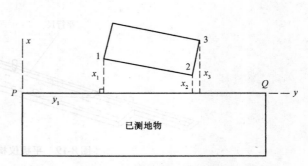

图 8-17　直角坐标法测绘地物

⑤方向距离交会法。与测站点通视但量距不方便的次要地物点，可以利用方向距离交会法来测绘。方向仍从测站点出发来测定，而距离是从图上已测定的地物点出发来量取，按比例尺缩小后，用分规卡出这段距离，从该点出发与方向线相交，即得欲测定的地物点。

如图 8-18 所示，P 为已测定的地物点，现要测定点 1、2 的位置，从测站点 A 瞄准点 1、2，画出方向线，从 P 点出发量取水平距离 D_{P1} 与 D_{P2}，按比例求得图上的长度，即可通过距离与方向交会得出点 1、2 的图上位置。

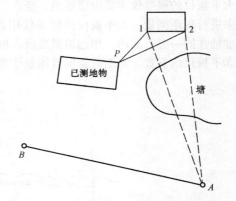

图 8-18　方向距离交会法测绘地物

8.3　测图方法简介

测图常用的仪器有大平板仪、经纬仪、光电测距仪和全站仪等，测图方法有大平板仪测图法、小平板仪测图法、经纬仪测绘法、光电测距仪测绘法、小平板仪与经纬仪联合测图法、全站仪测图法和野外采集数据机助成图等。这里主要介绍平板仪测图法和经纬仪测绘法。

8.3.1　平板仪测图法

（1）平板仪的构造。平板仪有小平板仪和大平板仪两种，常见构造如图 8-19 所示。

①小平板仪。小平板仪主要由平板、三脚架、照准仪、对点器、长盒罗盘等组成。小平板仪的照准仪用于瞄准目标和绘制方向，其直尺中央嵌有水准管，是供平板整平使用的。用这种照准仪测量距高和高差的精度很低，故一般和经纬仪配合使用进行地形测量。

②大平板仪。大平板仪由平板、三脚架、基座、照准仪及其附件组成。

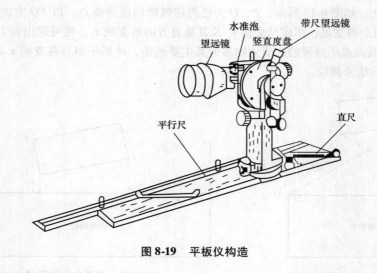

图 8-19 平板仪构造

大平板仪的照准仪主要由望远镜、竖盘、直尺组成。望远镜和竖盘与经纬仪的构造相似，可以用来进行视距测量。大平板仪的照准仪用直尺代替了经纬仪上的水平度盘，直尺边和望远镜的视准轴在同一竖直面内，望远镜瞄准后，根据直尺在平板上画出的方向线就是瞄准的方向。

③平板仪的安置。测图时需安置图板于测站上。平板仪的安置包括对点、整平和定向三个步骤。

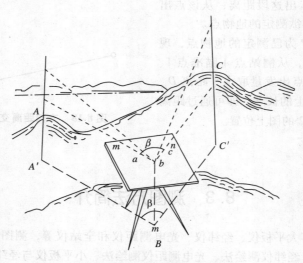

图 8-20 平板仪测图原理

（2）平板仪测量的原理。平板仪测图原理如图 8-20 所示。平板仪测量是将地面点平面位置应用图解方法而获得的，因而平板仪测量又称图解测量。图解测量被广泛地应用于地形图测绘时图根点、测站点的加密以及平板仪测图中。目前，平板仪测图已被全站仪和 GPS - RTK 数字化测图取代。

在平板仪测量中，确定地面点平面位置所需要的水平角和水平距离，通常是按投影的原理用图解的方法直接将其描绘在图板上，进而获得地面点在图板上的位置；地面点的高程位置一般用三角高程测量和视距测量方法获得。传统的解析控制测量中，地面点的平面位置，通常通过观测水平角和水平距离，经计算而获得其控制点的坐标，而地面点的高程位置是通过水准测量或三角高程测量来获得的。

图解测量的原理是应用几何相似形原理：角度相等，长度按测图比例。一个测站工作包括对点、定向、测点、绘图。

8.3.2 经纬仪测绘法

经纬仪测绘法是用经纬仪按极坐标法测量碎部点的平面位置和高程。根据测定的数据，用量角器和比例尺将碎部点的位置展绘在图纸上，并在点的右侧注明其高程，再对照实地勾绘地形图，这种方法也称为模拟法成图。

经纬仪测绘法是将经纬仪安置在测站上，绘图板安置于测站旁，用经纬仪测定碎部点的方向与已知方向之间的水平夹角、测站点至碎部点的距离和碎部点的高程。水平距离和高差均用视距测量方法测量。此法操作简单、灵活，适用于各类地区的地形图测绘，而且是在现场边测边绘，便于检查碎部点有无遗漏及观测、计算有无错误。

（1）测站操作步骤。经纬仪测绘法在一个测站上的操作步骤如下：

①安置仪器：如图 8-21 所示，安置仪器于测站点（控制点）A 上，量取仪器高 i。

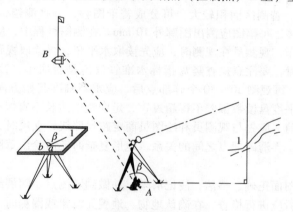

图 8-21 经纬仪测绘法

②定向：后视另一控制点 B，置水平度盘读数为 $0°00'00''$。

③立尺：立尺员依次将标尺立在地物、地貌特征点上。立标尺前，立尺员应弄清实测范围和实地情况，初步拟定立尺点，并与观测员、绘图员共同商定跑尺路线。立尺点数量应视测区的地物、地貌的分布情况而定，一般要求立尺点分布均匀、一点多用、不漏点。

④观测：转动照准部，瞄准点 1 上的标尺，读取视距间隔 l，中丝读数 v，竖盘盘左读数 L 及水平角读数 β。

⑤计算：先由竖盘读数 L 计算竖直角 $\alpha = 90° - L$，按视距测量方法用计算器计算出碎部点的水平距离和高程。

⑥展绘碎部点：用细针将量角器的圆心插在图纸上测站点 a 处，转动量角器，将量角器上等于 β（碎部点 1 为 $102°00'$）的刻画线对准起始方向线 ab（图 8-22），此时量角器的零方向便是碎部点 1 的方向，然后用测图比例尺按测得的水平距离在该方向上定出点 1 的位置，并在点的右侧注明其高程。

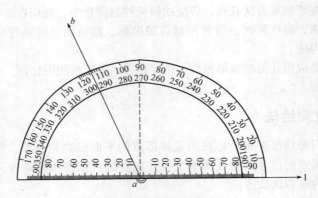

图8-22 地形测量量角器

同法，测出其余各碎部点的平面位置与高程，绘于图上并随测随绘等高线和地物。

为了检查测图质量，仪器搬到下一测站时，应先观测前站所测的某些明显碎部点，以检查由两个测站测得该点平面位置和高程是否相符。如相差较大，则应查明原因，纠正错误，再继续进行测绘。

（2）测图注意事项。若测区面积较大，可分成若干图幅，分别测绘，最后拼接成全区地形图。为了相邻图幅的拼接，每幅图应测出图廓外 10 mm。在测图过程中，应注意以下事项：

①为方便绘图员工作，观测员在观测时，应先读取水平角，再读取视距尺的三丝读数和竖盘读数；在读取竖盘读数时，要注意检查竖盘指标水准管气泡是否居中；读数时，水平角估读至 5′，竖盘读数估读至 1′，每观测 20～30 个碎部点后，应重新瞄准起始方向检查其变化情况，经纬仪测绘法起始方向水平度盘读数偏差不得超过 3′，定向边的边长不宜短于图上 10 cm。

②立尺人员在跑点前，应先与观测员和绘图员商定跑尺路线；立尺时，应将标尺竖直并随时观察立尺点周围的情况，弄清碎部点之间的关系，地形复杂时还需绘出草图，以协助绘图人员做好绘图工作。

③绘图人员要注意图面正确、整洁，注记清晰，并做到随测点、随展绘、随检查。

④当每站工作结束后应进行检查，在确认地物、地貌无测错或漏测时，方可迁站。

8.3.3　测站点的增设

在测图过程中，由于地物分布的复杂性，往往会发现已有的图根控制点还不够用，此时可以用支点法等方法临时增设（加密）一些测站点。

（1）支点法。在现场选定需要增设的测站点，用极坐标法测定其在图上的位置，称为支点法。由于测站点的精度必须高于一般地物点，因此规定，增设支点前必须对仪器（经纬仪、平板仪、全站仪等）重新检查定向；支点的边长不宜超过测站定向边的边长；支点边长要进行往返丈量或两次测定，其差数不应大于1/200。对于增设测站点的高程，则可以根据已知高程的图根点用水准仪或经纬仪视距法测定，其往返高差的较差不得超过1/7 等高距。

（2）内、外分点法。内、外分点法是一种在已知直线方向上按距离定位的方法。这种方法主要用在通视条件好、便于量距和设站的任意两控制点连线（内分点）或其延长线（外分点）上增补测站点。利用已知边内、外分点建立测站，不需要观测水平角，控制点至测站点间的距离、高差的测定与检核均与支点法相同。

8.4　地形图绘制

在外业工作中，当碎部点展绘在图上后，就可以对照实际地形随时描绘地物和等高线。如果测区较大，由多幅图拼接而成，还应及时对各图幅衔接处进行拼接检查，最后进行图的清绘与整饰。

（1）地貌的测绘。地物要按地形图图式规定用符号表示。房屋轮廓需用直线连接起来，而道路、河流的弯曲部分则逐点连成光滑的曲线。对于不能按比例描绘的地物，用相应的非比例符号表示。

（2）等高线勾绘。

①测定地形特征点。地形特征点是山顶、鞍部、山脊、山谷倾斜变换点、山脚地形变换点等。

②连接地性线。测定了地貌特征点后，不能立即描绘等高线，必须先连地性线，通常以实线连成山脊线，以虚线连成山谷线。

③求等高线的通过点。完成地性线连接工作之后，即可在同一坡度两相邻点之间，内插出每整米高程的等高线通过点。

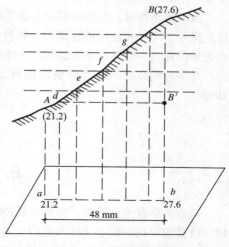

图 8-23　等高线内插示意图

如图 8-23 所示，取头定尾，中间等分。如在同一坡度上有相邻的 a、b 两点，其高程分别为 21.2 m 和 27.6 m。假设 a、b 间的坡度是均匀的，则根据 a、b 间的高差为 6.4 m，ab 线长（图上平距）为 48 mm，由 a 点到 22 m 等高线的高差为 0.8 m，由 b 点到 27 m 等高线的高差为 0.6 m，则由 a 点到 22 m 等高线及由 b 点到 27 m 等高线的直线长 x_1 和 x_2 可以根据相似三角形原理得下列关系式：$x_1/0.8 = 48/6.4$，$x_2/0.6 = 48/6.4$。在 ab 直线上截取 22 m 和 27 m 等高线所通过的点 c 和 m，然后将 c、m 两点之间的距离分为 5 等份，就得到 23 m、24 m 和 26 m 等高线所通过的点 d、e、f 和 g。

④勾绘等高线。在地性线上求得等高线的通过点后，根据等高线特性，把相等高程的点连接起来，即等高线。

（3）公路带状地形图测绘。

①完成测图前的准备工作。

②展绘道路中线。按测图比例尺将道路中线展绘在图纸上，沿着中线的各桩号注上中平组测得的高程。

③绘出横断面方向线。在路线中线各桩上绘出横断面方向线，并注上横断面上各点的高程。

④现场勾绘等高线。把展绘道路中线、横断面方向线的图纸固定在小平板上带到现场，对照当地的地貌勾绘等高线；然后用十字方向架、皮尺补测地物在横断面范围以外地的地物、地貌，可用步测、目估等方法测定。

8.5　地形图的检查、拼接和整饰

（1）地形图的检查。地形图的检查包括图面检查、野外巡视和设站检查。

①图面检查。检查图上表示的内容是否合理、地物轮廓线表示得是否正确、等高线绘制得是否合理、名称注记有无弄错或遗漏。

②野外巡视。到测图现场与实地核对，检查地物、地貌有无遗漏，特别在图面检查中有疑问处，要重点巡视、一一核对，发现问题应当场修正或补充。

③设站检查。在上述检查的基础上，为了保证成图质量，对每幅图还要进行部分图面内容的设站检查。

（2）地形图的拼接。分幅测图时，在相邻两图幅的连接处存在拼接问题（道路地形图一般1幅/km）。

测量和绘图的误差，使相邻两图幅边的地物轮廓线和等高线不完全吻合，在拼接处的地物、等高线都有偏差，当偏差在规定的范围内时可进行修正。

为接边方便，一般规定每幅图的图边应测出图幅外1 cm，使相邻图幅有一条重复带。

（3）地形图的整饰。地形图经过检查、拼接和修改后，还应进行清绘和整饰，使图面清晰、美观、正确，以便验收和保存。

地形图整饰时，先擦掉图中不必要的点、线，然后对所有的地物、地貌都应按地形图图式的规定符号、尺寸和注记进行清绘，各种文字注记（如地名、山名、河流名、道路名等）应标注在适当位置，一般要求字头朝北，字体端正。等高线应用光滑的曲线勾绘，等高线高程注记应成列，其字头朝高处。最后应整饰图框，注明图名、图号、测图比例尺、测图单位、测图年月日等。

8.6　数字化测图

随着科学技术的进步，计算机硬件和软件技术的迅猛发展，人类进入信息时代。信息时代的特征就是数字化。数字化技术是信息时代的基础平台。数字化技术对测绘学科也产生了深刻的影响，特别是全站仪和GPS的广泛应用以及计算机图形技术的迅速发展与普及。测量数据的采集和绘图方法发生了重大的变化，促进了地形图测绘的自动化，地形测量从传统的白纸测图变革为数字化测图，测量的成果不仅是绘制在纸上的地形图，更重要的是提供可传输、处理、共享的数字地形信息，即以计算机磁盘为载体的数字地形图，并成为信息时代不可缺少的地理信息的重要组成部分。

8.6.1　数字化测图概述

数字化测图的工作过程主要有数据采集、数据处理、图形编辑、成果输出和数据管理，一般经过数据采集、数据编码和计算机处理、自动绘制两个阶段。数据采集和编码是计算机绘图的基础，这一工作主要在外业期间完成。内业进行数据的图形处理，在人机交互方式下进行图形编辑，生成绘图文件，由绘图仪绘制地形图。

1. 数字化测图系统的构成

数字化测图系统是指实现数字化测图功能的所有因素的集合。广义上讲，数字化测图系统是硬件、软件、人员和数据的总和。

数字化测图系统的硬件主要有两大类：测绘类硬件和计算机类硬件。前者主要指用于外业数据采集的各种测绘仪器；后者包括用于内业处理的计算机及其标准外设（如显示器、打印机等）和图形外设（如用于录入已有图形的数字化仪和用于输出图纸的绘图仪）。另外，实现外业记录和内、外业数据传输的电子手簿既可能是测绘仪器（如全站仪）的一个部分，也可能是用某种掌上电脑开发的独立产品。

从一般意义上讲，数字化测图系统的软件包括为完成数字化测图工作用到的所有软件，即各种系统软件（操作系统，如 Windows）、支撑软件（计算机辅助设计软件，如 AutoCAD）和实现数字化测图功能的应用软件，或者称为专用软件。

数字化测图系统的人员是指参与完成数字化测图任务的所有工作与管理人员。数字化测图对人员提出了较高的技术要求，他们应该是既掌握了现代测绘技术，又具有一定的计算机操作和维护经验的综合性人才。

数字化测图系统中的数据主要指系统运行过程中的数据流，它包括采集（原始）数据、处理（过渡）数据和数字地形图（产品）数据。采集数据可能是野外测量与调查结果（如控制点、碎部点坐标、土地等级等），也可能是内业直接从已有地形图或航测相片数字化或矢量化得到的结果（如地形图数字化数据和扫描矢量化数据等）。处理数据主要是指系统运行中的一些过渡性数据文件。数字地形图数据是指生成的数字地形图数据文件，一般包括空间数据和非空间数据两大部分，有时也考虑时间数据。数字化地形成图系统中数据的主要特点是结构复杂、数据量庞大，这也是开发数字化地形成图系统时必须考虑的重点和难点之一。

（1）数字化测图常用硬件。数字化测图工作中常用的硬件设备包括计算机、全站仪、数字化仪、扫描仪、绘图仪等，下面简单介绍它们的功能以及在数字地形测量系统中的地位和作用。

①计算机。计算机是数字化测图系统中不可替代的主体设备。它的主要作用是运行数字化地形成图软件，连接数字化地形成图系统中的各种输入输出设备。在数字化地形成图系统中，室内处理工作一般由台式机完成；在野外需要计算机时可用笔记本电脑，例如采用"电子平板"作业模式在野外同时完成采集与成图两项工作。但是，笔记本电脑对于野外工作环境的适应性问题还有待解决。掌上电脑（PDA）是新发展起来的一种性能优越的随身电脑，它的便携性、长时间待机、笔式输入、图形显示等特点，有效地解决了困扰数字化测图数据采集中的诸多问题。

②全站仪。全站仪是由测距仪、电子经纬仪和微处理器组成的智能性测量仪器。全站仪的基本功能是在仪器照准目标后，通过微处理器的控制自动完成距离、水平方向和天顶距的观测、显示与存储。除这些基本功能外，不同类型的全站仪一般还具有一些各自独特的功能，如平距、高差和目标点坐标的计算等。

③数字化仪。数字化仪是数字化测图系统中的一种图形录入设备。它的主要功能是将图形转化为数据，所以，有时它又被称为图数转换设备。在数字化地形成图工作中，对于已经用传统方法施测过地形图的地区，只要它的精度和比例尺能满足要求，就可以利用数字化仪将其输入计算机中，经编辑、修补后生成相应的数字地形图。

④扫描仪。扫描仪是以"栅格方式"实现图数转换的设备。所谓栅格方式，就是以一个虚拟的格网对图形进行划分，然后对每个格网内的图形按一定的规则进行量化。每一个格网叫作一个"像元"或"像素"。所以，栅格方式数字化实际上就是先将图形分解为像元，然后对像元

进行量化。其结果的基本形式是以栅格矩阵的形式出现的。

实际应用时，扫描仪得到的是栅格矩阵的压缩格式，扫描仪一般都支持多种压缩格式（如BMP、PIF、PCX 等），用户可根据自己的需要进行选择。数字化地形成图对栅格数据的处理主要有两种方式：一种是利用矢量化软件将栅格形式的数据转换为矢量形式，再供给数字化地形成图软件使用；另一种是在数字化地形成图软件中直接支持栅格形式的数据。

目前，国内的数字化地形成图软件还未见有直接支持栅格数据的，因此实际工作中基本上都采用前一种处理方式。

⑤绘图仪。绘图仪是数字化测图中一种重要的图形输出设备——输出"白纸地形图"，又称"可视地形图"或数字地形图的"硬拷贝"。在数字化测图系统中，尽管能得到数字地形图，且数字地形图具有许多优良的特性，但白纸地形图仍然是不可替代的。一方面，是在很多情况下，白纸地形图使用更加方便；另一方面，利用数字地形图（地形图数据库）得到回放图也是数字地形图质量检查的一个基本依据。因此，在数字化地形图编辑好以后，一般都要在绘图仪上输出白纸地形图。

（2）数字化地形成图软件。数字化地形成图软件是数字化测图系统中一个极其重要的组成部分，软件的优劣直接影响数字化成图系统的效率、可靠性、成图精度和操作的难易程度。

2. 地形点的描述

传统的地形图测绘是用仪器测量水平角、垂直角、距离，确定地形点的三维坐标，由绘图员按坐标（或角度与距离）将点展绘到图纸上，然后根据跑尺员的报告和对实际地形的观察，知道测的是什么点（如房角点）、这个（房角）点应该与哪个（房角）点连接等，绘图员当场依据展绘的点位按图式符号将地物（房子）描绘出来，就这样一点一点地测和绘，最后经过整饰，一幅地形图也就生成了。这个过程实际上已经利用到三种类型的数据，即空间数据（测点坐标）、属性数据（房子）、拓扑数据（测点之间的连接关系）。数字测图是将野外采集的成图信息经过计算机软件进行自动处理（自动识别、自动检索、自动连接、自动调用图式符号等）。经过编辑，最后自动绘出所测的地形图。因此，对地形点必须同时给出点位信息及绘图信息，以便计算机识别和处理。

综上所述，数字测图中地形点的描述必须具备三类信息：

（1）测点的三维坐标，用以确定地形点的空间位置，是地形图最基本的原始信息。

（2）测点的属性，即地形点的类型及特征信息，绘图时必须知道该测点是什么点，是地貌特征点还是地物点，如陡坎上的点、房角点、路灯等，才能调用相应的网式符号绘图。

（3）测点的连接关系，据此可将相关的点连成一个地物。第一项是定位信息，后两项则是绘图信息。测点的点位是用测量仪器在外业测量中测得的，最终以 X、Y、Z（H）三维坐标表示。在进行野外测量时，对所有测点按一定规则进行编号，每个测点编号在一项测图工程中是唯一的，系统根据它可以提取点位坐标。测点的属性是用地形编码表示的，有编码就知道它是什么类型的点，对应的图式符号怎样表示。测点的连接信息，是用连接点和连接线型表示的。

野外测量测定了点位，知道了测点的属性后，就可以当场给出该点的编号和编码并记录下来，同时记下该测点的连接信息；计算机成图时，只要知道编码，就可以从测图系统中的图式符号库中调出与该编码对应的图式符号成图。如果测得点位，又知道该测点应与哪个测点相连，还知道它们对应的图式符号，就可以将所测的地形图绘出。这一少而精、简而明的测绘系统工作原理，正是由面向目标的系统编码、图式符号、连接信息——对应的设计原则实现的。

3. 数字化测图模式

数字化测图时，野外数据采集的方法按照使用的仪器和数据记录方式的不同，可以分为草图法数字测记模式、一体化数字测图模式、GPS-RTK 测量模式。

（1）草图法数字测记模式。草图法数字测记模式是一种野外测记、室内成图的数字测图方法。其使用的仪器是带内存的全站仪，方法是将野外采集的数据记录在全站仪的内存中，同时配画标注测点点号的工作草图，到室内通过通信电缆将数据传输到计算机，结合工作草图利用数字化成图软件对数据进行处理，再经人机交互编辑形成数字地形图。这种作业模式的特点是精度高、内外业分工明确，便于人员分配，从而具有较高的成图效率。对于具有自动跟踪测量模式的全站仪（也称为测量机器人），测站可以无人操作，而在镜站遥控开机测量，全站仪自动跟踪、照准、记录数据，还可在镜站遥控进行检查和输入数据。

（2）一体化数字测图模式。一体化数字测图模式也称为电子平板测绘模式，是将安装有数字化测图软件的笔记本电脑通过电缆与全站仪连接在一起，测量数据实时传入笔记本电脑，现场加入地理属性和连接关系后直接成图。该测绘模式的笔记本电脑类似模拟法测图时的小平板，因此，采用笔记本电脑记录模式测图，也被人们称为"电子平板法"测图或"电子图板法"测图。"电子平板法"是一种基本上将所有工作放在外业完成的数字地形测量方法，实现了数据采集、数据处理、图形编辑现场同步完成。随着笔记本电脑价格的降低、重量的减轻、待机时间的延长、抗外界环境的性能增强及笔记本电脑整体性能的提高，该测绘模式在地面数字测图野外数据采集时将会被越来越多地采用。

为了综合上述两种数据采集模式的优点，目前也有采用基于 Windows-CE 操作系统的 PDA（掌上型电脑）作为电子手簿，并在 PDA 上安装与在笔记本电脑上类似的测图系统的操作方法，从而既可以及时看到所测的全图（实现所测即所现），又可以克服笔记本电脑的一些弱点（如硬件成本高、耗电、携带不方便等）。PDA 的缺陷是屏幕显示尺寸较小，对于较复杂的地区，野外图形显示及编辑时没有笔记本电脑方便。

（3）GPS-RTK 测量模式。当采用 GPS-RTK 技术进行地形细部测量时，仅需一人背着 GPS 接收机在待测点上观测一两秒即可求得测点坐标，通过电子手簿记录（配画草图、室内连码）或 PDA 记录（记录显示图形并连码），由数字地形测图系统软件输出所测的地形图。采用 RTK 技术进行测图时，无须测站点与待测点间通视，仅需一人操作，便可完成测图工作，可以大大提高工作效率。但应注意对 RTK 测量结果的有效检核，且在影响 GPS 卫星信号接收的遮蔽地带，还需将 GPS 与全站仪结合，两者取长补短，更快、更简捷地完成测图工作。

随着 RTK 技术的进一步发展、系列化产品的不断改进（更轻便化）以及价格的降低，GPS-RTK 测量模式在比较开阔地区的地形细部测量及野外数据采集方面将会得到越来越多的应用。

8.6.2　草图法数字测图

草图法数字测图是用全站仪进行实地测量，将野外采集的数据自动传输到全站仪存储卡内记录，并在现场绘制地形（草）图，到室内将数据自动传输到计算机；人机交互编辑后，由计算机自动生成数字地形图，并控制绘图仪自动绘制地形图的方法。这种方法是从野外实地采集数据，又称地面数字测图。由于测绘仪器测量精度高，而电子记录又能如实记录和处理，所以地面数字测图是数字测图方法中精度最高的一种，也是城市地区的大比例尺（尤其是 1∶500）测图中最主要的测图方法。现在各类建设使城市面貌日新月异，在已建（或将建）的城市测绘信息系统中，宜多采用野外数字测图作为测量与更新系统，发挥地面数字测图机动、灵活、易于修改的特点，局部测量，局部更新，始终保持地形图的现势性。草图法全站仪在一个测站采集碎部点的操作过程如下：

（1）测站安置仪器。在测站上安置全站仪，进行对中、整平，其具体做法与常规测量仪器的对中、整平工作相同。仪器对中偏差应小于 5 mm，并在测量前量取仪器高，精确至毫米。

（2）打开电源。参照仪器使用说明书中开启电源的方法将全站仪的电源开关打开，显示屏显示，所有点阵发亮，即可进行测量。早期的全站仪还须设置垂直零点：松开垂直度盘制动钮将望远镜上下转动，当望远镜通过水平线时，将指示出垂直零点，并显示垂直角。对于带有内存的全站仪，应在全站仪提供的工作文件中选取一个文件作为"当前工作文件"，用以记录本次测量成果。测量第一个碎部点前应将仪器、测站、控制点等信息输入内存当前工作文件中。

（3）仪器参数设置。仪器参数是控制仪器测量状态、显示状态数据改正等功能的变量，在全站仪中可根据测量要求通过键盘进行改变，并且所选取的选择项可存储在存储器中一直保存到下次更改为止，不同厂家的仪器参数设置方法有较大差异，具体操作方法参见仪器使用说明书，但数字化测图时一般不需要进行仪器参数设置，使用厂家内部设置即可。

（4）定向。取与测站相邻且相距较远的一个控制点作为定向点，输入测站点和定向点坐标后由全站仪反算出定向方向的坐标方位角，将全站仪准确照准定向点目标，然后将全站仪水平度盘方向值设置为该坐标方位角值，也可用水平制动和微动螺旋转动全站仪，使其水平角为要求的方向值，然后用"锁定"键锁定度盘，转动照准部瞄准定向目标，再用"解锁"键解除锁定状态，完成初始设置。以与测站相邻的另一个控制点作为检核点，用全站仪测定该点的位置，算得检核点的平面位置误差不大于 $0.2 \times M \times 10^{-3}$（m）（$M$ 为测图比例尺分母），高程较差不大于 1/5 等高距。

（5）碎部点坐标测量。在碎部点放置棱镜，量取棱镜高，精确至毫米。全站仪准确照准待测碎部点进行坐标测量，在完成测量后将根据用户的设置在屏幕上显示测量结果，核查无误后将碎部点的测量数据保存到内存或电子手簿中。

（6）绘制工作草图。在进行数字测图时，如果测区有相近比例尺的地形图，可利用旧图或影像图并适当放大复制，裁成合适的大小作为工作草图。在没有合适的地形图作为工作草图的情况下，应在数据采集时绘制工作草图。草图上应绘制碎部点的点号、地物的相关位置、地貌的地性线、地理名称和说明注记等。绘制时，对于地物、地貌，原则上应尽可能采用地形图图式所规定的符号绘制，对于复杂的图式符号可以简化或自行定义。草图上标注的测点编号应与数据采集记录中测点编号严格一致，地形要素之间的相关位置必须准确。地形图上需注记的各种名称、地物属性等，草图上也必须标记清楚、正确。草图可按地物相互关系一块块地绘制，也可按测站绘制，地物密集处可绘制局部放大图。

（7）结束测站工作。重复（5）（6）两步，直到完成一个测站上所有碎部点的测量工作。在每个测站数据采集工作结束前，还应对定向方向进行检测。检测结果不应超过定向时的限差要求。

采用草图法数字测记模式在野外采集了数据后，将全站仪通过电缆连接到计算机，经过数据通信将全站仪内存的数据传输到计算机，生成符合数字化成图软件格式的数据文件，即可用成图软件在室内绘制地形图。在人机交互方式下，根据草图调用数字化成图软件定制好的地形图图式符号库进行地形图的绘制和编辑，生成数字化地形图的图形文件。

人机交互编辑形成的数字地形图图形文件可以用磁盘储存和通过绘图仪绘制地形图。计算机制图一般采用联机方式，将计算机和绘图仪直接连接，计算机处理后的数据和绘图指令送往绘图仪。

绘图过程中，计算机的数据处理和图形的屏幕显示处理基本相同。但由于绘图仪有它本身的坐标系和绘图单位，因此需将图形文件中的测量坐标转换成绘图仪的坐标。可以利用绘图仪的基本图形指令驱动绘图仪绘图，如抬笔、落笔，绘直线段、折线和圆弧等指令。

打印机是测量成果报表的输出设备。此外，将打印机设置为图形工作方式，打印机也可以打印图形。打印机绘制的图形精度低，仅是一种粗略的图解显示。打印机也可绘制工作草图，用于核对检查。

8.6.3　等高线自动绘制

等高线是在建立数字地面模型的基础上由计算机自动勾绘的，计算机勾绘的等高线能够达到相当高的精度。

数字地面模型是地表形态的一种数字描述，简称 DTM（Digital Terrain Model）。DTM 是以数字的形式按一定的结构组织在一起，表示实际地形特征的空间分布，也就是地形形状、大小和起伏的数字描述。数字表示方式包括离散点的三维坐标（测量数据）、由离散点组成的规则或不规则的格网结构、依据数字地面模型及一定的内插和拟合算法自动生成的等高线（图）、断面（图）、坡度（图）等。

DTM 的核心是地形表面特征点的三维坐标数据和一套对地表提供连续描述的算法。最基本的 DTM 至少包含了相关区域内平面坐标 (x, y) 与高程 z 之间的映射关系，即

$$z = f(x, y) \qquad x, y \in DTM \text{ 所在区域} \tag{8-1}$$

通过 DTM 可得到有关区域中任一点的地形情况，计算出任一点的高程并获得等高线。DTM 的应用极其广泛，它既可以以最终产品的形式直接应用于工程设计、城镇规划等领域，计算区域面积，划分土地，计算土方工程量，获取地形断面和坡度信息等；也是数字地形图和地理信息系统的一种基础性资料。更确切地说，它本身就是数字地形图中描述地形起伏的一种形式。

在数字测图系统中，地面起伏的可视化表达方式主要是等高线。在大比例数字测图系统的开发中，必须解决如何用观测平面位置和高程的地形碎部点生成等高线的问题。一般的方法是先利用地形碎部点建立某种形式的 DTM，然后利用 DTM 内插出等高线。

数字测图系统自动绘制等高线的步骤如下：

（1）建立 DTM；

（2）内插等高线上的点；

（3）跟踪等高线上的点以形成等高线；

（4）对已形成的等高线进行光滑处理。

建立 DTM 是绘制等高线的基础。建立 DTM 的方法与 DTM 的形式密切相关。在大比例数字测图系统中，由于精度、速度等，一般采用不规则三角网的形式，直接利用原始离散点建立数字高程模型。三角网法直接利用原始数据，对保持原始数据精度，引用各种地性线信息非常有用；尤其是对于地面测量获得的数据，其数据点大多为地形特征点、地物点，它们的位置含有重要的地形信息。数字测图直接利用原始离散点建立数字高程模型是比较合适的。

8.6.4　成图软件 CASS 概述

目前市面上的数字化地形成图软件有很多，其中以南方测绘公司出品的 CASS 地形地籍成图软件的应用最为广泛。CASS 地形地籍成图软件系统是基于 AutoCAD 平台技术的数字化测绘数据采集系统，目前在地形地籍成图、工程测量、房产测绘、空间数据建库等领域已得到广泛应用，同时还可以利用此软件进行土方量的计算、公路设计、面积量算等工作。该软件全面面向 GIS，彻底打通数字化成图系统与 GIS 的接口，使用骨架线实时编辑、简码用户化、GIS 无缝接口等先进技术。该软件的推出大大简化了地形图和断面图的绘制工作，被广大用户接受和认可，其用户

量、升级速度及售后服务在同等功能的软件中均名列前茅，目前已成为我国测绘行业绘制地形图所使用的一种主流软件。

1. 应用 CASS 软件绘制地形图

（1）采集和传输数据。首先在测区内布置好控制点，然后在各级控制点的基础上利用全站仪或 GPS - RTK 进行碎部测点的采集。全站仪或 GPS - RTK 可以自动存储采集的数据，降低了记录员的劳动强度。采集河道内水下碎部测点时，可以采用测深仪配合 GPS - RTK 技术。采集完测区内碎部测点后，将全站仪和 GPS - RTK 中储存的碎部点数据传输到计算机中。采集数据的时候，要与后期的成图方式相结合。数据分为无码方式和简编码方式。无码方式适用于草图法，在绘图时需结合草图手动绘图，具体做法是：要求外业工作时，除了测量员和跑尺员外，还要安排一名绘草图的人员，在跑尺员跑尺时，绘图员要标注出所测的是什么地物（属性信息）及记下所测点的点号（位置信息），在测量过程中要和测量员及时联系，使草图上标注的某点点号与全站仪里记录的点号一致，而在测量每一个碎部点时不用在电子手簿或全站仪里输入地物编码。而简编码方式适用于软件自动绘图，在野外观测时，每测一个地物点时都要在电子手簿或全站仪上输入地物点的简编码（简编码一般由一位字母和一或两位数字组成，为野外操作码，如表 8-7 所示）。

表 8-7　线面状地物符号代码表

类型	表达形式	代码含义
坎类（曲）	K（U）+数	0-陡坎，1-加固陡坎，2-斜坡，3-加固斜坡，4-垄，5-陡崖，6-干沟
线类（曲）	X（Q）+数	0-实线，1-内部道路，2-小路，3-大车路，4-建筑公路，5-地类界，6-乡、镇界，7-县、县级市界，8-地区、地级市界，9-省界线
垣栅类	W+数	0、1-宽为0.5 m的围墙，2-栅栏，3-铁丝网，4-篱笆，5-活树篱笆，6-不依比例围墙，不拟合，7-不依比例围墙，拟合
铁路类	T+数	0-标准铁路（大比例尺），1-标（小），2-窄轨铁路（大），3-窄（小），4-轻轨铁路（大），5-轻（小），6-缆车道（大），7-缆车道（小），8-架空索道，9-过河电缆
电力线类	D+数	0-电线塔，1-高压线，2-低压线，3-通信线
房屋类	F+数	0-坚固房，1-普通房，2-一般房屋，3-建筑中房，4-破坏房，5-棚房，6-简单房
管线类	G+数	0-架空（大），1-架空（小），2-地面上的，3-地下的，4-有管堤的
植被土质	拟合边界 B-数	0-旱地，1-水稻，2-菜地，3-天然草地，4-有林地，5-行树，6-狭长灌木林，7-盐碱地，8-沙地，9-花圃
	不拟合边界 H-数	0-旱地，1-水稻，2-菜地，3-天然草地，4-有林地，5-行树，6-狭长灌木林，7-盐碱地，8-沙地，9-花圃
圆形物	Y+数	0-半径，1-直径两端点，2-圆周三点
平行体	P+	X（0-9），Q（0-9），K（0-6），U（0-6）…
控制点	C+数	0-图根点，1-埋石图根点，2-导线点，3-小三角点，4-三角点，5-土堆上的三角点，6-土堆上的小三角点，7-天文点，8-水准点，9-界址点

（2）编辑数据文件。应用全站仪传输到电脑里的数据，其扩展名应为"*.dat"。应用 GPS -

RTK 传输到计算机里的数据，可先利用手簿将数据存储为"南方 CASS.dat"格式，然后传输到计算机里。"∗.dat"文件的数据格式为：点号，属性，Y，X，H（逗号为英文状态下），如：

N 点点名（或点号），N 点编码，N 点 Y（东）坐标，N 点 X（北）坐标，N 点 H（高程）

每一行的坐标数据代表碎部测点，各碎部测点的 Y、X 坐标及高程的单位均为 m，编码为测图代码，因为在实际测量过程中很少输入代码，所以编码这一栏可以缺省，但是编码后的逗号却不能省略，因此常见的数据格式如下：

N 点点名（或点号），N 点 Y（东）坐标，N 点 X（北）坐标，N 点 H（高程）

应注意"∗.dat"文件中的逗号均应在半角方式下输入。

若数据中存在高程误差较大的碎部测点，可直接将该点的高程数据删除，保留坐标数据。

（3）在 CASS 软件中展点号和高程。在计算机中打开南方 CASS 软件，单击标题栏中的"绘图处理"中的"定显示区"，利用这个功能来控制显示区域，这样所有的数据便都显示在此区域中。执行"绘图处理"中的"展野外测点点号"命令，找到所要绘制地形图的数据文件，将在野外采集的碎部测点的点号展到 CASS 软件平台上，此时计算机屏幕上显示的仅为碎部测点的点位和点号，然后执行"绘图处理"中的"展高程点"命令，将同一数据文件中的高程展在 CASS 软件平台上，此时计算机屏幕上显示的除碎部测点的点位和点号外，还会显示该点的高程值。利用 CASS 系统展绘的点号、点位和高程，分别位于不同的图层中。默认颜色均为红色。

（4）绘制地形图。绘制地形图时，应如实反映出测区内的地形和地物特征。在展绘出点号、点位和高程后，根据实地测量时绘制的工作草图，用 CASS 软件中的绘图工具和符号将相应的点位连接起来，如房屋、桥梁、道路、植被、鱼塘、河流、高（低）压线路等，均应作为绘制地形图的地形或地物要素，如实反映在所绘制地形图上，执行"定显示区"→"坐标定位"→"展点"→"绘平面图"命令，然后根据外业草图，选择相应的地图图式符号在屏幕上将平面图绘出来。以上地形或地物要素绘制完成后，便可以进行等高线的绘制，绘制等高线时，可以采用自动生成或手工绘制两种方法。

①自动生成等高线。利用 CASS 软件标题栏中"等高线"中的各个命令来绘制等高线，可以根据展绘出的高程自动生成等高线。这种方法在地貌不复杂、地物不多的情况下比较实用，绘制的速度快，测区的范围越大，其准确度越高，但局部需要手工修改，修改后的等高线可以符合实际地形、地貌的要求。

②手工绘制等高线。采用手工绘制等高线的方法来绘制等高线，适用于高低起伏不大的地形，绘制的准确度高，但是采用这种方法的工作效率较低、工期较长，在较大范围的地形图绘制工作中极少使用。

等高线绘制完成后，还需对图形进行必要的编辑和修改，如各种文字的注记、高程的注记、符号的配置、图廓的修饰等，以形成完整的河道带状地形图。

2. 应用 CASS 软件绘制断面图

（1）绘制纵断面图。在南方 CASS 软件中打开河道带状地形图，单击工具栏中的"多段线"按钮，选取河道的中心部位，绘制出一条连续的多段线，此多段线即纵断面线在平面中的位置，在带状地形图中标出纵断面线上特征点的高程。执行"工程应用"→"生成里程文件"→"由复合线生成"→"普通断面"命令，然后单击地形图上的纵断面线，此时 CASS 操作平台上会自动弹出"断面线上取值"对话框，若选择"由图面高程点生成"，即可直接生成里程文件。若选择"由坐标文件生成"，则需编辑纵断面线上各特征点的坐标数据文件（□.dat 格式）。

里程文件生成后，还需对里程文件进行修改。依次编辑纵断面线上特征点的里程和高程。执行"工程应用"→"绘断面线"→"根据里程文件"命令，此时操作平台上会自动弹出"输入断面里程数据文件名"对话框，输入修改后的里程文件名并打开，此时会自动弹出"绘制纵断面图"对话框，在对话框内根据实际需要输入相应的参数，单击"确定"按钮即可生成纵断面图。

（2）绘制横断面图。执行"工程应用"→"生成里程文件"→"由纵断面线生成"→"添加"命令，点选平面图中的纵断面线，此时命令行会提示"输入横断面左边长度（米）"，输入左边长度后，命令行会提示"输入横断面右边长度（米）"，再输入右边长度，然后选择获取中桩位置方式，在实际操作中一般选择"鼠标定点"，在纵断面线上依次捕捉，绘制出所有的横断面线，并标出每条横断面线上所有特征点的高程。执行"工程应用"→"高程点生成数据文件"→"有编码高程点"命令，输入数据文件名，生成扩展名为"□.dat"的坐标数据文件。按以下格式编辑生成后的坐标数据文件。

点号,1,Y 坐标,x 坐标,高程

点号,m,Y 坐标,x 坐标,高程（该点为横断面线与纵断面线的交点）

点号,N,Y 坐标,x 坐标,高程

按此格式将坐标文件编辑好，即可生成里程文件。

执行"工程应用"→"生成里程文件"→"由坐标文件生成"命令，会弹出"由坐标文件生成里程文件"对话框，根据对话框中的提示依次生成各横断面线的里程文件，并汇总成总的横断面里程文件。执行"工程应用"→"绘制断面图"→"根据里程文件"命令，输入里程文件名，根据时间需要输入各参数，最终绘制出各个横断面的断面图。

本章小结

本章主要阐述了地形图及其基本知识（比例尺、分幅及编号等）、地物及地貌的表示方法、经纬仪测绘地图方法、地形图成图方法等，并简要介绍了数字化测图方法。

思考与练习

1. 什么是比例尺精度？它对用图和测图有什么作用？

2. 什么是等高线？等高距、等高线平距与地面坡度之间的关系如何？等高线有哪些特性？

3. 西安某地的纬度 $\varphi = 34°10'$，经度 $\lambda = 108°50'$，试求该地区画 1:1 000 000、1:100 000、1:10 000 这三种图幅的图号。

4. 在碎部测量时，在测站上安置平板仪包括哪几项工作？

5. 小平板仪和经纬仪联合测图是怎样工作的？

6. 试述全站仪（经纬仪）测图过程。

7. 常规测图方法有哪几种？

8. 如何正确选择地物特征点和地貌特征点？

第9章

地形图的识读与应用

地形图应用的基本内容（坐标、高程、水平距离、方位角和坡度的量算），地形图上面积的量算方法，地形图在工程中的应用（汇水面积的确定、库容的计算、坡脚线的确定、匀坡路线的绘制、纵断面图的绘制、场地平整、土石量的计算等）。

面积和土方量的计算，地形图在工程中的应用。

地形图包含着丰富的信息，不仅包含自然地理信息，也包含社会、政治、经济等人文地理信息，是建设项目规划、设计和施工中必不可少的基础资料。与一般示意图比较，地形图具有可量性的特点。在地形图上，可直接确定点的大致坐标和高程、点与点之间的水平距离、直线间的夹角和直线的方位；利用地形图进行实地定向，确定两点间的高差；计算一定区域范围的面积、土石方的体积等。一般在新工程建设之前，首先要进行地形图测绘工作，以获得一定比例尺精度的现状地形图，用于全面反映拟建地区地形和环境条件。因此地形图的识读与应用就显得尤为重要。

9.1 地形图的识读

有效利用地形图的前提是看懂地形图。例如，要了解各种地物符号所代表的含义；根据等高线所表示的地面起伏，能在脑海中形成一个立体概念。只有对地形图有一个总体的认识，才能趋利避害，最大化地利用地形的有利条件进行工程建设。下面以图 8-7 为例，介绍如何识读地形图。

9.1.1　图外注记识读

拿到一张地形图，先看图廓外围部分，如图名、图号、接图表、比例尺、坐标系统、高程系统、坐标网格、测图时间等，以便了解这张地形图的总体信息及相关情况。

图 8-7 为张家村地形图，图号 10.0 – 21.0，即西南角坐标为（10 000，21 000）（单位：m），刘家庄位于张家村的西北，周家院位于张家村的东南，比例尺为 1∶1 000，采用任意直角坐标系和 1985 年国家高程基准，1989 年测图。

9.1.2　地物识读

地形图上的地物均采用规定的符号和注记表示。首先认识地形图上使用的各种图例，熟悉常用的地物符号，了解符号及注记的具体含义；然后根据地物符号，了解主要地物的分布情况，比如村庄名称、公路走向、水系分布、地面植被、农田及水利设施、控制点等。地物识读一般按照先主后次、由大到小的顺序，注意地物分布与人类活动的关系，综合形成整体认识。

如图 8-7 所示，张家村大致位于地形图的东南，村的北面是清水河，水流自西向东，河的北岸有防洪堤及一条沥青公路，村与公路通过渡口连接。

9.1.3　地貌识读

地貌主要看等高线，结合等高线的特性分析地貌的总体情况。先读出等高距，根据等高线的疏密把握山脉的走势、坡度的变化、分水和汇水的方向，进而确定山头、洼地、山脊、山谷等各种典型地貌。

如图 8-7 所示，等高距为 1 m，整个地形以丘陵和山地为主，地势走向为东北和西南高，西北和东南走向较为平缓，最高峰位于西南的凤凰岭。地表水主要通过凤凰岭东侧山谷汇流至清水河支流。

9.2　地形图应用的基本内容

地形图上最基本的信息就是点的位置，从图上获取各点的坐标和高程，进而推算出两点之间的水平距离、直线方向和坡度等信息，这些就是地形图应用的基本内容。

9.2.1　确定图上点的坐标

图 9-1 是比例尺 1∶1 000 的地形图坐标网格示意图，要在图上读取 A 点的坐标。首先找出 A 点所在的坐标方格网的四个角点 a、b、c、d，并读出 a 点坐标（x_a，y_a）；然后过 A 作坐标网格的平行线 ef 和 gh，用直尺在图上量出 ag、ae 的长度，则 A 点的坐标为

$$\left.\begin{array}{l} x_A = x_a + ag \times M \\ y_A = y_a + ae \times M \end{array}\right\} \tag{9-1}$$

式中，M 为比例尺分母。

如果精度要求较高，则应考虑图纸伸缩变形的影响，这时候就不能用比例尺来计算，需要在图上量出 ab、ad 的长度并推算其代表的实地距离 l，推算出变形后的纵、横向实际比例尺分母，

再重新计算。计算公式如下：

$$\left.\begin{array}{l} x_A = x_a + ag \times \dfrac{l}{ab} \\[2mm] y_A = y_a + ae \times \dfrac{l}{ad} \end{array}\right\} \tag{9-2}$$

式中，l 为坐标格网边长所代表的实地距离。

【**例题9-1**】 如图9-1所示，假设通过直尺量出图上距离：$ab = 10.5$ mm，$ad = 10.2$ mm，$ag = 7.1$ mm，$ae = 6.3$ mm，求 A 点坐标。

解：从图上可读取 A 点所在方格西南角点 a 点坐标：$x_a = 20\,100$ m，$y_a = 12\,100$ m；再按坐标轴刻度推算小网格边长代表实地的距离 $l = 100$ m，代入式（9-2），即可求得 A 点坐标：

$$x_a = 20\,100 + 7.1 \times 100/10.5 = 20\,167.619 \ （m）$$
$$y_a = 12\,100 + 6.3 \times 100/10.2 = 12\,161.765 \ （m）$$

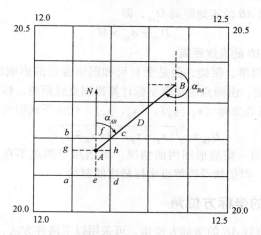

图9-1 图上点的坐标（比例尺1:1 000）

9.2.2 确定图上点的高程

地形图上的高程信息是通过等高线和高程注记点来表示的，因此确定图上任意一点的高程，主要有两种情况：第一种是点位于等高线或者高程注记点（比如控制点）上，此时点的高程即等高线或者高程注记点的高程；第二种是点不在等高线和高程注记点上，这种情况可以借助周边的等高线或高程注记点，采用线性内插法求得该点高程。

如图9-2所示，等高距为1 m。A 点正好位于高程为35 m的等高线上，因此 A 点的高程为35 m。而 K 点不在等高线上，则该点高程可通过线性内插法求得，方法如下：通过 K 点绘制一条大致垂直于相邻等高线的线段 mn，在图上量取 mn 和 mK 的长度，则 K 点的高程按下式计算：

$$H_K = H_m + \frac{mK}{mn}h \tag{9-3}$$

式中，h 为等高距或 m、n 点的高差 h_{mn}。

【**例题9-2**】 如图9-2所示，假设用直尺量得图上距离 $mn = 8.4$ mm，$mK = 3.5$ mm，求 K 点高程。

解：从图中可知，等高距 $h = 1$ m，m 点高程为33 m，代入式（9-3），可求得 K 点高程：

$$H_K = 33 + \frac{3.5}{8.4} \times 1 = 33.417 \quad (\text{m})$$

在图上求某点的高程时，为了方便快捷，通常也可以根据相邻两等高线的高程目估确定。如图 9-2 所示，通过目测，估算 K 点的高程为 33.4 m。需要注意的是，目估高程的精度低于等高线本身的精度。在实际应用中，只要目估高程的误差不超过规定要求，目估也是允许采用的。

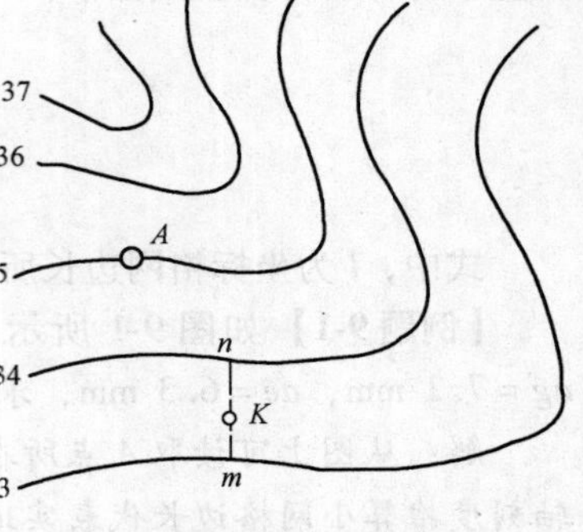

图 9-2 图上点的高程

9.2.3 确定两点的水平距离

如图 9-1 所示，欲求 AB 的水平距离，可采用以下两种方法：

（1）图解法。使用卡规或刻有毫米的直尺直接在图上量取直线 AB 的距离 d_{AB}，并按比例尺（M 为比例尺分母）换算出 AB 的实地距离 D_{AB}，即

$$D_{AB} = d_{AB} \times M \tag{9-4}$$

或用比例尺直接量取 AB 的直线距离。

（2）解析法。图解法简单、便捷，但是受直尺和图纸变形的影响较大，精度较低。解析法考虑到图纸伸缩因素的影响，由两点的量算坐标计算得到直线距离，精度较图解法高。首先按式（9-2）分别求出 A、B 两点的坐标 (x_A, y_A)、(x_B, y_B)，代入下式即可求得 AB 的实地距离。

$$D_{AB} = \sqrt{(x_B - x_A)^2 + (y_B - y_A)^2} \tag{9-5}$$

解析法适用于两点在同一幅地形图内的情况，也适用于两点不在同一幅地形图内的情况。该法的精度虽高于图解法，但仍然受图解点坐标精度的制约。

9.2.4 确定两点的坐标方位角

如图 9-1 所示，欲求直线 AB 的坐标方位角，可采用以下两种方法：

（1）图解法。过 A 点作平行于坐标纵轴的轴北方向线，用量角器直接量取 AB 的坐标方位角 α_{AB}。为了校核，应采用同样的方法量取 AB 的反坐标方位角 α_{BA}。理论上，α_{AB} 和 α_{BA} 应相差 $180°$，如两者差值在误差允许范围内，则取正、反坐标方位角（需加减 $180°$）的平均值作为最后的结果，即

$$\alpha_{AB} = \frac{1}{2} (\alpha_{AB} + \alpha_{BA} \pm 180°) \tag{9-6}$$

（2）解析法。图解法精度较低。如需提高精度，可采用解析法。首先按式（9-2）求取 A、B 两点的坐标 (x_A, y_A)、(x_B, y_B)，然后根据坐标反算，按式（9-7）计算 AB 的象限角，最后根据象限角 R 与方位角 α 的关系求出 AB 的坐标方位角 α_{AB}。（注意，不同象限之间，象限角 R 与方位角 α 的关系式并不相同。）

$$R_{AB} = \arctan \left| \frac{\Delta y_{AB}}{\Delta x_{AB}} \right| = \arctan \left| \frac{y_B - y_A}{x_B - x_A} \right| \tag{9-7}$$

当直线较长时，解析法可取得较好的结果。

9.2.5 确定两点间的坡度

地面上两点的高差 h 与其水平距离 D 之比称为坡度（平均坡度），用 i 表示。i 有正负号，上坡为正，下坡为负，常用百分数（或千分数）表示。

如图 9-3 所示，直线的坡度为

$$i = \tan\alpha = \frac{h}{D} \times 100\% = \frac{h}{d \times M} \times 100\% \tag{9-8}$$

式中，h 为两点的高差，有正负号，代表不同的方向；D 为两点间的实地水平距离；d 为两点间的图上距离；M 为比例尺分母；α 为坡度角，即竖直角。

【例题 9-3】如图 9-4 所示，某地形图比例尺为 1：5 000，假设图上量得 AB 两点的距离为 31.8 mm，求直线 AB 的地面平均坡度。

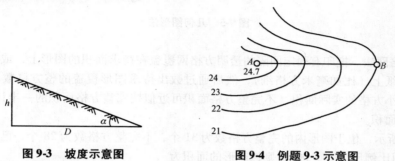

图 9-3　坡度示意图　　　　图 9-4　例题 9-3 示意图

解：首先读取 A、B 两点的高程。由等高线注记可判断，该地形图的等高距为 1 m，A 点为高程离散点，高程已知，为 24.7 m，B 点位于高程为 21 m 的等高线上，因此 B 点高程为 21 m。再根据坡度的定义，可直接求得 AB 的地面坡度：

$$i_{AB} = \frac{h_{AB}}{d_{AB} \times M} \times 100\% = \frac{H_B - H_A}{d_{AB} \times M} \times 100\% = \frac{21 - 24.7}{0.031\ 8 \times 5\ 000} \times 100\% = -2.327\%$$

AB 坡度为负，说明 AB 方向为下坡。

由上介绍可知，图上点的坐标和高程的读取是地形图最基本的应用，直线的距离、方位角和坡度都可以通过两点的坐标和高程间接推算得到。因此，掌握图上点坐标和高程的读取尤为重要，它是地形图其他基本应用的基础。

9.3　地形图上面积的量算

工程中经常需要测定某一区域的面积，如征地面积、拆迁面积、建筑占地面积、汇水面积等。常用的面积量算方法主要有三种：图解法、解析法和求积仪法。

9.3.1　图解法

（1）几何图形法。如果待求区域是一个规则的图形；或虽是一个不规则的图形，但是可将其近似划分为若干个简单规则图形的组合，则可通过量取各简单图形的面积计算要素求得面积，最后汇总得到待求区域的面积。

图 9-5 所示的图形，边缘较为规则，可划分为 4 个三角形和 3 个梯形。分别量取各简单图形的面积计算要素求得其面积，最后汇总得到该图形的总面积。此法简单易行，但仅适用于边缘较为规则的图形。计算面积的一切数据，均用图解法取自图上，因此面积精度受图解精度的限制，相对误差大约为 1/100。

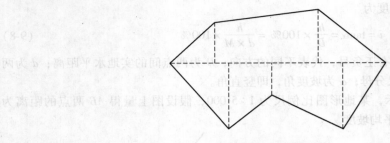

图 9-5　几何图形法

（2）方格网法。把印有固定间隔的透明方格网覆盖在待求面积的图形上，或绘图时就将图形绘制在方格纸上（比如毫米方格纸），然后通过数出待求图形覆盖的整方格数和不完整方格数，乘以每个小方格的实际面积（不完整方格面积可近似按完整方格面积的一半计算），就能得到整个图形的面积。

如图 9-6 所示，位于图形内的完整方格数为 31 个，不完整方格数为 28 个，已知方格的规格为 1 mm，绘图比例尺为 1∶5 000，则该图形的面积为

$$A = （1/1\ 000 × 5\ 000）^2 × （31 + 28/2）= 1\ 125 （m^2）$$

当图形面积较大时，可先将中间区域完整方格数合并为大面积方格，再统计方格数，减少数方格的工作量及降低出错概率。

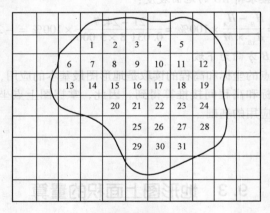

图 9-6　方格网法

（3）平行线法（条分法）。方格网法的缺点是完整方格和边缘不完整方格总数量多，在统计时效率较低，容易出错，且不完整方格面积按完整方格面积的一半计算，累计面积的误差较大。

平行线法对此进行了改进，平行线法的具体做法如下：事先在透明薄膜（纸）上绘制等间隔为 d 的平行线，然后将该薄膜覆盖在待求面积的图形上。

如图 9-7 所示，相邻两平行线之间的图形可近似看成一梯形，梯形的高为平行线间隔 d，梯形上、下底的平均值近似为中线长度 l_i，则图形面积为全部梯形面积之和：

$$A = dl_1 + dl_2 + \cdots + dl_n = d \sum_{1}^{n} l_i$$

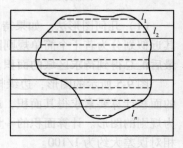

图 9-7　平行线法

通常取平行线间隔 d 为单位 1，则图形面积即全部小梯形中线长的累计和：

$$A = \sum_1^n l_i \tag{9-9}$$

9.3.2　解析法

图解法的缺点是精度较低，而解析法可达到较高的精度。解析法的基本思路是：将图形近似当成任意多边形，多边形顶点的坐标可通过现场测定或图上读取，通过各点坐标计算图形面积。

如图 9-8 所示，1、2、3、4 点为某地块四个角点，各点坐标已知，多边形 1234 的面积可视为四个梯形面积的代数和。通过推导可得任意 n 边形的面积计算公式如下：

$$A = \frac{1}{2} \sum_{i=1}^n x_i (y_{i+1} - y_{i-1}) \tag{9-10}$$

或

$$A = \frac{1}{2} \sum_{i=1}^n y_i (x_{i-1} - x_{i+1}) \tag{9-11}$$

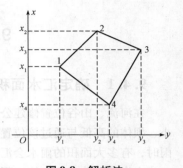

图 9-8　解析法

注意：该式使用时，点号必须按顺时针方向编号，若为逆时针编号，计算的面积值不变，符号相反。且规定 $x_0 = x_n$，$y_0 = y_n$，$x_{n+1} = x_1$，$y_{n+1} = y_1$。

以上两公式可互相校验。公式的推导过程请读者自行完成。

解析法精度较高，当图形边数较多时，计算量较大，而公式相对固定，因此适合计算机求解。读者可自行编制电子表格进行计算，或采用相关软件自动计算，如利用工程上已经完全普及的 AutoCAD 软件，输入各个角点坐标，可快速、精确地查询所围成的面积，该功能采用的基础理论就是解析法。

9.3.3　求积仪法

求积仪是一种专门供图上测定面积的仪器，分为机械求积仪和电子求积仪两种。其优点是量测速度快、精度高，能测定任意形状的图形。电子求积仪是采用集成电路制造的一种新型求积仪，性能优越、可靠性好、操作简便。图 9-9 所示是哈尔滨光学仪器厂生产的 QCJ – 2A 型数字式求积仪。

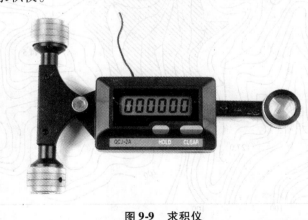

图 9-9　求积仪

求积仪的使用方法是：把图纸或要测量的物体放置在光滑的水平面上，设定好一系列参数后，即可开始测量。测量时，将追踪点沿被测图形移动一周后回到起点。在追踪点移动的过程中同步采集信息，通过微处理器处理后，可在显示屏上直接显示面积。

9.4   地形图在工程中的应用

9.4.1   确定汇水面积

在河流、山谷位置修建公路、铁路、水库时，需要修建桥涵、大坝等构筑物。桥涵孔径的大小、坝体的高低与通过该位置的水流量有关，而水流量是根据汇水面积计算的。汇水面积是指降雨时，有多大面积的雨水会汇集并通过该位置排泄出去。

山脊线又称为分水线，雨水在山脊线两侧分流，因此汇水面积的边界是由一系列山脊线连成的。如图9-10所示，拟在 AB 位置修建一座大坝，从 A 点出发，往上游方向连接相关的山脊线、山头、鞍部，最后回到 B 点，与 AB 所形成的闭合曲线（即图中的虚线，又称汇水边界）的面积即该处的汇水面积。

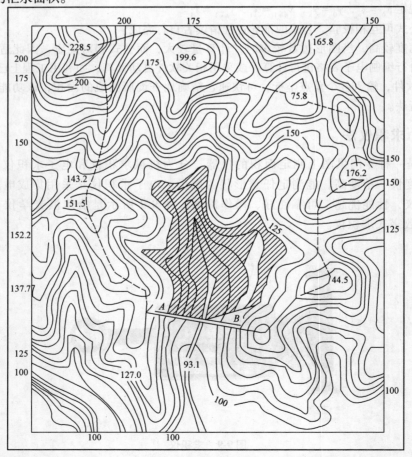

图9-10   确定汇水面积及库容计算示意图

9.4.2　计算库容

如图 9-10 所示，若在 AB 处修建大坝，阴影部分即水库淹没区。不同水位的水平面与山体相切的线就是等高线，因此库容的计算一般采用等高线法。

计算思路：先求每条等高线与坝轴线围成的面积，然后计算每两条相邻等高线之间水的体积，把全部水体体积相加即库容。设 S_1，S_2，…，S_n 依次为从低到高的各条等高线所围成的面积，h 为等高距，第 1 条等高线（标高最低的一条）与库底最低点间的高差为 h'，则各层水体体积为

$$V_1 = \frac{1}{3} S_1 \times h'$$

$$V_2 = \frac{1}{2}\ (S_2 + S_1)\ h$$

$$\vdots$$

$$V_n = \frac{1}{2}\ (S_n + S_{n-1})\ h$$

全部相加即水库库容：

$$V = \sum V_i$$

9.4.3　确定坡脚线

土坝、道路的坡脚线是指土坝或道路边坡坡面与原地面的交线，如图 9-11 所示。

通过标定坡脚线，可确定清表土范围及占地范围，具体方法如下：

（1）在地形图上，根据设计位置绘制大坝或道路的中线及边线，并根据各设计高程，标注边线高程；

（2）根据两侧坡面的设计坡度，绘制坡面等高线；

（3）将坡面等高线与原地面高程相同的等高线的交点连成光滑的曲线，该曲线即边坡的坡脚线。

9.4.4　选定匀坡路线（最短路线）

如图 9-12 所示，要从山腰上的 A 点出发，修一条公路下到河边的 B 点。已知规范规定该公路的最大坡度为 5%，地形图的比例尺为 1:2 000，等高距为 1 m，如何找到一条坡度较为均匀的线路或者坡度不超过规范规定的最大值的最短路线？

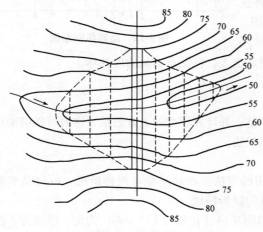

图 9-11　坡脚线的确定

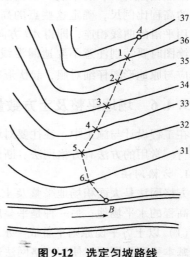

图 9-12　选定匀坡路线

由坡度的定义可知，坡度与高差及水平距离有关，相邻等高线之间的高差（等高距）相同，匀坡路线各段的坡度也相同，则目标路线在相邻等高线之间的水平距离应当是一样的。因此，在地形图上，路线在相邻等高线之间的平距为

$$d = \frac{h}{i \times M} \tag{9-12}$$

如图 9-12 所示，代入已知值，可得图上距离 $d = 1/0.05/2\,000 = 0.01$（m）$= 10$ mm。在图上，以 A 点为圆心，以 10 mm 为半径作圆，与 36 m 的等高线交于 1 点，再以 1 为圆心，以 10 mm 半径作圆，与 35 m 等高线交于 2 点，依次下去，直至 B 点。把各交点依次连起来，即符合特定坡度要求的匀坡路线或最短路线。注意，匀坡线不唯一，可根据实际情况选择最合适的路线。

9.4.5　绘制纵断面图

在线路工程（公路、铁路、管道等）设计和土方计算中，需要利用地形图绘制沿线方向的纵断面图，以反映沿线地面的起伏形态。地面在某一方向上的剖面线展开即纵断面线。

纵断面图是一个直角坐标系，横轴代表水平距离，纵轴代表高程。水平距离的比例尺一般与地形图一致，为了突出地面的起伏形态，高程比例尺一般为水平比例尺的 10 倍或 20 倍。

下面以图 9-13 为例，介绍绘制 AB 方向纵断面图的方法和步骤：

（1）将直线 AB 与各等高线的交点用 1、2、3…标出，将直线 AB 的特征点用 A（起点）、B（终点）、M（山头）、N（山头）、O（鞍部）等标出；

（2）取一毫米方格纸，在纸上画一直线 PQ 作为纵断面图的横坐标轴，代表水平距离，纵坐标代表高程，并选定水平距离比例尺及高程比例尺，在坐标轴上标注好整坐标点；

（3）在地形图上量出相邻两点的水平距离，如 $A1$、12，…，按水平比例尺依次在横轴上标出各个点位（a 点可放在起点处），同时读取各点的高程，过这些点向上作 PQ 的垂线，根据读取的高程，按选定的高程比例尺，确定这些点的高度。最后将这些点用平滑的曲线相连，即得 AB 方向的纵断面图。

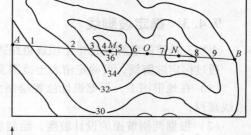

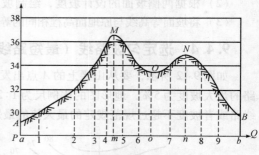

图 9-13　绘制纵断面图

绘图时要特别注意不要遗漏沿线特征点。绘完后，应与原地形图仔细对照，起伏形态不应有明显出入，特征点不足的应补标。

9.4.6　场地平整及土方数量计算

在工程设计与施工中，往往要对场地进行平整，并计算填挖的土方数量，这时可以借助地形图进行。常用的方法有方格网法、断面法及等高线法。

1. 方格网法

方格网法是大面积场地平整及土方计算常用的方法。场地平整有两种情况：一种是平整成同一高程的水平场地；另一种是平整成一定坡度的倾斜场地。

（1）以土方平衡原则平整成一水平场地。以图 9-14（比例尺 1:1 000）为例，以填方、挖方数量基本平衡为原则，使用方格网法进行水平场地平整及土方数量计算的具体步骤：

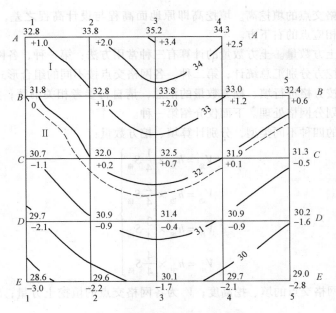

图 9-14　平整成一水平场地

①绘制方格网、编号。在地形图上拟平整区域绘制方格网，方格网大小依据地形的复杂程度、比例尺的大小、土方概算的精度要求而定，为方便计算，方格的边长一般取实地距离 10 m、20 m 或 50 m，按比例在地形图上绘制。然后按行、列进行编号，行可用 A、B、C、D…编号，列可用 1、2、3、4…编号，每个网格交点采用行号加列号的组合编号，比如 B 行第二列交点编号为 $B2$。

②计算每个网格交点的地面高程。各网格交点的地面高程可根据原地面等高线内插获得，标注于相应点的右上方，如 $B2$ 点原地面高程为 32.8 m。

③根据土方平衡原则计算设计高程。由于平整后是一水平场地，因此区域内任何一点高程相同，都为同一个设计高程。

通过求取每个方格的四个顶点地面高程的平均值，获得各方格的平均高程，然后对场地内所有方格的平均高程再计算其平均值，即平整场地的设计高程：

$$H_s = \frac{\overline{H_1} + \overline{H_2} + \cdots + \overline{H_n}}{n} = \frac{1}{n} \times \sum_{i=1}^{n} \overline{H_i} \tag{9-13}$$

式中，$\overline{H_i}$ 为每个方格的平均高程；n 为方格总数。

从设计高程及图 9-14 上可以发现：方格网角点 $A1$、$A4$、$B5$、$E1$、$E5$ 的高程在计算中只用了一次；方格网边点 $A2$、$A3$、$B1$、$C1$、$C5$……的高程在计算中用了两次；方格网拐点 $B4$ 的高程在计算中用了三次；方格网中点 $B2$、$B3$、$C2$、$C3$、$C4$……的高程在计算中用了四次。即各个顶点的权重不同，设计高程计算公式可以整理成：

$$H_s = \frac{\sum H_角 + 2\sum H_边 + 3\sum H_拐 + 4\sum H_中}{4n} \tag{9-14}$$

将图 9-14 中的数据代入式（9-14），计算得到水平场地的设计高程为 31.8 m。在图上内插得出 31.8 m 的等高线（图中虚线），该线称为填挖分界线（零填挖线）。

④计算每个网格交点的填挖高。填挖高即原地面高程与设计高程之差，挖方为正，填方为负，填挖高标注在相应点的右下方。

⑤计算填挖的土方数量。土方数量的计算有三种常用方法：第一种，各网格交点独立计算填挖方，最后填方和挖方分别汇总统计；第二种，各网格交点按不同的组合形式先计算出每个方格的填、挖方量，再按方格进行填、挖方数量的汇总，请自行参考相关书籍；第三种，为断面法，对平整区域不再做划分网格处理。下面仅介绍第一种。

根据网格交点的四种不同类型，分别计算填、挖方数量：

$$
\left.
\begin{aligned}
V_{角} &= h_{角} \times \frac{1}{4} S_{格} \\
V_{边} &= h_{边} \times \frac{2}{4} S_{格} \\
V_{拐} &= h_{拐} \times \frac{3}{4} S_{格} \\
V_{中} &= h_{中} \times \frac{4}{4} S_{格}
\end{aligned}
\right\}
\tag{9-15}
$$

式中，h_i 为各网格交点的填、挖高度；V_i 为各网格交点的填挖土方量；$S_{格}$ 为每个方格所代表的实地面积。

应用式（9-15）时要注意，填方、挖方分开统计，最终汇总的填方、挖方总量应大致相等。

（2）按设计要求平整成一倾斜场地。在工程设计中，往往考虑场地排水需要，一般尽可能利用自然地势排水，但场地面积及地形起伏较大时，也可将场地设计成具有一定坡度的倾斜场地。

倾斜场地的平整和土方量计算方法基本上与水平场地一致，仅在第三步计算设计高程时有所区别。下面仅介绍第三步，其余步骤不再赘述。

倾斜场地的设计高程首先需要确定设计的主要控制因素，比如填挖平衡、设计高程控制点、坡度的大小及方向等。在此，仅以填挖平衡、给定坡度及方向为例介绍其计算方法，其余情况类推。

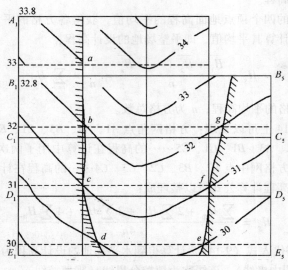

图9-15　平整成一倾斜场地

如图 9-15 所示，比例尺为 1∶1 000，A_1E_1 的实地长度为 40 m。假设该场地需自北向南放坡，坡度为 10%，按填挖平衡的原则进行平整。

首先按式（9-14）计算场地的重心标高，为 31.8 m，可定义中线 C_1C_5 的设计高程为 31.8 m。C_1C_5 北面最近的一根等高线的高程应该是 32 m，根据已知条件，代入式（9-12），可求得 32 m 的等高线距离中线 C_1C_5 的图上平距：

$$d = \frac{h}{i \times M} = \frac{0.2}{10\% \times 1\ 000} = 0.002\ （m）\ = 2\ mm$$

将 C_1C_5 向北平移 2 mm 即得到设计高程为 32 m 的等高线，同样，可以计算出等高距为 1 m 的各条等高线位置，如图中虚线所示。同样，设计等高线与原地面高程相同的等高线的交点即零填挖点，将这些点相连，就得到填挖分界线，如图 9-15 上的 abcd、efg 连线。

有了设计等高线，可以采用内插法，确定各网格交点的设计高程，标注于相应点的左下方。其余步骤参考水平场地平整部分。

2. 断面法

断面法常用于道路、管道等带状工程的土方量估算。使用断面法估算的基本步骤如下：首先在带状地形图上根据设计需要确定好断面间隔，根据设计参数确定各断面的设计高程；分别绘出各断面上的设计高程线和原地面高程线，分别计算所围成的填挖方面积；相邻两断面的面积乘以断面间隔即该段的填、挖方量，最后按填方、挖方分别进行汇总。

下面以图 9-16 为例，介绍断面法的计算步骤。

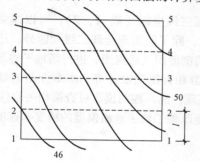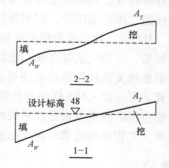

图 9-16　断面法

（1）在带状地形图上按一定间隔（一般是 20 m）绘出互相平行的断面线，如图中的 1—1、2—2、…、6—6，设实地间隔为 l。

（2）以平距和高程相同的比例尺绘出断面图（常用 1∶100 或 1∶200），横坐标表示平距，纵坐标表示高程。断面图主要由原地面线及设计线组成，原地面线根据地面等高线内插获得，设计线根据设计参数获得。如图 9-16 右侧 1—1、2—2 断面图所示。

（3）在断面图上按计算面积的方法，分别计算各断面的填方、挖方面积。

（4）计算相邻两断面间的土方数量。例如，1—1 断面及 2—2 断面间的填方、挖方数量计算如下：

$$V_{T1-2} = \frac{1}{2} \times （A_{T1} + A_{T2}） \times l \ 及 \ V_{W1-2} = \frac{1}{2} \times （A_{W1} + A_{W2}） \times l$$

（5）计算总的填方、挖方数量。

3. 等高线法

当地形起伏较大，且仅计算单一的土方（如挖除一独立山头或填平一洼地）时，可采用等高线法。

首先从设计的等高线开始，计算各条等高线围成的闭合曲线面积；再计算相邻两等高线之间的体积；最后汇总得到总土方量（体积）。与库容计算的方法一致，不再赘述。

目前，场地平整及土方数量的计算方法比较多，相关的计算机软件也很多，工程中基本上采用计算机进行计算，读者可参阅相关软件说明书。

9.5 数字化地形图的应用

随着数字化测绘技术及计算机技术的飞速发展，数字化地形图已广泛应用于工程的各个方面。数字化地形图与传统的纸质地形图相比，有着明显的优势，能够显著地提高工作效率及精度。

利用数字化地形图可快速查询各种地形信息，完全涵盖且不限于本章介绍的全部内容，如图上点的坐标与高程、直线的距离及方位、曲线面积等，速度快，精度高，但是都需要借助计算机软件。目前工程中常用的此类软件有两款：一款是 Autodesk 公司的通用平台软件 AutoCAD；另一款是南方测绘仪器公司的 CASS 软件。选中需查询的目标对象，比如点、线、面，可实时精确显示对象的各种特性。具体操作可参阅软件说明书。

除了传统的二维地形图外，利用野外采集的地面三维坐标 (X, Y, Z)，可以建立三维的数字地面模型（DTM）。数字地面模型的功能更加强大，除了能实现全部二维功能外，还能直观展示三维地面模型、自动生成等高线、绘制各种二维的剖面图及透视图、进行场地平整及土方数量计算等，如借助相关的软件及设备还可进行三维漫游和智能化设计等。本章介绍的场地平整及土方数量计算，可以用 CASS 软件及其他相关软件实现，感兴趣的读者可查阅相关软件说明书。

目前，航空摄影测量及点云技术的发展，极大地改善了数字地面模型的精度和速度，可以预见不远的将来，工程界将迎来革命性的变革。

本章小结

本章首先介绍了地形图的识读，以了解地形的总体情况；其次介绍了地形图应用的基本内容，特别是点坐标和高程的读取；然后介绍了地形图在工程建设中的具体应用，包括面积和土方量的计算；最后简要介绍了数字化地形图的应用及发展前景。

思考与练习

1. 地形图的应用有哪些基本内容？
2. 面积计算常用的方法有哪些，各有什么优缺点？
3. 如何确定地形图地面两点间的坡度？
4. 根据图 9-17 完成如下作业：
(1) 求出 A、B、C 三点的高程；
(2) 用图解求 A、B 两点的坐标；
(3) 求 A、B 两点间的水平距离；
(4) 求 AB 连线的坐标方位角；

（5）求 A 点至 B 点的平均坡度。

5. 试根据图 9-18 中的地形图上所画的 AB 方向线，在其下方一组平行线图上绘出该方向线的断面图。

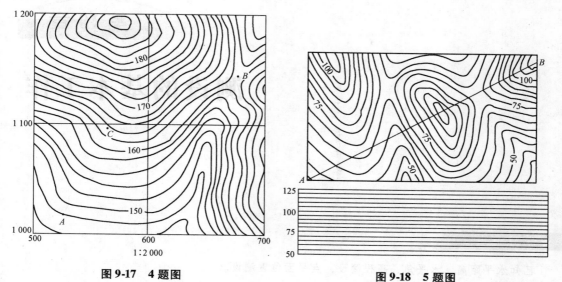

图 9-17　4 题图　　　　　　　　　　　　　　　图 9-18　5 题图

第 10 章

测设的基本工作

已知水平距离、水平角、高程测设，点平面位置测设。

坡度线测设，点平面位置测设。

测设是测量的主要工作内容之一，即利用测量仪器及工具，以控制点为依据，将图上设计好的建筑物、构筑物的特征点在实地标定出来，以便施工。

测设的基本任务就是点位放样，其包括测设已知水平距离、测设已知水平角、测设已知高程这三项基本工作，以及在此基础上的设计坡度线测设、点平面位置测设和全站仪三维坐标测设等。

10.1 已知水平距离、水平角和高程测设

10.1.1 测设已知水平距离

测设已知水平距离是指从地面上一已知点出发，沿指定的方向，测设出已知（设计）线段的水平距离，并在地面上标定出线段另一端点的位置。

水平距离的测设一般采用钢尺、全站仪或测距仪进行。

1. 钢尺测设

钢尺测设适用于地势较为平坦且测设的长度小于钢尺整尺段长度的情况。根据精度要求的不同，钢尺测设也可以分为一般方法和精密方法。一般方法适用于测设精度在 1/3 000 ~1/5 000 范围内，若精度要求较高，则需要用精密方法测设。

（1）一般方法。从已知的起始点开始，沿指定的方向，按设计的水平距离用钢尺丈量出直线的终点。为了校核及提高精度，可改变钢尺的起始读数，重新测设一次，若两次测设的相对误差在允许范围内，则取两次测设终点的中间位置作为最终位置；或者在第一次测设后，量取起、终点的水平距离，与设计的水平距离进行比较，若相对误差在容许范围内，则将第一次测设的终点加以改正，得到最终的终点位置。

（2）精密方法。当测设精度要求较高时，应使用检定过的钢尺，用经纬仪定线。根据给定的水平距离 D，经过尺长改正、温度改正和倾斜改正后，反算地面上应测设的倾斜距离 D'。公式为

$$D' = D - (\Delta L_d + \Delta L_t + \Delta L_h) \tag{10-1}$$

然后用钢尺在地面上按距离 D' 进行测设。当精度要求较高时，可测设两次并进行校核。

【例题 10-1】如图 10-1 所示，已知设计水平距离 $D = 24.000$ m，用 30 m 钢尺按精密方法在地面上由 A 点沿 AC 方向测设 B 点，所用钢尺的尺长方程为

$$l_t = 30 + 0.005 + 1.25 \times 10^{-5} \times 30 \times (t - 20\text{ ℃}) \text{ m}$$

测设之前通过概量，定出 B 点，并测得两点之间的高差为 $h_{AB} = +1.052$ m。测设时，温度为 $t = 10\text{ ℃}$，拉力与检定钢尺时拉力相同，均为 100 N。试求测设距离 D' 的长度。

解：首先求出 ΔL_d、ΔL_t、ΔL_h 三项改正数：

$$\Delta L_d = D\frac{\Delta L}{l_0} = \frac{1}{24.000} \times \frac{0.005}{30} = 0.004 \text{（m）}$$

$$\Delta L_t = \alpha (t - t_0) D = 1.25 \times 10^{-5} \times (10 - 20) \times \frac{1}{24.000} = -0.003 \text{（m）}$$

$$\Delta L_h = -\frac{h_{AB}^2}{2D} = -\frac{1.052^2}{2 \times \dfrac{1}{24.000}} = -0.023 \text{（m）}$$

则 $D' = \dfrac{1}{24.000} - (0.004 - 0.003 - 0.023) = 24.022$（m）

测设时可在 AC 方向用钢尺实量 24.022 m，定出 B 点，则 AB 的水平距离正好为 24.000 m。

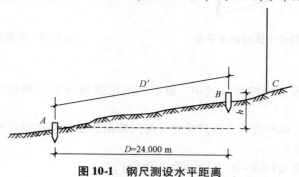

图 10-1　钢尺测设水平距离

2. 全站仪测设

由于全站仪的普及，长距离及地面不平坦时，多用全站仪测设水平距离。测设时，将全站仪安置在起点位置，选择距离测量模式，测定现场的温度及气压，输入全站仪。沿已知方向前后移动棱镜，实时测定水平距离，当显示的水平距离等于要测设的水平距离时即可。

10.1.2　测设已知水平角

已知水平角的测设，就是在已知角顶点上，根据一已知边方向标定出另外一边方向，使得两方向

的水平夹角等于要测设的已知水平角。按测设精度要求不同，可分为正倒镜分中法和多测回修正法。

1. 正倒镜分中法

当测设精度要求不高时，可采用盘左、盘右分中的方法测设，即正倒镜分中法。如图 10-2 所示，AB 为已知方向，A 为角顶，需标定 AP 方向，使其与 AB 方向的水平夹角等于要测设的 β 角。测设步骤如下：

（1）在 A 点安置经纬仪，对中、整平。

（2）用盘左位置照准 B 点，调节水平度盘转换器，使水平度盘读数为 L（L 应稍大于 0）。

（3）按顺时针方向转动照准部，使水平度盘读数恰好为 $L+\beta$，沿视线方向定出 P_1 点。

（4）用盘右位置照准 B 点，重复上述步骤，测设 β 角，定出 P_2 点。

（5）取 P_1、P_2 两点连线的中点 P，则 $\angle BAP$ 就是要测设的 β 角。AP 方向线就是要定出的方向。

测设时，要特别注意 β 角是顺时针还是逆时针方向测设。

2. 多测回修正法

当测设精度要求较高时采用，如测设大型厂房主轴线间的水平角。多测回修正法是在正倒镜分中法的基础上进行修正。如图 10-3 所示，AP' 方向为正倒镜分中法测设得到的方向线，然后对 $\angle BAP'$ 进行多测回水平角观测，其观测值为 β'，最后根据 β' 与测设角度 β 的差值对 P' 的位置进行修正，得到精确的测设方向线。

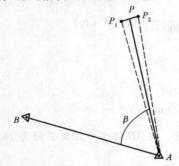

图 10-2　正倒镜分中法测设水平角

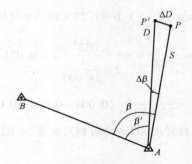

图 10-3　多测回修正法

测设步骤如下：

（1）同样在 A 点安置经纬仪，对中、整平。用正倒镜分中法测设出 AP 方向，并标定出 P' 点；

（2）用测回法对 $\angle BAP'$ 进行多测回观测（测回数由测设精度确定或按有关规范规定确定），取各测回的平均值，得 β'。

（3）计算角度差值 $\Delta\beta = \beta - \beta'$（$\Delta\beta$ 以秒为单位）。

（4）概量距离 AP'，设 $AP' = D$。

（5）根据 $\Delta\beta$ 与 D 计算 P' 点的横向改正数 ΔD：

$$\Delta D = P'P = D \times \frac{\Delta\beta}{\rho''} \tag{10-2}$$

式中，ρ'' 为 1 弧度的秒值，取 206 265"。

（6）通过 P' 点作垂直于 AP 的方向线，量取距离 ΔD 得 P 点，$\angle BAP$ 即欲测设的 β 角。当 $\Delta\beta > 0$ 时，$\angle BAP$ 向外改正；反之，向内改正。

【例题 10-2】 假设需放样的角值 $\beta = 88°26'24''$，初步测设的角 $\beta' = \angle BAP' = 88°25'42''$，$AP$ 边

长 $D = 50$ m。

解：先计算角度差值 $\Delta\beta = \beta - \beta' = 88°26'24'' - 88°25'42'' = +42''$，

再计算 P' 点的横向改正数。

$$\Delta D = D \times \frac{\Delta\beta}{\rho''} = 50 \times \frac{42''}{206\ 265''} = 0.010 \quad (\text{m})$$

因角差 $\Delta\beta$ 为正值，应自 P' 点起沿垂直于 AP' 方向，向角外量取 0.010 m 即可得到 P 点，$\angle BAP$ 即欲测设的 β 角。

10.1.3　测设已知高程

已知高程的测设是根据施工现场已有的水准点，采用水准测量或三角高程测量的方法，将设计高程测设到作业面上。在工程施工中，经常需要测设已知高程，比如平整场地、开挖基坑、定墩台设计标高等。

1. 采用水准仪测设

如图 10-4 所示，已知水准点 A 的高程 H_A，需要测设点 B 的设计高程 H_B。将水准仪安置在水准点 A 与需测设点 B 中间，在已知水准点 A 上立尺，后视读数为 a，则水准仪的视线高程为

$$H_i = H_A + a \tag{10-3}$$

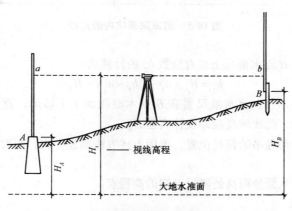

图 10-4　水准仪测设已知高程

要使 B 点的设计高程为 H_B，则 B 点前视水准尺上的读数应为

$$b = H_i - H_B = (H_A + a) - H_B \tag{10-4}$$

放样时，先在 B 点打一木桩，将水准尺紧靠 B 点木桩侧面上下移动，直到水准尺读数为 b 时，沿尺底在木桩侧面画线，此线的高程即为设计高程 H_B。

例如，已知水准点 A 的高程 $H_A = 78.832$ m，B 点的设计高程 $H_B = 78.368$ m，当水准仪管水准气泡居中时，读取 A 点后视水准尺中丝读数 $a = 1.163$ m，则 B 点的中丝读数应为

$$b = H_i - H_B = (H_A + a) - H_B = 78.832 + 1.163 - 78.368 = 1.627 \quad (\text{m})$$

即当 B 点水准尺的读数为 1.627 m 时，B 点水准尺的底部高程就是要测设的设计高程 78.368 m。

当向厂房内的吊车轨道、较深的基坑或较高的建筑物上测设已知高程点时，高差较大，水准尺的长度不够，这时就必须采用高程传递法，可利用钢尺代替水准尺，将地面水准点的高程向下或向上传递。

如图 10-5 所示，已知水准点 A 的高程 H_A，要测设深基坑内 B 点的设计高程 H_B。测设时，可在基坑一边架设吊杆，杆上吊一根零点向下的钢尺，尺的下端挂上质量为钢尺规定拉力的重锤，放入油桶中。在坑口的地面上和坑底各安置一台（或各架一次）水准仪，观测时，两台水准仪尽可能同时读数（仅有一台轮换使用时，分别读数），坑口的水准仪读取后视 A 点水准尺和前视钢尺上的读数分别为 a_1、b_1，坑底水准仪读取后视钢尺上的读数为 a_2，前视 B 点水准尺上的读数为 b_2，则坑口水准仪视线高程满足以下等式：

$$H_A + a_1 = H_B + b_2 + (b_1 - a_2) \tag{10-5}$$

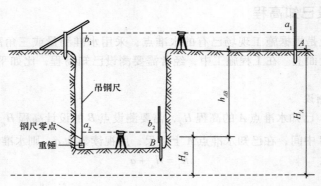

图 10-5　测设深基坑内的高程

根据上式可推导出 B 点水准尺上应有读数 b_2 的计算式：

$$b_2 = H_A + a_1 - (b_1 - a_2) - H_B \tag{10-6}$$

同样，在 B 点打一木桩，将水准尺紧靠 B 点木桩侧面上下移动，直到水准尺读数为 b_2 时，沿尺底在木桩侧面画线，此线的高程即设计高程 H_B。

为了校核，可以变动悬吊的钢尺位置，再用上述方法测设一次，两次测设的高程之差不应超过 ± 3 mm。

用同样的方法，可从低处向高处测设已知的高程点。

2. 采用全站仪测设

当测设的高差较大时，也可采用全站仪测设，此法较为便捷，但精度较低。如图 10-6 所示，要测设已知的设计高程 H_B，首先在基坑边缘设置一水准点 A，在 A 点安置全站仪，量取仪器高 i_A；然后在 B 点安置棱镜，读取棱镜高 v_B，按三角高程的方法求出 B 点标志桩顶面的高程 H_B' 点的高程；最后在 B 点标志桩的侧面、桩顶面以下数值 $(H_B' - H_B)$ 处画线，其高程就等于要测设的高程 H_B。

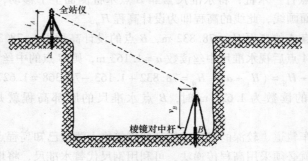

图 10-6　全站仪测设高程

10.2　坡度线测设

在场地平整、管道铺设、地下工程、道路工程等施工时，经常需要测设设计的坡度线。具体做法是：根据附近水准点的高程、设计坡度和坡度线端点的设计高程，用高程测设的方法测设一系列设计高程点，使之形成已知的设计坡度。

如图 10-7 所示，A、B 为坡度线的两端，水平距离为 D，已知 A 点高程 H_A，要沿 AB 方向测设一坡度为 i 的设计坡度线。

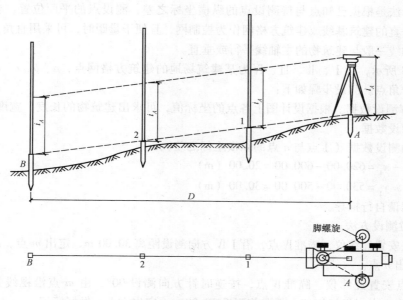

图 10-7　已知坡度线的测设

采用水准仪测设的具体步骤如下：

（1）根据 A 点高程、设计坡度 i 及 AB 的水平距离计算出 B 点的设计高程，按高程测设的方法，将 B 点的设计高程测设在地面木桩上；

（2）将水准仪安置在 A 点上，使基座上的一个脚螺旋在 AB 方向上，其余两个脚螺旋的连线与 AB 方向垂直，量取仪器高 i_A；

（3）用望远镜瞄准 B 点的水准尺，转动 AB 方向上的脚螺旋或微倾螺旋，使 B 点的水准尺读数为仪器高 i_A，此时，仪器的视线与设计的坡度线平行；

（4）在 AB 方向线上测设中间各点。分别在中间（1、2、3…）各点处打下木桩，在木桩的侧面立尺，上下移动水准尺，直至尺上读数等于仪器高 i_A，沿尺底在木桩上画一标线，各桩标线的连线即设计的坡度线。

如果设计坡度较大，超出水准仪脚螺旋所能调节的范围或要求的精度较高，可改用经纬仪测设，测设方法同上，也可采用水准仪，重复上面的第（1）、第（4）步骤，将中间各点的高程准确测设出来。

10.3　点平面位置测设

在施工现场，通常根据控制网的形式、控制点的分布、可用的仪器工具、现场的具体条件及测设的精度要求，选择不同的方法测设点的平面位置。传统的测设点平面位置的方法主要有直角坐标法、极坐标法、角度交会法、距离交会法。随着测绘新技术、新设备的普及，全站仪及GPS - RTK测设法也已经得到了广泛应用。

10.3.1　直角坐标法

直角坐标法是根据已知点与待测设点的纵横坐标之差，测设点的平面位置。当施工场地已经建立相互垂直的建筑基线或建筑方格网作为控制网，且便于量距时，可采用直角坐标法。直角坐标的坐标轴线一般与建筑物的主轴线平行或垂直。

如图 10-8 所示，设 Ⅰ、Ⅱ、Ⅲ、Ⅳ 为某建筑场地的建筑方格网点，a、b、c、d 为需测设的某厂房的四个角点。测设步骤如下：

（1）计算测设数据。根据设计图上各点的坐标值，可求出建筑物的长度、宽度、对角线长、转角及所需测设数据。

如 a 点的测设数据 （Ⅰ点与 a 点的纵横坐标之差）：

$\Delta x_{a\mathrm{I}} = x_a - x_{\mathrm{I}} = 620.00 - 600.00 = 20.00$（m）

$\Delta y_{a\mathrm{I}} = y_a - y_{\mathrm{I}} = 530.00 - 500.00 = 30.00$（m）

其余数据请自行推导。

（2）点位测设方法。

①在Ⅰ点安置经纬仪，瞄准Ⅳ点，沿ⅠⅣ方向测设距离 30.00 m，定出 m 点，继续向前测设 50.00 m，定出 n 点。

②在 m 点安置经纬仪，瞄准Ⅳ点，按逆时针方向测设 90°，由 m 点沿视线方向测设距离 20.00 m，定出 a 点，做好标记，再向前测设 30.00 m，定出 b 点，做好标记。

③同样，在 n 点安置经纬仪，瞄准Ⅰ点，按顺时针方向测设 90°，由 n 点沿视线方向测设距离 20.00 m，定出 d 点，做好标记，再向前测设 30.00 m，定出 c 点，做好标记。

④检查建筑物四角是否等于 90°，各边长及对角线是否等于设计长度，其误差均应在容许范围内。

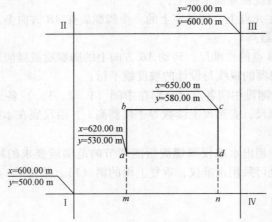

图 10-8　直角坐标法

10.3.2　极坐标法

极坐标法是结合控制点，根据已知水平角和水平距离测设点的平面位置。当已知控制点与建筑物较近，且便于量距时，可采用极坐标法。随着测距仪和全站仪的普及，该法在施工放样中被广泛应用，大大提高了作业效率和精度。

如图 10-9 所示，A、B 为施工现场已有的控制点，P、Q、R、S 为待建建筑的轴线交点，各点坐标已知。下面以 P 点为例介绍极坐标法的测设步骤。

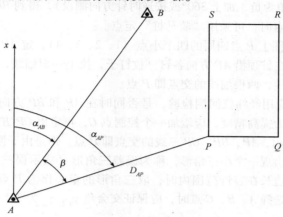

图 10-9　极坐标法

（1）计算测设数据。根据设计图上各点的坐标值，求出所需的测设数据——水平角及水平距离。

如测设图上 P 点，需要水平角 β 及水平距离 D_{AP}，可根据 A、B、P 三点的坐标，利用坐标反算公式求得 α_{AB}、α_{AP}、D_{AP}，再求 β（$\beta = \alpha_{AP} - \alpha_{AB}$）。

（2）点位测设方法。在 A 点安置经纬仪，后视 B 点，按顺时针方向测设 β 角（如 β 角为负，加上 360° 或按逆时针方向测设），得到 AP 方向，沿此方向测设水平距离 D_{AP}，得到 P 点，做好标记。

同样可测设出其他各点。测设后，应对各放样点进行角度及边长的校核。

用极坐标法测设点的平面位置，控制点可以灵活布设，特别是采用全站仪测设时，距离长度不会受到限制，因而得到广泛应用。

10.3.3　角度交会法

角度交会法又称为方向线法，是在两个或多个控制点上安置经纬仪，通过测设两个或多个已知水平角交会出待测设点的平面位置，适用于测设点离控制点较远或量距较为困难的场合，一般在桥梁、码头、水利等施工现场运用较多，如桥墩的定位。

如图 10-10 所示，A、B 为两已知控制点，P 点为坐标已知的待测设点，角度交会法步骤如下：

（1）计算测设数据。根据设计图上各点坐标值，求出所需的测设数据——水平角。

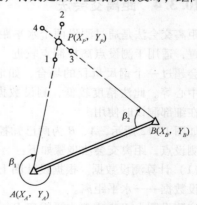

图 10-10　角度交会法（两个控制点）

如测设图上 P 点，需要水平角 β_1 及 β_2，可根据 A、B、P 三点的坐标，利用坐标反算公式求得 α_{AB}、α_{BA}、α_{AP}、α_{BP}，再求 β_1 及 β_2：

$$\beta_1 = \alpha_{AP} - \alpha_{AB}$$

$$\beta_2 = \alpha_{BP} - \alpha_{BA}$$

（2）点位测设方法。在 A 点安置经纬仪，后视 B 点，顺时针方向测设 β_1 角（如 β_1 角为负，加上 $360°$ 或按逆时针方向测设），得到 AP 方向。同时，在 B 点安置经纬仪，后视 A 点，顺时针方向测设 β_2 角（如 β_2 角为负，加上 $360°$ 或按逆时针方向测设），得到 BP 方向。AP、BP 两方向的交点即 P 点，现场定点时，可采用"骑马桩"定点。

所谓"骑马桩"即图上 P 点四周的四个小点（1、2、3、4），定 AP 方向时，在 P 点大概位置的前后各打一木桩，在桩顶沿 AP 方向各钉一枚钉子，拉上一根细线，标示出 AP 方向。在 BP 方向上同样拉上一根细线，两根细线的交点即 P 点。

P 点测设出来后，应用经纬仪回测检验，是否同时在 AP 和 BP 方向线上，如不在，需重新测设。在实际工程中，为提高精度，应增加一个控制点 C，再定出 CP 方向作为校核。

如图 10-11（a）所示，AP、BP、CP 三线的交点即 P 点。但是由于测量误差的存在，三线往往不能交于一点，而是出现一个小三角形，称为误差三角形（或示误三角形），如图 10-11（b）所示。当误差三角形的边长在容许范围内时，取三角形的重心作为 P 点的位置，如果超限，则应重新测设。注意，在选择 A、B、C 点时，应保证交会角 γ_1、γ_2 为 $30° \sim 150°$。

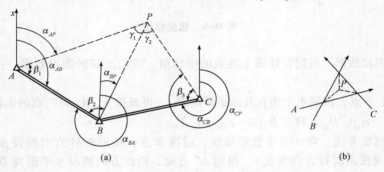

(a)   (b)

图 10-11　角度交会法（三个控制点）

10.3.4　距离交会法

距离交会法是通过测设两个水平距离交会出待测设点的平面位置，适用于测设点离控制点较近、地势比较平坦、水平距离不会超过一个钢尺量程的场合，如地下管线转折点的点位、窨井中心等。此法精度较低，测设数据可直接在图纸上量取。一般在细部测设时使用。

如图 10-12 所示，A、B 为两已知控制点，P 点为坐标已知的待测设点，距离交会法步骤如下：

（1）计算测设数据。根据设计图上各点坐标值，求出所需的测设数据——水平距离。

如测设图上 P 点需要水平距离 D_{AP} 及 D_{BP}，可根据 A、B、P 三点的坐标，利用坐标反算公式求得。

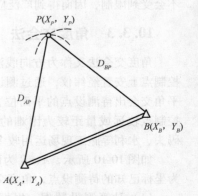

图 10-12　距离交会法

（2）点位测设方法。同时用两把钢尺，以 A、B 点为圆心，以相应的距离 D_{AP}、D_{BP} 为半径画弧，两弧线的交点即 P 点。

综上所述，不论采用何种方法测设点的平面位置，最后都是测设水平距离和水平角，可根据精度要求，分别采用一般方法或精密方法。

10.3.5　全站仪平面坐标测设法

全站仪平面坐标测设法的本质是极坐标法，该法适应性广、精度高、操作简便、受天气和地形条件影响较小，在工程中得到了广泛应用。

测设时，在一控制点（测站点）上架设全站仪，在另一控制点（后视点）上放棱镜。在全站仪上选择坐标放样模式，输入测站点坐标、后视点坐标（即两已知控制点的坐标）。后视照准棱镜，这时，显示屏上会显示后视的坐标方位角，检查无误后确认。然后输入要测设的点坐标，选择"指挥"选项，显示屏上会显示棱镜需要移动的水平角度和水平距离。指挥移动棱镜的同时，实时测定棱镜的位置，直到显示屏上显示的 x、y 坐标差值为 0，这时棱镜的位置即所测设的点位。

10.4　全站仪三维坐标测设

利用全站仪不仅可以进行平面坐标测设，也可进行三角高程测设。同样，全站仪可以同时进行平面坐标和高程的测设。不仅如此，前面章节论述的全部测定工作及本章论述的全部测设工作，全站仪都能完成。全站仪可以当经纬仪使用（测水平角和竖直角），也可以当钢尺或测距仪使用（测距离）。同时，全站仪还自带内置程序，可自动进行坐标的正反算及高程计算。这也是全站仪迅速普及的原因。

全站仪用于施工测量除了精度高以外，最大的优点在于能实现三维测量和放样。利用全站仪进行三维坐标测量是在输入所需基础数据（包括测站点和后视点三维坐标、仪器高、目标高）后，同时测定水平角、水平距离和高差，通过内置计算程序，直接给出目标点的三维坐标。

利用全站仪进行三维坐标测设是在输入所需基础数据（包括测站点和后视点三维坐标、仪器高、目标高以及待测设点三维坐标）后，通过内置程序解算出放样参数（包括角度、距离和高差），指挥棱镜移动。全站仪始终保持照准棱镜，实时测定棱镜的位置，计算棱镜位置与待测设点位置的差值。当位置差值均为 0 时，棱镜位置即待测设点的位置。

关于全站仪的具体使用方法以及数据的存储、导入与导出等操作见第 13 章全站仪部分。

10.5　测绘技术发展的梳理与展望

空间的点是三维的，其位置的确定需要平面坐标和高程信息。为此，人们建立了坐标系统和高程系统，测量的主要内容——测定和测设就是围绕这两个方面进行。在测设时，通过平面坐标和高程的指定，又在三维空间内进行组合，还原成现实。产生坐标系统和高程系统的根本原因在于传统测绘技术和设备的限制，人为地将空间三维坐标分解为二维坐标系统和一维高程系统。

如果能直接进行三维的测绘，必然省去很多"无用功"，既直观又可靠。

全站仪的出现，第一次实现了三维的集成。而 GPS 的出现，则彻底颠覆了整个工程测量学科，GPS－RTK 技术已经在许多工程行业内被大量运用。比较热门的"三维摄影""无人机""点云""人工智能""虚拟现实"技术已经在测绘行业崭露头角，可以预见，"真三维"技术必将是测绘技术的主流。

本章小结

本章首先阐述了测设的三项基本工作，然后在此基础上介绍了的坡度测设和点位测设。在介绍传统测设方法的同时，穿插介绍了全站仪在测设中的运用，最后对测绘技术的发展进行了梳理与展望。

思考与练习

1. 测设的基本工作有哪些？它们与量距、测角、测高程有何区别？

2. 测设点的平面位置有哪些方法，各适用于什么场合？

3. 试说明用正倒镜分中法测设已知水平角的步骤。

4. 已测设水平直角（∠AOB），并用多个测回测得其平均角值为 89°59′24″，又已知 OB 的长度为 150.000 m，问 B 点应该如何移动？移动多少距离？

5. 在地面上要测设一段 $D = 48.200$ m 的水平离 MN，用尺长方程式为 $l_t = 30.000 + 0.004 + 1.25 \times 10^{-5} (t - 20\ ℃)$ m 的钢尺施测，测设时的温度为 28 ℃，施于钢尺的拉力与检定钢尺时相同，MN 两点高差 $h_{MN} = 0.46$ m，试计算在地面上应测设的长度。

6. 已知水准点 A 的高程 $H_A = 37.246$ m，待测设点 B 的设计高程为 36.800 m。若水准仪读得 A 尺的读数为 0.889 m，则 B 尺的读数应为多少？

7. 已知控制点 A、B 的坐标为（1 562.374，1 607.958）、（1 578.697，1 689.124），待测设点 P 的坐标为（1 517.653，1 674.436），请完成以下内容：

（1）若在 A 点设站，计算用极坐标法测设 P 点的测设数据，并写出测设的过程；

（2）若分别在 A、B 两点安置仪器，互为后视，试计算用角度交会法测设 P 点的数据，并写出测设过程；

（3）若用全站仪坐标放样，试说明测设步骤。

建筑施工测量

建筑施工测量的工作内容，施工控制测量的方法，多层民用建筑施工测量方法，高层建筑施工测量方法，工业厂房施工测量方法，建筑物的变形观测方法和竣工总平面图的编绘。

施工坐标与测图坐标的换算，施工控制网的建立，基坑变形监测。

11.1　建筑施工测量概述

11.1.1　施工测量的工作内容

各种工程在施工阶段所进行的测量工作，称为施工测量。施工测量的主要工作是测设（施工放样），把设计图纸上规划设计的建筑物、构筑物的平面位置和高程，按设计要求，使用测量仪器，以一定的方法和精度在实地标定出来，并设置标志，作为施工的依据；同时还包括施工过程中进行的其他一系列测量工作，以衔接和指导各工序的施工。

施工测量的实质是测设点位。放样时，需先求出设计建（构）筑物对于控制网或原有建筑物的相互关系，即求出其间的距离、角度和高程，这些数据又称为放样数据。通过对距离、角度和高程三个元素的测设，实现建筑物点、线、面、体的放样。

施工测量贯穿施工的全过程，其主要内容有：施工前的施工控制网的建立；建筑物定位测量和基础放样；主体工程施工中各道工序的细部测设，如基础模板测设、主体工程砌筑、构件和设备安装等；工程竣工后，为了便于管理、维修和扩建，还应进行竣工测量并编绘竣工图纸；施工和运营期间对高大或特殊建（构）筑物进行变形观测等。

11.1.2　施工测量的特点

测设与测定的程序相反，测定是测量实地点位的平面坐标和高程，而测设是按照已知平面坐标和高程在实地确定点位。依据施工测量的工作内容要求，建筑施工测量具有以下特点：

（1）精度要求高。一般情况下，施工测量的精度比地形图测绘高，而且根据建筑物、构筑物的重要性，结构材料及施工方法的不同，施工测量的精度也有所不同，可查阅对应工程的施工技术规程。例如，高层建筑物的测设精度高于多层建筑物；钢结构建筑物的测设精度高于钢筋混凝土结构的建筑物，工业建筑的测设精度高于民用建筑，装配式建筑物的测设精度高于非装配式建筑物。

（2）测量人员应具有相关的工程知识。施工测量的对象是设计好的工程，测量工作的质量将直接影响工程质量及施工进度，所以测量人员不仅需要具备测量的基本知识，而且需要具备相关的工程知识。测量人员必须读懂施工图纸，详细了解设计内容、性质及对测量工作的精度要求，对放样数据和依据要反复核对，及时了解施工方案和进度要求，密切配合施工，保证工程质量。

（3）测量时注重现场协调。建筑施工现场多为地面与高空多工种交叉作业，并有大量的土方填挖，地面情况变动很大，再加上动力机械及车辆频繁使用，均会造成对测量控制点的不利影响。因此，测量控制点应埋设在稳固、安全、醒目、便于使用和保存的地方，要经常检查，如有损坏应及时恢复。同时，建筑施工现场立体交叉作业和施工项目多，为保证工序间的互相配合、衔接，施工测量工作要与设计、施工等方面密切配合，因此测量人员要事先做好充分准备，制定切实可行的施工测量方案。

在测设作业中，力求测量方法简捷、快速、可靠，且确保人身、仪器和测量标志的安全。为了保证工程质量，防止因测量放线的失误造成损失，在施工的各个阶段和主要部位的施工过程中还应做好验线工作，每个环节均要仔细检查。

11.1.3　施工测量的基本原则

（1）从整体到局部，先控制后碎部。该原则在施工测量程序上体现为首先建立施工控制网，然后进行细部施工放样工作。即首先在测区范围内，选择若干点组成控制网，用较精确的测量和计算方法，确定出这些点的平面坐标和高程，然后以这些点为依据进行局部区域的放样工作。目的是控制误差积累，保证测区的整体精度；同时也可以提高工效和缩短工期。

（2）步步检查。该原则要求施工测量过程中，随时检查观测数据、放样定线的可靠程度以及施工测量成果所具有的精度。它是防止在施工测量中产生错误、保证工程质量的重要手段。

11.1.4　测绘新技术在施工测量中的应用

（1）全站仪。全站仪是一种集水平角、垂直角、距离（斜距、平距）、高差测量等多功能于一体的测绘仪器系统。该仪器采用光电扫描度盘，实现了自动记录和显示读数，使测角操作简单化，且可避免读数误差的产生。一次安置仪器就可完成该测站上全部测量工作，使测量工作实现自动化和内外业一体化。全站仪广泛应用于地上大型建筑和地下隧道施工等精密工程测量或变形监测领域。

（2）激光技术。激光具有高亮度、方向性强、单色性好、相干性好等特性。施工测量中常用的激光仪器有激光跟踪仪、三维激光扫描仪、激光导向仪、激光水准仪、激光经纬仪、激光铅垂仪、激光扫平仪、激光测距仪等。激光仪器测量精度高、工作方便、工作效率高，广泛应用于建筑施工、水上施工、地下施工、精密安装等测量工作中。

（3）卫星定位技术。卫星定位技术，以其高精度、速度快、无须通视、全天候作业、费用低、操作简便等优良特性被广泛应用于我国大型工程建设施工中。在施工测量中，卫星定位技术可应用于施工控制网的建立、建筑物的定位、高层建筑的放样、桥梁的放样、道路的放样、水库大坝的放样、施工过程的变形观测等工作中。高精度、实时的 RTK 技术已经成为我国大型工程建设施工放样的关键技术之一。

（4）地理信息系统。地理信息系统（GIS）是对有关地理空间数据进行输入、处理、存储、查询、检索、分析、显示、更新和提供应用的计算机系统，具有信息量大、新、使用方便等特点。在施工测量中，地理信息系统技术与工程相结合，建立相应的施工测量信息系统，可以进行控制选点、绘制断面图、计算土方量及编制施工竣工资料等工作。

（5）遥感技术。遥感技术（RS）是应用各种传感器对远距离目标所辐射和反射的电磁波信息进行收集、处理，并最后成像，从而对地面各种景物进行探测和识别的一种综合技术。它广泛应用于工程建设的各个领域，涉及行业众多，如铁路和公路的设计、地震和洪水灾害的监测与评估、环境监测、国家基础测绘与空间数据库的建立、油气资源的勘探、矿产资源的勘察、水资源和海洋的研究以及古建筑与文物的测绘等。

11.1.5　施工坐标系与测图坐标系的坐标转换

在设计的总平面图上，建筑物的平面位置一般采用施工坐标系的坐标表示。所谓施工坐标系，就是以建筑物的主轴线为坐标轴建立起来的坐标系统。为了避免整个工程区域内坐标出现负值，施工坐标系的原点应设置在总平面图的西南角之外，纵轴记为 A 轴，横轴记为 B 轴，用 A、B 坐标标定建筑物的位置。

施工坐标系与测图坐标系往往不一致，因此施工测量前常常需要进行施工坐标系与测图坐标系的坐标换算，即把一个点的施工坐标换算成测图坐标系中的坐标，或是将一个点的测图坐标换算成施工坐标系中的坐标。

如图 11-1 所示，AOB 为施工坐标系，xO_1y 为测图坐

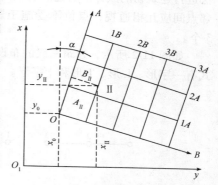

图 11-1　控制点的坐标换算

系。设 II 为建筑基线上的一个主点，它在施工坐标系中的坐标为 (A_{II}, B_{II})，在测图坐标系中的坐标为 (x_{II}, y_{II})，(x_0, y_0) 为施工坐标系原点 O 在测图坐标系中的坐标，α 为 x 轴与 A 轴之间的夹角。将 II 点的施工坐标换算成测图坐标，其公式为

$$x_{II} = x_0 + A_{II}\cos\alpha - B_{II}\sin\alpha$$
$$y_{II} = y_0 + A_{II}\sin\alpha + B_{II}\cos\alpha \tag{11-1}$$

若将测图坐标换算成为施工坐标，其公式为

$$A_{II} = (x_{II} - x_0)\cos\alpha + (y_{II} - y_0)\sin\alpha$$
$$B_{II} = (x_{II} - x_0)\sin\alpha + (y_{II} - y_0)\cos\alpha \tag{11-2}$$

11.2　施工控制测量

11.2.1　控制测量概述

施工控制测量由平面控制测量和高程控制测量两部分组成。根据施工测量的基本原则，施工前，在建筑场地要建立统一的施工控制网。在勘察阶段所建立的测图控制网主要服务于测图

工作，点位的分布和密度方面往往都不能满足施工放样要求，而且测图控制点往往在场地平整阶段的土方工程施工作业中就已经受到破坏。因此在施工之前，应在建筑场地重新建立施工控制网，以供建筑物施工放样和变形观测等使用。与测图控制网相比，施工控制网具有控制范围小、控制点密度大、精度要求高、使用频率高等特点。

施工控制网一般布置成矩形的格网，这些格网称为建筑方格网。当建筑面积不大、结构又不复杂时，只需布置一条或几条基线作平面控制，这些基线称为建筑基线。当布置建筑方格网有困难时，常用导线或导线网作施工测量的平面控制网。

建筑场地的高程控制多采用水准测量方法。一般采用三、四等水准测量方法测定各水准点的高程。当布设的水准点不够用时，建筑基线点、建筑方格网点以及导线点也可兼做高程控制点。

11.2.2　控制网的基本形式

（1）建筑基线。建筑基线应平行于拟建主要建筑物的轴线，以便使用比较简单的直角坐标法进行建筑物的放样。若建筑场地面积较小，也可直接使用建筑红线作为场区控制。建筑基线相邻点间应互相通视，点位不受施工影响。为便于复查建筑基线是否有变动，基线点不得少于3个。

如图 11-2 所示，建筑基线的布设是根据建筑物的分布、场地地形等因素确定的。常用的形式有一字形、L 形、T 形和十字形。

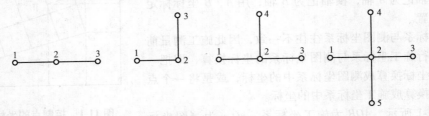

图 11-2　建筑基线的布设

（2）建筑方格网。建筑方格网的设计应根据建筑物设计总平面图上建筑物和各种管线的布设，并结合现场的地形情况而定。设计时，先定方格网的主轴线（图 11-3 中 *O*、*A*、*B*、*C*、*D*），后设计其他方格点（图 11-3 中 1、2、3、4、5）。网格可设计成正方形或者矩形。

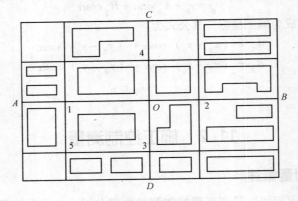

图 11-3　建筑方格网

布设建筑方格网时应考虑以下几点：

①方格网的主轴线应位于建筑场地的中央，并与主要建筑物的轴线平行或垂直。

②方格网纵横轴线应互相垂直。

③方格网的边长、边长的相对精度要求应符合《工程测量规范》（GB 50026—2007）中的相关规定，如表 11-1 所示。

表 11-1　建筑方格网的主要技术要求

等级	边长/m	测角中误差/″	边长相对中误差	测角检测限差/″	边长检测限差
I 级	100～300	5	1/30 000	10	1/15 000
II 级	100～300	8	1/20 000	16	1/10 000

④方格网的边应保证通视，点位标石应埋设牢固，以便能长期保存。

（3）导线与导线网。在城镇地区拟建多层民用建筑，一般宜采用导线或导线网为主要形式的施工平面控制网，其布设、施测及计算方法见第 7 章有关内容。在道路、隧道工程施工测量中，也常用导线或导线网形式建立施工平面控制网。

11.2.3　建筑方格网的测设

各种控制测量的方法原理基本相同，这里主要详细介绍建筑方格网的测设方法，而其他形式控制网（如建筑基线、建筑物的主轴线等）可参照此方法进行测设。建筑方格网的测设一般分为两个步骤，首先根据场地测图控制点测设建筑方格网主轴线点，经检核调整合格后，随之详细测设辅助轴线（主轴线外的其他方格点），以构成方格网。

（1）主轴线测设。主轴线是根据场地的测图控制点来测设的。图 11-4 中，N_1、N_2、N_3 为场地的测图控制点，A、B、O 为待放样的主轴线点。根据主轴线点的设计坐标和已知坐标点，使用测量仪器进行主轴线点的放样。具体步骤如下：

①测设长轴线点的概略位置。首先，根据已知坐标信息，计算放样数据（图 11-4 中的距离 D_1、D_2、D_3 和角度 β_1、β_2、β_3）；然后，用经纬仪配合测距仪放样测设主轴线点的概略位置 A'、B'、O'，并用混凝土制作标志。混凝土标志制作时，在桩的顶部设置一块边长为 100 mm 的正方形不锈钢板，供点位调整用。如果采用全站仪进行点位测设，则可直接使用"坐标放样"功能进行放样，无须计算放样数据。

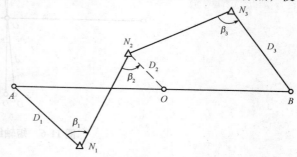

图 11-4　主轴线测设

②测定角度 $\angle A'O'B'$。由于测量和标定过程存在偶然误差，标定的 A'、O'、B' 点一般不会在一条直线上，即 $\angle A'O'B'$ 不等于 180°。因此要精确测量 $\angle A'O'B'$ 的角度，如果它和 180° 的差值超过 ±10″，则应进行调整，使其回到一条直线上。

③计算点位调整量 δ。如图 11-5 所示，

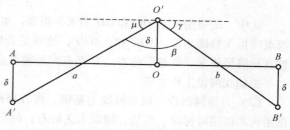

图 11-5　主轴线调整

设 A'、O'、B' 点在垂直于轴线的方向上移动一段相等的微小距离 δ，则 δ 可按下式计算：

$$\delta = \frac{ab}{2(a+b)} \cdot \frac{180° - \beta}{\rho''} \tag{11-3}$$

在图 11-5 中，由于 μ、γ 均很小，则有

$$\frac{\gamma}{\mu} = \frac{a}{b}, \quad \frac{\gamma + \mu}{\mu} = \frac{a+b}{b}, \quad \mu = \frac{2\delta}{a}\rho''$$

而

$$\gamma + \mu = 180° - \beta$$

因此

$$\mu = \frac{b}{a+b}(180° - \beta) = \frac{2\delta}{a}\rho''$$

即式（11-3）成立。

④点位调整。按式（11-3）计算出各点的调整量 δ，精确调整主轴线点的位置，注意各点上 δ 的调整方向。调整后的 A'、O'、B' 即主轴线点 A、O、B 的位置，且三点在一条直线上。

主轴线的位置测设工作完成。

⑤短轴线点的测设。如图 11-6 所示，建筑方格网的纵横线相互垂直。在 O 点上安置经纬仪，测设与 AOB 轴线垂直的另一主轴线 COD。将望远镜瞄准 A 点（或 B 点），分别向左、右两个方向旋转 90°，在实地用混凝土桩标定出 C'、D' 点，然后精确测量 $\angle AOC'$ 和 $\angle AOD'$，并计算出它们与 90° 的差值 ε_1、ε_2。如果差值 ε_1、ε_2 超过 $\pm 10''$，则应对 C'、D' 点的位置进行调整，使其角度精确为 90°。

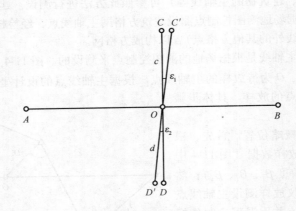

图 11-6　短轴线点测设

C'、D' 两点沿垂直于 OC'、OD' 的方向调整的微小距离 l_1、l_2 可按下式计算得到：

$$l_1 = c\frac{\varepsilon''_1}{\rho''}, \quad l_2 = d\frac{\varepsilon''_2}{\rho''} \tag{11-4}$$

式中，c、d 分别为 OC' 和 OD' 的水平距离。实地调整时应注意移动方向，对移动后的 C'、D' 两点应再次精确测量 $\angle AOC'$ 和 $\angle AOD'$，检查是否满足要求。若仍不满足，则应按此方法重新调整直至满足要求。调整后的 C'、D' 两点即短轴线点 C、D 的位置。

主轴线测设工作完成。

（2）方格网测设。以主轴线为基础，将方格网点的设计位置进行初步放样，初步放样的点位用大木桩临时标定，然后，埋设永久标石，标石顶部固定钢板，以便最后在其上归化点位。具体步骤如下：

方格网点在实地初步定点，然后用精确测量方法测定初步定点的方格网点的精确坐标，最后根据实测坐标与理论坐标的差值对点的位置进行微调，调整后方格网点须检测边长和角度，若符合规范要求，即永久固定标志。

11.3　多层民用建筑施工测量

民用建筑有低层（1～3层）建筑、多层（4～6层）建筑、中高层（7～9层）建筑和高层（10层以上）建筑。由于建筑物的楼层不同、结构不同，其施工方法和精度要求也不相同。但施工测量中的放样过程及内容基本相同，包括了建筑物的定位和放线、基础和墙体施工测量等。低层和多层建筑施工测量可采用本节知识，中高层和高层建筑由于楼层较高，在施工测量中另有侧重，应按 11.4 节的内容进行测量。

11.3.1　主轴线测量

建筑物主轴线是多层建筑物细部位置放样的依据，通常施工前，应先在建筑场地上测设出建筑物的主轴线。一般依据建筑物的布置情况和施工场地的实际条件，按建筑基线的形式进行主轴线的布置，如三点直线形、三点直角形、四点丁字形及五点十字形等。主轴线无论采用何种形式，控制点的数量均不得少于 3 个。

（1）根据建筑红线测设主轴线。在城市建设中，新建建筑物均由规划部门给设计或施工单位规定建筑物的边界位置。限制建筑物边界位置的线称为建筑红线。建筑红线一般与道路中心线相平行。

图 11-7 中的 I、Ⅱ、Ⅲ 三点为地面上测设的场地边界点，其连线 I–Ⅱ、Ⅱ–Ⅲ 称为建筑红线。建筑物的主轴线 AO、OB 可以根据与建筑红线的几何关系进行测定，由于建筑物主轴线和建筑红线平行或垂直，所以使用直角坐标法来测设主轴线较为方便。

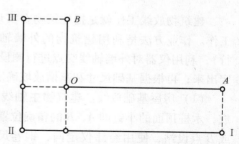

图 11-7　根据建筑红线测设主轴线

当 A、O、B 三点在地面上标出后，应在 O 点架设经纬仪，检查 ∠AOB 是否等于 90°。OA、OB 的长度也要进行实量检核，如误差在容许范围内，即可做合理的调整。

（2）根据现有建筑物测设主轴线。在现有建筑群内新建或扩建时，设计图上通常给出拟建的建筑物与原有建筑物或道路中心线的位置关系数据，主轴线可根据给定的数据在现场进行测设。图 11-8 中所表示的是几种常见的情况，画有斜线的为原有建筑物，未画斜线的为拟建建筑物。

图 11-8（a）中拟建的建筑物轴线 AB 在原有建筑物轴线 MN 的延长线上。测设轴线 AB 的方法如下：先作 MN 的垂线 MM′ 及 NN′，并使 MM′ = NN′，然后在 M′ 处架设经纬仪作 M′N′ 的延长线 A′B′，再在 A′、B′ 处架设经纬仪作垂线得 A、B 两点，连线 AB 即所要测设的轴线。一般也可用线绳紧贴 MN 进行穿线，在线绳的延长线上定出 A、B 两点。

图 11-8（b）是先按上法定出 O 点，然后在 O 点上安置经纬仪转 90° 确定 M′N′ 的垂线方向，最后根据坐标数据定出 A、B 两点。

图 11-8（c）中，拟建的建筑物平行于原有的道路中心线，可先定出道路中心线位置，然后

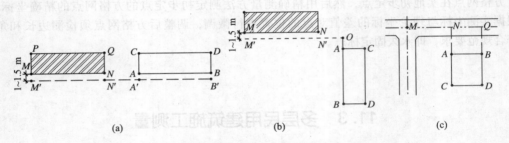

图 11-8 根据现有建筑物测设主轴线

用经纬仪作垂线，定出拟建建筑物的 AB 轴线。若该建筑物的 AC 边为长边，也可用经纬仪作垂线和钢尺量距的方法，确定拟建建筑物的 AC 轴线。

（3）根据建筑方格网测设主轴线。施工现场若有建筑方格网控制轴线，即可根据建筑物各角点的坐标数据，采用直角坐标法进行建筑物轴线的测设。

（4）根据导线与导线网测设主轴线。施工现场布设了导线与导线网点时，可根据导线点的坐标和建筑物各角点的坐标数据计算得到放样数据，采用极坐标法测设建筑物主轴线点。该方法与建筑方格网主轴线点的测设类似。

11.3.2　建筑物放线测量

建筑物放线工作就是把建筑物在实地的位置标定出来，为基础土方工程的施工做前期准备工作。作业方法是利用建筑物的外墙轴线交点与测设完成的主轴线点的几何关系（垂直或平行），利用仪器对外墙轴线交点进行测设，并用木桩固定，通过在木桩上钉小钉的形式在实地标定出来；再根据基础尺寸和基槽放坡确定基槽开挖边界。

（1）房屋基础放线。建筑物主轴线上 A、B 点测设工作已经完成，并于实地用木桩标定完成，木桩顶面的小钉即 A、B 的精确位置。基础放线方法是：依据基础平面图的信息，首先在 A 或 B 点设站，使用经纬仪定向，钢卷尺量距，或用全站仪依次定出各轴线间的交点［图 11-9 (a)］，并用木桩标定；然后，检查轴线间的间距，其误差不得超过轴线长度的 1/2 000；最后，根据基础的横断尺寸、施工方案中边坡的支护形式或放坡［图 11-9 (b)］，把基槽的开挖边界线用石灰在地面上标志出来，以便土方开挖施工。

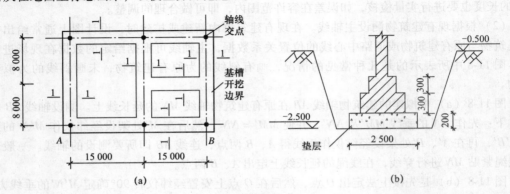

图 11-9　基础放线示意图

（2）龙门板设置。施工开槽时，轴线桩要挖掉。为了方便施工，在一般多层建筑物的施工中，常在基槽外 1~2 m 外设置龙门桩。

如图 11-10（a）所示，在建筑物四角和中间隔墙的两端基槽之外要求桩的外侧面应与基槽平行。根据附近的水准点，用水准仪将 ±0.000 m 的高程测设在龙门桩上，并画横线。若受地形条件限制，可测设比 ±0.000 m 高或低某一整数的高程线，然后把龙门板钉在龙门桩上。要求板的上边缘水平，并刚好对齐 ±0.000 m 的横线。最后用经纬仪将轴线引测到龙门板上，并钉一小钉作标志，此小钉也称轴线钉。基槽开挖后，可在轴线钉之间拉紧钢丝，吊垂球恢复轴线桩点，如图 11-10（b）所示。龙门板高程的测设容许误差为 ±5 mm，轴线点投点容许误差为 ±5 mm。

（3）轴线控制桩测设。龙门板虽然使用方便，但是其具有对木材需求量大、在施工中不易保存和易受扰动等缺点，目前已逐渐被施工单位弃用。现在，施工单位更多采用在基槽外各轴线的延长线上测设轴线控制桩的方法［图 11-10（c）］，作为开槽后各阶段施工中确定轴线位置的依据。施工中即使采用了龙门桩，为防止龙门桩被扰动，也应测设轴线控制桩。

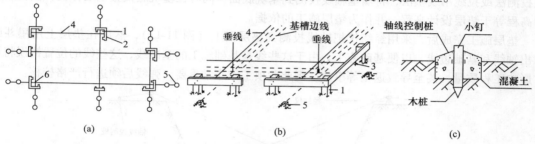

图 11-10　轴线控制桩和龙门板
1—龙门桩；2—龙门板；3—轴线钉；4—线绳；5—轴线控制桩；6—轴线桩

控制桩应便于引测和避免受施工干扰，一般应测设在基槽开挖边线 2 m 开外的地方。在多层建筑施工中，轴线控制桩也可作为向上层投测轴线的依据。为了便于向上投点，控制桩应在较远的地方测设。如条件允许，尽可能将轴线投测到附近的固有建筑物上。一般在小型建筑物施工中，轴线控制桩多根据轴线桩进行测设；在大型建筑物施工中，为了保证轴线控制桩的精度，一般都是先测设轴线控制桩，再根据轴线控制桩测设轴线桩。

11.3.3　基础施工测量

基础施工测量的主要任务是控制基槽的开挖深度和宽度，保证基础能够按设计构件的尺寸、设计标高等要求顺利完成。基础施工结束后，还要测量基础是否水平，顶面标高是否达到设计要求，轴线间距是否正确等。

（1）基槽抄平。建筑施工中的高程测设又称为抄平，它是保证基槽底面标高和平整度符合设计要求的重要方法。如图 11-11 所示，开挖基槽时，应密切关注挖土的深度，接近槽底时，用水准仪在槽壁上测设一些水平的小木桩，使桩的上表面距槽底设计标高为一固定值（如 0.500 m），用来控制挖槽深度。为施工时使用方便，一般在槽壁各拐角处、深度有变化处和基槽壁上每隔 3~4 m 处测设一个水平桩，并沿桩顶面拉直线绳，作为修平槽底和基础垫层施工的高程依据。水平桩高程测设的允许误差为 ±10 mm。

在基槽开挖结束后，要进行验槽工作，检查基槽位置是否正确、底面标高及地基承载力是否达到设计要求、基槽底宽度是否满足工作面宽度要求和边壁放坡是否满足安全要求等。各项检查合格后，方可进行垫层施工。

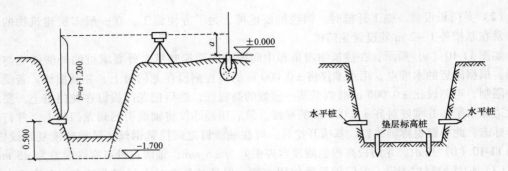

图 11-11　基槽高程测设

（2）垫层和基础放样。基槽开挖完成后，根据轴线控制桩或龙门板上的轴线钉，采用经纬仪投测法或拉线吊线坠法，将墙基轴线投测到基坑底面，同时在基坑底设置垫层标桩，使桩顶面的高程等于垫层设计高程，并作为垫层施工的依据。

垫层施工完成后，采用经纬仪把轴线投测到垫层面上（图 11-12），然后在垫层上用墨斗线弹出轴线和基础边线，以便基础施工。由于这些线是基础施工的基准线，这些线的位置错误将严重影响工程质量，甚至导致返工等事故，因此此项工作非常重要，弹线后须进行严格校核。

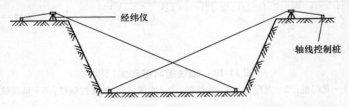

图 11-12　基槽底口和垫层轴线投测方法

（3）基础皮数杆设置。基础结构形式为砖砌体结构时，一般采用基础皮数杆对竖向构造的标高位置进行控制，如底层室内地面、防潮层、大放脚、洞口、管道、沟槽和预埋件等。基础皮数杆是一根木制标杆，其上事先按设计尺寸，将砖、灰厚度画出线条，并标出各竖向构造的标高位置，如图 11-13 所示。近年来，混合结构在结构设计中较少被使用，所以砖砌体的基础结构形式在实践中较为少见。取而代之的是混凝土框架结构的大量使用，实践中遇见的基础形式也多为混凝土独立柱基础、混凝土筏形基础等。

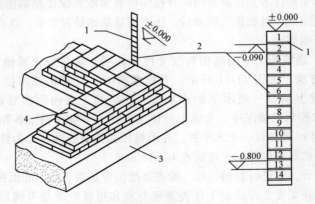

图 11-13　基础皮数杆

1—防潮层；2—皮数杆；3—垫层；4—大放脚

立皮数杆时，可先在立杆处打一个木桩，用水准仪在该木桩侧面定出一条高于垫层标高某一数值（如 10 cm）的水平线，然后将皮数杆上标高相同的一条线与木桩上的水平线对齐，并用大铁钉把皮数杆与木桩钉在一起，作为基础墙的标高依据。

当基础墙砌筑到 ±0.000 m 高程下一层砖时，应用水准仪测设防潮层的高程，其测量容许误差为 ±5 mm。

（4）防潮层抄平与轴线投测。防潮层做好后，应根据轴线控制桩或龙门板上的轴线钉进行投点，将墙体的轴线用墨斗线弹到防潮层上，用于基础以上墙体的定位。为便于

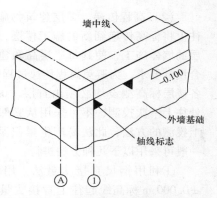

图 11-14　墙体轴线与标高线标注

±0.000 m 以上楼层的施工，通常将建筑物的主要轴线和标高控制点（−0.100 m）标注在基础墙体的或地梁的外立面上，用红色油漆做好标志，如图 11-14 所示。投点容许误差为 ±5 mm。

11.3.4　墙身皮数杆设置

墙身皮数杆与基础皮数杆类似，是在其上画有每皮砖和灰缝厚度的位置线以及门窗洞口、过梁、楼板等高度位置的一种木制标杆，如图 11-15 所示。在墙体砌筑时，使用墙身皮数杆控制各层墙体竖向尺寸及各部位构件的竖向标高，并保证灰缝厚度的均匀性。

墙身皮数杆一般立在建筑物的拐角和隔墙处，作为砌墙时掌握高程和砖缝水平的主要依据。为了便于施工，采用里脚手架时，皮数杆立在墙外边；采用外脚手架时，皮数杆应立在墙里面。立皮数杆时，先在立杆处打一木桩，用水准仪在木桩上测设出 ±0.000 m 高程位置。其测量容许误差为 ±3 mm。然后把皮数杆上的 ±0.000 m 线与木桩上 ±0.000 m 标志线对齐，并用钉钉牢。为了保证皮数杆稳定，可在皮数杆上加钉两根斜撑，并用水准仪进行检查。

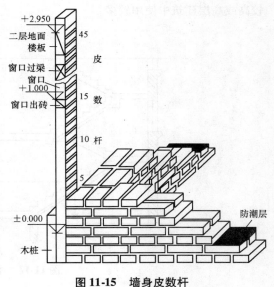

图 11-15　墙身皮数杆

11.3.5　主体施工测量

（1）轴线投测。轴线投测是保证建筑物垂直度和墙体轴线位置符合设计要求的重要工作，常用的轴线投测方法有挂线坠法和经纬仪投测法。如图 11-16 所示，在轴线控制桩上安置经纬仪，后视首层底部的轴线标志点，用正倒镜取中（盘左、盘右分中投点）的方法，将轴线投到上层楼板边缘或柱顶上。投测点经检查无误后，以此为依据弹出墙体中心线，再往上砌筑。

每层楼板中心线应测设长线（列线）1 ~ 2 条、短线（行线）2 ~ 3 条，其投测容许误差为 ±5 mm。然后根据投测轴线，在楼板上分间弹线。用钢尺检查轴线间距，其相对误差不得大于 1/2 000。为了避免投点时仰角过大，一般要求经纬仪距建筑物的水平距离大于建筑物的高度，否则应采用正倒镜延长直线的方法将轴线向外延长，然后向上投点。

（2）高程传递。多层建筑物施工中，要由下往上将标高传递到新的施工楼层，以便控制新楼层的墙体施工，使其每层层高和建筑物总高度符合设计要求。为避免高程传递过程中的累积误差，各楼层标高测设均必须由首层±0.000 m的标志处往上一次投测，不可采用从紧邻楼层的标高往上投测的方法，此法易产生累积误差。高程传递一般可采用以下几种方法进行：

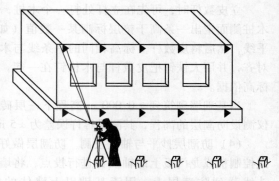

图 11-16　经纬仪竖向投测轴线

①利用钢尺直接丈量法。用钢尺从底层的±0.000 m标高线起往上直接丈量，把标高传递至各层，并将各楼层的标高控制线标志于墙体内外表面。该方法简单、易操作，且精度符合要求，在多层建筑施工中被广泛使用。

②吊钢尺法。此方法的原理与水准测量的原理一样，采用钢尺代替标尺，结合水准仪实现高程向上传递。如图 11-17 所示，在楼梯间悬吊钢尺（零点朝下），用水准仪读数，测设出各楼层的标高，在墙体内外表面绘制标高控制线标志。此方法较利用钢尺直接丈量法烦琐，一般在楼层较高或高层建筑中使用较多。

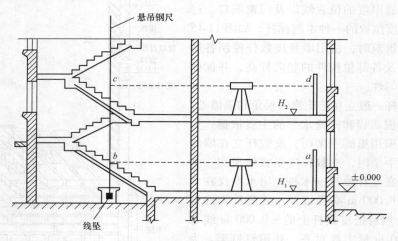

图 11-17　吊钢尺法传递高程

不同结构形式的高程测设原理相同，但是由于主体结构的施工特点不同，高程测设的操作方法存在一定差异。

在砖混结构中，利用每层楼砖墙最底层 3 皮砖的灰缝厚度对砖面平整度进行调整，第三皮砖砌筑完成后砖面调整至同一标高。利用高程传递方法，在内墙面上测设出结构板面 +50 mm 的标高位置，作为该层控制墙体竖向尺寸和各部位构件竖向标高的基准线。墙体砌筑到一定高度后（1.5 m），以 +50 mm 为基准在内墙上测设出 +1.0 m 标高的水平墨斗线，作为模板支架、室内地面和室内装修的标高依据。

在框架结构中，填充墙砌筑前，本层竖向构件（柱）及上层楼板已经完成，可直接采用高程传递方法在柱面上测设出结构板面 +1.0 m 的标高位置，作为填充墙竖向尺寸及各部位构件竖向标高的基准线。

11.4　高层建筑施工测量

11.4.1　高层建筑施工测量的特点及精度要求

（1）高层建筑施工测量的特点。高层建筑层数多、高度大、结构复杂、造型新颖多变、设备和装修标准较高，施工过程中对建筑物各部位的尺寸、位置、标高等要求十分严格，对施工测量的精度要求也高。高层建筑施工测量与多层建筑施工测量相比具有以下特点：

①开工前，编制合理的施测方案，并经有关专家论证和上级有关部门审批后方可实施。

②高层建筑施工测量的主要问题是控制竖向偏差（垂直度），故施工测量中要求轴线竖向投测精度高，应结合现场条件、施工方法及建筑结构类型选用合适的投测方法。

③高层建筑施工放线与抄平精度高，测量精度精确至毫米，应严格控制总的测量误差。

④高层建筑施工工期长，要求施工控制点设置稳定牢固，便于长期保存，直至工程竣工和后期的监测阶段都能使用。

⑤影响高层建筑施工测量的不利因素较多，如施工项目多、作业立体交叉、天气变化、建材性质、施工方法等。所以，在施工测量中必须精心组织，充分准备，与各个工序的施工有序配合。

⑥高层建筑基坑深，自身荷载大，施工周期长，为了保证施工期间周围环境和自身安全，应严格按照国家有关施工规范要求，在施工期间进行相应项目的变形监测。

（2）高层建筑施工测量的精度要求。根据《高层建筑混凝土结构技术规程》（JGJ 3—2010）（简称《高规》）中对高层建筑施工测量的平面与高程控制网、轴线竖向投测、标高竖向传递等限差有详细的规定，其主要技术指标如表 11-2 所示。

表 11-2　建筑物施工放样、轴线投测和标高传递的允许误差

项目	内容		允许偏差/mm
基础桩位放样	单排桩或群桩中的边桩		±10
	群桩		±20
基础外廓轴线尺寸允许偏差	基础外廓轴线长度 L/m，宽度 B/m，	$L（B）\leqslant 30$	±5
		$30<L（B）\leqslant 60$	±10
		$60<L（B）\leqslant 90$	±15
		$90<L（B）\leqslant 120$	±20
		$120<L（B）\leqslant 150$	±25
		$L（B）>150$	±30
施工放线限差（允许偏差）	外廓主轴线长度 L/m	$L\leqslant 30$	±5
		$30<L\leqslant 60$	±10
		$60<L\leqslant 90$	±15
		$90<L$	±20
	细部轴线		±2
	承重墙、梁、柱边线		±3
	非承重墙边线		±3
	门窗洞口线		±3

续表

项目	内容		允许偏差/mm
轴线竖向投测限差（允许偏差）	每层		±3
	总高 H/m	$H \leqslant 30$	±5
		$30 < H \leqslant 60$	±10
		$60 < H \leqslant 90$	±15
		$90 < H \leqslant 120$	±20
		$120 < H \leqslant 150$	±25
		$150 < H$	±30
标高竖向传递限差（允许偏差）	每层		±3
	总高 H/m	$H \leqslant 30$	±5
		$30 < H \leqslant 60$	±10
		$60 < H \leqslant 90$	±15
		$90 < \dot{H} \leqslant 120$	±20
		$120 < H \leqslant 150$	±25
		$150 < H$	±30

《高规》中对各种钢筋混凝土高层结构施工中竖向与轴线位置的施工限差和钢筋混凝土高层结构施工中标高的施工限差做出了相应的规定，如表 11-3 和表 11-4 所示。

表 11-3　钢筋混凝土高层结构施工中竖向与轴线位置的施工限差（允许偏差）

项目		限差/mm				检查方法
		现浇框架框架－剪力墙	装配式框架框架－剪力墙	大模板施工混凝土墙体	滑模施工	
层间	层高不大于 5 m	8	5	5	5	2 m 靠尺检查
	层高大于 5 m	10	10			
全高 H/mm		$H/1\,000$ 但不大于 30	$H/1\,000$ 但不大于 20	$H/1\,000$ 但不大于 30	$H/1\,000$ 但不大于 50	激光、经纬仪、全站仪实测
轴线位置	梁、柱	8	5	5	3	钢尺检查
	剪力墙	5	5			

表 11-4　钢筋混凝土高层结构施工中标高的施工限差（允许偏差）

项目	限差/mm				检查方法
	现浇框架框架－剪力墙	装配式框架框架－剪力墙	大模板施工混凝土墙体	滑模施工	
每层	±30	±5	±10	±10	钢尺检查
全高	±30	±30	±30	±30	水准仪实测

11.4.2　高层建筑物主要轴线的定位

（1）桩位放样。高层建筑物的上部荷载较大，对地基的承载力要求较高，在软土地区由于地基承载力不足，设计中一般采用桩基的结构形式。由于高层建筑物的上部荷载主要由桩基承受，所以对桩基的定位要求较高，其桩的定位偏差不得超过有关规范的规定。施工中，可先根据控制网（点）定出建筑物主轴线，再根据设计的桩位图和尺寸逐一定出桩位；也可通过坐标放样法逐一放出桩位的中心位置，然后用建筑物主轴线对桩位进行复核。鉴于此项工作的重要性，桩位放样完毕后，必须对桩位之间的尺寸进行严格的校核，以防出错。

（2）基坑标定。高层建筑物的基坑一般都较深，有时可达 20 m。在开挖基坑时，应当根据规范和设计所规定的（高程和平面）精度完成土方工程。基坑轮廓线的标定，既可根据建筑物的轴线进行，也可根据控制点进行。常用的定线方法主要有以下几种：

①投影交会法。在建筑物的轴线控制桩设置经纬仪，用投影交会测设出建筑物所有外围的轴线桩，然后按设计图纸用钢尺定出其开挖基坑的边界线。

②主轴线法。按照建筑物柱列线或轮廓线与主轴线的关系，在建筑场地上定出主轴线后，根据主轴线逐一定出建筑物的轮廓线。

③极坐标法。该方法的具体步骤是首先按设计要求确定轮廓线（点）与施工控制点的关系，然后用仪器（全站仪）逐一放样出各点，定出建筑物的轮廓线。

根据施工场地的具体条件和建筑物几何图形的繁简情况，测量人员可选择最合适的方法进行放样定位，再根据测设出的建筑物外围轴线定出其开挖基坑的边界线。

11.4.3　高层建筑物轴线的竖向投测

高层建筑物施工测量的关键是控制垂直度，保证轴线竖向投测精度。即将建筑物基础轴线准确地向高层引测，并保证各层相应轴线位于同一竖直面内，使其轴线向上投测的偏差不会超限。高层建筑物轴线的竖向投测方法主要有外控法和内控法。一般当建筑物的高度小于 50 m 时，宜采用外控法；当建筑物的高度大于 50 m 时，则采用内控法。

（1）外控法。外控法是在建筑物外部，利用经纬仪，根据建筑物的轴线控制桩来进行轴线的竖向投测。如图 11-18 所示，某高层建筑的两条中心轴线分别为 $3-3'$ 和 $C-C'$，在测设施工控制桩时，应将这两条中心轴线的控制桩 3、$3'$，C、C' 设置在距离建筑物尽可能远的地方，以减小投测时的仰角 α，提高投测精度。

基础完工后，用经纬仪将 $3-3'$ 和 $C-C'$ 轴精确地投测到建筑物底部并做标记，如图 11-18 中的 a、a'、b、b' 点。

随着建筑物的不断升高，应将轴线逐层向上传递。方法是将经纬仪分别安置在控制桩 3、$3'$、C、C' 点上，分别瞄准建筑物底部的 a、a'、b、b' 点，采用正倒镜分中法，将轴线 $3-3'$ 和 $C-C'$ 向上投测到每层楼板上并做标记。图 11-18 中的 a_i、a_i'、b_i、b_i' 点为第 i 层的四个投测点。再以这四个轴线控制点为基准，根据设计图纸放出该层的其余轴线。

随着建筑物的增高，望远镜的仰角 α 也不断增大，投测精度将随 α 的增大而降低。为保证投测精度，应将轴线控制桩 3、$3'$、C、C' 引测到更远的安全地点，或者附近建筑物的屋顶上。

操作方法为：将经纬仪分别安置在某层的投测点 a_i、a_i'、b_i、b_i' 上，分别瞄准地面上的控制桩 3、$3'$、C、C'，以正倒镜分中法将轴线引测到远处。图 11-19 是将 C' 点引测到远处的 C_1' 点，将 C 点引测到附近大楼屋顶上的 C_1 点。以后，从 $i+1$ 层开始，就可以将经纬仪安置在新引测的控制桩上进行投测。

用于引桩投测的经纬仪必须经过严格检验和校正后才能使用，尤其是照准部管水准器应严格垂直于竖轴，作业过程中，必须确保照准部管水准气泡居中。

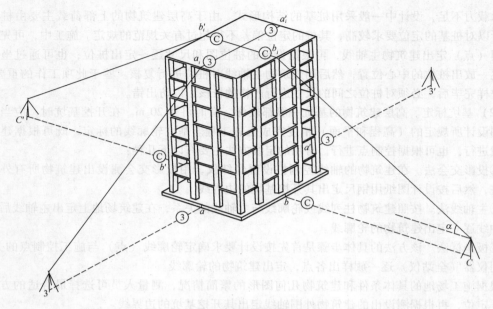

图 11-18 经纬仪投测控制桩

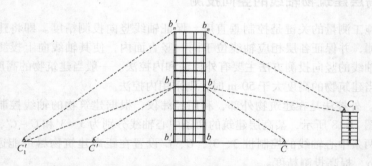

图 11-19 将轴线控制桩引测到远处或附近建筑物屋顶上

（2）内控法。内控法是在建筑物内部，利用线坠或激光垂准仪，把建筑物内部设置的轴线控制点向上进行竖向投测。采用线坠进行投测的方法又称为吊线坠法，该作业方法较为烦琐，且易受风力的影响，在高层建筑工程施工中较少应用。采用激光垂准仪进行轴线投测的内控法，具有占地小、精度高、速度快等优点，得到广泛的应用。激光垂准仪是一种能够提供铅垂向上（或向下）视线的专用测量仪器，利用该仪器可将地面投测点向上或向下进行投测。

若采用内控法，先根据建筑物的轴线分布和结构情况设计好投测点位，投测点位至最近轴线的距离一般为 0.5 ~ 0.8 m，如图 11-20 所示。基础施工完成后，将设计投测点位准确地测设到地坪层上，以后每层楼板施工时，都应在投测点位处预留 30 cm × 30 cm 的垂准孔，如图 11-21 所示。

将激光垂准仪安置在首层投测点位上，打开电源，在投测楼层的垂准孔上，就可以看见一束可见激光；使网格激光靶的靶心精确地对准激光光斑，用压铁拉两根细麻线，使其交点与激光光斑重合，在垂准孔旁的楼板面上弹出墨斗线标记。以后要使用投测点时，仍然用压铁拉两根细麻线恢复其中心位置。根据设计投测点与建筑物轴线的关系，就可以测设出投测楼层的建筑的轴线。

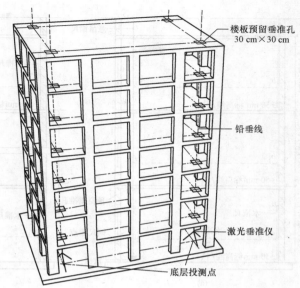

楼板预留垂准孔
30 cm×30 cm

铅垂线

激光垂准仪

底层投测点

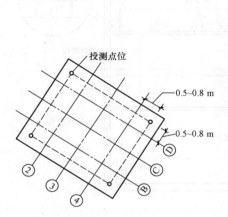

投测点位

0.5~0.8 m

0.5~0.8 m

图 11-20 投测点位设计

图 11-21 用激光垂准仪投测轴线点

内控法还可使用经纬仪和全站仪，配置弯管目镜进行轴线竖向投测。

11.4.4 高程传递

如图 11-22（a）所示，首层墙体砌筑到 1.5 m 标高后，用水准仪在内墙面上测设一条" +50 mm"标高线，作为首层地面施工及室内装修的标高依据。以后每砌一层，就通过吊钢尺从首层的" +50 mm"标高线处，向上量出设计层高，测出施工楼层的" +50 mm"标高线。

以第二层为例，图中各读数间存在方程 $[a_1 + (a_2 - b_1)] - b_2 = l_1$，由此解出

$$b_2 = a_2 - l_1 - (b_1 - a_1) \tag{11-5}$$

在进行第二层的水准测量时，上下移动水准尺，使其读数为 b_2，沿水准尺底部在墙面上画线，即可得到该层的" +50 mm"标高线。同理，第三层

$$b_3 = a_3 - (l_1 + l_2) - (b_1 - a_1) \tag{11-6}$$

对于超高层建筑，吊钢尺有困难时，可以在投测点或电梯井内安置全站仪，通过对天顶方向测距的方法引测高程，如图 11-22（b）所示。

引测高程的操作步骤如下：

（1）在投测点安置全站仪，置平望远镜（显示窗显示的竖直角为 0°或竖盘读数为 90°），读取竖立在首层" +50 mm"标高线上水准尺的读数为 a_1，a_1 即全站仪横轴至首层" +50 mm"标高线的仪器高。

（2）将望远镜指向天顶（屏幕显示竖直角 90°或竖盘读数为 0°），将一块制作好的 40 cm×40 cm、中间开有一个 ϕ30 mm 圆孔的铁板，放置在需传递高程的第 i 层楼面垂准孔上，使圆孔的中心对准测距光线（由测站观测员在全站仪望远镜中观察指挥），将棱镜扣在铁板上，操作全站仪测距，得距离 d_i。

（3）在第 i 层安置水准仪，将一把水准尺立在铁板上，设其上的读数为 a_i，另一把水准尺竖立在第 i 层" +50 mm"标高线附近，设其上的读数为 b_i，则有下列方程成立：

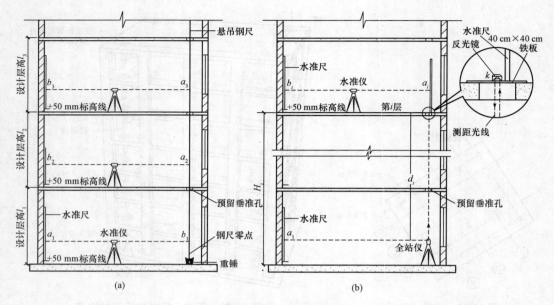

图 11-22　高程传递的方法

$$a_1 + d_i - k + (a_i - b_i) = H_i \tag{11-7}$$

式中，k 为棱镜常数，可以通过实验的方法测定；H_i 为第 i 层楼面的设计高程（以建筑物的 0.000 m 起算）。

由式（11-7）可以解出

$$b_i = a_1 + d_i - k + (a_i - H_i) \tag{11-8}$$

上下移动水准尺，使其读数为 b_i，沿水准尺底部在墙面上画线，即可得到第 i 层的" +50 mm"标高线。

11.5　工业厂房施工测量

工业厂房分为单层厂房和多层厂房，早期以预制钢筋混凝土柱装配式单层厂房最为普遍，近年来装配式钢结构厂房得到广泛应用。两者在施工测量中的内容及方法基本一致，主要包括建筑场地平整测量、厂房矩形控制网测设、厂房基础施工测量、厂房结构安装测量和建筑物变形观测等。

11.5.1　工业厂房矩形控制网建立

厂区已有控制点的密度和精度往往不能满足厂房施工放样的需要，因此对于单幢厂房，还应在厂区控制网的基础上，建立符合厂房规模大小、外形轮廓特点，且满足施工精度要求的控制网，作为施工测量的基本控制。一般厂房外形较为简单，多数以矩形为主，所以控制网大多为矩形，又称为厂房矩形控制网。

厂房控制网建立方法较多，可参照有关建筑方格网的方法布置和测设，再采用直角坐标法进行定位。图 11-23 为某单层工业厂房柱基布置平面图，其中 1、2、3、4 四点为厂房的建筑角点，坐标可从设计图纸上获取。在设计图纸上布置厂房矩形控制网的四个角点 P、Q、R、S，这四个点称为厂房控制点。根据控制点与建筑角点的位置关系，可计算得到控制点的平面坐标，利用全站仪测设出矩形控制网 P、Q、R、S 四个点在实地的位置，并用大木桩标定。最后，检查控制网测量成果是否满足要求，内角是否等于 90°，边长是否等于设计长度。对于一般厂房，角度误差不应超过 ±10″，边长误差不得超过 1/10 000。

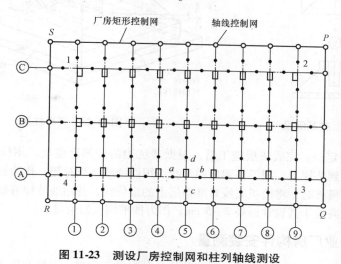

图 11-23　测设厂房控制网和柱列轴线测设

对于大型厂房，应先测设厂房控制网的主轴线，再根据主轴线测设厂房矩形控制网。

11.5.2　工业厂房柱列轴线测设

柱列轴线的测设是在厂房控制网的基础上进行的。

如图 11-23 所示，Ⓐ、Ⓑ、Ⓒ 和 ①、②、…、⑨ 等轴线均为柱列轴线，其中定位轴线 Ⓑ 和轴线 ⑤ 为主轴线。柱列轴线可在控制网测设完成的基础上，根据柱间距和跨间距用钢尺沿控制网四边量出各轴线控制桩的位置，并打入木桩，钉上小钉，作为测设基坑和构件施工安装的依据。其中，a、b、c、d 为柱基的定位桩。

11.5.3　工业厂房柱基施工测量

（1）柱基测设。柱基测设是为每个柱子测设出四个柱基定位桩（图 11-24），作为放样柱基坑开挖边线、修坑和立模板的依据。柱基定位桩应设置在柱基坑开挖范围以外。

图 11-25 是杯形柱基大样图。按照基础大样图的尺寸，用特制的角尺，在柱基定位桩上，放出基坑开挖线，撒白灰标出开挖范围。柱基测设时，应注意定位轴线不一定都是基础中心线，具体应仔细察看设计图纸确定。

（2）基坑高程测设。如图 11-11 所示，当基坑开挖到一定深度时，应在坑壁四周距坑底设计高程 0.5 m 处设置几个水平桩，作为基坑修坡和清底的高程依据。

（3）垫层和基础放样。在基坑底面设置垫层标高桩，使标高桩的顶面高程等于垫层的设计高程，作为垫层施工的依据。

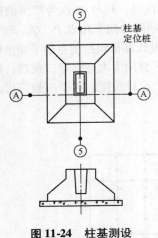

图 11-24　柱基测设

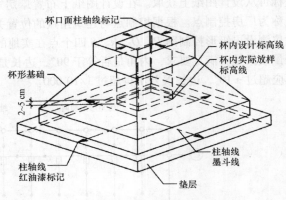

图 11-25　杯形柱基

（4）基础模板定位。完成垫层施工后，根据基坑边的柱基定位桩，用拉线的方法，吊线坠将柱基定位线投测到垫层上，用墨斗弹出墨斗线，用红油漆画出标记，作为柱基立模板和布置基础钢筋的依据。立模板时，将模板底线对准垫层上的定位线，并用线坠检查模板是否竖直，同时注意使杯内底部标高低于其设计标高 $2 \sim 5$ cm，作为抄平调整的余量。

11.5.4　工业厂房构件安装测量

在单层工业厂房中，柱、吊车梁、屋架等构件是先进行预制，而后在施工现场吊装的。这些构件安装就位不准确将直接影响厂房的正常使用，严重时甚至导致厂房倒塌。其中带牛腿的柱，其安装就位正确与否将对其他构件（吊车梁、屋架）的安装产生直接影响，因此，整个预制构件的安装过程中柱的安装就位是关键。柱的安装就位应满足下列限差要求：

（1）柱中心线与柱列轴线之间的平面关系尺寸容许偏差为 ± 5 mm。

（2）牛腿顶面及柱顶面的实际标高与设计标高容许偏差：当柱高不大于 5 m 时，应不大于 ± 5 mm；当柱高大于 5 m 时，应不大于 ± 8 mm。

（3）柱身的垂直度容许偏差：当柱高不大于 5 m 时，应不大于 ± 5 mm；当柱高在 $5 \sim 10$ m 时，应不大于 ± 10 mm；当柱高超过 10 m 时，限差为柱高的 $1/1\,000$，且不超过 20 mm。

1. 柱的安装测量

（1）柱吊装前的准备工作。主要是基础杯口顶面弹线及柱身弹线。柱的平面就位及校正，是利用柱身的中心线和基础杯口顶面的中心定位线进行对位实现的。柱子吊装前，应根据轴线控制桩用经纬仪将柱列轴线测设到基础杯口顶面上并弹出墨斗线，用红油漆画上"▼"标志，作为柱子吊装时确定轴线的依据。当柱列轴线不通过柱子的中心线时，应在杯形基础顶面上加弹柱子的中心线。

如图 11-26 所示，柱子吊装前，将柱子按轴线位置编号，并在柱子的三个侧面上弹出柱子的中心线，在每条中心线的上端和靠近杯口处画上"▼"标志，供校正时用。

（2）柱身长度的检查及杯底找平。柱的牛腿顶面要放置吊车梁和钢轨，吊车运行时要求轨道有严格的水平度，因此牛腿顶面标高应符合设计标高要求。如图 11-27 所示，检查时，沿柱子中心线，根据牛腿顶面标高 H_2，用钢尺量出 H_1 标高位置，并量出 H_1 处到柱最下端的距离，使之与杯口内壁 H_1 标高线到杯底的距离相比较，从而确定杯底找平厚度。同时根据牛腿顶面标高，在柱下端量出 ± 0.000 m 位置，并画出标志线。

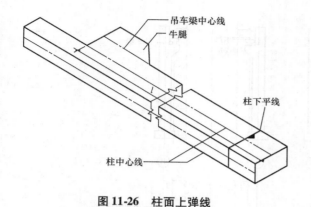

图 11-26 柱面上弹线

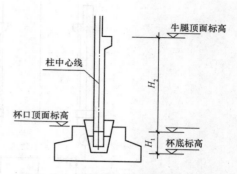

图 11-27 柱身长度的检查及杯底找平

（3）柱安装时的测量工作。当柱子被吊入基础杯口中时，柱子的中心线与杯口顶面柱中心定位线相吻合，柱身概略垂直后，用钢楔或硬木楔插入杯口，用水准仪检测柱身已标定的 ±0.000 m 位置线，并复查中心线对位情况，符合精度要求后将楔块打紧，使柱临时固定，然后进行竖直校正。

柱子校正后，应在柱子纵、横两个方向检测柱身的垂直度偏差，如图 11-28 所示，满足限差要求后，要立即灌浆或浇筑混凝土固定柱子。

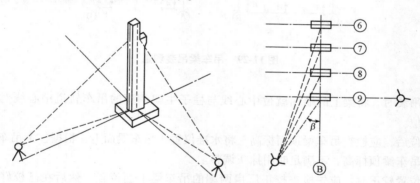

图 11-28 柱安装时的校准测量

考虑到过强的日照将使柱子产生弯曲，在柱顶发生位移，当对柱子垂直度要求较高时，柱子垂直度应尽量选择在早晨无阳光直射或阴天时校正。

2. 吊车梁吊装测量

吊车梁安装时，测量工作的任务是使柱子牛腿上的吊车梁的平面位置、顶面标高及梁端中心线的垂直度都符合要求。

吊装前，先在吊车梁两端面及顶面上弹出梁的中心线，然后将吊车轨道中心线投测到柱子的牛腿侧面上。投测方法如图 11-29 所示，先计算出轨道中心线到厂房纵向柱列轴线的距离，再分别根据纵向柱列轴线两端的控制桩，采用平移轴线的方法，在地面上测设出吊车轨道中心线 $A'A'$ 和 $B'B'$。将经纬仪分别安置在 $A'A'$ 和 $B'B'$ 一端的控制点上，严格对中整平，照准另一端的控制点，仰视望远镜，将吊车轨道中心线测到柱子的牛腿侧面上，并弹出墨线。同时根据柱子 ±0.000 m 位置线，用钢尺沿柱侧面向上量出吊车梁顶面设计标高线，画出标志线作为调整吊车梁顶面标高。

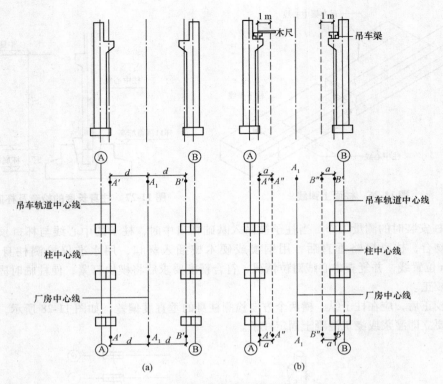

图 11-29　吊车梁吊装测量

吊车梁吊装时，将梁上的端面就位中心线与柱子牛腿侧面的吊车轨道中心线对齐，完成吊车梁平面就位。

平面就位后，应检查吊车梁顶面标高。将水准仪置于吊车梁面上，根据柱上吊车梁顶面设计标高线检查吊车梁顶标高，不满足时用抹灰调整。

吊车梁位置校正时，应先检查校正厂房两端的吊车梁平面位置，然后在已校好的两端吊车梁之间拉上钢丝，以此来校正中间的吊车梁，使中间吊车梁顶面的就位中心线与钢丝线重合，两者的偏差应不大于 ±5 mm。在校正吊车梁平面位置的同时，用吊线坠方法检查吊车梁的垂直度，不满足时在吊车梁支座处加垫铁纠正。

11.6　建筑物的变形观测

在各种荷载及外力等因素的作用下，在建筑物施工和使用过程中，地基、基础、上部结构及其场地发生的形状或位置变化现象，称为建筑变形。建筑物地基的地质构造不均匀，土壤的物理性质不同，大气温度变化，土基的整体变形，地下水位季节性和周期性的变化，建筑物本身的荷重与建筑物的结构、形式及动荷载（如风力、震动等）的作用，还有设计与施工中的一些主观原因，均有可能造成建筑物的几何变形，例如沉降、位移、倾斜，并由此而产生裂缝、构件挠曲、扭转等。

对建筑物的地基、基础、上部结构及其场地受各种作用力而产生的形状或位置变化进行观测，并对观测结果进行处理和分析的工作，称为建筑变形测量或变形监测。获取变形体的空间位置随时间变化的特征，并且分析和解释其变化的原因，确保建筑物在施工、使用与运营中的安全是建筑物变形测量的主要目的。

建筑变形测量的类型大致可分为沉降、位移和特殊变形测量三类。其中，沉降测量包括建筑场地沉降、基坑回弹、地基土分层沉降、建筑沉降等的观测；位移测量包括建筑主体倾斜、建筑水平位移、基坑壁侧向位移、场地滑坡及挠度等的观测；特殊变形测量包括日照变形、风振、裂缝及其他动态变形测量等。

与工程建设中的地形测量和施工测量比较，变形测量表现出以下特点：

（1）观测精度高。由于变形观测的结果直接关系到建筑物的安全，影响对变形原因和变形规律的正确分析，变形观测必须具有较高的精度。一般典型的变形观测精度要求达到 1 mm 或相对精度达到 10^{-6}，当然，对于不同对象，精度要求也有一定差异。

（2）重复观测量大。导致建筑物变形的各种原因均具有时间效应。计算变形量最基本的方法是计算建筑物上同一点在不同时间的坐标差或高程差。这就要求变形观测依一定的时间周期进行重复观测，而重复观测的周期（频率）则取决于变形的大小、速度及观测目的。

（3）数据处理严密。变形测量数据处理和分析中，经常需要多学科知识的交叉融合，才能对变形体进行合理的变形分析和物理解释。数据处理的过程也是进行变形分析和预报的过程。

由于工程的不同特点及变形观测的不同目的，变形测量通常需要综合应用各种测量方法，例如地面测量方法、空间测量技术、近景摄影测量、地面激光雷达技术以及专门测量手段等。

变形测量等级与精度要求取决于变形体设计时允许的变形值大小和进行变形测量的目的。建筑物变形测量的目的主要有两类：一类是使变形值不超过某一允许的数值，从而确保建筑物的安全；另一类是研究其变形过程。变形观测目的为前者时，其观测的中误差应小于允许变形值的 1/10 ~ 1/20；变形观测目的为后者时，其观测精度还要更高。

建筑物变形观测应按照《建筑变形测量规范》（JGJ 8—2016）的规定执行。规范对变形测量的等级、精度指标及适用范围给出了相应规定，如表 11-5 所示。

表 11-5　建筑物变形测量的等级、精度指标及其适用范围

等级	沉降监测点 测站高差中误差 /mm	位移监测点 坐标中误差 /mm	主要适用范围
特等	0.05	0.3	特高精度要求的变形测量
一等	0.15	1.0	地基基础设计为甲级的建筑的变形测量；重要的古建筑、历史建筑的变形测量；重要的城市基础设施的变形测量等
二等	0.5	3.0	地基基础设计为甲、乙级的建筑的变形测量；重要场地的边坡监测；重要的基坑监测；重要管线的变形测量；地下工程施工及运营中的变形测量；重要的城市基础设施的变形测量等

等级	沉降监测点测站高差中误差/mm	位移监测点坐标中误差/mm	主要适用范围
三等	1.5	10.0	地基基础设计为乙、丙级的建筑的变形测量；一般场地的边坡监测；一般的基坑监测；地表、道路及一般管线的变形测量；一般的城市基础设施的变形测量；日照变形测量；风振变形测量等
四等	3.0	20.0	精度要求低的变形测量

注：1. 沉降监测点测站高差中误差：对水准测量，为其测站高差中误差；对静力水准测量、三角高程测量，为相邻沉降监测点间等价的高差中误差；

2. 位移监测点坐标中误差：指的是监测点相对于基准点或工作基点的坐标中误差、监测点相对于基准线的偏差中误差、建筑上某点相对于其底部对应点的水平位移分量中误差等。坐标误差为其点位中误差的 $1/\sqrt{2}$。

建筑物变形测量涉及的内容较多，制定变形测量方案时，应结合工程特点及观测内容，遵循技术先进、经济合理、安全适用、确保质量的原则。本节主要介绍建筑物沉降、倾斜、位移变形测量的基本方法。

11.6.1 沉降观测

建筑物的沉降观测是用水准测量方法定期测量其沉降观测点相对于基准点的高差随时间的变化量，即沉降量，以了解建筑物的下降或上升情况。对于工业与民用建筑，沉降观测的主要内容有场地沉降观测、基坑回弹观测、地基土分层沉降观测、建筑物基础及建筑物本身的沉降观测等；桥梁沉降观测主要包括桥墩、桥面、索塔及桥梁两岸边坡的沉降观测；混凝土坝沉降观测的主要内容有坝体、临时围堰及船闸的沉降观测等。

建筑物的下沉是逐渐产生的，并将延续到竣工交付使用后的相当长一段时期，因此，建筑物的沉降观测应按照沉降产生的规律进行。

1. 水准基点和沉降观测点的布设

（1）水准基点布设。水准基点是沉降观测的基准点。建筑物的沉降观测是利用水准测量的方法多次测定沉降观测点和水准基点之间的高差值，以此来确定建筑沉降量。因此，水准基点的布设必须保证稳定不变和便于长久保存，其布设应满足以下要求：

①特级沉降观测的高程基准点数不应少于 4 个；其他级别水准基点不应少于 3 个。

②水准基点必须设置在建筑物或构筑物基础沉降影响范围以外，并且避开交通干道、地下管线、水源地、河岸、松软填土、滑坡地段、机械振动区以及容易破坏标石的地方，埋设深度至少应在冰冻线以下 0.5 m。

③水准基点和沉降观测点之间的距离应适中，若水准基点到所测建筑物的距离较远而使变形观测不方便时，宜设置工作基点。

（2）沉降观测点布设。沉降观测点是布设在建筑地基、基础、场地及上部结构的敏感位置上，能反映其变形特征的测量点，也称变形点。沉降观测点的布设，一是应能全面反映建筑物的地基变形特征，二是要结合地质情况以及建筑结构特点确定。沉降观测点宜选择下列位置进行布设：

①建筑物的四角、核心筒四角、大转角处及沿外墙每 10 ~ 20 m 处或每隔 2 ~ 3 根柱基上；

②高低层建筑物、新旧建筑物、纵横墙等交接处的两侧；

③建筑物裂缝、后浇带和沉降缝两侧、基础埋深相差悬殊处、人工地基与天然地基接壤处、不同结构的分界处及填挖方分界处；

④宽度大于等于 15 m 或小于 15 m 而地质复杂以及膨胀土地区的建筑物，应在承重内隔墙中部设内墙点，在室内地面中心及四周设地面点；

⑤邻近堆置重物处、受震动有显著影响的部位及基础下的暗沟处；

⑥框架结构建筑的每个或部分柱基上或沿纵横轴线上；

⑦筏形基础、箱形基础底板或接近基础结构部分的四角处及其中部位置；

⑧重型设备基础和动力设备基础的四角、基础形式或埋深改变处以及地质条件变化处两侧；

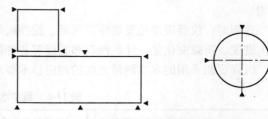

⑨电视塔、烟囱、水塔、油罐、炼油塔、高炉等高耸建筑物，应设在沿周边与基础轴线相交的对称位置上，点数不少于 4 个。

图 11-30 所示为某建筑物沉降观测点的布置图；图 11-31 所示为沉降观测点的埋设形式。

图 11-30　某建筑物沉降观测点的布置图

沉降观测点的标志一般采用角钢、圆钢或铆钉。如图 11-31 所示，图（a）为墙上观测点，采用角钢预埋在墙内；图（b）为柱上观测点，采用圆钢预浇筑在柱上；图（c）为基础上的观测点，采用铆钉或圆钢浇筑在基础上。

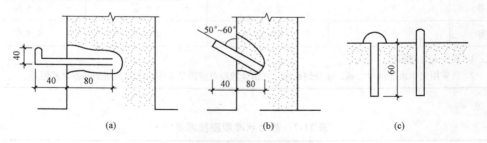

（a）　　　　　　　　　　　　（b）　　　　　　　　　　（c）

图 11-31　沉降观测点的埋设形式

2. 沉降观测的一般规定

（1）沉降观测周期。

①建筑施工阶段的观测。建筑在施工阶段的观测应随施工进度及时开展。一般在建筑物基础施工完毕后主体开工前，待观测点埋设稳固后，即可进行第一次观测。建筑物沉降观测的时间和次数，应根据工程的性质、施工进度、地基地质情况及基础荷载的变化情况而定。

民用高层建筑可每加高 1 ~ 5 层观测一次，工业建筑可按回填基坑、安装柱子和屋架、砌筑墙体、设备安装等不同施工阶段分别进行观测。若建筑施工均匀增高，应至少在增加荷载的 25%、50%、75% 和 100% 时各测一次。

施工过程中如暂时停工，在停工时及重新开工时应各观测一次。停工期间，可每隔 2 ~ 3 个月观测一次。

②建筑物使用阶段的观测。应视地基土类型和沉降速率大小而定。除有特殊要求外，可在第一年观测 3 ~ 4 次，第二年观测 2 ~ 3 次，第三年后每年观测 1 次，直至稳定为止。

③突发异常情况的观测。在观测过程中，如果基础附近地面荷载突然增减、基础四周大量积水、长时间连续降雨等情况，应及时增加观测次数。当建筑物突然发生大量沉降、不均匀沉降或严重裂缝时，应立即进行逐日或 2~3 天一次的连续观测。

④建筑沉降稳定期的观测。建筑沉降是否稳定，由沉降量与时间关系曲线判定。当最后 100 天的沉降速率小于 0.04 mm/d 时，可认为已进入稳定阶段。具体取值宜根据各地区地基土的压缩性能确定。

（2）沉降观测方法和工作要求。

①沉降观测方法。对于多层建筑物的沉降观测，可采用 DS3 型水准仪用普通水准测量方法观测。对于高层建筑物的沉降观测，必须采用 DS1 精密水准仪，用二等水准测量方法观测。

观测时，仪器应避免安置在空压机、搅拌机等带振动源设备的影响范围内；每次观测应记录施工进度、荷载变化量、建筑倾斜和裂缝等各种影响沉降变化及其他异常的情况。

沉降观测采用的水准测量方法的相应技术要求如表 11-6、表 11-7 所示。

表 11-6　数字水准仪观测限差　　　　　　　　　　　　　　　　　mm

沉降观测等级	两次读数所测高差之差限差	往返较差及附合或环线闭合差限差	单程双测站所测高差较高差限差	检测已测测段高差之差限差
一等	0.5	$0.3\sqrt{n}$	$0.2\sqrt{n}$	$0.45\sqrt{n}$
二等	0.7	$1.0\sqrt{n}$	$0.7\sqrt{n}$	$1.5\sqrt{n}$
三等	3.0	$3.0\sqrt{n}$	$2.0\sqrt{n}$	$4.5\sqrt{n}$
四等	5.0	$6.0\sqrt{n}$	$4.0\sqrt{n}$	$8.5\sqrt{n}$

注：1. 表中 n 为测站数。

　　2. 当采用光学水准仪时，基、辅分划或黑、红面读数较差应满足表中两次读数所测高差之差限差。

表 11-7　静力水准观测技术要求　　　　　　　　　　　　　　　　mm

沉降观测等级	一等	二等	三等	四等
传感器标称精度	≤0.1	≤0.3	≤1.0	≤2.0
两次观测高差较差限差	0.3	1.0	3.0	6.0
环线及附合路线闭合差限差	$0.3\sqrt{n}$	$1.0\sqrt{n}$	$3.0\sqrt{n}$	$6.0\sqrt{n}$

注：n 为高差个数。

②沉降观测工作要求。沉降观测是一项长期的连续观测工作，为了保证观测成果的正确性，应尽可能做到以下"四定"：固定观测人员；使用固定的水准仪和水准尺；使用同一水准基点；按规定的日期、方法及既定的路线、测站进行观测。

（3）沉降观测成果整理。每次观测结束后，应检查记录的数据是否正确，精度是否合格，然后把各次观测点的高程列入成果表中，并计算两次观测之间的沉降量和累积沉降量，同时也要注明观测日期和荷载情况，如表 11-8 所示。

表 11-8　沉降观测记录表

工程名称：某单位办公楼　　　记录：张三　　　计算：李四　　　校核：王五

观测次数	观测时间	各观测点的沉降情况						3…	施工进展情况	荷载情况/(t·m⁻²)
		1			2			…		
		高程/m	本次下沉/mm	累积下沉/mm	高程/m	本次下沉/mm	累积下沉/mm	…		
1	2005. 02. 10	40.354	0	0	40.373	0	0	…	上一层楼板	
2	03. 22	40.350	−4	−4	40.368	−5	−5	…	上三层楼板	45
3	04. 17	40.345	−5	−9	40.365	−3	−8	…	上五层楼板	65
4	05. 12	40.341	−4	−13	40.361	−4	−12	…	上七层楼板	75
5	06. 06	40.338	−3	−16	40.357	−4	−16	…	上九层楼板	85
6	07. 31	40.334	−4	−20	40.352	−5	−21	…	主体完	115
7	09. 30	40.331	−3	−23	40.348	−4	−25	…	竣工	
8	12. 06	40.329	−2	−25	40.347	−1	−26	…	使用	
9	2006. 02. 16	40.327	−2	−27	40.346	−1	−27	…		
10	05. 10	40.326	−1	−28	40.344	−2	−29	…		
11	08. 12	40.325	−1	−29	40.343	−1	−30	…		
12	12. 20	40.325	0	−29	40.343	0	−30	…		
备注：此栏应说明点位草图、水准点号码及高程、其他。										

为了更清楚地表示沉降、荷重、时间三者之间的关系，还要画出各观测点的沉降、荷重、时间关系曲线图，如图 11-32 所示。

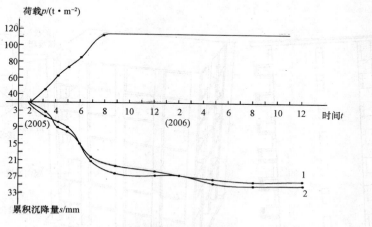

图 11-32　沉降曲线

11.6.2　倾斜观测

引起建筑物主体倾斜的主要原因是基础的不均匀沉降。主体倾斜观测是测定建筑物顶部相对于底部或各层间上层相对于下层的水平位移与高差，分别计算整体或分层的倾斜度、倾斜方向以及倾斜速度。刚性建筑的整体倾斜，也可通过测量顶面或基础的相对沉降间接确定。

1. 建筑物主体倾斜观测点位的布设要求

（1）观测点应沿对应测站点的某主体竖直线，对整体倾斜按顶部、底部对应布设，对分层倾斜按分层部位、底部上下对应布设。

（2）当从建筑物外部观测时，测站点或工作基点的点位应选在与照准目标中心连线呈接近正交或等分角的方向线上距照准目标 1.5～2.0 倍目标高度的固定位置处；当利用建筑物内竖向通道观测时，可将通道底部中心点作为测站点。

（3）按纵横轴线或前方交会布设的测站点，每点应选设 1～2 个定向点。基线端点的选设应顾及测距或丈量的要求。

2. 观测点位的标志设置

（1）建筑物顶部和墙体上的观测点标志，可采用埋入式照准标志形式。有特殊要求时，应专门设计。

（2）不便埋设标志的塔形、圆形建筑物以及竖直构件，可以照准视线所切同高边缘认定的位置或用高度角控制的位置作为观测点位。

（3）位于地面的测站点和定向点，可根据不同的观测要求，采用带有强制对中设备的观测墩或混凝土标石。

（4）对于一次性倾斜观测项目，观测点标志可采用标记形式或直接利用符合位置与照准要求的建筑物特征部位；测站点可采用小标石或临时性标志。

3. 观测方法

（1）矩形建筑物。根据观测条件的不同，矩形建筑物主体倾斜观测可以选用下列方法进行。

①测定基础沉降差法。如图 11-33（a）所示，在基础上选设沉降观测点 A、B，用精密水准测量法定期观测 A、B 两点的沉降差值，设 A、B 两点间的距离为 L，则基础倾斜度为

$$i = \frac{\Delta h}{L} \tag{11-9}$$

例如，测得 $\Delta h = 0.023$ m，$L = 7.20$ m，则依式（11-9）算出倾斜度 $i = 0.003\ 194 = 0.319\ 4\%$。

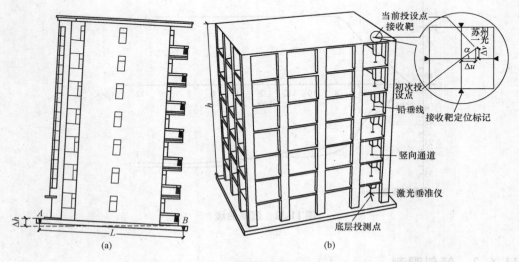

图 11-33　测定基础沉降差法与激光垂准仪法

②激光垂准仪法。如图 11-33（b）所示，激光垂准仪法要求建筑物的顶部与底部之间至少

有一个竖向通道，它是在建筑物顶部适当位置安置接收靶，在其垂线下的地面或地板上埋设点位并安置激光垂准仪，激光垂准仪将通过地面点的铅垂激光束投射到顶部的接收靶上，在接收靶上直接读取或用直尺量出顶部的两个位移量 Δu 与 Δv，则倾斜度与倾斜方向角为

$$\begin{cases} i = \dfrac{\sqrt{\Delta u^2 + \Delta v^2}}{h} \\ \alpha = \arctan \dfrac{\Delta u}{\Delta v} \end{cases} \quad (11\text{-}10)$$

式中，h 为地板点位到接收靶的垂直距离，作业中应严格置平与对中激光垂准仪。

③经纬仪投影法。该法适用于建筑物周围比较空旷的主体倾斜。如图 11-34 所示，设建筑物的高度为 h，选择建筑物上、下在一条铅垂线上的墙角，分别在两墙面大致延长线方向、距离为 $1.5 \sim 2.0$ 倍目标高度 h 处埋设观测点 A、B，在两墙面的墙角处分别横置直尺；在 A 点安置经纬仪，盘左向上准确瞄准房顶墙角，旋松望远镜制动螺旋，向下瞄准墙角横置直尺并读数 L_A，盘右重复前述操作，得直尺读数 R_A，取 A 点两次直尺读数的平均值为

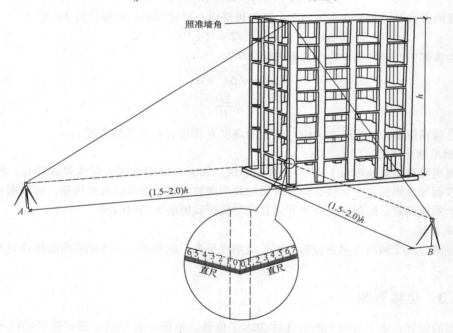

照准墙角

$(1.5\sim2.0)h$　　$(1.5\sim2.0)h$

A　　B

6 5 4 3 2 1 0 0 1 2 3 4 5 6 7
直尺　　直尺

图 11-34　经纬仪投影法

$$l_A = \frac{1}{2}(L_A + R_A) \quad (11\text{-}11)$$

在 B 点安置经纬仪，重复 A 点的操作，得 B 点两次直尺读数的平均值为

$$l_B = \frac{1}{2}(L_B + R_B) \quad (11\text{-}12)$$

设在 A、B 两点初次观测的直尺读数为 l'_A、l'_B，则当前观测的位移分量为

$$\begin{cases} \Delta u = l_A - l'_A \\ \Delta v = l_B - l'_B \end{cases} \quad (11\text{-}13)$$

倾斜度与倾斜方向角依式（11-10）计算。

（2）圆形建（构）筑物主体的倾斜观测。对于圆形建（构）筑物如水塔、烟囱、电视塔的倾斜观测，是在互相垂直的两个方向上，测定其顶部中心与底部中心的偏移值 ΔD，然后用式（11-9）计算出倾斜度。现在以烟囱为例介绍此类圆形建（构）筑物主体的倾斜观测方法。

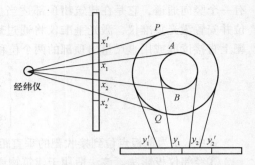

图 11-35　圆形建（构）筑物的倾斜观测

如图 11-35 所示，在烟囱底部相互垂直的方向上各放一根标尺，在标尺中垂线方向上安置经纬仪，使经纬仪到烟囱的距离约为烟囱高度的 1.5 倍。用望远镜将烟囱顶部边缘两点 A、B 及底部边缘两点 P、Q 分别投到标尺上，得读数 x_1、x_2 和 x_1'、x_2'，则烟囱顶部中心对底部中心在 x 方向上的偏移值 Δx 为

$$\Delta x = （x_1 + x_2）/2 - （x_1' + x_2'）/2 \tag{11-14}$$

用同样的方法，可测得在 y 方向上，烟囱顶部中心对底部中心的偏移值 Δy 为

$$\Delta y = （y_1 + y_2）/2 - （y_1' + y_2'）/2 \tag{11-15}$$

则烟囱顶部中心对底部中心的总偏移值 ΔD 为

$$\Delta D = \sqrt{\Delta x^2 + \Delta y^2}$$

$$i = \frac{\Delta D}{H} \tag{11-16}$$

根据总偏移值 ΔD 和圆形建（构）筑物的高度 H 即可计算出其倾斜度 i。

4. 观测周期的确定

倾斜观测可视倾斜速度每 1~3 个月观测一次。如遇基础附近因大量堆载或卸载、场地降雨长期积水等而导致倾斜速度加快，应及时增加观测次数。施工期间的观测周期，可根据要求参照沉降观测的周期确定。倾斜观测应避开强日照和风荷载影响大的时间段。

5. 成果提供

倾斜观测应提交倾斜观测点位布置图、观测成果表、成果图、主体倾斜曲线图和观测成果分析等资料。

11.6.3　位移观测

建筑物的位置在水平方向上的变化称为水平位移。根据平面控制点测定建筑物的平面位置随时间而移动的大小及方向，称为位移观测。位移观测首先要在建筑物附近埋设测量控制点，然后在建筑物上设置位移观测点。

（1）观测点布设及观测周期。建筑物水平位移观测点的位置应选在墙角、柱基以上以及建筑物沉降缝的顶部和底部，建筑物裂缝的两边处，大型构筑物的顶部、中部和下部。标志可采用墙上标志，具体形式及其埋设应根据点位条件和观测要求确定，可采用反射棱镜、反射片、照准觇标或变径垂直照准杆。

水平位移观测的周期，对于不良地基土地区的观测，可与同期的沉降观测一并协调确定；对于受基础施工影响的有关观测，应按施工进度的需要确定，可逐日或每隔 2~3 d 观测一次，直至施工结束。

（2）观测方法。

①基准线法。基准线法的原理是以通过建筑物轴线或平行于建筑物轴线的竖直面为基准面，

在不同时期分别测定大致位于轴线上的观测点相对于此基准面的偏离值。当某些建筑物只要求测定某特定方向上的位移量，如大坝在水压力方向上的位移量时，这种情况可采用基准线法进行水平位移观测。观测时，先在位移方向的垂直方向上建立一条基准线 AB，如图 11-36 所示。A、B 为控制点，M 为观测点。只要定期测量观测点 M 与基准线 AB 的角度变化值 $\Delta\beta$，即可测定水平位移量，$\Delta\beta$ 测量方法如下。

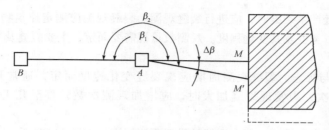

图 11-36　建筑物的位移观测

在 A 点安置经纬仪，第一次观测水平角 $\angle BAM = \beta_1$，第二次观测水平角 $\angle BAM' = \beta_2$，两次观测水平角的角值之差 $\Delta\beta$：

$$\Delta\beta = \beta_2 - \beta_1$$

其位移量 δ 可按下式计算：

$$\delta = (D_{AM} \times \Delta\beta) / \rho'' \tag{11-17}$$

式中，$\rho'' = 206\,265''$。

基准线法对于直线型建筑物的位移观测具有速度快、精度高、计算简单的优点，但只能测定垂直于基准线方向的位移值。

②前方交会法。对于非直线型建筑物以及一些高层建筑物的位移观测，有时需要同时测定建筑物上某观测点在两个相互垂直方向上的位移（在水平面内的位移）。前方交会法是能满足此要求的方法，可用作高层建筑物、曲线型桥梁、重力拱坝等的位移观测。

前方交会的测站点标志应采用观测墩（图 11-37），观测时应尽可能选择较远的稳固的目标作为定向点，测站点与定向点间的距离一般要求不小于交会边的长度。观测点应埋设适用于不同方向照准的标志。

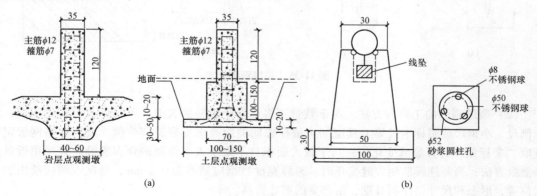

图 11-37　观测墩与照准标志

（a）观测墩（单位：cm）；（b）重力平衡球式照准标志（单位：mm）

前方交会通常采用 DJ1 级经纬仪用全圆方向法进行观测。观测点位移值的计算通常是由两观测周期的方向观测值的差数直接通过平差计算求得其坐标变化量，即观测点位移值。当交会边长在 100 m 左右时，用 DJ1 级经纬仪观测 6 个测回，则位移值测定中误差将不超过 ±1 mm。

11.6.4　裂缝观测

当建构筑物多处产生裂缝时，应进行裂缝观测。裂缝观测应测定建筑物上的裂缝分布位置，裂缝的走向、长度、宽度及其变化程度。观测数量视需要而定，主要裂缝及变化大的裂缝应进行观测。

（1）观测周期与标志。裂缝观测周期应视裂缝变化速度而定，通常开始可半月测一次，以后一月左右测一次；当发现裂缝加大时，应增加观测次数，直至几天或逐日一次的连续观测。

为了观测裂缝的发展情况，要在裂缝处设置观测标志。如图 11-38 所示，常用的裂缝观测标志如下：

①在裂缝两侧用油漆绘两个平行标志；通过测定各组标志点的间距 d_1、d_2、d_3 的变化量来描述裂缝宽度的扩展情况；

②在裂缝上覆盖固定一块石膏板，当裂缝扩展时，裂缝上的石膏板也随之开裂，进而观测裂缝的大小及其扩展情况；

③在裂缝两边各固定一块喷以白漆的铁片，铁片固定后再喷以红漆，当裂缝扩展时，搭盖处呈现白底的宽度变化可反映裂缝的发展情况；

④将刻有十字丝标志的金属棒埋设于裂缝两侧，定期测定两标志点之间距离 d 的变化量来掌握裂缝宽度的扩展情况。

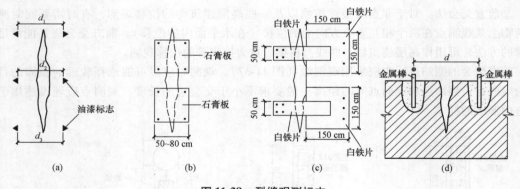

图 11-38　裂缝观测标志

（2）裂缝观测的工具与方法。对于数量不多、易于量测的裂缝，可视标志形式的不同，用比例尺、小钢尺或游标卡尺等工具定期丈量标志间的距离求得裂缝变位值，或用方格网板定期读取"坐标差"计算裂缝变化值；对于较大面积且不便于人工量测的众多裂缝，宜采用近景摄影测量方法；当需连续监测裂缝变化时，裂缝宽度数据应量取至 0.1 mm，每次观测应绘出裂缝的位置、形态和尺寸，注明日期，附必要的照片资料。

（3）裂缝观测的成果资料。裂缝观测结束后，应提供裂缝分布位置图、裂缝观测成果表、观测成果分析说明资料等。当建筑物裂缝与基础沉降同时观测时，可选择典型剖面绘制两者的关系曲线。

11.6.5　基坑支护工程监测

高层建筑物大都设有地下室，施工时会出现深基坑工程。在城市中，由于施工场地狭窄，难以采用放坡开挖施工方法，应采用深基坑挡土支护措施。基坑支护结构的变形以及基坑对周围建筑物的影响，目前尚不能根据理论计算准确地得到定量的结果，因此，对基坑支护工程的现场监测就显得十分必要。

基坑支护工程的沉降监测可参看 11.6.1 节，这里主要介绍采用全站仪对基坑支护工程进行水平位移监测的方法。水平位移观测方法有很多，诸如视准线法、引张线法、导线法以及前方交会法等。

（1）全站仪监测法的观测原理。如图 11-39 所示，首先在基坑现场建立一条基准线 AB，且已完成基准点 A、B 的施工坐标测量；然后利用全站仪同时测定某测点 i 的水平角 β_i 和水平距离 D_i，将观测值（β_i，D_i）代入下式计算测点 i 的施工坐标值（x_i，y_i）。

$$\left.\begin{array}{l} x_i = x_A + D_i\cos\ (\alpha_{AB} + \beta_i) \\ y_i = y_A + D_i\sin\ (\alpha_{AB} + \beta_i) \end{array}\right\}$$

(11-18)

式中，x_A、y_A 为基准点 A 的施工坐标值；α_{AB} 为基准线 AB 的方位角。两期监测结果之差（Δx_i，Δy_i）即该期间内测点 i 的水平位移，其中 Δx_i 为南北轴线方向的位移值，Δy_i 为东西轴线方向的位移值。

对观测数据进行统计，可得到各点各期的水平位移成果。

（2）注意事项。

①基准点 A 宜做成强制对中式的观测墩，这样可以消除对中误差，提高工作效率。

②基准方向至少选两个，如图 11-39 中的 AB 和 AC，每次观测时可以检查基准线 AB 与 AC 间的夹角 β，以便间接检查 A 点的稳定性；另外，B 点和 C 点应选取尽可能远离基坑的建筑物上的明显标志点。

③观测点应做在圈梁上，标志应稳固且尽可能明显。

④应及时反馈监测结果，与建设单位、施工单位及时沟通，及时解决施工中出现的问题。

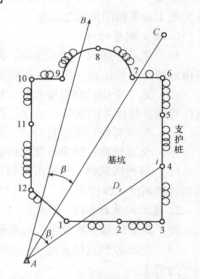

图 11-39　全站仪观测水平位移原理

11.6.6　变形测量应急措施

《建筑变形测量规范》（JGJ 8—2016）规定，建筑变形测量过程中发生下列情况之一时，应立即实施安全预案，同时应提高观测频率或增加观测内容：

（1）变形量或变形速率出现异常变化。

（2）变形量或变形速率达到或超出变形预警值。

（3）开挖面或周边出现塌陷、滑坡。

（4）建筑本身或周边环境出现异常。

（5）由于地震、暴雨、冻融等自然灾害引起的其他变形异常情况。

11.7 竣工总平面图的编绘

11.7.1 竣工总平面图的编绘目的

工业与民用建筑工程是根据设计总平面图施工的。在施工过程中，由于种种原因，建（构）筑物竣工后的位置与原设计位置不完全一致，所以，需要编绘竣工总平面图。

编绘竣工总平面图的目的是全面反映工程竣工后的实际状况，为工程交付使用后的管理、维修、扩建、改建及事故处理提供可靠资料，为工程验收提供依据。

竣工总平面图的编绘包括竣工测量和资料编绘两方面内容。

11.7.2 竣工测量

建（构）筑物竣工验收时进行的测量工作，称为竣工测量。

在每一个单项工程完成后，必须由施工单位进行竣工测量，并提出该工程的竣工测量成果，作为竣工总平面图的编绘依据。

1. 竣工测量的内容

（1）工业厂房及一般建筑物：测定各房角坐标、几何尺寸，各种管线进出口的位置和高程，室内地坪及房角标高，并附注房屋结构层数、面积和竣工时间。

（2）地下管线：测定检修井、转折点、起终点的坐标，井盖、井底、沟槽和管顶等的高程，附注管道及检修井的编号、名称、管径、管材、间距、坡度和流向。

（3）架空管线：测定转折点、结点、交叉点和支点的坐标，支架间距、基础面标高等。

（4）交通线路：测定线路起终点、转折点和交叉点的坐标，路面、人行道、绿化带界线等。

（5）特种构筑物：测定沉淀池的外形和四角坐标、圆形构筑物的中心坐标，基础面标高，构筑物的高度或深度等。

2. 竣工测量的方法

竣工测量的基本测量方法与地形测量相似，区别在于以下几点：

（1）图根控制点的密度。一般情况下，竣工测量图根控制点的密度要大于地形测量图根控制点的密度。

（2）碎部点的实测。地形测量一般采用视距测量的方法，测定碎部点的平面位置和高程；而竣工测量一般采用经纬仪测角、钢尺量距的极坐标法测定碎部点的平面位置，采用水准仪或经纬仪视线水平测定碎部点的高程，也可用全站仪进行测绘。

（3）测量精度。竣工测量的测量精度要高于地形测量的测量精度。地形测量的测量精度要求满足图解精度，而竣工测量的测量精度一般要满足解析精度，应精确至厘米。

（4）测量内容。竣工测量的内容比地形测量的内容更丰富。竣工测量不仅测量地面的地物和地貌，还要测量地下各种隐蔽工程，如雨水和污水的排水管线、给水管线、天然气管道及电力线路等各类地下管线工程。

11.7.3 竣工总平面图的编绘依据、方法与整饰

1. 竣工总平面图的编绘依据

（1）设计总平面图，单位工程平面图，纵、横断面图，施工图及施工说明。

（2）施工放样成果、施工检查成果及竣工测量成果。

（3）更改设计的图纸、数据、资料（包括设计变更通知单）。

2. 竣工总平面图的编绘方法

（1）在图纸上绘制坐标方格网。绘制坐标方格网的方法、精度要求，与地形测量绘制坐标方格网的方法、精度要求相同。

（2）展绘控制点。坐标方格网画好后，将施工控制点按坐标值展绘在图纸上。展点对所临近的方格而言，其容许误差为 ±0.3 mm。

（3）展绘设计总平面图。根据坐标方格网，将设计总平面图的图面内容，按其设计坐标，用铅笔展绘于图纸上，作为底图。

（4）展绘竣工总平面图。对按设计坐标进行定位的工程，应以测量定位资料为依据，按设计坐标（或相对尺寸）和标高展绘。对原设计进行变更的工程，应根据设计变更资料展绘。对有竣工测量资料的工程，若竣工测量成果与设计值的差值不超过所规定的定位容许误差，按设计值展绘；反之，按竣工测量资料展绘。

3. 竣工总平面图的整饰

（1）竣工总平面图的符号应与原设计图的符号一致。有关地形图的图例应使用国家地形图图式符号。

（2）对于厂房，应使用黑色墨线，绘出该工程的竣工位置，并应在图上注明工程名称、坐标、高程及有关说明。

（3）对于各种地上、地下管线，应用各种不同颜色的墨线，绘出其中心位置，并应在图上注明转折点及井位的坐标、高程及有关说明。

（4）对于没有进行设计变更的工程，用墨线绘出的竣工位置，应与按设计原图用铅笔绘出的设计位置重合，但其坐标及高程数据与设计值比较可能稍有不同。随着工程的进展，逐渐在底图上将铅笔线都绘成墨线。

（5）对于直接在现场指定位置进行施工的工程、以固定地物定位施工的工程及多次变更设计而无法查对的工程等，只能进行现场实测，这样测绘出的竣工总平面图，称为实测竣工总平面图。

本章小结

本章内容较多，详细阐述了与建筑施工有关的测量概念及主要工作内容。首先，介绍了施工测量的工作内容、特点和基本原则等；然后，介绍了建筑施工控制测量的基本方法和测设要求；最后，根据不同建筑的施工特点分别从多层民用建筑、高层建筑、工业厂房、建筑物变形观测和竣工总平面图编绘几个方面进行了系统的介绍。

思考与练习

1. 简述施工测量的主要任务。

2. 测设点的平面位置有哪几种？各适用于什么场合？

3. 建筑场地平面控制网有哪几种形式？它们各适用于哪些场合？

4. 什么叫轴线控制桩？它的作用是什么？应如何设置？

5. 在测设三点"一"字形的建筑基线时，为什么基线点不应少于三个？当三点不在同一条直线上时，为什么横向调整量是相同的？

6. 在工业厂房施工测量中，为什么要专门建立独立的厂房控制网？为什么在控制网中要设立距离指标桩？

7. 设放样的角值 $\beta = 56°28'18''$，初步测设的角 $\beta' = \angle BAP = 56°27'30''$，$AP$ 边长 $S = 35$ m，试计算角差 $\Delta\beta$ 及 P 点的横向改正数，并画图说明其改正的方向。

8. 设 A、B 为已知平面控制点，其坐标值分别为 A（20.00，20.00）、B（20.00，60.00），P 为设计的建筑物特征点，其设计坐标为 P（40.00，40.00）。试计算用极坐标法测设 P 点的测设数据，并绘出测设略图。

9. 用极坐标法如何测设主轴线上的三个定位点？试绘图说明。

10. 如何进行厂房柱子的垂直度矫正？应注意哪些问题？

11. 为什么要进行建筑物的变形观测？变形观测主要包括哪几部分内容？

12. 在进行建筑物的沉降观测时，沉降观测点应该如何布置？

13. 制定沉降观测周期的依据是什么？

14. 试述建筑物倾斜观测和水平位移观测方法有何异同点？

15. 如何进行建筑物的裂缝观测？试绘图说明。

16. 绘制竣工总平面图的目的是什么？绘制内容有哪些？

17. 如图 11-34 所示，测得建筑物上 A 点与其投影点 A' 间的偏移距离与 $\Delta u = 0.107$ m，其垂直方向上的 B 点与其投影 B' 点偏移距离 $\Delta v = 0.120$ m，建筑物高为 16 m，求此建筑物的倾斜度。

第 12 章

道桥施工测量

道路工程测量的基本知识，中线测量的方法，道路纵、横断面测量的方法，道路施工测量的内容和方法，桥梁施工测量的内容和方法。

圆曲线和缓和曲线的测设，道路纵、横断面图的绘制，桥梁控制测量，桥梁变形测量。

12.1 道路工程测量概述

道路工程基本建设程序一般分为四个阶段：前期准备阶段、勘测设计阶段、施工阶段和竣工运营阶段。道路工程测量是为道路建设全过程服务的，它的任务有两方面：一是提供公路沿线的带状地形图和断面图；二是将设计位置测设于实地。在不同的阶段，道路工程测量有不同的任务要求：

（1）前期准备阶段。前期准备阶段主要进行工程规划及选线。这一阶段，道路工程测量的主要任务是：收集或测绘规划设计区域内各种比例尺地形图、沿线水文、地质以及控制点等有关资料。

（2）勘测设计阶段。为选择一条经济、合理的路线，必须进行道路勘测。这一阶段，道路工程测量包括初测和定测。

初测的任务是在选定的路线带范围内进行控制测量，测绘路线各方案的带状地形图，为初步设计提供依据。

定测的任务是将选定路线方案的中线测设于实地（中线测量），并进行纵、横断面测量以及局部地区的大比例尺地形图测绘，为路线纵坡设计、横断面设计、工程量计算等提供详细的测量资料。

线路测图的比例尺如表 12-1 所示。

表 12-1　线路测图的比例尺

线路名称	带状地形图	工点地形图	纵断面图		横断面图	
			水平	垂直	水平	垂直
道路		1:200				
	1:2 000	1:500	1:2 000	1:200	1:100	1:100
	1:5 000	1:1 000	1:5 000	1:500	1:200	1:200

注：1:200 比例尺的工点地形图，可按对 1:500 比例尺地形图的技术要求测绘。

（3）施工阶段。施工前，设计单位把道路测量的资料移交给施工单位，包括沿线的导线点、水准点、中线设计、纵横断面资料及地形图等。由设计单位将导线点、水准点和中桩的实地位置在现场移交给施工单位的过程称为"交桩"。

道路工程施工测量的主要内容包括中桩的恢复、纵横断面复测、路基边桩与边坡放样等，为道路施工提供依据。

（4）竣工运营阶段。工程竣工后，要进行竣工验收测量，测绘平面图、断面图，以检查工程是否符合设计要求，并为工程竣工后的使用、养护、改扩建提供必要的资料。在运营阶段，还要监测工程的运营状况，评价工程的安全性。

12.2　路线平面组成及平面位置的标定

道路是一条三维的空间实体，是由路基、路面、桥梁、涵洞、隧道等组成的空间带状构造物。道路中线的空间位置称为路线。路线在水平面上的投影称为路线平面。沿中线竖直剖切再行展开的断面则是路线的纵断面。中线上任一点的法向切面是道路在这点的横断面。

12.2.1　路线平面组成

由于受地形、地质等条件的限制，道路路线经常需要改变方向，为了保持路线的平顺，在相邻两直线间必须用平曲线连接，平曲线包括圆曲线和缓和曲线。缓和曲线是连接直线和圆曲线的曲线，其曲率半径由直线的无穷大逐渐过渡到圆曲线的半径。所以，路线平面组成为直线、圆曲线和缓和曲线，如图 12-1 所示。

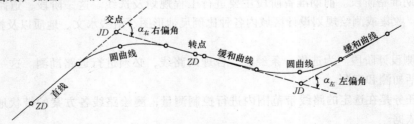

图 12-1　路线的平面组成

相邻两条直线相交的点称为交点（JD），交点既是直线段，又是曲线段的控制点。当交点间不能通视的时候，还需加设转点（ZD）。直线偏转的角度称为转角（也称偏角），按路线的前进方向又可分为左偏角和右偏角，如图 12-1 中的 $\alpha_左$ 和 $\alpha_右$。

12.2.2 中桩、里程及桩号

在地面上标定路线位置时，常用方木桩打入地下，用以标志道路的中线位置，该方桩称为中线桩（简称中桩）。中桩可作为施测路线纵、横断面的依据。中桩用桩号区分，还可标记道路的里程。里程是指中桩与路线起点的水平距离，即沿路线方向直线和平曲线长度之和。桩号的具体表示方法是将整千米数和后面的尾数分开，中间用"+"号连接，整千米数前还要冠以字母 K。例如：某中桩与起点的距离为 1 352.272 m，则该桩的里程桩桩号为 K1+352.272。

12.2.3 中桩的分类

中桩一般分为整桩和加桩。

（1）整桩。整桩是由起点开始，每隔 20 m 或 50 m 设置的桩。当为整百米时，称为百米桩；当为整千米时，称为千米桩。

（2）加桩。加桩又分为关系加桩、曲线加桩、地形加桩和地物加桩。

关系加桩是指直线上的交点桩（JD）、转点桩（ZD）。

曲线加桩是指曲线上的设置的主点桩，如直线接圆曲线的点（ZY）、圆曲线中点（QZ）、圆曲线接缓和曲线的点（YH）等（括号内符号均为汉语拼音的缩写）。常用的道路桩位符号见表 12-2。

表 12-2 常用道路桩位符号

名称	英文符号	中文符号	中文简称
交点	IP	JD	—
转点	TP	ZD	—
圆曲线起点	BC	ZY	直圆点
圆曲线中点	MC	QZ	曲中点
圆曲线终点	EC	YZ	圆直点
公切点	CP	GQ	—
第一缓和曲线起点	TS	ZH	直缓点
第一缓和曲线终点	SC	HY	缓圆点
第二缓和曲线起点	CS	YH	圆缓点
第二缓和曲线终点	ST	HZ	缓直点

地形加桩是指沿中线地面起伏变化、横向坡度变化以及天然河沟处所设置的里程桩（图 12-2），对于以后设计施工尤其是纵坡的设计作用很大。

地物加桩是指沿中线有对道路影响较大的地物时布设的里程桩，比如桥梁、涵洞，路线与其他公路、铁路、渠道、高压线等交叉处，拆迁建筑物以及土壤地质变化处加设的里程桩。

中桩钉桩时，对于交点桩、转点桩、曲线主点桩、重要地物加桩（如桥、涵位置桩），均打下断面为 6 cm×6 cm 的方桩 [图 12-2 (d)]，桩顶与地面平齐，在桩顶钉中心钉，在其旁钉一指示桩［图12-2（e）］。指示桩可用扁桩（或竹片桩），上部露出地面20 cm，写明该点名称和里程桩号。交点的指示桩应钉在圆心和交点连线外约20 cm处，字面朝向交点。曲线主点的指示桩字面朝向圆心。其余里程桩一般使用扁桩，一半露出地面，以便书写桩号，桩号要面向路线起点方向。对于曲线加桩和关系加桩，书写里程时，一般应先写其缩写名称。

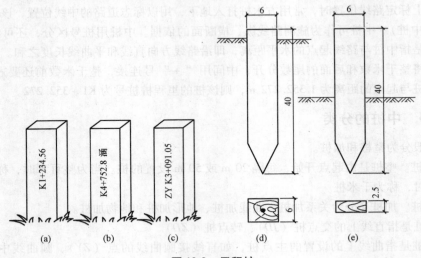

图 12-2　里程桩

12.2.4　断链

道路测设一般是分段进行的，由于局部改线或者事后发现丈量或计算错误，会造成路线里程桩号不连续，这种情况称为断链。如重新进行桩号的编排，外业工作量太大。为此，可在桩号不连续的实地位置设置断链桩，并标注两个里程。桩号重叠的叫长链，桩号间断的叫短链。如K1 + 827.43 = K1 + 900.00，短链为72.57 m。

断链桩不要设在曲线内或构筑物上，一般设置在整桩处，并做好详细的记录。

12.3　道路中线测量

道路中线测量就是把图纸上设计好的道路中线在实地上标定出来，是定测阶段的主要工作。传统的中线测量可分为定线和中桩测设两个部分。随着计算机辅助设计及全站仪的普及，定线和中桩测设可以同步进行，称为全站仪一次放样或 GPS – RTK 放样。

传统法中线测量的主要内容有交点和转点测设、路线转角测定、中桩测设（包括直线和平曲线）等。

12.3.1　交点与转点测设

中线交点包括道路的起点和终点，是确定路线走向的关键点，习惯上用"JD"加编号表示，如"JD_6"表示第6号交点。当线路直线段较长或现场无法通视时，在两个交点之间还应增设定向桩点，称为转点（ZD），以便在交点测量转角和直线量距时作为照准与定线的目标。直线上一般每隔 300 m 设置一个，另外在路线和其他道路交叉处以及路线上需要设置桥、涵等构筑物的地方，也要设置转点。

以上点位在图纸上已设计出坐标以及与地面上已有控制点或者固定地物点之间的关系。测设时，根据图纸上已设计的定位条件，将它们测设在实地上。

1. 交点的测设

由于定位条件和现场条件不同，应根据实际情况合理选择交点的测设方法。

（1）根据与地物的关系测设。如图 12-3 所示，交点 JD_6 的位置已在地形图上选定，图上交点附近有房屋、电杆等地物，可先在图上量出 JD_6 到两房角和电杆的距离，然后在现场找到相应的地物，经复核无误后，按距离交会法测设交点 JD_6 的位置。

该方法适用于测设精度要求不高的情况，而且要求交点周围有定位特征明显的地物做参考。

（2）根据平面控制点和交点设计坐标测设。道路工程的平面控制点一般用导线的形式布设，经导线测量和计算后，导线上各控制点的坐标已知，可根据控制点和交点设计坐标，用直角坐标法、极坐标法、角度交会法或距离交会法将其测设在实地上。

如图 12-4 所示，根据导线点 4、5 和交点 9 的坐标可以计算出导线边的方位角 $\theta_{4,5}$ 和导线点 4 点至交点 9 的平距 D 和方位角 θ，然后在导线点 4 上用极坐标法测设 JD_9。

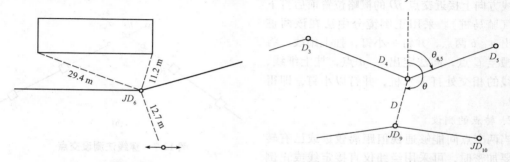

图 12-3　根据地物测设交点　　　图 12-4　利用导线点测设交点

根据设计坐标和平面控制点测设交点时，一般用全站仪施测，一是可以达到很高的定位精度；二是施测方便、效率高，是目前道路工程中测设交点的主要方法。

（3）利用穿线法测设。利用穿线法测设交点就是利用图上附近的导线点或地物点与纸上定线的直线段之间的角度和距离关系，用图解法求出测设数据，通过实地的导线点或地物点，把中线的直线段独立地测设到地面上，然后将相邻直线延长相交，定出地面交点桩的位置。其程序是放点、穿线和交点。

①放点。要在地面上测设出一条直线，至少需要测设出该直线上的两个点，为了校核和提高精度，一般要求测设 3 个及以上的点，这些点称为临时点。临时点的选取既要考虑测设的方便，又要使同一直线段上的两个点通视良好。

常用的放点方法有极坐标法和支距法。

图 12-5 为极坐标法放点。$P_1 \sim P_4$ 为纸上定线的某直线段欲放的临时点。在图上以最近的导线点 4 和导线点 5 为依据，用量角器和比例尺分别量出放样数据 β_1、l_1、β_2、l_2 等。然后在实地用经纬仪和钢尺分别在导线点 4 与导线点 5 上按极坐标法定出各临时点的位置。

图 12-6 为支距法放点。在图上从导线点 14、15、16、17 作导线边的垂线，分别与中线相交得各临时点，用比例尺量取各相应的支距 $l_1 \sim l_4$。在现场以相应导线点为垂足，用方向架（或经纬仪）标定垂线方向，用钢尺量支距，测设出相应的各临时点 $P_1 \sim P_4$。

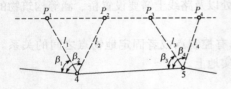

图 12-5　极坐标法放点

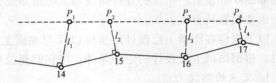

图 12-6　支距法放点

②穿线。放出的临时点，理论上应在一条直线上，由于图解数据和测设工作均存在误差，实际上并不严格在一条直线上，如图 12-7（a）所示，这时需要将各点调整到同一直线上，称为穿线。根据现场实际情况，采用目估法穿线或经纬仪视准法穿线，通过比较和选择，定出一条尽可能多地穿过或靠近临时点的直线 AB。最后在 AB 或其方向线上打下两个以上的转点桩，取消临时桩点。

③交点。如图 12-7（b）所示，当两条相交的直线 AB、CD 在地面上确定后，可进行交点。将经纬仪安置于 B 点，照准 A 点，倒转望远镜，在视线方向上接近交点 JD 的概略位置前后打下两桩（骑马桩）。采用正倒镜分中法在该两桩上定出 a、b 两点，并钉一小钉，挂上细线。将仪器搬至 C 点，同法定出 c、d 点，挂上细线，两细线的相交处打下木桩，并钉以小钉，即得到 JD。

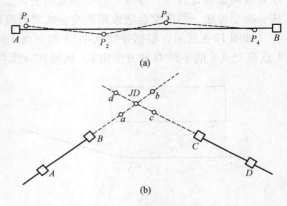

图 12-7　穿线法测设交点

2. 转点的测设

当两交点间能够通视但距离较远或已有转点需要加密时，可采用经纬仪直接定线或正倒镜分中法测设转点。当相邻两交点不能通视时，可采用以下方法测设转点：

（1）两交点间设转点。如图 12-8 所示，JD_5、JD_6 为相邻而不通视的两交点，当在其中间设置转点时，可以采用过高地定线的方法。

首先在高地初定一转点 ZD′，在 ZD′ 点设置经纬仪，用正倒镜分中法延长线段 $JD_5 - ZD'$ 至 JD_6'；设 JD_6 与 JD_6' 的偏差为 f，若 f 在误差允许范围内，可将 ZD′ 作为转点，若误差较大，必须进行调整。

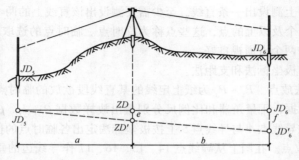

图 12-8　两交点间设转点

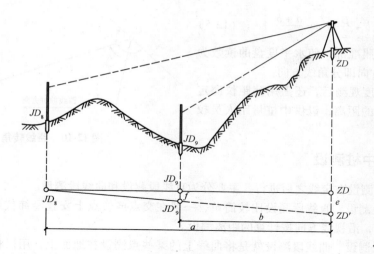

图 12-9 延长线上设转点

用视距法测出 $JD_5 - ZD'$ 和 $ZD' - JD_6'$ 的距离 a、b，则 ZD 需横向移动的距离 e 为

$$e = \frac{a}{a+b}f \tag{12-1}$$

将 ZD' 偏移距离 e 至 ZD，再将经纬仪移至 ZD，重复以上步骤，直至偏差 f 满足要求为止。

（2）延长线上设转点。如图 12-9 所示，JD_8、JD_9 互不通视，可大概在其延长线上初定一转点 ZD'，在该点安置经纬仪，照准 JD_8，用正倒镜分中法确定线段 $JD_8 - ZD'$ 在 JD_9 附近的点 JD_9'，设 JD_9 与 JD_9' 的偏差为 f，若 f 在误差允许范围内，可将 ZD' 作为转点，若误差较大，必须进行调整。

调整方法同两交点间的转点设置，不过此时的横向移动距离 e 为

$$e = \frac{a}{a-b}f \tag{12-2}$$

12.3.2 路线转角测定

转角又称偏角，是指路线由一个方向偏转到另一方向时，偏转后方向与原方向延长线之间的夹角，用 α 表示。如图 12-10 所示，按线路的前进方向，当偏转后的方向位于原方向右侧时，为右偏角，记作 $\alpha_右$；当偏转后的方向位于原方向左侧时，为左偏角，记作 $\alpha_左$。

一般通过观测路线右侧的水平角 β 来计算偏角，如图 12-10 中的角 β_5、β_6。观测时，将经纬仪安置在交点上，用测回法观测一个测回得水平角 β。当 $\beta > 180°$ 时为左偏角，当 $\beta < 180°$ 时为右偏角。左偏角和右偏角的公式分别为

$$\alpha_左 = \beta - 180° \tag{12-3}$$

$$\alpha_右 = 180° - \beta \tag{12-4}$$

右偏角的观测通常用 DJ6 经纬仪（或全站仪）以测回法观测一个测回，两半测回角度互差一般不超过 $\pm 40''$。

右偏角测定后，为便于测设圆曲线中点桩，要求在不变动水平度盘位置的情况下，定出 β 角的分角线方向，如图 12-10 所示，并钉桩标志。测设角度时，假设后视方向的水平度盘读数为 a，前视方向的读数为 b，分角线方向的水平度盘读数为 c。因 $\beta = a - b$，则

$$c = b + \frac{\beta}{2} \text{ 或 } c = \frac{a+b}{2} \qquad (12-5)$$

转动经纬仪照准部，使水平度盘的读数为c，此时望远镜方向即分角线方向。

此外，在角度观测后，还需用测距仪测定相邻两交点之间的距离，以供中桩量距人员校核用。

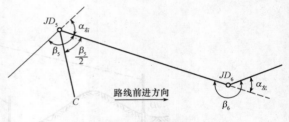

图 12-10　路线转角

12.3.3　中桩测设

路线中桩的测设在定线之后进行，主要分为直线段测设和曲线段测设。

（1）直线段测设。直线段测设比较简单，一般在交点或转点上安置经纬仪或全站仪，照准另一交点或转点，沿视线方向按计算的距离测设。

（2）曲线段测设。曲线段测设就是将曲线上的某些点测设在地面上，用以标定曲线的平面位置。测设点位的方法有直角坐标法、极坐标法、角度交会法、距离交会法及边角交会法等，无论使用哪种方法，都是以某些已知点、已知方向为依据，由平曲线设计图计算出待测点与已知点、已知方向的关系，依据这些数据进行水平角、水平距离的测设，从而测设出点位。

曲线段测设在定线的基础上分两步进行：先由交点和转点测设曲线的主点（控制点），再依据这些主点详细测设曲线。曲线段测设包括圆曲线测设和带缓和曲线的平曲线测设，见 12.4 节和 12.5 节。

12.3.4　全站仪一次放样

当今，无论是设计单位还是施工单位，道路中线测设普遍都采用全站仪按极坐标法进行。全站仪一次放样的关键工作是计算交点、转点、中桩的坐标，其可通过道路计算机辅助设计软件获得。

测设时，将待测点与控制点的坐标输入仪器即可放样。仪器可安置在任意控制点上，测设的速度快、精度高。

测设的具体步骤如下：

（1）利用道路设计软件导出交点、转点及各中桩坐标（逐桩坐标表）；

（2）收集沿线所有的控制点坐标；

（3）在控制点上安置全站仪，将交点、转点、中桩坐标及控制点坐标导入全站仪，利用全站仪内置的放样程序，计算放样数据；

（4）根据全站仪上显示的放样数据，直接放样；

（5）对放样结果进行检校。

12.3.5　GPS－RTK 测设

在道路建设中，中线测量常用经纬仪和全站仪放样，但野外测量工作量大，工期长，还需测站点与碎步点相互通视。用 GPS－RTK 进行测定和测设具有无须通视、误差不累积、机动灵活等优点，GPS-RTK 技术已被广泛运用。利用 GPS－RTK 技术，流动站相对基准站线向量的精度可达到厘米级。

若已知基准站的 WGS－84 坐标，就可得到流动站的 WGS－84 坐标。而在道路建设中，通常采用北京 54 坐标系或其他坐标系，因此需要进行坐标转换。坐标转换的方法和软件均有多种，可自行查阅相关资料。

GPS – RTK 放样的具体流程如下：

（1）收集测区控制点资料，了解控制点资料的坐标系统，并设计外业作业方案。

（2）将交点 JD 和转点 ZD 点号及坐标、控制点坐标和曲线设计要素按作业文件输入 GPS – RTK 手簿。也可利用道路设计软件导出交点、转点及各中桩坐标（逐桩坐标表），再导入 GPS – RTK 手簿。

（3）在外业设置基准站，利用公共点坐标计算两坐标系转换参数，并将参数保存。

（4）调出手簿中的有关软件和输入手簿的作业文件，进行 GPS – RTK 放样。同时，还可以对放样点进行测量，及时进行检核。

GPS – RTK 放样适合视野开阔的地区。事先设置好基准站及其参数后，即可调用作业文件和放样菜单，用流动站测设待测点，一次设站可测设许多点。如用 GPS – RTK 放线，也需要通过穿线来确定直线的位置。总之，用 GPS – RTK 技术进行测量，速度快、精度高、测程长，测点与控制点间无须通视，大大提高了作业效率。

12.4　圆曲线的测设

当路线方向发生变化时，必须用平曲线圆顺。平曲线包括圆曲线和缓和曲线，其中圆曲线是最基本的曲线。当圆曲线的半径大到规定值以上时，可不设缓和曲线，将直线与圆曲线直接相接，构成最简单的"直线—圆曲线—直线"的组合，如图 12-11 所示。圆曲线半径根据地形条件和工程要求选定，由转角 α 和圆曲线半径 R 可以计算出图中其他各测设要素值。圆曲线的测设分两步进行，先测设曲线上起控制作用的主点（ZY、QZ、YZ），再依据主点测设曲线上每隔一定距离的里程桩，以详细标定曲线位置。这实际上反映了先控制后细部的一般原则。

12.4.1　圆曲线主点的测设

（1）圆曲线的主点。

ZY——直圆点，即圆曲线起点，指按道路前进方向由直线进入圆曲线的分界点；

QZ——曲中点，为圆曲线中点；

YZ——圆直点，即圆曲线终点，指按道路前进方向由圆曲线进入直线的分界点。

ZY、QZ、YZ 三点称为圆曲线的主点。

（2）圆曲线测设要素计算。为了测设圆曲线的主点，首先要计算出圆曲线的要素。

T——切线长，为交点 JD 至直圆点 ZY 或圆直点 YZ 的长度；

L——曲线长，即圆曲线的长度（自 ZY 经 QZ 至 YZ 的弧线长度）；

E——外矢距，为交点 JD 至曲中点 QZ 的距离。

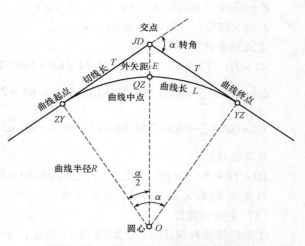

图 12-11　圆曲线的主点及测设要素

T、L、E 称为圆曲线测设要素。

转角 α、曲线半径 R 为计算圆曲线要素的必要资料，是已知值。α 可由外业直接测出，亦可由纸上定线求得；R 为设计时采用的数据。

由图 12-11 可得，圆曲线要素的计算公式为

$$T = R \cdot \tan \frac{\alpha}{2} \tag{12-6}$$

$$L = R \cdot \alpha \cdot \frac{\pi}{180} \tag{12-7}$$

$$E = R \left(\sec \frac{\alpha}{2} - 1 \right) \tag{12-8}$$

$$J = 2T - L \tag{12-9}$$

式中，转角 α 以度为单位；J 称为切曲差（超距），主要用于计算校核。

（3）圆曲线主点桩号计算。圆曲线主点桩号可根据交点桩号（由直线段桩号推算获得）和圆曲线测设要素进行计算，由图 12-11 可得计算公式为

$$ZY = JD - T \tag{12-10}$$

$$QZ = ZY + \frac{L}{2} \tag{12-11}$$

$$YZ = QZ + \frac{L}{2} \tag{12-12}$$

为避免计算错误，可用下式进行校核：

$$JD = YZ - T + J \tag{12-13}$$

【例题 12-1】　已知圆曲线交点 JD 的桩号为 K6 + 258.99，转角 $\alpha_R = 48°36'$，设计圆曲线半径 $R = 160$ m，求圆曲线主点要素及各主点桩号。

【解】　圆曲线主点要素计算：

$T = 160 \times \tan 24°18' = 72.24$（m）

$L = 160 \times 48.60 \times \dfrac{\pi}{180} = 135.65$（m）

$E = 160 \times (\sec 24°18' - 1) = 15.55$（m）

$J = 2 \times 72.24 - 135.65 = 8.83$（m）

主点桩号计算：

$ZY = JD - T = $ K6 + 258.99 - 72.24 = K6 + 186.75

$QZ = ZY + \dfrac{L}{2} = $ K6 + 186.75 + 135.65/2 = K6 + 254.58

$YZ = QZ + \dfrac{L}{2} = $ K6 + 254.58 + 135.65/2 = K6 + 322.40

计算校核：

$JD = YZ - T + J = $ K6 + 322.40 - 72.24 + 8.83 = K6 + 258.99

与交点 JD 原来桩号一致，计算正确。

（4）主点的测设。

①用经纬仪和钢尺测设。如图 12-11 所示，于交点 JD 上安置经纬仪，后视照准前一交点方向（或转点），自交点 JD 起沿视线方向量取切线长 T，得圆曲线起点桩 ZY；经纬仪前视照准后一交点方向（或转点），自 JD 点沿视线方向量取切线长 T，得圆曲线终点桩 YZ。然后按公式

（12-5）计算分角线方向数值，再按 12.3.2 介绍的方法，测设分角线方向，沿此方向量出外矢距 E，打下圆曲线中点桩 QZ。

为保证主点的测设精度，距离应往返丈量，相对较差不大于 1/2 000 时，取其平均位置。

②用全站仪按极坐标法测设。用全站仪极坐标法一次测设时，将全站仪安置于平面控制点上，输入测站坐标和后视点坐标（或后视点方位角），再输入要测设的主点坐标，仪器自动计算出测设角度和距离，直接进行主点测设。

12.4.2　圆曲线的详细测设

要在实地标定出曲线的位置，除了测设曲线的主点以外，还需要按照一定的桩距，在曲线上测设整桩和加桩。测设曲线的整桩和加桩称为曲线的详细测设。《公路勘测规范》（JTG C10—2007）规定路线中桩间距不大于表 12-3 中的数值。

表 12-3　中桩间距表 m

直线		曲线			
平原、微丘区	重丘、山岭区	不设超高的曲线	$R > 60$	$30 < R < 60$	$R < 30$
≤50	≤25	25	20	10	5
注：表中 R 为平曲线半径（m）					

圆曲线上中桩宜采用偏角法、切线支距法、极坐标法和 GPS – RTK 法敷设。

1. 偏角法

偏角法是利用偏角（弦切角）和弦长来测设圆曲线的方法，实质上是一种类似于极坐标法的角度距离交会法。

测设数据计算如下：

如图 12-12 所示，设 P_1 为曲线上的第一个整桩，它与圆曲线起点 ZY 间的弧长为 l'，以后各段弧长均为 l_0，最后一个整桩与曲线终点 YZ 的弧长为 l''，l'、l_0、l'' 对应的圆心角分别为 φ'、φ_0、φ''，则 φ'、φ_0、φ'' 可按下列公式计算：

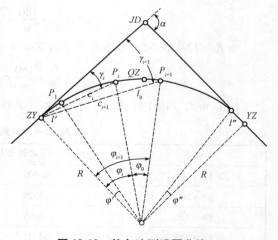

图 12-12　偏角法测设圆曲线

$$\varphi' = \frac{l'}{R} \cdot \frac{180}{\pi} \ (°) \tag{12-14}$$

$$\varphi_0 = \frac{l_0}{R} \cdot \frac{180}{\pi} \ (°) \tag{12-15}$$

$$\varphi'' = \frac{l''}{R} \cdot \frac{180}{\pi} \ (°) \tag{12-16}$$

圆曲线起点 ZY 至 P_i 点的弧长为 l_i，所对应的圆心角为 φ_i，则有

$$l_i = l' + (i - 1) \, l_0 \tag{12-17}$$

$$\varphi_i = \varphi' + (i - 1) \, \varphi_0 = \frac{l_i}{R} \cdot \frac{180}{\pi} \ (°) \tag{12-18}$$

弦切角 γ_i 为同弧所对的圆心角 φ_i 的一半，即

$$\gamma_i = \frac{\varphi_i}{2} \tag{12-19}$$

作为计算校核，所有的圆心角 φ 之和应等于交点的转角 α，即

$$\varphi' + (i-1)\varphi_0 + \varphi'' = \alpha \tag{12-20}$$

曲线起点至任一桩点 P_i 的弦长 c_i 为

$$c_i = 2R\sin\frac{\varphi_i}{2} = 2R\sin\gamma_i \tag{12-21}$$

【例题 12-2】 圆曲线的交点桩号、转角和半径同例题 12-1，整桩距 $l_0 = 20$ m，按偏角法测设，试计算详细测设数据。

【解】（1）由上例计算可知，ZY 点的里程为 K6 + 186.75，它最近的整桩里程为 K6 + 200，则首段零头弧长为

$$l' = 200 - 186.75 = 13.25 \text{ （m）}$$

由式（12-14）可得其对应的圆心角为

$$\varphi' = \frac{l'}{R} \cdot \frac{180}{\pi} = \frac{13.25}{160} \cdot \frac{180}{\pi} = 4°44'49''$$

YZ 的里程为 K6 + 322.40，它前面最近的整桩里程为 K6 + 320，则尾段零头弧长为

$$l'' = 322.40 - 320 = 2.4 \text{ （m）}$$

由式（12-16）可得其对应的圆心角为

$$\varphi'' = \frac{l''}{R} \cdot \frac{180}{\pi} = \frac{2.40}{160} \cdot \frac{180}{\pi} = 0°51'36''$$

由式（12-15）可得整弧长对应的圆心角为

$$\varphi_0 = \frac{l_0}{R} \cdot \frac{180}{\pi} = \frac{20}{160} \cdot \frac{180}{\pi} = 7°09'58''$$

（2）由式（12-19）及式（12-20）计算详细测设数据，见表 12-4。

表 12-4 偏角法测设数据计算表

桩号	桩点至 ZY 的弧长 l_i/m	弦切角$_i$	弦长 c_i/m
ZY K6 + 186.75	0.000	0°00'00"	0
K6 + 200	13.25	2°22'25"	13.25
K6 + 220	33.25	6°57'23"	33.21
K6 + 240	53.25	9°32'21"	53.03
QZ K6 + 254.58	67.83	12°09'04"	67.36
K6 + 260	73.25	13°07'19"	72.65
K6 + 280	93.25	16°42'17"	91.98
K6 + 300	113.25	20°17'15"	110.96
K6 + 320	133.25	23°52'13"	129.49
YZ K6 + 322.40	135.65	24°18'01"	131.68

（3）测设步骤。

①置经纬仪于 ZY 点，后视 JD，盘左归零读数为 0°00'00"；

②打开照准部并转动望远镜，当水平度盘读数为 2°22'25" 时制动照准部；然后从 ZY 点开始

沿视线方向测设弦长 13.25 m，得 P_1 点，并钉木板桩；

③松开照准部，继续转动，当度盘读数为 6°57′23″时制动照准部，沿此方向测设弦长 33.21 m，定出 P_2 点；依次类推测设出 P_3、P_4、P_5、P_6、P_7 点。

④测得 QZ'、YZ' 点后，与主点 QZ、YZ 位置进行闭合校核。当闭合差满足规范要求时，一般不再做调整；若闭合差超限，则应查找原因并重测。

偏角法的优点是只要架设一次仪器，缺点是测设距离越远，误差越大，可由 ZY、YZ 点分别向 QZ 点测设。或者在测设 P_i 点时，采用与前一点 P_{i-1} 的弧长差代替该点弦长，在测出方向线后，从前一点 P_{i-1} 以弧长差测设距离，交会出 P_i 的位置，但是误差会不断累积。其适合于山区测设。

2. 切线支距法

切线支距法实质上为直角坐标法，如图 12-13 所示，它是以圆曲线起点 ZY（或终点 YZ）为坐标原点，以 ZY（或 YZ）的切线为 x 轴，切线的垂线为 y 轴建立坐标系，x 轴指向 JD，y 轴指向圆心 O，按直角坐标法进行测设。

（1）测设数据计算。如图 12-13 所示，设圆曲线半径为 R，ZY 点至前半曲线上各里程桩 P_i 点的弧长为 l'，其对应的圆心角为

$$\varphi_i = \frac{l_i}{R} \cdot \frac{180}{\pi} \ (°) \quad (12\text{-}22)$$

则该桩点 P_i 的坐标为

$$x_i = R\sin\varphi_i \quad (12\text{-}23)$$
$$y_i = R \ (1 - \cos\varphi_i) \quad (12\text{-}24)$$

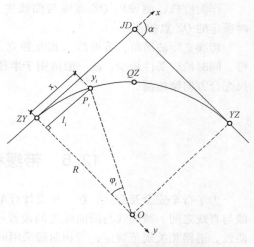

图 12-13　切线支距法测设圆曲线

【例题 12-3】　根据例题 12-1 的曲线元素、桩号和桩距，按切线支距法计算各里程桩的坐标。

【解】计算数据列表如下：

表 12-5　切线支距法测设圆曲线坐标计算表

桩号	点号	弧长 l_i/m	圆心角 φ_i	支距坐标 x_i/m	支距坐标 y_i/m
ZY K6+186.75	1	0.000	0°00′00″	0	0
K6+200	2	23.25	4°44′49″	13.25	0.55
K6+220	3	33.25	11°54′47″	33.03	3.45
K6+240	4	53.25	19°04′42″	52.30	8.79
QZ K6+254.58		67.83	24°18′07″	65.84	14.18
K6+260	4	62.40	22°21′24″	60.86	12.03
K6+280	3	42.40	15°11′28″	41.93	5.59
K6+300	2	22.40	8°01′32″	22.23	1.57
K6+320	1	2.40	0°51′36″	2.40	0.02
YZ K6+322.40		0.000	00°00′00″	0	0

（2）测设方法。切线支距法测设圆曲线时，为了避免支距过长，一般由 *ZY* 和 *YZ* 分别向 *QZ* 点施测，步骤如下：

①从 *ZY* 或 *YZ* 点开始，用钢尺沿切线方向量取 x_1、x_2、x_3 等横距，得垂足点 N_1、N_2、N_3 等，用测钎在地面上做出标记，如图 12-14 所示；

②在垂足点上作切线的垂直线，分别沿垂直线方向用钢尺量出 y_1、y_2、y_3 等纵距，得出曲线细部桩点 P_1、P_2、P_3 等。

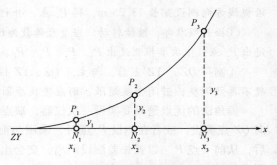

图 12-14　切线支距法测设圆曲线步骤

作为检核，测设的 *QZ* 点应与曲线主点测设时所定的 *QZ* 点相符。

切线支距法简单，各曲线点相互独立，无测量误差累积。但由于安置仪器次数多，速度较慢，同时检核条件较少，故一般适用于半径较大、*y* 较小的平坦地区的曲线测设，这时可采用钢尺配合方向架施测。

12.5　带缓和曲线的平曲线测设

为了行车安全及舒适，在一些设计行车速度较快、圆曲线半径较小的曲线段，常要求在圆曲线与直线之间、圆曲线与圆曲线之间设置一段曲率半径逐渐变化的曲线，这种曲线被称为缓和曲线。道路相关规范规定，缓和曲线采用回旋线。因此，不加说明时，缓和曲线默认为回旋线。

12.5.1　缓和曲线的数学表达式

如图 12-15 所示，缓和曲线的起点 *A* 接直线，终点 *C* 接半径为 *R* 的圆曲线，L_s 为缓和曲线全长，*A* 点的曲率 $K_A = 0$，*C* 点的曲率 $K_C = 1/R$。设 *P* 为缓和曲线上任意一点，相应的弧长为 *l*，曲率半径为 *r*。由于缓和曲线上，曲率的变化是连续均匀的，且随着弧长的增大而增大，因此 *P* 点的曲率应为

$$K_P = \frac{l}{L_s} \times \frac{1}{R}$$

或

$$r = \frac{1}{K_P} = \frac{RL_s}{l}$$

即

$$rl = RL_s = c \tag{12-25}$$

此为缓和曲线的极坐标方程。式中，*c* 为常数，表征缓和曲线半径的变化率。

如图 12-15 所示，以 *ZH* 点为坐标原点，过 *ZH* 点的切线为 *x* 轴，*ZH* 点的半径方向为 *y* 轴，建立直角坐标系。

P 点切线与起点切线的夹角称为切线角 *β*，则 *P* 点的半径方向与纵轴的夹角也是 *β*。在 *P* 点取一微分弧段 d*l*，对应的圆心角为 d*β*。因此

$$dl = r \times d\beta \tag{12-26}$$

将式（12-25）代入式（12-26），可得

$$l \times dl = c \times d\beta \tag{12-27}$$

当 P 点移动到缓和曲线起点 A 上时，$l = 0$，$\beta = 0$。上式两边积分得

$$\beta = \frac{l^2}{2c} = \frac{l}{2r} \qquad (12\text{-}28)$$

当 P 点移动到缓和曲线终点 C 时，$l = L_s$，则

$$\beta_0 = \frac{L_s^2}{2c} = \frac{L_s}{2R} \qquad (12\text{-}29)$$

设 P 点坐标为 $(x,\ y)$，则微分弧段 $\mathrm{d}l$ 在坐标轴上的投影

$$\mathrm{d}x = \mathrm{d}l \times \cos\beta \qquad (12\text{-}30)$$
$$dy = \mathrm{d}l \times \sin\beta \qquad (12\text{-}31)$$

将 $\cos\beta$、$\sin\beta$ 按级数展开，代入上面两式可得

$$\mathrm{d}x = \left(1 - \frac{\beta^2}{2!} + \frac{\beta^4}{4!} - \frac{\beta^6}{6!} + \cdots \right)\mathrm{d}l$$

$$dy = \left(\beta - \frac{\beta^3}{3!} + \frac{\beta^5}{5!} - \frac{\beta^7}{7!} + \cdots \right)\mathrm{d}l$$

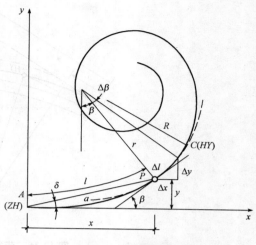

图 12-15　缓和曲线特性图

将式（12-28）代入，两边积分，并略去高次项，整理可得

$$\left. \begin{array}{l} x = l - \dfrac{l^5}{40c^2} \\[2mm] y = \dfrac{l^3}{6c} - \dfrac{l^7}{336c^3} \end{array} \right\} \qquad (12\text{-}32)$$

此为缓和曲线的直角坐标方程。

当 $l = L_s$ 时，$c = RL_s$，则缓和曲线终点（HY）坐标为

$$\left. \begin{array}{l} x_0 = L_s - \dfrac{L_s^3}{40R^2} \\[2mm] y_0 = \dfrac{L_s^2}{6R} - \dfrac{L_s^4}{336R^3} \end{array} \right\} \qquad (12\text{-}33)$$

12.5.2　带缓和曲线的平曲线主点测设

同样，带缓和曲线的平曲线也要先进行主点测设，在主点测设之前，也要先计算测设要素。

1. 内移距 p 和切线增长值 q 的计算

如图 12-16 所示，在直线和圆曲线间插入缓和曲线后，必须将原来的圆曲线向内移动距离 p，才能使缓和曲线与直线和圆曲线顺接，这个 p 称为内移距。同时，切线也发生了变化，增长了 q，q 则称为切线增长值。从图上的几何关系可以得出

$$p = y_0 - R(1 - \cos\beta_0)$$
$$q = x_0 - R\sin\beta_0$$

同样地，将 $\cos\beta_0$、$\sin\beta_0$ 按级数展开，并将式（12-29）、式（12-33）代入，略去高次项，整理得

$$p = \frac{L_s^2}{24R} - \frac{L_s^4}{2\,688R^3}$$

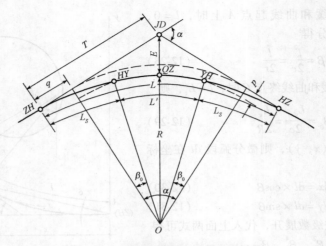

图 12-16 带缓和曲线的平曲线示意图

$$q = \frac{L_s}{2} - \frac{L_s^3}{240R^2}$$

2. 测设要素计算

由图 12-16 可得各要素计算式如下：

切线长 $\qquad\qquad\qquad\qquad T = (R + p) \tan\frac{\alpha}{2} + q$ （12-34）

平曲线长 $\qquad\qquad\qquad L = (\alpha - 2\beta_0)\frac{\pi}{180}R + 2L_s$ （12-35）

或 $\qquad\qquad\qquad\qquad\quad L = \frac{\pi}{180}\alpha R + L_s$ （12-36）

外距 $\qquad\qquad\qquad\qquad E = (R + p)\sec\frac{\alpha}{2} - R$ （12-37）

校正值（切曲差） $\qquad\qquad J = 2T - L$ （12-38）

3. 主点桩号计算及测设

图 12-16 为带缓和曲线的"直线—缓和曲线—圆曲线—缓和曲线—直线"的组合，又称为基本型曲线。共由三段组成，即第一缓和曲线段 $ZH \sim HY$、圆曲线段（即主曲线段）$HY \sim YH$、第二缓和曲线段 $YH \sim HZ$。因此，整个平曲线共有五个主点，即

直缓点（ZH）：由直线进入第一缓和曲线的点，是整个曲线的起点。

缓圆点（HY）：第一缓和曲线的终点，也是圆曲线起点。

曲中点（QZ）：整个曲线的中间点，一般是圆曲线中点。

圆缓点（YH）：圆曲线的终点，也是第二缓和曲线的起点。

缓直点（HZ）：第二缓和曲线的终点，进入直线段的起点，也是整个曲线的终点。

以交点里程桩号为起算点，各主点桩号计算如下：

$ZH = JD - T$

$HY = ZH + L_s$

$QZ = HY + (L - 2L_s)/2$

$YH = QZ + (L - 2L_s)/2$

$$HZ = YH + L_s$$

校核：

$$JD = HZ - T + J$$

主点 ZH、HZ、QZ 点的测设方法同圆曲线主点测设。HY 及 YH 点通常根据缓和曲线终点的直角坐标（x_0，y_0），用切线支距法测设。也可用道路计算机辅助设计软件导出坐标数据，用全站仪或 GPS – RTK 放样。

12.5.3　带缓和曲线的平曲线详细测设

与圆曲线测设一样，主要的方法也是切线支距法、偏角法和全站仪或 GPS – RTK 放样法。

1. 切线支距法

如图 12-17 所示，切线支距法测设缓和曲线，可直接利用式（12-32）计算出坐标。

测设圆曲线时，因坐标原点是缓和曲线起点，可先按圆曲线公式计算出坐标，再分别加上 p、q。

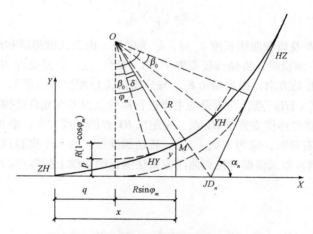

图 12-17　切线支距法测设缓和曲线

如图 12-17 所示，M 为圆曲线上任意一点，M 点的坐标计算公式如下：

$$\left.\begin{array}{l} x = q + R\sin\varphi_m \\ y = p + R\left(1 - \cos\varphi_m\right) \end{array}\right\} \tag{12-39}$$

式中，$\varphi_m = \delta + \beta_0 = \dfrac{2l_m + L_s}{2R}$（rad）；$l_m$ 为圆曲线上任意点 M 至缓和曲线终点 HY 的弧长（m）。

计算出坐标后，测设方法与圆曲线切线支距法相同，不再赘述。

2. 偏角法

如图 12-18 所示，P 为缓和曲线上任意一点，P 点至 ZH（HZ）点的弧长为 l，偏角为 δ，以弧代弦，因为 δ 很小，则 $\delta \approx \sin\delta = \dfrac{y}{l}$。将式（12-22）中的 y 略去高次项，代入，且 $c = RL_s$，整理得

$$\delta = \frac{l^2}{6RL_s} \tag{12-40}$$

当 P 点移动到 HY 点时，总偏角为

$$\delta_0 = \frac{L_s}{6R} \qquad (12\text{-}41)$$

又因为 $\beta = \frac{l^2}{2RL_s}$，$\beta_0 = \frac{L_s}{2R}$，则

$$\delta = \frac{1}{3}\beta \qquad (12\text{-}42)$$

$$\delta_0 = \frac{1}{3}\beta_0 \qquad (12\text{-}43)$$

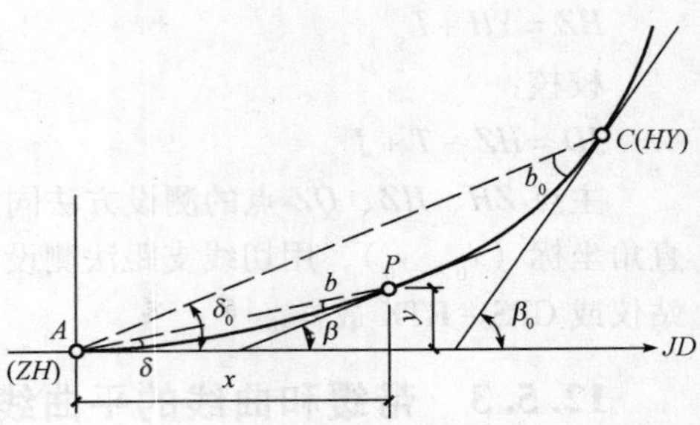

图 12-18　偏角法测设缓和曲线

从图中可以得出

$$b = \beta - \delta = 2\delta \qquad (12\text{-}44)$$

$$b_0 = \beta_0 - \delta_0 = 2\delta_0 \qquad (12\text{-}45)$$

将式（12-40）除以式（12-41）得

$$\delta = \left(\frac{l}{L_s}\right)^2 \delta_0 \qquad (12\text{-}46)$$

给定圆曲线半径 R 及缓和曲线长度 L_s 后，δ_0 为定值。由上式可得缓和曲线上任一点的偏角。

如图 12-18 所示，测设时，将经纬仪安置于 ZH（HZ）点，后视交点 JD 或转点 ZD，得切线方向，以切线方向为起始方向，拨出偏角 δ_1，与分段弦长 l_1 相交定出点 1，重复此步骤，即可定出后续各点，直到 HY（YH）点，与测设的主点进行检验，误差在允许范围。

测设圆曲线时，将经纬仪安置于 HY 点，先定出 HY 点的切线方向；后视 ZH 点，配置水平度盘读数为 b_0（当路线右转时，应为 $360° - b_0$），转动照准部，则水平度盘读数为 0 时的视线方向即 HY 的切线方向，倒转望远镜即可按圆曲线偏角法测设圆曲线上的各点。

12.6　道路纵、横断面测量

通过中线测量，直线和曲线上的所有整桩和加桩都已经在实地标定出来，这时就可以进行道路的纵、横断面测量。道路纵断面测量又称水准测量，主要任务是测定道路中线方向的地面起伏情况，并绘制纵断面图，以解决道路在中线竖直面上的位置问题。道路横断面测量的主要任务是测定道路各中桩两侧垂直于中线方向上地面的起伏情况，并绘制横断面图，以解决道路在中线法向切面上的位置问题。

要注意，虽然根据地形图也可以在图上获取道路纵、横断面高程数据，但是无法满足设计要求，特别是在施工图设计阶段定测时，为准确计算工程量，必须到实地测定纵、横断面。

12.6.1　道路纵断面测量

道路纵断面测量的具体任务是：沿着已经测设出的中线，测定所有中桩的地面高程，根据各中桩里程桩号及地面高程绘制纵断面图，供纵断面设计使用。用以确定道路的坡度、路基的标高和填挖高度以及沿线桥涵隧道等构筑物的位置。

为了保证测量的精度和成果检核的需要，根据"从整体到局部"的测量原则，纵断面测量一般分两步进行：首先沿路线方向设置若干水准点，建立高程控制，称为基平测量；然后在各水

准点的基础上，进行中桩水准测量，称为中平测量。基平测量一般按四等水准精度要求进行，中平测量可按普通水准测量进行。

1. 基平测量

（1）水准点的布设。水准点是高程测量的控制点，在勘测设计、施工阶段甚至长期都要使用，应布设在地基稳固、方便引测以及施工时不易被破坏的地方。根据不同的需要和用途，水准点分为永久水准点和临时水准点。

对于路线的起终点、桥梁两岸、隧道两端和需要长期观测高程的重点工程附近均应设置永久性水准点。永久性水准点要埋设标石，也可设在永久性建筑物上，或将金属标志嵌在基岩上。临时水准点的布设密度，应根据地形的复杂程度以及工程的需要而定。相邻水准点间的距离以 1~2 km 为宜，山岭重丘区和市政工程可根据需要适当加密。此外，在大桥、隧道及其他大型构筑物两端，应增设水准点，每一端应埋设 2 个（含 2 个）以上。水准点距路线中心线的距离应大于 50 m，宜小于 300 m。

（2）基平测量的方法。基平测量时，应将起始水准点与附近国家水准点进行联测，以获得绝对高程。在沿线水准测量中，也应尽可能与附近国家水准点联测，以获得更多的检核条件。同一条线路应采用同一个高程系统，不能采用同一个系统时，应给定高程系统的转换关系。独立工程或三级以下道路联测有困难时，可采用假定高程。

基平测量一般应采用水准测量方法，精度同四等水准的要求。在进行水准测量确有困难的山岭地带以及沼泽、水网地区，四、五等水准测量可用光电测距三角高程测量。对于一般市政工程的线路水准测量，可按介于四等水准与等外水准之间的精度要求施测，其主要技术要求应符合相关规范的规定。

2. 中平测量

（1）中平测量的要求。中平测量又名中桩抄平，指在基平测量水准点高程的基础上，测定各个中桩的高程。一般布设成附合水准路线，以两个相邻水准点为一测段，从一个水准点出发，按普通水准测量的要求，测出该测段内所有中桩地面高程，最后附合到另一个水准点上。闭合差不应超过 $50\sqrt{L}$ mm（L 为附合水准路线长度，单位 km）。

测量时，在每一个测段上的一定距离上设置转点。由于转点起传递高程作用，转点尺应立在尺垫、稳定的桩顶或坚石上。转点读至毫米，视线长度一般不超过 120 m。将水准仪安置于测站上，首先读取后、前两转点 TP（或水准点 BM）的尺上读数，再读取两点间所有中桩地面点的尺上读数，这些中桩点称为中间点，中间点的立尺由后视点立尺人员完成，中间点尺上读至厘米（高速公路要求读至毫米），尺子立在紧靠桩边的地面上。在水准点上立尺时，尺子应立在水准点上。

（2）中平测量的方法。如图 12-19 所示，水准仪置于 1 站，后视水准点 BM_1，前视转点 TP_1，将观测结果分别记入表 12-6 中"后视"和"前视"栏内；然后观测 BM_1 与 TP_1 间的各个中桩，将后视点 BM_1 上的水准尺依次立于 0+000，+050，…，+120 等各中桩地面上，将读数分别记入表中的"中视"栏内。测站计算时，要先计算该站仪器的视线高程，再计算转点高程，然后计算各中桩高程，计算公式如下：

$$视线高程 = 后视点高程 + 后视读数 \tag{12-47}$$
$$转点高程 = 视线高程 - 前视读数 \tag{12-48}$$
$$中桩高程 = 视线高程 - 中视读数 \tag{12-49}$$

仪器搬至 2 站，后视转点 TP_1，前视转点 TP_2，然后观测各中桩。用同法继续向前观测，直至附合到水准点 BM_2，完成一测段的观测工作。

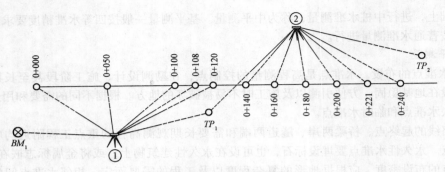

图 12-19　中平测量示意图

每一测段观测完后，应立即进行内业计算。首先检核计算的正确性，所有后视读数之和减去所有前视读数之和，应该与第二水准点推算高程与第一水准点高程之差相等。若不相等说明计算有误，需查找错误，重新计算。

其次，根据该测段的第二水准点的观测推算高程和已知高程计算高差闭合差 f_h，即

$$f_h = 推算高程 - 已知高程 \tag{12-50}$$

若 $f_h \leqslant f_{h允} = \pm 50\sqrt{L}$ mm，则符合要求，可不进行闭合差的调整，以原计算的各中桩地面高程作为绘制纵断面图的数据。否则，应予重测。

表 12-6　中平测量记录表

| 测站 | 点号 | 水准尺读数/m | | | 仪器视线高程/m | 高程/m | 备注 |
		后视	中视	前视			
1	BM_1	2.253			14.567	12.314	水准点 BM_1 高程 12.314 m
	0+000		1.59			12.98	
	+050		1.87			12.70	
	+100		0.82			13.75	
	+108		1.52			13.05	
	+120		1.25			13.32	
	TP_1			1.376		13.191	
2	TP_1	1.857			15.048	13.191	
	+140		0.88			14.17	
	+160		1.12			13.93	
	+180		1.43			13.62	
	+200		1.26			13.79	
	+221		0.71			14.34	
	+240		1.55			13.50	
	TP_2			0.704		14.344	

测站	点号	水准尺读数/m			仪器视线高程/m	高程/m	备注
		后视	中视	前视			
3	TP_2	1.690			16.034	14.344	
	+260		1.42			14.61	
	+280		1.20			14.83	
	+300		1.63			14.40	
	+320		1.49			14.54	
	+335		1.81			14.22	
	+350		2.02			14.01	
	TP_3			1.407		14.627	
4	TP_3	1.808			16.435	14.627	
	+384		1.52			14.92	水准点 BM_2
	+391		1.39			15.05	高程 14.963 m
	+400		1.22			15.22	
	BM_2			1.466		14.969	

本例中所有后视读数之和为 7.608 m，所有前视读数之和为 4.953 m；水准点 BM_2 的推算高程为 14.969 m，水准点 BM_1 的已知高程为 12.314 m。互差均为 2.655 m，说明计算无误。

水准点 BM_2 的已知高程为 14.963 m，水准路线长度为 397 m，则闭合差为

$$f_h = 推算高程 - 已知高程 = 14.969 - 14.963 = 0.006（m）= 6（mm）$$

闭合差限差为

$$f_{h允} = \pm 50\sqrt{L} = \pm 50\sqrt{0.397} = \pm 31.5（mm）$$

因 $f_h < f_{h允}$，故成果合格。

3. 绘制纵断面图

道路纵断面图既表示中线方向的地面起伏，又可在其上进行纵坡设计，是道路设计和施工的重要资料。

道路纵断面图一般采用直角坐标按线路前进方向自左向右绘制，横坐标为中桩的里程，纵坐标表示高程。常用的里程比例尺有 1∶5 000、1∶2 000、1∶1 000 三种。为了明显地表示地面起伏，一般取高程比例尺为里程比例尺的 10～20 倍。如里程比例尺为 1∶1 000，则高程比例尺取 1∶100 或 1∶50。

图 12-20 为道路纵断面设计图。图的上半部主要为绘图区，从左至右绘有贯穿全图的两条线，细折线表示中线方向的地面线，是根据中平测量的中桩地面高程绘制的；粗折线表示纵坡设计线。此外，上半部还注有以下资料：

（1）水准点编号、高程和位置，竖曲线示意图及竖曲线要素；

（2）沿线构筑物，如桥梁的类型、孔径、跨数、长度、里程桩号和设计水位，涵洞的类型、孔径和里程桩号等；

（3）其他道路、铁路交叉点的位置、里程桩号和有关说明等。

上半部纵断面图上的高程按规定的比例尺注记，但先要确定起始高程（如图中 K0+000 桩号的地面高程）在图上的位置，且参考其他中桩的地面高程，使绘出的地面线处于图纸上适当的位置。

图的下半部主要是数据区，绘有几栏表格，填写测量和纵坡设计等有关数据，表头和数据一

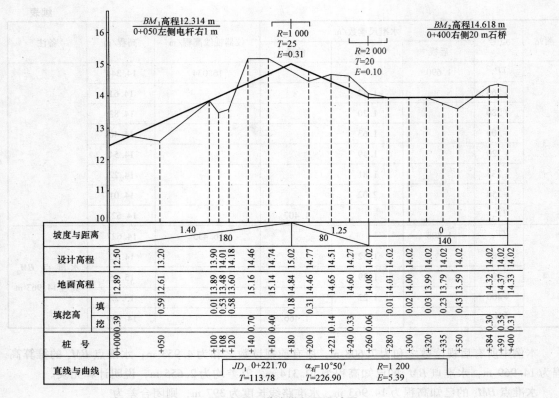

图 12-20　道路纵断面设计图

般包括以下内容：

（1）坡度与距离（坡长）：表示道路中线设计的坡度与坡长，一般用斜线和水平线表示。从左下至右上表示上坡，反之表示下坡，水平线表示平坡。线上方以百分数注记坡度数值，下方注记坡长（水平距离），不同的坡度用竖线分开。某段的设计坡度按下式计算：

$$设计坡度 ＝（终点设计高程 － 起点设计高程）／平距 \tag{12-51}$$

（2）设计高程：填写相应中桩的设计路面高程。设计时，要考虑施工时土石方量最小、填挖方尽量平衡及小于限制坡度等道路有关技术规定。某点的设计高程按下式计算：

$$设计高程 ＝ 起点高程 ＋ 设计坡度 × 起点至该点的平距 \tag{12-52}$$

（3）地面高程：标注对应各中桩的地面高程，并在纵断面图上按各中桩的里程、地面高程依次展绘在相应位置，用细直线连接各相邻点，即得中线方向的地面线。

（4）填挖高：填挖高即设计高程与地面高程之差，可将填、挖的深度分栏表示出来或者用正负号表示出来。

（5）桩号：从左至右按规定的里程比例尺注上各中桩的桩号。

（6）直线与曲线：按里程桩号标明路线的直线部分和曲线部分（包括圆曲线和缓和曲线）。该部分实为路线的曲率图，上凸表示路线右偏，下凹表示路线左偏，并注明交点编号及 R、L_s、T、L、E 等平曲线要素。

12.6.2　道路横断面测量

道路横断面测量的具体任务是：测定各中桩两侧、垂直于中线方向上地面各变坡点间的距离和高程，并按一定比例尺绘制横断面图，供路基横断面设计、土石方量计算、沿线构筑物布置及施工时边坡边桩放样使用。

横断面施测的密度和宽度，应根据地形、地质情况、道路等级、路基宽度、边坡大小及工程的特殊需要而定。横断面测绘的密度，除各中桩断面应施测外，在大中桥头、隧道洞口、挡土墙等重点工程及地质不良地段，根据需要适当加密；横断面测量的宽度应根据实际工程要求和地形情况确定，一般在中线两侧各测量 20 ~ 50 m。横断图测绘时，距离和高程的精度一般精确到 0.05 ~ 0.1 m 即可满足工程需要，故横断面测量多采用简易工具和方法，以提高效率。横断面测量的误差应符合《工程测量规范》（GB 50026—2007）中的规定，见表 12-7。

表 12-7　横断面测量的限差

线路名称	距离/m	高程/m
铁路、一级及以上公路	$\dfrac{l}{100}+0.1$	$\dfrac{h}{100}+\dfrac{l}{200}+0.1$
二级及以下公路	$\dfrac{l}{50}+0.1$	$\dfrac{h}{50}+\dfrac{l}{100}+0.1$
注：1. l 为测点至线路中桩的水平距离（m）； 　　2. h 为测点至线路中桩的高差（m）		

1. 横断面方向的测定

由于横断面测绘是测量中桩处垂直于中线的地面线高程，所以首先要测定横断面的方向，然后在这个方向上测定地面坡度变化点或特征点的距离和高差。

线路横断面方向在直线上应垂直线路中线；在曲线段，则应与测点处的切线垂直。其主要采用方向架、经纬仪或全站仪测定。若采用经纬仪，首先需要计算偏角，用拨角法定向；如用全站仪，需用道路设计软件计算出道路边桩的坐标，中桩与边桩的连线即横断面方向。经纬仪和全站仪法精度较高。下面介绍方向架法。

图 12-21（a）为方向架示意图，方向架是在一根竖杆上钉上三根横杆，其中两根固定且相互垂直（图上 1－1′、2－2′ 轴），另外一根设有拧紧装置，可随时活动或固定（图上 3－3′ 轴），再在每根横杆两端都钉上可供瞄准用的小钉。

确定直线段横断面的方向，可将方向架立于中桩上，用一个固定方向瞄准中线上远方定向标杆（*ZD* 或 *JD*），则方向架上另一个固定方向就是横断面的方向，如图 12-21（b）所示。

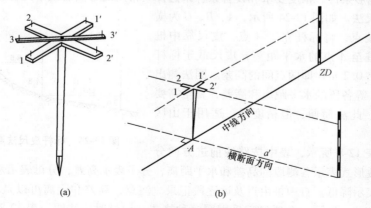

(a)　　　　　　　　　　　(b)

图 12-21　直线段横断面方向的确定

圆曲线上横断面方向应与中线在该桩的切线方向垂直，即指向圆心方向，可用方向架测定，如图 12-22 所示。将方向架置于曲线起点 ZY 上，使其一个方向 a – a′ 照准交点 JD，与此垂直的另一方向 b – b′ 即 ZY 的横断面方向。测定曲线上点的横断面方向，转动可活动的定向杆 c – c′ 对准待测的 P_i 点，拧紧固定螺旋，将方向架移至 P_i 点，用 b – b′ 对准 ZY 点，根据同弧段的两弦切角相等原理，定向杆 c – c′ 的方向即该点的横断面方向。若用经纬仪标定方向，则应拨角 $90° ± δ$（δ 为后视点偏角）。

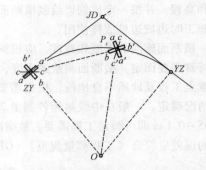

图 12-22　圆曲线上横断面方向的确定

缓和曲线上横断面方向的测定，需要先用切线支距计算式（12-32）计算中桩的切线支距 x、y，如图 12-23 所示，然后计算 ZH 点到两切线交点 C 的距离：

$$T_s = x - y\cos\left(\frac{l^2}{2RL_s}\frac{180}{\pi}\right) \tag{12-53}$$

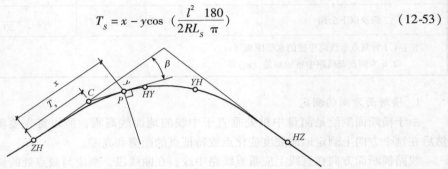

图 12-23　缓和曲线上横断面方向的确定

从 ZH（或 HZ）点向交点方向量取长度 T_s，即 C 点。在 C 点立一花杆，C 点与中桩 P 点的连线即 P 点的切线方向。将方向架置于 P 点，用一个固定杆瞄准 C 点，则另一个固定杆所指的方向即 P 点的横断面方向。

2. 横断面的测量方法

横断面方向确定以后，即可测定从中桩到左右两侧变坡点的距离和高差。横断面的测量方法很多，应根据地形条件、精度要求和设备条件来选择。常用的方法有以下几种：

（1）标杆皮尺法。如图 12-24 所示，A、B、C 为横断面方向上的变坡点，将标杆立于 A 点，皮尺靠中桩地面拉平量出中桩至 A 点的水平距离，皮尺截于标杆的红白格数（每格 0.2 m）即两点间的高差。同法测出测段 A→B、B→C 等各段的水平距离和高差，直至需要的测绘宽度为止。此法简便，但精度低，适用于山区低等级公路。

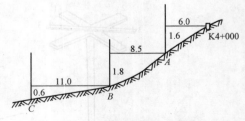

图 12-24　标杆皮尺法测量横断面

记录表格如表 12-8 所示，表中按路线前进方向分左、右侧，用分数形式表示各测段的高差和水平距离，分子表示高差，分母表示水平距离，正号表示升高，负号表示降低。自中桩由近及远逐段记录。注意，高差和距离可以是相对前一点的，也可以是相对中桩的，但同一个项目宜采用同一种格式，记录时应注明。表 12-8 为相对前一点的高差和距离。

表 12-8　横断面测量记录表

左侧			桩号	右侧		
$\dfrac{-0.6}{11.0}$	$\dfrac{-1.8}{8.5}$	$\dfrac{-1.6}{6.0}$	K4 +000	$\dfrac{+1.5}{5.2}$	$\dfrac{+1.8}{6.9}$	$\dfrac{+1.2}{9.0}$

（2）经纬仪视距法。经纬仪安置在中线桩上，用经纬仪定出横断面方向，用视距法测出横断面上各地形变化点至中桩的水平距离和高差。该法操作简单、速度快，但精度较低，适用于地形复杂、地势陡峭地段的低等级公路。

（3）水准仪皮尺法。如图 12-25 所示，水准仪皮尺法是用方向架定方向、用皮尺量距、用水准仪测高程的方法。在适当的位置安置水准仪，以中桩地面高程点为后视，读取后视读数，求得视线高程，再以中桩两侧横断面方向地形特征点为前视，读至厘米，用视线高程减去各前视读数，即得各点的地面高程。然后用皮尺分别量出各特征点到中桩的平距，量至厘米。填入表 12-8 中，注意，此时的数据格式是相对中桩的距离及绝对高程。

水准仪皮尺法适用于横断面较宽的平坦地区，若水准仪安置适当，在一个测站上可以观测多个横断面，因此当精度要求较高，且横断面方向高差变化不大时，多采用水准仪皮尺法。

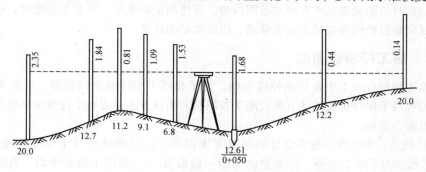

图 12-25　水准仪皮尺法测量横断面

（4）全站仪法。用全站仪测量横断面，不仅速度快、精度高，在一个测站上安置仪器可以观测附近多个横断面。但应注意的是，由于视线长，观测时应画草图，做好记录，以防各断面点相互混淆。

3. 横断面图的绘制

横断面图一般绘在毫米方格纸上，为便于线路断面设计和面积计算，其水平距离和高程采用相同比例尺，一般为 1∶100 或 1∶200。

横断面图绘制的工作量大，为了提高工作效率，便于现场核对，往往采取现场边测边绘的方法，避免错误。也可采取现场手绘记录、室内绘图再到现场核对的方法。

如图 12-26 所示，绘图时，先标定中桩位置，注明桩号。然后由中桩开始，分左、右两侧按平距和高程逐一展绘各变坡特征点，再用直线连接相邻点，即绘出横断面的地面线。图 12-26 为经横断面设计后，在地面线上、下绘有路基设计线的横断面图形。

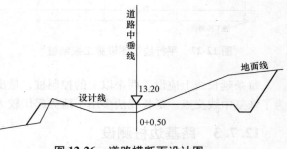

图 12-26　道路横断面设计图

12.7 道路施工测量

在施工阶段，道路施工测量的主要任务是将施工桩点的平面位置和高程测设于实地，主要工作包括线路复测、施工控制桩及路基边坡边桩测设。

12.7.1 线路复测

线路中线在施工中起平面控制作用，也是路基施工的主要依据，在施工中，中线位置必须与定测一致。由于定测以后要经过施工图设计、招投标阶段才能进入施工阶段，定测钉设的某些桩点可能丢失或被移动。因此，在施工之前，必须进行复测，恢复受到破坏的控制点，恢复定测测设的中桩，检查定测资料，这项工作称为线路复测。

施工单位在线路复测前应检核定测资料及有关图表，会同设计单位在现场进行平面控制点和水准点、*JD* 桩、*ZD* 桩、曲线主点桩、中线桩等桩位的交桩工作。线路复测应对全线的控制点和中线进行复测，其工作内容和方法与定测时基本相同，精度要求也与定测一致。

当复测结果与定测成果互差在限差范围内时，可使用定测成果。当互差超限时，应多方寻找原因，如确属定测资料错误或桩点发生移动，应改动定测成果。

12.7.2 施工控制桩测设

由于道路中线桩在施工中要被挖掉或堆埋，为了在施工中控制中线位置，应在不受施工干扰、便于引用和易于保存桩位的地方测设施工控制桩。测设方法主要有平行线法和延长线法，可根据实际情况配合使用。

（1）平行线法。平行线法是在设计的路基宽度以外，测设两排平行于中线的施工控制桩，如图 12-27 所示。为了施工方便，控制桩的间距一般取 20 m。多用于地势平坦、直线段较长的路段。

（2）延长线法。延长线法是在道路转折处的中线延长线上以及曲线中点（*QZ*）至交点（*JD*）的延长线上测设施工控制桩，如图 12-28 所示。

图 12-27 平行线法测设施工控制桩

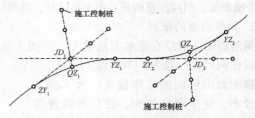

图 12-28 延长线法测设施工控制桩

每条延长线上应设置两个以上的控制桩，量出其间距及与交点的距离，做好记录，这主要是为了恢复中线交点。延长线法多用于地势起伏较大、直线段较短的道路。

12.7.3 路基边桩测设

路基的形式主要有三种，即填方路基［称为路堤，如图 12-29（a）所示］、挖方路基［称为路堑，如图 12-29（b）所示］和半填半挖路基。

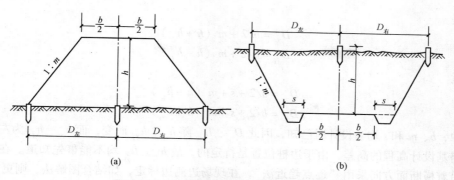

图 12-29　平坦地段的填方路基和挖方路基

（a）填方路基；（b）挖方路基

修筑路基之前，需要在中桩两侧各测设一个边桩，标示出路堤边坡的坡脚或路堑边坡的坡顶，作为路基施工的边界。边桩距中桩的水平距离取决于设计路基宽度、边坡坡度、填土高度或挖土深度以及横断面的地面起伏情况。要正确测设边桩，必须熟悉路基设计资料。边桩的测设方法方法很多，常用的有图解法和解析法。

1. 图解法

图解法是将地面横断面图和路基设计断面图绘制在同一张方格纸上，直接在图上量取中桩至坡脚或坡顶的水平距离，然后到实地，以中桩为起点，用皮尺沿着横断面方向往两边测设相应的水平距离，即可定出边桩。在填挖方不大时使用。

2. 解析法

解析法是通过计算求得中桩至边桩的水平距离，然后实地测设出来。在平坦地段和倾斜地段计算和测设的方法有所不同。

（1）平坦地段。如图 12-29 所示，路堤坡脚边桩至中桩的距离为

$$D_{左} = D_{右} = b/2 + mh \tag{12-54}$$

路堑坡顶边桩至中桩的距离为

$$D_{左} = D_{右} = b/2 + s + mh \tag{12-55}$$

式中，$D_{左}$ 和 $D_{右}$ 为道路中桩至左、右边桩的距离；b 为路基的宽度；$1:m$ 为路基边坡坡率；h 为填方高度或挖方深度；s 为路堑边沟顶宽。

（2）倾斜地段。图 12-30 为倾斜地面路基横断面示意图，设地面为左边低、右边高，则由图可知左、右边桩距中桩的距离为

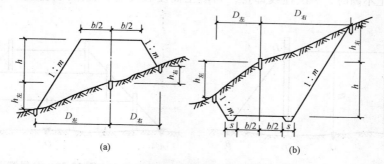

图 12-30　倾斜地段的填方路基和挖方路基

（a）填方路基；（b）挖方路基

路堤

$$D_{左} = b/2 + m\ (h + h_{左}) \tag{12-56}$$

$$D_{右} = b/2 + m\ (h - h_{右}) \tag{12-57}$$

路堑

$$D_{左} = b/2 + s + m\ (h - h_{左}) \tag{12-58}$$

$$D_{右} = b/2 + s + m\ (h + h_{右}) \tag{12-59}$$

式中，b、m 和 s 均为设计时已知，因此 $D_{左}$、$D_{右}$ 随 $h_{左}$、$h_{右}$ 而变，而 $h_{左}$、$h_{右}$ 为左、右边桩地面与路基设计高程的高差，由于边桩位置是待定的，故 $h_{左}$、$h_{右}$ 均不能事先知道。在实际工作中，是沿着横断面方向采用"逐点趋近法"，在现场边测边标定，如结合图解法，则更为简便。

现以测设路堑左边桩为例进行说明。设路基宽度为 12 m，左侧边沟顶宽度为 2 m，中心桩挖深为 4 m，边坡坡率为 1∶1，测设步骤如下：

①估计边桩位置。根据地形情况，估计左边桩处地面比中桩地面低 2 m，即 $h_{左} = 2$ m，则代入式（12-55）得左边桩的近似距离

$$D_{左} = 12/2 + 2 + 1 \times\ (4 - 2)\ = 10\ （m）$$

在实地沿横断面方向往左测量 10 m，在地面上定出 1 点。

②实测高差。用水准仪实测 1 点与中桩的高差为 1.5 m，则 1 点距中桩的平距应为

$$D_{左} = 12/2 + 2 + 1 \times\ (4 - 1.5)\ = 10.5\ （m）$$

此值比初次估算值大，故正确的边桩位置应在 1 点的外侧。

③重估边桩位置。正确的边桩位置应在距离中桩 10～10.5 m 处，重新估计边桩距离为 10.3 m，在地面上定出 2 点。

④重测高差。测出 2 点与中桩的实际高差为 1.7 m，则 2 点与中桩的平距应为

$$D_{左} = 12/2 + 2 + 1 \times\ (4 - 1.7)\ = 10.3\ （m）$$

此值与估计值相符，故 2 点即左侧边桩位置。如果不符，重复以上步骤，直到相符为止。

12.7.4　路基边坡测设

在测设出边桩后，为了保证填、挖的边坡达到设计要求，还应把设计边坡在实地标定出来，以便施工。

（1）用竹竿、绳索测设边坡。如图 12-31 所示，O 为中桩，A、B 为边桩，$CD = b$ 为路基宽度。放样时，在 C、D 处立竹竿，用绳索连接边桩 A、B 及竹竿的中桩填土高度处 C'、D'，所形成的形状即边坡大样。

当路堤填土不高时，一次挂线即可；当填土高度较高时，可采用分层挂线法，如图 12-32 所示。

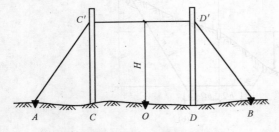

图12-31　竹竿、绳索测设边坡

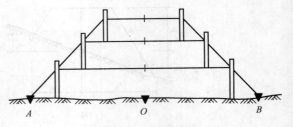

图12-32　分层测设

（2）用活动边坡尺、固定边坡样板测设边坡。

用活动边坡尺测设边坡，如图 12-33 所示，当水准气泡居中时，边坡尺的斜边所指示的坡度正好为设计坡度。同理，边坡尺也可指示路堑开挖。

用固定边坡样板测设边坡，如图 12-34 所示，在开挖路堑时，于坡顶外侧按设计坡度设立固定样板，施工时可随时指示并检核开挖及坡面修整情况。

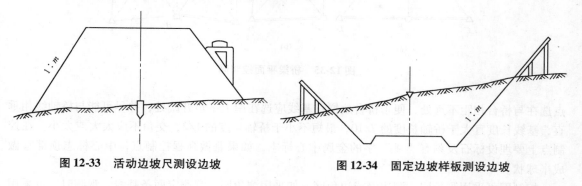

图 12-33　活动边坡尺测设边坡　　　　图 12-34　固定边坡样板测设边坡

12.8　桥梁施工测量

桥梁是道路工程的重要组成部分，在工程建设中，无论是投资比重、施工工期、技术要求等各方面，它都属于控制节点，特别是特大桥。一座桥的建设，需要进行各种测量工作，包括勘测选址、地形测量、施工测量、竣工测量；在施工中及竣工通车后，还要进行变形观测。本节主要讨论施工阶段的测量工作。桥梁施工测量的内容和方法，随桥梁类型、跨度、施工方法、地形条件等因素的不同而有所差异，主要有桥梁控制测量、桥轴线长度测量、墩台定位及轴线测设、墩台基础及细部施工放样、桥梁变形观测等。

现代桥梁的建造日益走向工厂化和拼装化，梁部构件一般在工厂预制，再运到现场拼装和架设，且高墩、大跨桥梁的设计日益增多，这就对测量工作提出了十分严格的要求。

12.8.1　桥梁控制测量

建造大中型桥梁时，因河道宽阔、墩台较高、基础较深、墩间跨径大、梁部结构复杂等，对桥轴线测设、墩台定位等要求精度较高。因此，需要在施工前布设平面控制网和高程控制网，用较精密的方法进行墩台定位和梁部结构测设，而对于小型桥一般不进行控制测量。

1. 桥梁平面控制测量

建立平面控制网的目的是测定桥轴线长度并据此进行墩台位置的定位，也可用于施工过程中的变形监测。桥梁平面控制网一般采用三角网形式，根据桥梁跨越的河宽及地形条件，可布置成如图 12-35 所示的形式。AB 为桥梁轴线，双线为实测边长的基线。图（a）为双三角形，适用于一般桥梁；图（b）为有对角线的四边形，适用于中、大型桥梁；图（c）为双四边形，适用于特大桥。

桥梁三角网的布设，除满足三角测量本身的要求外，还要求三角点选在不被水淹、不受施工干扰的地方；桥轴线应与基线一端连接，成为三角网的一边；同时要求两岸中线上的 A、B 三角

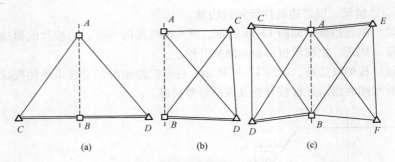

图 12-35　桥梁平面控制网

点选在与桥台相距不远处，便于桥台放样；基线应选在岸上平坦开阔处，并尽可能与桥轴线相垂直，基线长度宜大于桥轴长度的 7/10，最短不小于桥轴长度的 1/2，交角不应太大或太小。在控制点上要埋设标石及刻有"＋"字的金属中心标志，如果兼做高程控制点，中心标志顶部宜做成半球状。

控制网可采用测角网、测边网或边角网，如采用测角网，宜测定两条基线。观测时，可采用常规测量方法，最后计算各控制点的坐标。在施工时，如视线遮挡，可根据主网两个以上的点将控制网加密。

由于桥梁三角网一般都采用独立坐标系统，一般是以桥轴线为 x 轴，以桥轴线始端控制点的里程为该点的 x 坐标值。这样，桥梁墩台的设计里程即该点的 x 坐标值，方便施工放样。

随着 GPS 技术的广泛运用，GPS 技术在特长桥梁控制网中，更显示出优越性。

2. 桥梁高程控制测量

桥梁施工阶段应建立高程控制网，作为高程放样的依据，即在两岸建立若干个水准基点。这些水准基点除用于施工外，还可作为以后变形观测的高程基准点。水准基点布设的数量视河宽及桥的大小而异。一般在桥址的两岸各设置两个水准基点；当桥长在 200 m 以上时，由于两岸联测不便，为了在高程变化时易于检查，每岸至少埋设 3 个水准基点，同岸 3 个水准基点中的 2 个应埋设在施工范围之外，以免受到破坏。水准基点应与国家水准点联测。

水准基点是永久性的，必须十分稳固。除了位置要求便于保护外，根据地质条件，可采用混凝土标石、钢管标石、管柱标石或钻孔标石。在标石上方嵌入凸出半球状的铜质或不锈钢标志。高程控制点用水准测量的方法施测，测量精度必须满足相关规范的要求。对于需进行变形观测的桥梁高程控制网应用精密方法联测。

在施工阶段，为了将高程传递到桥台和桥墩上和满足各施工阶段引测的需要，还需建立施工水准点（临时水准点）。由于其使用时间较短，在结构上可以简化，但要求使用方便，也要相对稳定，在施工时不致被破坏。

桥梁水准基点和施工水准点与道路水准点应采用同一高程系统。与道路水准点联测的精度根据设计和施工要求确定，但桥梁本身的施工水准网宜采用较高精度，因为它是直接影响桥梁各部放样精度的。不论是水准基点还是施工水准点，都应定期检测。

当跨河进行水准测量时，由于过河视线较长，使得照准标尺读数精度太低，且前、后视距相差太大，水准仪的 i 角误差和地球曲率、大气折光的影响都会增加，这时可采用过河水准测量的方法。

图 12-36 为过河水准测量的布设方式示意图，A、B 为测站点，C、D 为立尺点，要求 AD 与 BC 长度基本相等，AC 与 BD 长度基本相等，构成对称图形。用 2 台水准仪同时做对向观测，由

2 台仪器各测的一测回组成一个双测回。在仪器调岸时，注意不得触碰调焦螺旋。观测时间最好选在无风、气温变化小的阴天进行；晴天观测时，应在日出后 1 小时至 9 时 30 分，下午应在 15 时至日落前 1 小时进行。三、四等过河水准测量应测两个双测回，当采用一台水准仪测量时，测回数应加倍。两测回间高差互差：三等水准测量不应大于 8 mm，四等不应大于 16 mm。在限差以内，取两测回高差平均值作为最后结果，如超限应检查纠正或重测。

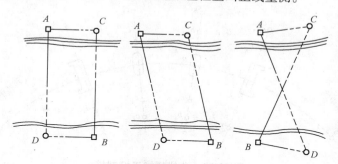

图 12-36　过河水准测量的布设方式示意图

12. 8. 2　桥梁施工测量分类

1. 小型桥梁施工测量

小型桥梁跨度较小，工期不长，一般用临时筑坝截断河流或选在枯水季节进行，以便于桥梁的墩台定位和施工。

（1）桥梁中线和控制桩测设。小型桥梁的中线一般由道路的中线来决定。如图 12-37 所示，先根据桥位桩号在路中线上准确地测设出桥台和桥墩的中心桩 A、B、C、D，同时在两岸测设桥位施工控制桩 k_1、k_2、k_3、k_4。然后分别在 A、B、C、D 点上安置经纬仪或全站仪，在与桥中线垂直的方向上测设桥台和桥墩的施工控制桩 a_1、a_2、b_1、b_2…，每侧至少要有两个控制桩。测设时的量距要用经过检定的钢尺，并进行尺长、温度和高差改正，或用光电测距仪。测距精度不应低于 1/5 000，以保证桥梁上部结构安装时能正确就位。

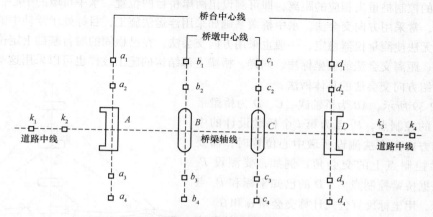

图 12-37　小型桥梁施工控制桩

根据路线的线形，某些桥梁可能位于曲线上。曲线桥的墩、台定位与直线桥一样，要在桥的两端线路上埋设控制桩，作为测设桥墩、桥台中心位置及其轴线的依据，如图 12-38 所示。

曲线上的桩位测设需要计算细部点（墩台中心点，位于曲线的切线方向和半径方向的墩台纵、横轴线控制桩等）的坐标，用极坐标法测设。

在水中的桥墩要等到筑岛、围堰或沉井露出水面以后，才能准确测设墩、台中心点及其纵、横轴线控制点。

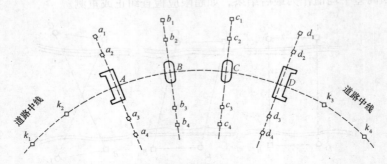

图 12-38　曲线桥施工控制桩

（2）基础施工测量。根据桥台和桥墩的中心线定出基坑开挖边界线。基坑上口尺寸应根据坑深、边坡坡率、土质情况和施工方法而定。基坑开挖到一定深度后，在距基底设计面为一定高差（例如 1 m），应根据水准点高程在坑壁测设水平桩，作为控制挖深及基础施工中掌握高程的依据。距基底设计高程 200 mm 时，尽量用人工开挖，以免超挖。

基础完工后，应根据上述的桥位控制桩和墩、台控制桩用经纬仪或全站仪在基础顶面上测设出墩、台中心及相互垂直的纵、横轴线，根据纵、横轴线即可测设桥台、桥墩砌筑的外廓线，并弹出墨线，作为砌筑桥台、桥墩的依据。

2. 大中型桥梁施工测量

在平面控制网和高程控制网布设后，使用较精密的方法进行墩台定位和架设桥上的梁部结构。

（1）桥梁墩台定位测量。桥梁墩台定位测量是桥梁施工测量中的关键工作。按设计尺寸，分别从两岸的控制桩量出相应的距离，即可测设出两岸桥台的位置。水中桥墩的中心位置，因无法直接量距，常采用方向交会法。水中桥墩基础如采用浮运法施工，目标处于浮动中的不稳定状态，在其上无法使测量仪器稳定，一般也采用方向交会法。在已稳固的墩台基础上定位，可采用方向交会法、距离交会法或极坐标法。同样，桥梁上部结构的施工放样也可以采用这些方法。

下面介绍方向交会法的具体做法：

如图 12-39 所示，AB 为桥轴线，C、D 为桥梁平面控制网中的控制点，P_i 点为第 i 个桥墩设计的中心位置。用方向交会法测设桥墩中心位置时，需要计算在桥梁控制点上的交会角。例如，要测设 P_2 点，需要根据桥梁控制点 C、D 的已知坐标和 P_2 点的设计坐标，用坐标反算公式计算交会角 α 和 β。

为了保证交会定点的精度，方向线相交的角度 ω 最好接近 90°。但桥墩位置与岸边远近不一，仅从 C、D 点交会往往不能满足以上要求。可在控制基线上多测设几个控制点，如图 12-39 中的 E、F 点，用

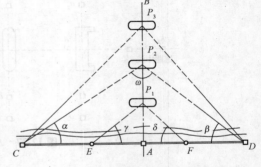

图 12-39　方向交会法测设桥墩位置

于交会桥墩中心 P_i 点，交会角为 γ 和 δ。

如图 12-40（a）所示，用方向交会法测设桥墩中心位置 P_i 时，在 A、C、D 三个控制点上各安置一台经纬仪。A 点上的经纬仪瞄准 B 点，定出桥轴线方向；C、D 两点上的经纬仪均后视 A 点，以正倒镜分中法测设出交会角 α 和 β；在桥墩 P_i 处的人员分别定出由 A、C、D 三个测站测设的方向线。

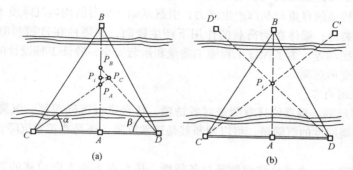

图 12-40　方向交会法的误差三角形

由于测量误差的影响，从 A、C、D 点测设的三条方向线一般不会交会于一点，而是构成一个"误差三角形"。如果"误差三角形"在桥轴线上的边长在容许范围之内（墩底放样为 2.5 cm，墩顶放样为 1.5 cm），则取 C、D 两点测设方向线的交点 P_C 在桥轴线上的投影 P_i 作为桥墩放样的中心位置。

在桥墩施工中，角度交会需经常进行，为了准确、迅速进行交会，可在取得 P_i 点位置后，将 CP_i 和 DP_i 的方向线延长到对岸，设置固定的瞄准标志 C' 和 D' 点，如图 12-40（b）所示。标志设好后，应进行检核。以后交会墩位中心时，可直接瞄准对岸标志进行交会，无须拨角。若后期桥墩砌高后阻碍视线，可将标志移设到墩身上。

（2）桥梁架设施工测量。架梁是桥梁施工的最后一道工序。桥梁的梁部结构一般较为复杂，要求对墩台的方向、距离和高程用较高的精度测定，作为架架的依据。

墩台施工时，对其中心点位、中线方向和垂直方向以及墩顶高程都做过精密测设，但当时是以各个墩台为单元进行的。架梁是要将相邻墩台联系起来，考虑其相关精度，要求中心点间的方向、距离和高差符合设计要求。

桥梁中心线方向测定，在直线部分采用准直法，可用经纬仪按正倒镜分中法观测，刻划方向线。如果跨距较大（>100 m），应逐个桥墩观测左、右角。在曲线部分，则采用偏角法或极坐标法。

相邻桥墩中心点间距用光电测距仪观测，适当调整中心点，使之与设计里程完全一致。在中心标板上刻划里程线，与已经刻划的墩台方向线正交，形成代表墩台中心的十字线。

墩台顶面高程用精密水准测定，构成水准路线，附合到两岸基准水准点上。

大跨度钢桁架或连续梁采用悬臂或半悬臂安装架设，拼装开始前，应在横梁顶部和底部分中点做出标志，架梁时，用以测量钢梁中心线与桥梁中心线的偏差值。

在梁的拼装开始后，应通过不断地测量以保证钢梁始终在正确的平面位置上。立面位置（高程）应符合设计的大节点挠度和整跨拱度的要求。

如果梁的拼装是自两端悬臂、跨中合龙，则合龙前的测量重点应放在两端悬臂的相对关系上。中心线方向偏差、最近节点高程差和距离差要符合设计和施工的要求。

全桥架通后，做一次方向、距离和高程的全面测量，其成果资料可作为桥梁整体纵、横移动和起落调整的施工依据，称为"全桥贯通测量"。

12.8.3 桥梁变形观测

桥梁工程在施工和建成后的运营管理期间，由于各种内在因素和外界因素的影响，会产生各种变形。例如，桥梁的自重对基础产生压力，引起基础、墩台的均匀沉降或不均匀沉降，从而使墩柱倾斜或产生裂缝；梁体在动荷载的作用下产生挠曲；高塔柱在日照和温度的影响下会产生周期性的扭转或摆动等。为了保证工程施工质量和运营安全，验证工程设计的效果，应对大型桥梁工程定期进行变形观测。

1. 桥梁变形观测内容

（1）垂直位移观测。垂直位移观测是对各桥墩、桥台进行沉降观测。沉降观测点沿墩台的外围布设。根据其周期性的沉降量，可以判断其是正常沉降，还是非正常沉降；是均匀沉降，还是不均匀沉降。

（2）水平位移观测。水平位移观测是对各桥墩、桥台在水平方向位移的观测。水平方向的位移分为纵向（桥轴线方向）位移和横向（垂直于桥轴线方向）位移。

（3）倾斜观测。倾斜观测主要是对高桥墩和斜拉桥的塔柱进行铅垂线方向的倾斜观测，这些构筑物的倾斜往往与基础的不均匀沉降有关系。

（4）挠度观测。挠度观测是对梁体在静荷载和动荷载的作用下产生的挠曲和振动的观测。

（5）裂缝观测。裂缝观测是对混凝土的桥台、桥墩和梁体上产生的裂缝的现状和发展过程的观测。

2. 桥梁变形观测方法

（1）常规测量仪器方法。用精密水准仪测定垂直位移，用经纬仪视准线法或水平角法测定水平位移，用垂准仪做倾斜观测等。

（2）专用仪器测量方法。用专用的变形观测仪器测定变形，如用准直仪测定水平位移，用流体静力水准仪测定挠度，用倾斜仪测定倾斜。

（3）摄影测量方法。用地面近景摄影测量方法对桥梁构件进行立体摄影（2台以上摄影机同时摄影），通过量测计算得到被测点的三维坐标，以计算变形量。

（4）GPS方法。随着GPS相对定位精度的提高，桥梁的变形观测已可用GPS方法，尤其是大桥或特大桥梁。

本章小结

本章首先介绍了道路工程测量的阶段划分和相应内容与道路工程的一些基本知识；其次介绍了道路中线测量的方法，包括直线段和曲线段，针对圆曲线和缓和曲线测设展开了详细论述；再次介绍了道路纵、横断面测量的具体方法和步骤以及断面图的绘制方法；最后介绍了道路施工测量以及桥梁施工测量的内容和方法。

思考与练习

1. 道路工程测量主要包括哪些内容？初测和定测的具体任务是什么？

2. 什么是中线测量？中线测量的内容是什么？

3. 什么叫道路的转点和交点？各有什么作用？在中线的哪些地方应设置中桩？

4. 什么叫里程桩？怎样测设直线段上的里程桩？

5. 什么是圆曲线的主点？如何测设圆曲线的主点？

6. 已知某一路线的交点 JD_6 处右转角为 $\alpha = 76°30'30''$，其桩号为 K8 + 215.36，圆曲线半径为 $R = 120$ m，试计算圆曲线要素 T、L、E、J，以及三个主点桩号。

7. 什么是道路的基平测量和中平测量？基平测量与一般的水准测量有何不同？

8. 道路纵断面测量的任务是什么？道路中心线的纵断面图是怎样绘制的？

9. 道路路基边桩放样如何进行？

10. 道路横断面测量有哪些方法？各适用于什么情况？

11. 道路施工测量的主要工作包括哪些？

12. 桥梁施工测量的主要内容有哪些？

13. 桥梁控制网主要采用什么形式？桥梁施工控制网的坐标系一般如何建立？

第 13 章

常用测绘仪器介绍

★ 本章重点

电子数字水准仪、电子经纬仪、全站仪、激光垂准仪等仪器的原理及操作，全球定位系统 GPS 的应用。

★ 本章难点

全站仪主要功能的认识及应用，RTK 技术的应用。

13.1 电子数字水准仪简介

电子数字水准仪是 20 世纪 90 年代初出现的新型几何水准测量仪器，它的出现解决了水准仪数字化读数的难题，标志着大地测量完成了从精密光机仪器到光机电一体化的高科技产品的过渡。与光学水准仪比较，电子数字水准仪具有以下特点：

（1）仪器具备自动进行读数记录的功能，不存在读错、记错等问题，避免了人为读数误差或错误；

（2）观测精度高，采用条码水准尺测量，能够削弱标尺分划误差，自动多次测量，削弱外界环境的影响；

（3）速度快、效率高，自动记录、检核、处理和存储，实现了水准测量从外业数据采集到最后成果计算的内外业一体化；

（4）电子数字水准仪在构造上设置了安平补偿器，具备自动安平功能，当采用普通水准尺时，可当作普通自动安平水准仪使用。

13.1.1 电子数字水准仪的原理

电子数字水准仪的关键技术是自动电子读数及数据处理，按图像处理方法不同可以分为相

关法、几何法、相位法，三种方法各有优劣。电子
数字水准仪测量系统主要由编码标尺、光学望远
镜、补偿器、CCD 传感器以及微处理控制器和相关
的图像处理软件等组成，其测量原理如图 13-1 所
示。图 13-2 为采用相关法的徕卡 DNA03 数字水准
仪的机械光学结构图。工作基本原理是：标尺上条
码图案经过光反射，一部分光束直接成像在望远镜
十字丝分划板上，供目视观测；另一部分光束通过
分光镜被转折到线阵 CCD 传感器的像平面上，经
过光电转换、整形后再经过模数转换，输出数字信
号被送到微处理器进行处理和存储，将其与仪器内
存的标准码（参考信号）按一定方式进行比较，即
可获得高度读数。

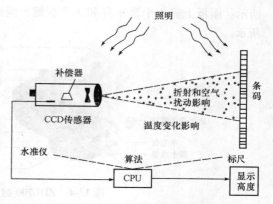

图 13-1　电子数字水准仪的测量原理图

13.1.2　条码水准尺

　　与数字水准仪配套使用的是条码水准尺，一般为因瓦合金钢、玻璃钢或铝合金制成的单面
或双面尺，形式有直尺和折叠尺两种，规格有 1 m、2 m、3 m、4 m、5 m 五种。如图 13-3 所示，
双面条码水准尺一面为分划线，外形类似一般商品外包装上印制的条形码，用于数字水准测量；
另一面为长度单位的分划线，用于普通水准测量。

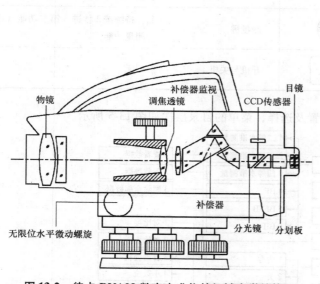

图 13-2　徕卡 DNA03 数字水准仪的机械光学结构图

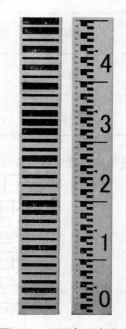

图 13-3　双面条码水准尺

13.1.3　ZDL700 数字水准仪

　　（1）ZDL700 数字水准仪的组成与操作界面。ZDL700 数字水准仪的组成与操作界面如图 13-4

所示。面板上有 1 个显示屏和 5 个按键、侧面有"测量"功能按键 1 个，各键的功能如表 13-1 所示。

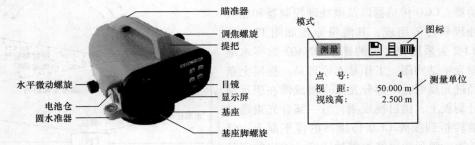

图 13-4　ZDL700 数字水准仪的组成与操作界面

表 13-1　ZDL700 数字水准仪键盘符号及功能

编号	按键	符号	第一功能	第二功能
1	视线高/视距	◢/◣ ▲	在显示视距和视线高之间切换	光标向上移（菜单模式时有效）
2	ΔH（高差）	ΔH ▼	高差测量和相对高程计算	光标向下移（菜单模式时有效）
3	菜单	MENU ↵	激活并选择设置	回车键（菜单模式时有效）
4	背景灯照明	☼ ESC	LCD 背景灯照明	中断退出键（菜单模式及线路测量模式时有效）
5	测量	●	测量键	持续按 2 秒进入第二功能（跟踪测量功能）
6	开机/关机	⏻	开机与关机	无

通过菜单按键可进行各功能的设置及选择，菜单的目录层次如图 13-5 所示。

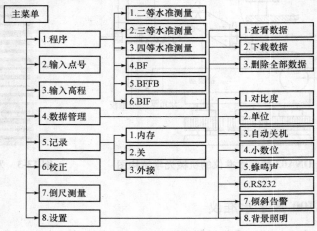

图 13-5　ZDL700 数字水准仪菜单目录

（2）基本操作。ZDL700 数字水准仪的基本操作步骤有安置整平、目镜调焦、物镜调焦、开机，开机后则表示设备准备完毕可以进行测量，仪器采用了自动电子读数技术可使测量数据快速显示在屏幕上，减少读数误差。仪器提供三种测量状态：高程和距离测量；带点号的高程和距离测量；带点号的高程、距离、相对高程及高差测量。其中后两项须使用内存存储功能。

仪器准备完毕，瞄准目标并调焦后即可按下测量键"●"，显示屏显示测量的视距和视线高，测量结果共有三种显示模式，可通过按键"⬕"进行切换，如图 13-6 所示。测量时可选择单次测量和跟踪测量两种模式。

图 13-6　高程和距离测量结果页面

在一测站进行高差、相对高程的测量中，需要输入后视点已知点的测量高程作为测量基准高，依次测量后视尺、前视尺，测量结果如图 13-7 所示。

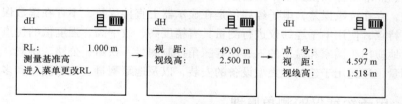

图 13-7　高差、相对高程的测量结果页面

在菜单/程序中有多种测量模式可选择，包括二等水准测量、三等水准测量、四等水准测量、BF（后前）、BFFB（后前前后）和 BIF（后支前）多种测量模式。在二等水准测量、三等水准测量和四等水准测量模式中内置国家标准中相应等级线路测量限差的线路测量模式，提供测量顺序提示以及超出限差值提示；BF（后前）模式是标准的水准线路测量模式；BFFB（后前前后）模式用于两次前后视水准线路测量；当在水准线路测量过程中需要观测许多支点时，可用 BIF（后支前）模式，此模式可广泛应用于水准测量、纵断面水准测量和横断面水准测量。

除了高差测量功能外，数字水准仪的功能也不断丰富。一些品牌的数字水准仪在标准测量功能的基础上还开发出放样程序，可进行视距测量和高程放样等。

（3）数据管理。设备提供了三种数据存储类型：

①测量存储器：存储所有的测量点数据。

②固定点存储器：存储基准点测量数据。

③野外测量报告。

进入数据管理菜单，可对数据进行查看、下载和删除。

13.2　电子经纬仪简介

13.2.1　电子经纬仪的特点

电子经纬仪是近代发明的一种新型测角仪器，标志着测量仪器发展进入新的阶段。电子经纬仪与光学经纬仪比较，具有以下显著的特点：

（1）电子经纬仪采用扫描技术，消除了光学经纬仪在结构上的一些误差（如度盘偏心差、度盘刻划误差）。

（2）电子经纬仪具有三轴自动补偿功能，能够自动测定仪器的横轴误差、竖轴误差及视准轴误差，并对角度观测值进行修正。

（3）电子经纬仪具有自动存储观测数据的功能，并通过显示器直接显示观测角值，实现角度测量自动化和数字化。

（4）电子经纬仪与光电测距仪及微型计算机组合成一体，构成具备测距、测角、记录、计算等多功能的测量系统，称为全站型电子速测仪，简称全站仪。

电子经纬仪在结构和外观上与光学经纬仪的区别不大，使用方法和操作步骤基本相同，都包括安置仪器、照准目标和读数三个主要步骤。两者的主要区别是读数操作，光学经纬仪通过度盘读数镜读数，存在读数误差，电子经纬仪是在显示器上直接读数，不存在读数误差。

基于以上特点，使用电子经纬仪进行测量具有精度高、效率高、强度低的优点。所以，电子经纬仪被广泛地应用于国家和城市的三、四等三角控制测量，铁路、公路、桥梁、水利、矿山等方面的工程测量，还运用于建筑、大型设备的安装，以及地籍测量、地形测量和多种工程测量。

13.2.2　电子经纬仪的测角原理

电子经纬仪的测角系统与光学经纬仪不同：光学经纬仪采用带有数字注记刻划的光学度盘，以及由度盘和一系列光学棱镜、透镜构成的光学读数系统；电子经纬仪采用电子度盘以及由它和机、电、光器件组成的测角系统。

电子经纬仪根据测角系统的原理不同，可以分为三种测角系统：编码度盘测角系统、光栅度盘测角系统和动态测角系统。下面主要介绍编码度盘测角系统和光栅度盘测角系统的测角原理和动态测角系统的特点。

1. 编码度盘测角系统的测角原理

编码度盘又分为多码道编码度盘与单码道编码度盘。

多码道编码度盘是在玻璃圆盘上刻划 n 个同心圆环，每个同心圆环称为码道，n 为码道数。从外向内的 n 道码道，被分别划分为 2^n，2^{n-1}，…，2^1 个扇区，每道码道的扇区称为编码，按透光区和不透光区间隔排列，每个编码所包含的圆心角为 $\dfrac{360°}{2^x}$，其中编码度盘能区分的最小角度为 $\dfrac{360°}{2^n}$，称为角度分辨率，用 δ 表示。通过编码可以确定当前方向位于外环码道的绝对位置，即对应度盘上的唯一角值。

图 13-8 为 4 码道二进制编码度盘，黑色为不透光扇区，白色为透光扇区，最外环码道被分

为 $2^4 = 16$ 扇区，分别对应 $00°00'$、$22°30'$、$45°00'$、…、$315°00'$、$337°30'$，度盘角度分辨率 $\delta = \dfrac{360°}{2^4} = 22°30'$。向着圆心方向，其余 3 个码道的编码数依次为 8、4、2 个扇区。从图 13-8 可以看出，最外环的 16 个扇区分别对应 16 个角值，每个角值对应 4 道码道上的扇区信息是唯一的，例如，第三扇区，对应角值 $67°30'$，对应码道扇区信息，从外向内依次为"黑、黑、白、白"。

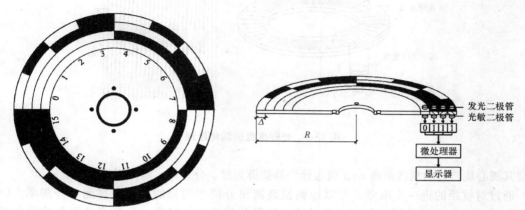

图 13-8　编码度盘的测角原理

在度盘的两侧分别安置一行发光二极管和光敏二极管，自动识别各码道信息，经过光电转换为电信号可以获取度盘上各方向的唯一的二进制代码，通过比对仪器内存中的标准码即可获得该方向的在度盘上的刻度值。通过增加码道的数量，就能够提高度盘角度分辨率，提高测角精度。但是，随着码道数量增加，如果度盘半径不变，则码道的径向宽度减小，会给光电元器件的安置造成困难，所以利用多码道编码度盘不易得到较高的测角精度。

单码道编码度盘是在度盘外环刻划类似条形码一样的、有约定规则的、无重复码段的二进制编码。当发光二极管照射编码度盘时，通过光敏二极管获取度盘位置的编码信息，通过微处理器译码换算为实际角度值并在显示屏上显示。单码道编码度盘又称为绝对编码法，是一种性价比高的测角方法，具有直接给出被测角值、使用方便、度盘简单、成本低的优点。现在的电子经纬仪与全站仪一般使用单码道编码度盘。

2. 光栅度盘测角系统测角原理

如图 13-9（a）所示，光栅度盘测角系统主要由光栅度盘和指示光栅度盘组成，度盘是采用玻璃制造的圆盘，盘上刻划了一定密度、径向均匀地交替的透明与不透明的辐射状条纹，条纹与间隙的宽度均为 a。如图 13-9（b）所示，光栅度盘和指示光栅度盘重叠，条纹刻划线互相倾斜，有一个很小的角度 θ，此时会出现明暗相间的条纹，这些条纹称为莫尔条纹。莫尔条纹的间距 w（简称纹距）与两光栅间条纹的倾角 θ、条纹与间隙宽度 a，有如下关系式

$$w = \frac{a}{\theta}\rho' \tag{13-1}$$

式中，$\rho' = 3\ 438'$，是弧度分单位。

指示光栅不动，光栅度盘绕其圆心旋转时，莫尔条纹将做上下移动。当光栅度盘移动一条刻线距离 a 时，莫尔条纹则上下移动一周期，即明条纹正好移动到原来邻近的一条明条纹的位置上。通过发光二极管、光敏二极管和计数器可以记录莫尔条纹的移动周期数 n，从而得到光栅度

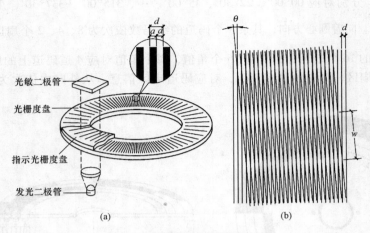

图 13-9　光栅度盘的测角原理

盘绕其圆心旋转过的刻线距离 na，通过译码器换算为度、分、秒，输出到显示器上显示。

通过对纹距的进一步细分，可以达到提高测角分辨率的目的。要提高测角分辨率，同时需要配置较为完善的光栅度盘和光学系统，仪器的制造成本较高。光栅度盘测角技术曾经在我国电子经纬仪的生产中得到广泛使用。目前国内的仪器制造商仍在使用光栅度盘测角技术，例如，南方测绘公司生产的电子经纬仪有 ET 与 DT 两个系列，其中 ET 为光栅度盘，DT 为绝对编码度盘。

3. 动态测角系统的特点

动态测角除具有前两种测角方式的优点外，最大的特点在于消除了度盘刻划误差等，因此在高精度（0.5″级）的仪器上采用。但动态测角需要电动机带动度盘，因此在结构上比较复杂，耗电量也大一些，不适于电池供电，这对于野外测绘工作是一个致命的缺点。

13.2.3　电子激光经纬仪

电子激光经纬仪与电子经纬仪都具有测角功能，主要区别是电子激光经纬仪能够从望远镜物镜端发射一束激光光束，光束与望远镜视准轴保持同轴、同焦。激光光束主要用于准直测量，准直测量是定出一条标准的直线，作为土建安装、施工放样或轴线投测的基准线。

南方测绘公司生产的 DT – 02L/05L 同轴可视激光电子经纬仪，采用独创的可视技术实现激光束与视准轴同轴、同焦，即十字丝交点与激光点重合，实现所见即所测，简化了测量步骤，大大提高了测量效率。同时，仪器还可向天顶方向垂直发射激光束，作为激光垂准仪使用。若配置弯管读数目镜，则可根据竖盘读数对垂直角进行测量。当望远镜视准轴精细调成水平后，又可作激光水准仪及激光扫平仪用。

13.2.4　DT – 02 电子经纬仪

DT – 02 电子经纬仪具有大屏幕、全中文显示、按键简捷、操作方便以及良好的防水防尘性能等优点。仪器操作界面如图 13-10 所示，面板上有 1 个显示屏和 6 个按键，键盘功能如表 13-2 所示。

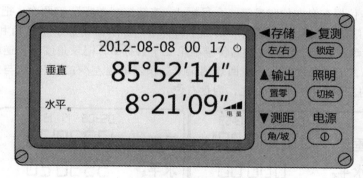

图 13-10　DT－02 电子经纬仪操作界面

表 13-2　DT－02 电子经纬仪键盘符号及功能

按键	功能
◀存储 左/右	选择左旋增大还是右旋增大水平测量
▶复测 锁定	按此键 2 次，水平角即被锁定
▲输出 置零	按此键 2 次，可将水平角置成 0°0′0″
照明 切换	按此键 3 秒，显示器和十字丝照明
▼测距 角/坡	垂直角/坡度模式选择
电源 ⏻	按此键 2 秒，可开/关机

DT－02 电子经纬仪操作步骤如下：

（1）测量准备。首先进行仪器的安置（对中和整平），然后进行望远镜目镜调整和目标照准，方法均与光学经纬仪一致。当光亮度不足以看清十字丝时，仪器提供了十字丝照明功能，按下"照明"键即可。"照明"键可实现对显示器或十字丝照明的控制，通过长按"照明"键 3 秒进行两者照明控制的切换。

仪器准备好后，即可按下"电源"键 2 秒开机，进入测量工作状态。再次按下"电源"键 2 秒后关机。

（2）角度测量。

①水平角右旋增量和垂直角测量。仪器设置为右旋增量时，照准部顺时针旋转，水平角数值

增大。盘左观测，仪器在盘左位瞄准第一个目标 A，连续按"置零"键两次，把目标 A 的水平角度置为 $0°00'00''$；顺时针旋转照准部瞄准第二个目标 B，显示器将显示水平角和竖直角的数值，如图 13-11 所示。盘右观测，仪器在盘右位瞄准第二个目标 B，记录角度值；逆时针旋转照准部瞄准第一个目标 A，记录角度值，一测回观测结束。仪器的盘左/右判定方法与经纬仪相同，竖直度盘在望远镜的左侧即盘左位，反之，为盘右位。

图 13-11　水平角右旋增量盘左观测

②水平角右旋增量和左旋增量转换。仪器设置为左旋增量时，照准部逆时针旋转，水平角数值增大。测量中可根据需要，按下"左/右"键进行左/右旋增量设置，进行左水平角或右水平角观测。同一方向，左水平角数值与右水平角数值存在以下关系：

左水平角 $-0° = -$（右水平角 $-360°$）

图 13-12 为目标 A 方向的左水平角和右水平角数值。

图 13-12　目标 A 方向的左水平角和右水平角数值

③水平角角度设置。在多测回观测中，需要对各测回的盘左位起始方向的水平角读数值进行配置。数值 $0°$ 的配置可通过连续按"置零"键两次进行设置，其他角度值配置则需按"锁定"键进行设置。旋转照准部配合微动手轮将水平角数值置为特定数值，按"锁定"键两次，显示屏左下角显示"锁定"，此时转动仪器水平角不发生变化。将望远镜照准至所需方向后，再按"锁定"键一次，解除锁定功能，则仪器照准方向的水平角设置为水平角锁定时的特定数值。

（3）斜率百分比设置。在测角模式下测量，竖直角可以转换成斜率百分比。按"角/坡"键，显示屏交替显示竖直角和斜率百分比（图 13-13）。

$$斜率百分比值 = \frac{H}{D} \times 100\%$$

图 13-13　竖直角和斜率百分比显示形式

13.3 全站仪

13.3.1 全站仪概述

全站仪又称全站型电子测距仪（Electronic Total Station），是一种集光电测距、电子测角、微型机及其软件为一体的高技术测量仪器。全站仪具有测量水平角、竖直角、斜距等基本功能，借助仪器的内置软件，还可实现更多测量功能。例如，通过计算可直接显示平距、高差和观测点的三维坐标，进行偏心测量、悬高测量、对边测量、面积计算等。全站仪几乎可用于所有的测量领域。图 13-14 所示是南方测绘公司生产的 NTS—360 系列全站仪，该系列中包含多种型号仪器，不同型号仪器的显示屏和键盘存在一定差异，但是实现的功能基本一致。

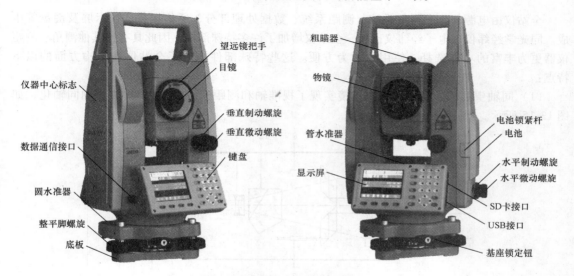

图 13-14 NTS—360 系列全站仪

南方测绘公司生产的 NTS—360 系列全站仪包括 NTS—360（装有红外发光测距仪）、NTS—360L（装有红外激光测距仪）和 NTS—360R（装有可见红色激光测距仪，具有免棱镜功能）三个型号。该系列全站仪具有丰富的测量程序，同时具有数据存储功能、参数设置功能，功能强大，适用于各种专业测量和工程测量。其主要技术参数如表 13-3 所示。

表 13-3 NTS—360 系列全站仪技术参数

名称	参数	名称	参数
望远镜有效孔径	45 mm	圆水准器灵敏度	8′/2 mm
望远镜放大倍率	30 ×	管水准器灵敏度	30″/2 mm
测距精度	有棱镜 2 + 2 ppm 免棱镜 5 + 3 ppm	最大测距 （良好天气）	单棱镜 5.0 km 无棱镜 350 m
角度测量精度	362 型为 2″ 365 型为 5″	测量时间	精测 1.0 s 跟踪 0.5 s
倾斜补偿器工作范围	±3′	显示屏	6 行中文大平面

全站仪经过多年的发展，测量的功能逐渐完善，按测量功能的完善程度可分为经典型、机动型、无合作目标型和智能型四类。最早的经典型全站仪，具有电子测角、电子测距、数据采集等基本功能，可内置厂家或用户自主研发的机载测量程序；机动型全站仪，在经典型全站仪基本功能的基础上安装了轴系步进电机，可自动驱动全站仪的照准部和望远镜旋转，实现自动盘左、盘右测量；无合作目标型全站仪，在无反射棱镜的条件下，对一般物体的目标直接进行测距的全站仪，在对不便安置反射棱镜的目标进行测量时具有明显的优势；智能型全站仪，具有自动识别目标并照准目标的全新功能，自动化程度高，克服了需要人工照准目标的缺点，实现了测量作业的智能化，可在无人干预的条件下自动完成多个目标的识别、照准与测量，是名副其实的"测量机器人"。

13.3.2　全站仪的特点

全站仪由电源部分、测角系统、测距系统、数据处理部分、通信接口、显示屏及键盘等组成。同光学经纬仪、电子经纬仪比较，全站仪增加了许多特殊部件，因此具有比其他测角、测距仪器更为丰富的功能选择，使用也更为方便。这些特殊部件构成了全站仪在结构方面的以下特点：

（1）同轴望远镜。全站仪的望远镜实现了视准轴和测距光波的发射/接收光轴同轴化，如图 13-15 所示。

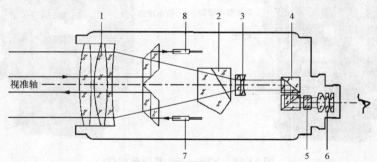

图 13-15　NTS—360 系列全站仪红外发光测距光路图
1—物镜组；2—分光棱镜；3—物镜调焦镜；4—内反射棱镜；
5—十字丝分划板；6—目镜组；7—发射光纤；8—接收光纤

望远镜经过同轴化设计，可实现多个功能。望远镜可瞄准目标，使之成像于十字丝分划板上，进行角度测量；光路系统可进行距离测量，两者同时进行。借助内置固化软件，不仅可使望远镜一次瞄准同时完成水平角、垂直角和斜距等全部基本测量内容，而且具有便捷的数据处理功能，这使得全站仪的使用极其方便。

（2）竖轴倾斜自动补偿系统。在测量作业中，若全站仪竖轴倾斜，则测角引起的误差无法通过采用盘左/右观测值取平均值的方法消除。而全站仪特有的双轴（或单轴）倾斜自动补偿系统，可对竖轴的倾斜进行监测，并对其造成的测角误差自动加以修正。

（3）双面键盘与显示屏。键盘是全站仪在测量过程中进行指令或数据输入的硬件，目前市场上全站仪的键盘和显示屏均为双面式，便于在不同盘位观测时的仪器操作。

（4）数据存储。全站仪配有存储器，常见的有内存存储器和外插存储卡两种模式。存储器可对作业过程中的测量数据进行实时采集并存储，通过数据传输设备可导出测量数据，供进一步的数据处理和利用，也可提前导入放样所需的测量数据，在测量过程中直接调用数据用于放样作业，减少键盘输入数据的过程，提高工作效率。

（5）数据和信息传输采用通信接口。全站仪通过通信接口或通信电缆可实现将内存中存储的数据和计算机或其他设备进行数据传输，具有快速便捷的优点。例如，可将全站仪数据传输至绘图仪，实现测量、计算、成图的一体化和自动化。

13.3.3　NTS—360 全站仪的基本操作

全站仪的基本操作主要包括仪器安置、角度测量、距离测量、坐标测量等。全站仪安置的要求和经纬仪基本一致，主要是对中与整平。配有电子水准器与激光对中器的仪器，应先开机才能使用其相应功能。角度测量、距离测量、坐标测量等功能的实现，均通过全站仪屏幕或相应按钮进行操作，所以需要熟悉全站仪操作界面和各功能键的使用。

1. NTS—360RM 全站仪操作界面

NTS—360RM 全站仪操作界面如图 13-16 所示，面板上有 1 个显示屏和 24 个按键，各键功能如表 13-4 所示，显示屏显示符号含义如表 13-5 所示。

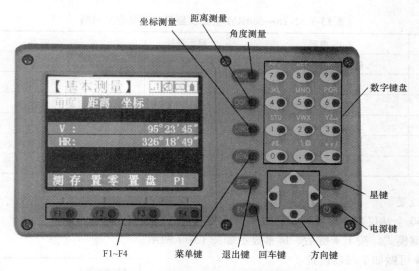

图 13-16　NTS—360RM 全站仪操作界面

表 13-4　NTS—360RM 全站仪键盘符号及功能

按键	名称	功能
ANG	角度测量键	进入角度测量模式（输入时退格删除）
DIST	距离测量键	进入距离测量模式（切换输入数字/字母）
CORD	坐标测量键	进入坐标测量模式
MENU	菜单键	进入菜单模式

续表

按键	名称	功能
ENT	回车键	确认数据输入或存入该行数据并换行
ESC	退出键	取消前一步操作，返回到前一个显示屏或前一个模式
POWER	电源键	控制电源的开/关
F1～F4	软键	功能参见所显示的信息
0～9	数字键	输入数字和字母或选取菜单项
~ –	符号键	输入符号、小数点、正负号
★	星键	用于仪器若干常用功能的操作

表 13-5　NTS—360RM 全站仪显示符号与含义对照

显示符号	内容	显示符号	内容
V%	垂直角（坡度显示）	N	北向坐标
HR	水平角（右角）	E	东向坐标
HL	水平角（左角）	Z	高程
HD	水平距离	m	以米为单位
VD	高差	ft	以英尺为单位
SD	斜距	fi	以英尺与英寸为单位

2. 基本设置

NTS—360 全站仪基本设置可以通过星键模式与系统设置模式来完成。

（1）星键模式。按下★键后，屏幕显示如图 13-17 所示。

由星键★可做如下仪器设置：

①十字丝：通过按◀或▶键，可以调节物镜里十字丝
分划板的亮度。

②激光对点：通过按◀或▶键，可以改变激光下对点
激光的强弱。

③背光亮度：通过按◀或▶键，可以改变显示屏的背
光亮度。

④电池电量：显示当前剩余的电池电量。

⑤指向：按 F1 键激光指向开关。

⑥补偿：按 F2 键选择"补偿"选项，可以进入补偿
器界面，并可以进行设置。

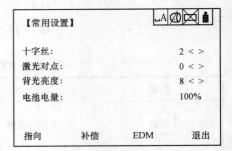

图 13-17　★键模式界面

⑦EDM：按 F3 键可以进入测距的设置界面，可以进行气象、网格、常数的设置并且可以检
查信号的强弱。

（2）系统设置模式。首先按 MENU 键进入菜单界面，然后在主菜单界面按数字键 5 进入系统
设置，系统设置页面如图 13-18 所示。在系统设置页面，通过按数字键选择对应设置内容。

①单位设置：对英尺类型、角度单位、距离单位、温度和气压单位的类型进行设置。

②英尺设置：选择国际英尺或美国英尺。

③坐标设置：设置坐标显示顺序，可设为 N/E/Z 或 E/N/Z。

④其他设置：设置垂角模式，可选择天顶零（读数从天顶方向为零基准计数）或水平零（水平方向为零基准计数）；测距蜂鸣，当有回光信号时是否蜂鸣；按键蜂鸣，按键蜂鸣开关；开机模式，选择开机后进入测角/测距/坐标测量模式；自动关机等。

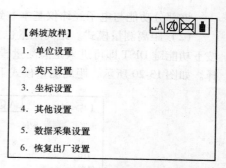

图 13-18　系统设置模式界面

⑤数据采集设置：采集顺序，选择数据采集时先编辑相关属性还是先采集数据；存储提示，选择保存数据时是否提示保存数据。

⑥恢复出厂设置：选择是否恢复出厂设置。

3. 主要功能键

键盘的主要功能键有角度测量模式（ANG）、距离测量模式（DIST）和坐标测量模式（CORD）。通过功能键的选择，进入对应测量作业内容。

（1）角度测量模式。角度测量是全站仪的基本功能之一，可以通过仪器系统设置，选择开机后进入测角模式、测距模式或坐标测量模式；当仪器在其他模式页面下时，按下功能键 ANG 即可进入角度测量模式。如图 13-19 所示，角度测量模式下有三个页面，可通过按键 F4 进行页面切换，通过按键 F1 ~ F3 在各页菜单界面中选择相应选项，各选项功能如下：

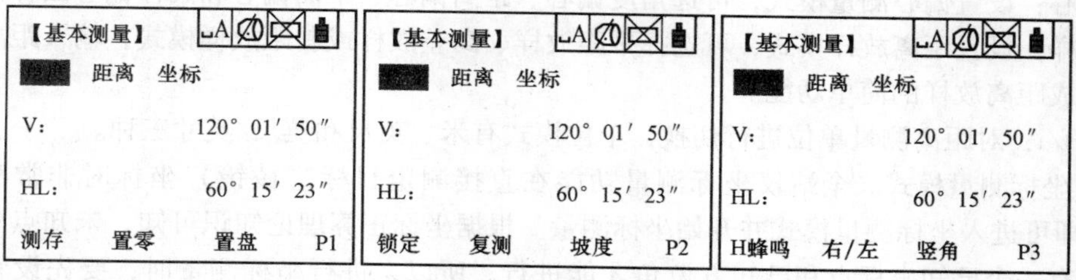

图 13-19　角度测量模式界面

①测存：启动角度测量，将测量数据记录到相应的文件中（测量文件和坐标文件在数据采集功能中选定）。

②置零：将当前视线方向的水平度盘读数设置为"0"，是水平角测量时必须进行的一项设置。

③置盘：将当前视线方向的水平度盘读数通过手动输入设置为指定的值。

④锁定：将当前视线方向的水平度盘读数锁定后，读数将固定不变，不随照准部旋转而变动。该功能也可用于将某照准方向的水平读数配置为指定的值。

⑤复测：水平角重复测量。

⑥坡度：对竖直角的显示方式在垂直角和百分比坡度之间进行切换。

⑦蜂鸣：对仪器转动至水平角 0°、90°、180°、270°是否蜂鸣进行设置。

⑧右/左：对水平角显示方式在右角和左角数值之间进行切换。

⑨竖角：对垂直角显示方式在竖直角和天顶距之间进行切换。

该部分功能与电子经纬仪基本一致。

（2）距离测量模式。距离测量也是全站仪的基本功能之一，当仪器在其他模式页面下时，按下功能键 DIST 即可进入距离测量模式，通过按键 F1～F4 可进行菜单页面翻页和菜单选项选择。如图 13-20 所示，距离测量模式下有两个页面，各选项功能如下：

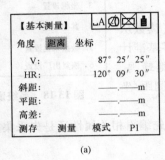

图 13-20　距离测量模式界面

①测量：启动距离测量，显示屏将同时显示竖直角、水平角、斜距、平距和高差的测量结果，如图 13-20（a）所示。

②模式：可对 EDM 模式、反射体和棱镜参数进行设置，EDM 模式有精测单次、精测 2 次、精测 3 次、精测 4 次、精测 5 次、精测连续、跟踪测量七种模式。反射体可选择无棱镜、反射片和棱镜三种。

③偏心：设置偏心测量模式，可选角度偏心、距离偏心、平面偏心和圆柱偏心四种模式。

④放样：设置距离放样模式，可选择平距放样、高差放样或斜距放样模式，输入距离放样数据后可完成距离放样的简单功能。

⑤m/f/i：对距离测量单位进行切换，单位模式有米、英尺和英尺/英寸三种。

（3）坐标测量模式。全站仪坐标测量功能在直接测定目标（棱镜）坐标时非常实用，按 CORD 键即可进入坐标测量模式并开始坐标测量。根据坐标正算理论知识可知，未知点坐标的计算，必须有一个已知坐标点和已知方位角才能进行。所以，进行坐标测量时，要先设置测站坐标、后视方位角及仪器高、目标高等基本信息。

坐标测量模式下共有三页菜单，如图 13-21 所示。P1 页菜单的 3 个菜单选项的功能与距离测量模式下的 P1 页菜单功能一样；P2 页选项的功能是完成坐标测量时测站点/后视点坐标、仪器高和棱镜高的设置；P3 页菜单的"偏心"和"m/f/i"两项功能与距离测量中的功能类似。各选项功能如下：

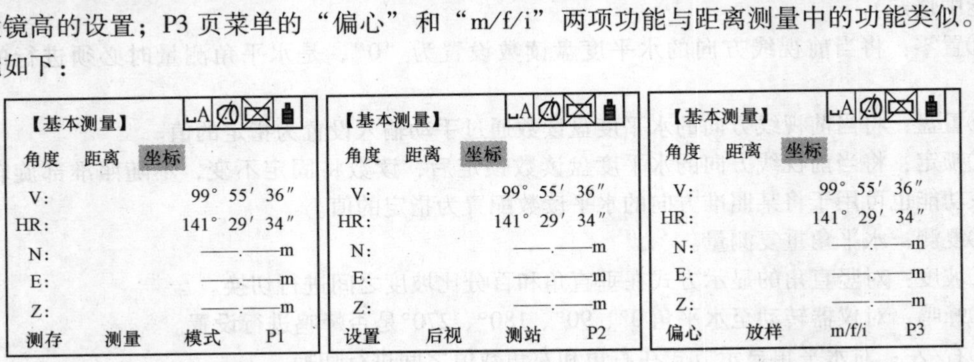

图 13-21　坐标测量模式界面

①测量：启动坐标测量，显示屏将同时显示水平角、竖直角、目标点的 X 坐标（N）、Y 坐标（E）和高程（Z）的测量结果。

②设置：输入仪器高和目标高的数值。

③后视：输入后视点坐标，内置程序自动计算方位角。

④测站：输入测站点坐标。

⑤放样：设置为坐标放样模式，坐标测量模式中的"放样"与通过按键 MENU 进入菜单页面中的"放样"功能一致。

坐标测量按以下步骤进行：①设置好测站、仪器高和棱镜高后，照准已知目标点，在角度测量模式下手动输入角度值设置方位角，或者通过输入后视点坐标的方式设置方位角；②照准待测点，按"测量"键完成坐标测量；③显示测量结果。

（4）放样。放样是全站仪的基本功能之一，仪器提供了距离和点位两种放样模式。

在距离测量模式的 P2 页菜单中的"放样"选项，只要求测量人员输入测站点至放样点的水平/倾斜距离或高差，方向为仪器照准方向，对棱镜测距后，屏幕显示放样距离与实际水平距离之差，全站仪操作员指挥镜杆移动员沿望远镜视线方向上移动棱镜，直至放样距离与实际水平距离之差为零。所以，该模式实际上只有放样距离单一要素。

在工程实际放样中，如桩基础和建筑物轴线放样，经常既要考虑距离，也要考虑方向，这时就要用到点位放样模式。在正常测量模式下按 MENU 键，仪器进入菜单页面，如图 13-22 所示，通过数字键 2 选择"放样"选项即可进入点位放样模式。

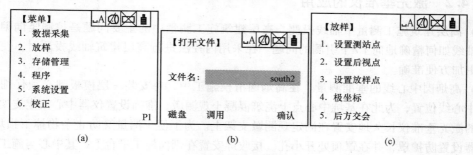

图 13-22　菜单及放样页面

点位放样的步骤如下：

①选择放样文件［图 13-22（b）］，可新建文件或调用原有文件。该文件提供测站坐标数据、后视坐标数据和放样点坐标数据的调用和存储，确定文件名后进入放样工作页面，如图 13-22（c）所示。

②输入测站点坐标和仪器高的数值。

③设置后视点，确定方位角。按键 NE/AZ 可选择方位角确定方式："NE"通过输入后视点坐标确定，"AZ"直接手动输入方位角确定。

④输入所需的放样坐标，开始放样。测量过程中所需坐标数据均可通过手动和直接调用两种方式输入。

（5）其他功能模块。在 MENU 菜单选项中还提供了其他功能模块，如图 13-22（a）所示。

①数据采集：将测量数据储存在指定文件中。

②存储管理：提供了文件维护、数据传输、文件导入、文件导出、数据恢复等功能选项。

③程序：提供了悬高测量、对边测量、Z 坐标测量、面积、点到直线测量和道路测量等测量

程序模块，测量人员可根据实际工程测量需要进行选择。

④系统设置：对单位、英尺、坐标等常规信息进行设置。

⑤校正：提供了校正指标差、校正视准差、横轴误差设置和误差显示等功能。

13.4　激光垂准仪

13.4.1　激光垂准仪的原理

激光垂准仪是用来测量相对铅垂线的微小水平偏差，进行铅垂线的点位传递、物体垂直轮廓的测量以及方位的垂直传递，被广泛用于高层建筑施工、高塔、烟囱、电梯和大型机械设备的施工安装、工程监理和变形观测等。仪器型号较多，但是组成部分基本相同，一般由激光器、望远镜、水准器、基座、接收屏等部分组成。仪器激光系统的激光光轴与望远镜的视准轴严格同心、同焦、同轴，因此望远镜照准目标时，在目标处可产生一可见的红色小光斑。

接收屏安置在需要测设铅垂线的位置，中央设计成一块有同心圆环或格网分划的有机玻璃片，借此可直接目估读出激光光斑中心的坐标值。

13.4.2　激光垂准仪的应用

（1）高层建筑施工测量中轴线投测。高层建筑施工测量中的主要问题是控制竖向偏差，即各楼层轴线如何精确地向上/下引测的问题。在采用内控法进行高层建筑轴线投测时，使用激光垂准仪更加方便准确。

（2）高烟囱中心线的垂准测量。在高烟囱滑模施工中，每安装一层模板都必须仔细地测设和复核中心线位置，为此在基坑中心点上浇筑混凝土观测墩，准确设置仪器中心固定支架，把经检校后的激光垂准仪长久地安置在固定观测墩支架上。为了便于测量又防止杂物掉下损坏仪器，宜为仪器设置防护罩，并在罩顶处开小孔。接收屏安置在烟囱施工平台上，其中心与施工平台中心基本一致。

当进行烟囱中心线垂准测量时，首先仔细安置仪器，精确对中和整平，调节望远镜焦距使激光斑在接收屏上聚焦，然后由接收屏处的另一位测量人员对光斑中心进行标定。这种方法操作简单，速度快、精度高，垂直度可达到每 100 m 只相差 2 ~ 3 mm。

13.4.3　仪器简介

（1）DZJ3 – L1 激光垂准仪。DZJ3 – L1 激光垂准仪主要部件组成如图 13-23 所示。

使用方法：首先打开激光开关 12，然后打开下对点开关 4。

①对中、整平。方法与经纬仪的对中、整平相同，利用脚螺旋配合水准器调整至仪器长水准气泡居中同时激光对点器严格与基准点重合，仪器安置完成。

②垂准测量。在被测点安放方格形激光靶。依次调整望远镜目镜调焦螺旋和目镜调焦螺旋，看清十字丝分划板和激光靶物像，检查没有视差。垂准测量有光学垂准测量和激光垂准测量两种方法。光学垂准测量是通过望远镜读取激光靶上的读数，此数即测量值。激光垂准测量时打开激光开关，直接读取激光靶上激光光斑中心处的读数。

为了提高测量精度可按下列方法进行：旋转度盘使指标线对准度盘 0°，读取激光靶刻线读

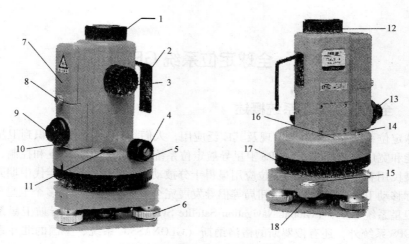

图 13-23　DZJ3 – L1 激光垂准仪

1—物镜罩；2—提手；3—调焦手轮；4—下对点开关；5—对点护盖；
6—脚螺旋；7—电池盖；8—锁紧手轮；9—目镜；10—护盖；11—激光开关；
12—物镜；13—可卸式滤光片；14—长水准器校正螺钉；15—圆水泡；
16—长水准器；17—度盘；18—圆水泡校正螺钉

数，然后旋转仪器使指标线依次对准 90°、180°、270°并分别读取激光靶刻线读数，取上述四个读数的平均值为其测量值。

（2）全自动激光垂准仪。该类仪器在垂准仪基本功能的基础上，增加了自动安平的功能。仪器仅配有圆水准器，而无长水准器。在仪器安置过程中，省了精平的步骤，效率更高。

图 13-24 为 JC100 全自动激光垂准仪。将仪器置于脚架上后，若需要做精密垂准测量，则应调整三爪基座的脚螺旋，使基座上的圆水准气泡居中；若仅需提供精度在 ±10″以内的垂直基准线，则只需使仪器基本竖直。上出光，仪器的倾斜度不超过 ±3°即可；下出光，仪器的倾斜度应控制在 ±1°以内。测量过程中，仪器倾斜超过自动安平的角度范围时，仪器自动关闭激光，须重新进行整平至工作范围内才可重新打开激光。

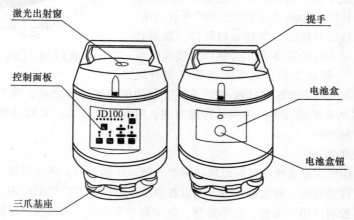

图 13-24　JC100 全自动激光垂准仪

13.5 全球定位系统 GPS 简介

13.5.1 全球导航卫星系统概述

由于全球定位系统（GPS）的出现及其广泛应用，人们越来越深刻地认识到卫星导航定位系统的卓越性能和宽广应用。然而，GPS 卫星导航定位系统由美国国防部研发和控制，一国独霸使得各国在发展民用和军事等方面的定位应用显得十分被动。从 20 世纪 90 年代中期开始，国际民航组织、国际移动卫星组织、欧洲空间局等倡导发展完全由民间控制的、多个卫星导航系统组成的全球导航卫星系统 GNSS（Global Navigation Satelite System）。目前全球导航卫星系统除了广泛应用的美国 GPS 系统外，还有俄罗斯的格洛纳斯（GLONASS）系统、中国的北斗系统和欧洲的伽利略（GALILEO）系统。

GPS 是美国的第二代导航定位系统，于 1973 年 12 月 17 日开始建设，1978 年第一颗试验卫星发射成功，1994 年顺利完成 24 颗卫星的布设。该系统全称为"卫星授时与测距导航系统"，简称为全球定位系统（GPS）。它是 GNSS 系统中最为成熟、应用最广泛的卫星定位系统，本节主要以 GPS 为例介绍定位的基本原理以及在测绘中的应用。

（1）GPS 的组成。GPS 定位系统由三部分组成，分别是 GPS 卫星（空间部分）、地面监控系统（地面控制部分）和 GPS 接收机（用户部分）。三部分既有独立的功能和作用，又是有机配合而缺一不可的整体系统。

①空间部分：该部分由 24 颗（21＋3）GPS 卫星组成，均匀分布在倾角为 55°的 6 个轨道上，覆盖全球上空，保证在地球各处均能同时观测到高度角 15°以上的 4 颗卫星，如图 13-25 所示。

②地面控制部分：该部分的主要功能是确定卫星轨道、保持 GPS 卫星处于同一时间标准并监视卫星的"健康"状况，它包括 1 个主控站、5 个监控站和 3 个注入站。

③用户部分：该部分包括 GPS 接收机硬件、数据处理软件和微处理机及其终端设备等。其中 GPS 接收机是用户部分的核心，一般由主机、天线和电源三部分组

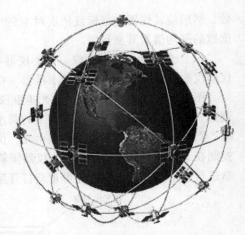

图 13-25 GPS 卫星星座

成。GPS 接收机的主要功能是跟踪接收 GPS 卫星发射的信号并进行变换、放大和处理，以便测量出 GPS 卫星信号从卫星到接收机天线的传播时间；解释导航电文，实时计算出测站的三维位置，甚至三维速度和时间。

（2）GPS 的应用特点。

①用途广泛。GPS 定位系统不仅可以进行海空导航、车辆引行、导弹制导、精密定位、动态观测、设备安装、传递时间、速度测量等，而且在测绘工程中也有广泛的应用，如地籍测量、大地网加密、无地面控制的摄影测量、变形监测、航道和水文测量、高精度三维网、地面高精度测量等。

②自动化程度高。GPS 定位技术大大减少了野外作业时间和劳动强度。用 GPS 接收机进行

测量时，只要将天线准确安置在测站上，主机可放在测站不远处（室内亦可），通过专用通信线与天线连接，接通电源，启动接收机，仪器即可自动开始工作。结束测量时，仅需关闭电源，取下接收机，外业数据采集工作完成。通过数据通信方式，可将定位数据传递到数据处理中心，实现全自动的 GPS 测量与计算。

③观测速度快。在建立控制网过程中，采用 GPS 作业方法用时一般是常规方法的 1/6 ~ 1/3。用 GPS 接收机做静态相对定位（边长小于 15 km）时，采集数据的时间可缩短到 1 h 左右，即可获得基线向量，精度为 ± $(5 \text{ mm} + 1 \times 10^{-6} \times D)$；如果采用快速定位软件，对于双频接收机，仅需采集 5 min 左右时间；对于单频接收机，只要能观测到 5 颗卫星，也仅需 15 min 左右时间，便可达到上述同样的精度。

④定位精度高。GPS 卫星相对定位测量精度高，尤其是二维平面位置的坐标确定，仅高差方面稍弱一些。据多年来国内外的众多试验和研究表明：GPS 相对定位，若方法合适，软件精良，则短距离（15 km 以内）精度可达到厘米级或以下，中、长距离（几十至几千千米）相对精度可达到 10^{-7} ~ 10^{-8} 数量级，表明定位精度很高。

⑤经费节省和效益高。建立大地控制网，采用 GPS 定位技术比常规方法可节省 70% ~ 80% 的外业费用，这主要是由于 GPS 卫星定位不要求站间通视，不用建造测站标志，节省了大量经费。同时，由于作业效率高、工期短，所以经济效益显著。

13.5.2　GPS 定位原理及定位种类

（1）坐标系统。GPS 是全球的定位导航系统，采用的坐标系统必须为全球性的，根据国际协议确定，该坐标系统称为协议地球坐标系。目前，GPS 测量中采用的协议地球坐标系为 1984 年世界大地坐标系（WGS－84），属于地心坐标系。我国北斗导航系统采用的坐标系是 2000 国家大地坐标系（Chinese Geodetic Coordinate System 2000，CGCS 2000），也属于地心坐标系。通过一定的计算方法，CGCS 2000 与 WGS－84 世界大地坐标系之间可以互相转换。

（2）定位原理。如图 13-26 所示，GPS 定位的基本原理是把 GPS 卫星视为一种飞行的动态已知点，在其瞬间位置已知的情况下（星历提供），以 GPS 卫星和用户的 GPS 接收机天线相位中心之间的距离为观测量，进行空间距离的后方交会，从而确定用户所在的位置。由 GPS 卫星发射的测距信号，经过传播时间 Δt 后，到达测站接收机天线，则上述信号传播时间 Δt 乘以光速 c，即为卫星至接收机天线的空间几何距离 ρ，即

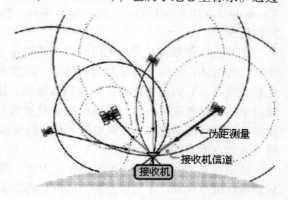

图 13-26　GPS 定位原理示意图

$$\rho = tc$$

实际上，由于传播时间 Δt 中包含有卫星钟差和接收机钟差，以及测距码在大气传播的延迟误差等，由此求得的距离值 ρ 并非真正的卫星至测站间的几何距离，习惯上称之为"伪距"，与之相对应的定位方法称为伪距法。

同理获得卫星 2 与卫星 3 和接收机天线的空间几何距离 ρ_2 与 ρ_3，而 ρ 与卫星坐标（x_s、y_s、z_s）和接收机相位中心坐标（x、y、z）之间有如下关系：

$$\rho = \sqrt{(x_s - x)^2 + (y_s - y)^2 + (z_s - z)^2}$$

卫星瞬间坐标（x_s、y_s、z_s）可根据接收到的卫星导航电文求得，故上式中仅有三个未知数 x、y、z，如果接收机同时对三颗卫星进行距离测量，从理论上讲，就能从列出的三个观测方程中联合解出接收机天线相位中心的位置坐标（x、y、z）。

（3）定位模式。GPS 定位模式包括静态定位和动态定位、绝对定位和相对定位。

①静态定位和动态定位。静态和动态定位的区分是以 GPS 接收机在定位过程中所处的状态确定。

静态定位：在定位过程中，接收机天线的位置是固定的，处于静止状态。其特点是观测的时间较长，有大量的重复观测，其定位的可靠性强、精度高。该模式主要应用于板块运动测定、地壳形变监测、大地测量、精密工程测量、地球动力学及地球监测等领域。

动态定位：在定位过程中，接收机天线处于运动状态，其特点是可以实时地测得运动载体的位置，多余观测量少，定位精度低。该模式主要应用于各类交通工具的实时导航。

②绝对定位和相对定位。绝对和相对定位的区分是以定位的参考点的位置确定。

绝对定位：是以地球质心为参照点，确定 GPS 接收机在 WGS－84 坐标系中的相对位置。该测量方式仅需一台接收机，实施简单，但是定位精度较低。该定位模式主要应用于船舶、飞机导航，地质矿产勘查，暗礁定位，浮标建立，海洋捕鱼等。

相对定位：以地面某固定点为参考点，利用两台以上的接收机，同时观测同一组卫星，确定各观测站在 WGS－84 坐标系中的相对位置或基线向量。该测量方式可消除或减弱误差影响，提高相对定位的精度，但是至少需要两台以上接收机，实施较复杂。该定位模式主要应用于大地测量、工程测量、地壳形变监测等精密定位领域。

13.5.3　实时动态定位应用

在数字测图和工程测量中，应用较为广泛的载波相位差分技术，又称实时动态（Real Time Kinematic，RTK）定位技术，在一定范围内，能实时提供用户点位的三维坐标，并达到厘米级的定位精度。

RTK 的工作原理是采用无线电通信系统将基准站和流动站两台相对独立的接收机连接成一个有机的整体；基准站把接收到的伪距、载波相位观测值和基准站的一些信息（如基准站的坐标和天线高等）通过通信系统传送到流动站；流动站在接收卫星信号的同时，也接收基准站传送过来的数据并进行处理，将基准站的载波信号与自身接收到的载波信号进行差分处理，实时求解出两站间的基线向量，同时输入相应的坐标、转换参数和投影参数，求得流动站点坐标，即待测未知点的坐标值。

这里以华测 X90 系列 GNSS 接收机为例，简要介绍 RTK 的使用方法。在测量前，首先要对控制软件进行设置，才能得到和当地符合的结果，具体的操作步骤如下：①架设基准站；②新建任务，配置坐标系统，保存任务；③设置基准站（包括安装、手簿设置）；④设置移动站（包括安装、手簿设置）；⑤点校正；⑥测量。

下面按照以上顺序依次介绍操作过程及方法：

1. 架设基准站

基准站的架设包括电台天线的安装，电台天线、基准站接收机、DL3 电台、蓄电池之间的电缆连线，如图 13-27 所示。架设要求如下：

（1）基准站应当选择视野开阔的地方，这样有利于卫星信号的接收；

（2）基准站应架设在地势较高的地方，以利于 UHF 无线信号的传送，如移动站距离较远，还需要增设电台天线加长杆。

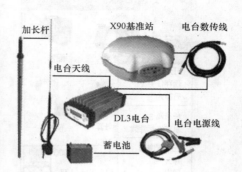

图 13-27　架设基准站

当基准站启动之后，把电台和基准站主机连接（图 13-28），电台通过无线电天线发射差分数据。一般情况下，电台应设置一秒发射一次，即电台的红灯一秒闪一次，电台的电压一秒变化一次，每次工作时根据以上现象判断电台工作是否正常。

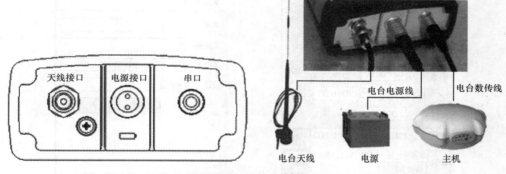

图 13-28　电台接口连接

2. 新建任务，配置坐标系统，保存任务

（1）新建任务。运行手簿测地通软件，执行"文件"→"新建任务"命令，输入任务名称，选择坐标系统，其他为附加信息，可留空，如图 13-29 所示。

（2）配置坐标系统。如图 13-30 所示，执行"配置"→"坐标系管理"命令。

根据实际情况，进行坐标系的设置。选择已有坐标系进行编辑（主要是修改中央子午线，如标准的北京 54 坐标系一定要输入和将要进行点校正的已知点相符的中央子午线），或新建坐标系，输入当地已知点所用的椭球参数及当地坐标的相关参数，而"基准转换""水平平差""垂直平差"都选"无"；当完成点校正后，校正参数会自动添加到"水平平差"和"垂直平差"；如果已有转换参数，可在"基准转换"中输入七参数或三参数，但不提倡。当设置好后，执行"确定"命令，即会替代当前任务里的参数，这样测量的结果就是经过转换的。如果新建一个任务则不需要重新做点校正，它会自动套用上一个任务的参数，到下一个测区新建任务后直接做点校正即可，执行"保存"命令会自动替代当前任务参数。

（3）保存任务。如图 13-31 所示，执行"文件"→"保存任务"命令。新建任务后一定要保存任务，否则新建下一个任务后会丢失当前任务的测量数据，"位置"最好选"主内存"。

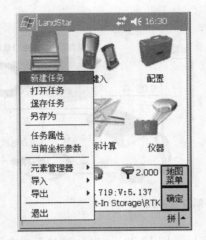
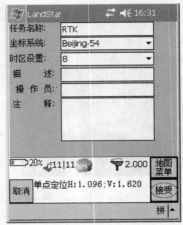

图 13-29　新建任务

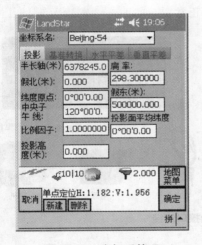

图 13-30　坐标系管理

图 13-31　保存任务

3. 设置基准站

（1）基准站选项。如图 13-32 所示，执行"配置"→"基准站选项"命令。

"广播格式"：一般默认为标准 CMR（当然也可以设为 RTCA 或 RTCM）；一般"测站索引"（可输入 1~99 等）和"发射间隔"默认即可；"高度角"：限制默认为 10°，用户可根据当时、当地的收星情况适当地改动；"天线高度"：实测的斜高；"天线类型"：选择当时所用天线；"测量到"：选择测量仪器高所到位置，一般为"天线中部"。

由于 CMR 具有较高的数据压缩比率，因此，建议用户选择 CMR；如果做 RTD，则应选用 RTCA；如果想选用 RTCM，发射间隔应输入 2 秒。

（2）启动基准站接收机。如图 13-33 所示，执行"测量"→"启动基准站接收机"命令。如若没有与接收机连接，则该功能不可用。

输入"点名称"后选"此处"用单点定位的值来启动基准站，也可从"列表"中选已输入的已知点来启动（一般来说，在一个工作区第一次工作时用单点定位来启动，然后进行点校正，下一次工作时用上次工作点校正求得转换参数。仪器需架设在已知点，用此点的已知坐标启动

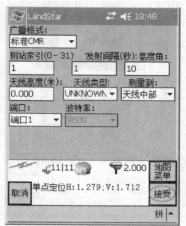

图 13-32　基准站选项

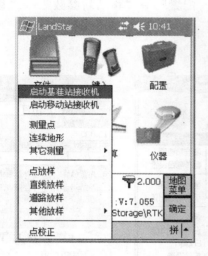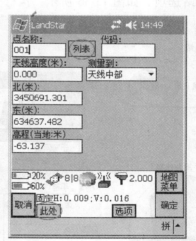

图 13-33　启动基准站接收机

基准站）。以单点定位启动为例，选择"此处"后再按"确定"键，在弹出的对话框中按"确定"键，即保存启动基准站的所有设置到主机（在基准站没有移动的情况下，下次工作时直接开启基准站即可正常工作。但移动基准站后一定要重新设置基准站，如果基准站被设为自启动，此时已无效，需重新设置自启动或复位基准站主机）。

如图 13-34 所示，完成基准站设置后，按"确定"键保存基准站设置，即可启动基准站。基准站成功启动后，将显示"成功设置了基站！"，否则显示"设置基站不成功！"，这时需重新启动基准站（一般来说，用已知点启动时，如果输入的已知点和单点定位相差很大时，会出现此情况，原因一般为设置的中央子午线或所用的坐标错误）。

4. 设置移动站

（1）移动站安装。如图 13-35 所示，将接收机、棒状天线、碳纤对中杆、手簿及托架按说明书要求进行连接，完成移动站安装。

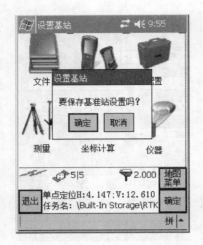
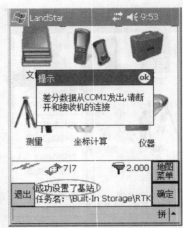

图 13-34　设置基准站

（2）移动站选项。如图 13-36 所示，执行"配置"→"移动站参数"→"移动站选项"命令。

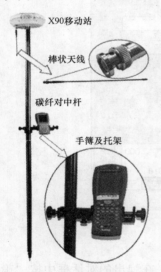

图 13-35　移动站安装

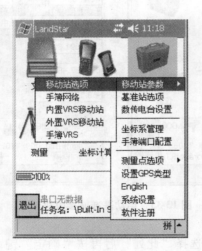
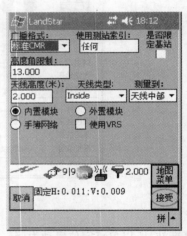

图 13-36　移动站选项

需注意的是，"广播格式"：一定要与基准站一致；"天线高度"：通常为对中杆的长度 2 m；"测量到"：通常为"天线中部"；"天线类型"：选择所用天线型号。

（3）启动移动站接收机。如图 13-37 所示，执行"测量"→"启动移动站接收机"命令。

如果无线电和卫星接收正常，移动站开始初始化。软件的显示顺序为：正在搜星→单点定位→浮动→固定，固定后方可开始测量工作，否则测量精度较低。

5. 点校正

如图 13-38 所示，执行"测量"→"点校正"命令。按"增加"键，打开相应界面，进行设置，具体内容包括："网格点名称"：选之前键入的"当地平面坐标"；"GPS 点名称"：选择输入或实地测出的相对已知点的"WGS-84 坐标"（GPS 的测量结果就是 WGS-84 坐标，

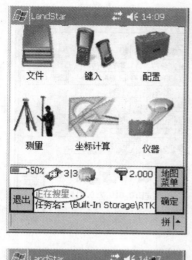
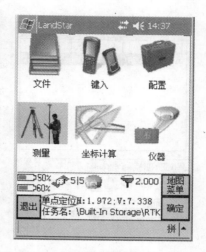
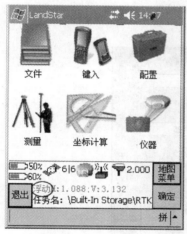
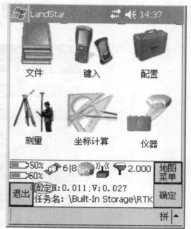

图 13-37　启动移动站

但得到的当地坐标则是手簿软件完成的）；"校正方法"：一般选择"水平与垂直"。设置完成后按"确定"键。用几个点进行"校正"就用同样的方法"增加"几次，最后选择"计算"，即把点校正后所得的参数应用于当前任务，点校正的目的就是求 WGS-84 坐标到当地坐标的转换参数。

6. 测量

当显示固定后，就可以进行测量了。如图 13-39 所示，执行"测量"→"测量点"命令，输入点名称，选择"测量"后，该点位信息即被存储。

至此，已完成了一个简单的应用 X90 进行未知点坐标测量的过程。RTK 差分解有几种类型：单点定位表示没有进行差分解；浮动解表示整周模糊度还没有固定；固定解表示固定了整周模糊度。固定解精度最高，通常只有固定解可用于测量。固定解又分为宽波固定和窄波固定，分别用蓝色和黑色表示。蓝色表示的宽波解的 RMS 通常为 4 cm 左右，建议在距离较远、精度要求不高的情况下采用。黑色表示的窄带解的 RMS 通常为 1 cm 左右，为精度最高解，但距离较远时，RTK 为得到窄带解通常需要较长的初始化时间，比如，超过 10 km 时，可能会需要 5 min 以上的时间。

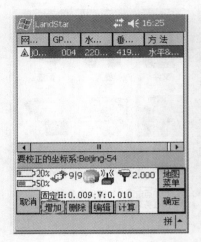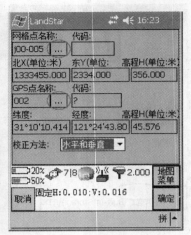

图 13-38　点校正

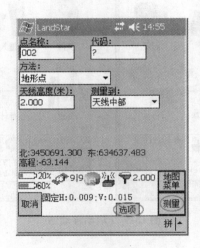

图 13-39　测量点

本章小结 ///

　　本章主要介绍了目前在工程实践中被广泛应用的集电子、激光等技术于一体的电子数字水准仪、电子经纬仪、全站仪、激光垂准仪等仪器的介绍，同时介绍了全球定位系统 GPS 的技术及实时动态定位的应用。

第 14 章

测量实验与实习

14.1 测量实验的一般要求

14.1.1 实验目的

（1）掌握测量仪器的操作方法。

（2）掌握正确的观测、记录和计算方法，并求出正确的测量结果。

（3）巩固课堂所学的基本理论，做到理论与实践相结合。

14.1.2 实验要求

（1）实验开始前，以小组为单位到测量实验室领取仪器和工具，并做好仪器使用登记工作。领到仪器后，到指定实验地点集合，待实验指导教师做全面讲解后，方可开始实验。

（2）对实验规定的各项内容，小组内每人均应轮流操作。实验结束后，实验报告应独立完成。

（3）实验应在规定时间内进行，不得无故缺席、迟到或早退；实验应在指定地点进行，不得擅自变更地点。

（4）必须遵守实验指导书要求的"测量仪器工具的借用规则"或"测量记录与计算的规则"。

（5）认真听取教师的指导，实验的具体操作应按实验指导书的要求、步骤进行。

（6）实验中出现仪器故障、工具损坏和丢失等情况时，必须及时向指导教师报告，不可随意自行处理。

（7）实验结束时，应把观测记录和实验报告交实验指导教师审阅，经教师认可后方可收拾和清理仪器、工具。最后，将仪器、工具归还实验室。

14.1.3 测量仪器的借用规则

测量仪器精密、贵重，对测量仪器的正确使用、精心爱护和科学保养，是测量工作人员必须具备的素质和应该掌握的技能，也是保证测量成果质量、提高工作效率和延长仪器使用寿命的必要条件。测量仪器、工具的借用必须遵守以下规则：

（1）每次实验操作前，以小组为单位，由组长（或指定专人）和实验室办理借用手续，借用者应当场清点、检查借用仪器和工具，若有不符，当即向教师说明，以分清责任。

（2）领借仪器时，必须遵守实验室的制度，无关人员到实验现场等候，不准在走廊内喧哗。

（3）各组借用的仪器、工具不许任意转借或调换。若发现丢失、损坏，应立即向指导教师和实验室报告，并填写"仪器损坏报告单"，视情节轻重程度给予适当处理。

（4）实验完毕，立清理仪器、工具上的泥土，及时收装仪器、工具，送还实验室，待实验室教师检查验收后方可离开。

14.1.4　测量仪器、工具的正确使用和维护

1. 仪器领取时的检查项目

（1）仪器箱盖是否关妥、锁好。

（2）背带、提手是否牢固。

（3）脚架与仪器是否相配，脚架各部分是否完好，脚架腿伸缩处的连接螺旋是否滑丝。要防止因脚架未架牢而摔坏仪器，或因脚架不稳而影响作业。

2. 打开仪器箱时的注意事项

（1）仪器箱平放在地面上或其他平台上后才能开箱，不要将仪器箱托在手上或抱在怀里开箱，以免将仪器摔坏。

（2）开箱后未取出仪器前，要注意仪器安放的位置与方向，以免用完装箱时因安放位置不正确而损伤仪器。

3. 从箱内取出仪器时的注意事项

（1）不论何种仪器，在取出前一定要先放松制动螺旋，以免取出仪器时因强行扭转而损坏制动、微动装置，甚至损坏轴系。

（2）自箱内取出仪器时，应一手握住照准部支架，另一手扶住基座部分，轻拿轻放，不要用一只手抓仪器。

（3）自箱内取出仪器后，要随即将仪器箱盖好，以免沙土、杂草等脏物进入箱内；还要防止搬动仪器时丢失附件。

（4）在取出和使用仪器的过程中，要注意避免触摸仪器的目镜、物镜，以免沾污而影响成像质量。不允许用手指或手帕等物去擦仪器的目镜、物镜等光学部分。

4. 安置仪器时的注意事项

（1）伸缩式脚架的三条腿抽出后，要把固定螺旋拧紧，但是要避免因用力过猛而造成螺旋滑丝。要避免因螺旋未拧紧使脚架自行收缩而摔坏仪器。三条腿拉出的长度要适应观测者的身高，不宜过高或过低。

（2）架设脚架时，三条腿分开的跨度要适中。跨度太小易使仪器在使用中被碰倒，跨度太大则脚架与地面容易滑移，造成事故。若在斜坡上架设仪器，应使两条腿在坡下（稍放长），一条腿在坡上（稍缩短）。若在光滑地面上架设仪器，要采取一定的安全措施（如用细绳将脚架三条腿连接起来），防止脚架滑动摔坏仪器。

（3）在脚架安放稳妥后将仪器放到脚架上，一手握住仪器，另一手立即旋紧仪器和脚架间的中心连接螺旋，避免仪器从脚架上掉下摔坏。

（4）仪器箱多为薄型材料制成，不能承重，因此严禁蹬、坐在仪器箱上。

5. 仪器在使用过程中的要求

（1）在阳光下观测必须撑伞，防止日晒，且雨天禁止作业，避免仪器及仪器箱淋雨。对于电子测量仪器，在任何情况下均应撑伞防护。

（2）任何时候仪器旁边必须有人守护。禁止无关人员拨弄仪器，注意防止行人、车辆碰撞仪器。

（3）如遇目镜、物镜外表面蒙上水汽而影响观测（冬季较为常见），应稍等一会儿或用纸片扇风使水汽蒸发。如镜头上有灰尘应用仪器箱内的软毛刷拂去。严禁用手帕或其他纸张擦拭，以免擦伤镜面。观测结束应及时套上物镜盖。

（4）操作仪器时，用力要均匀，动作要准确。制动螺旋不宜拧得过紧，微动螺旋和脚螺旋宜使用中段螺纹，用力过大或动作太猛都会对仪器造成损伤。

（5）转动仪器时，应先松开制动螺旋，然后平稳转动。使用微动螺旋时，应先旋紧制动螺旋。

6. 仪器迁站时的注意事项

（1）在远距离迁站或通过行走不便的地区时，必须将仪器装箱后再迁站。

（2）在近距离且平坦地区迁站时，可将仪器连同三脚架一起搬迁。首先检查连接螺旋是否旋紧，然后松开各制动螺旋，最后收拢三脚架腿。一手托住仪器的支架或基座，一手抱住脚架，稳步行走。搬迁时切勿跑行，防止摔坏仪器。严禁将仪器横扛在肩上搬迁。

（3）迁站时，要清点所有的仪器和工具，防止丢失。

7. 仪器装箱时的注意事项

（1）仪器使用完毕，应及时盖上物镜盖，清除仪器表面的灰尘和仪器箱、脚架上的泥土。

（2）仪器装箱前，要先松开各制动螺旋，将脚螺旋调至中段，然后一手握住仪器支架或基座，另一手将中心连接螺旋旋开，双手将仪器从脚架上取下放入仪器箱内。

（3）仪器装入箱内要试盖一下，若箱盖不能合上，说明仪器放置位置不对，应重新放置，严禁强压箱盖，以免损坏仪器。在确认位置安放正确后再将各制动螺旋略为旋紧，以防止仪器在箱内自由转动而损坏某些部件。

（4）清点箱内附件，若无缺失则可盖上箱盖、扣好搭扣、上锁。

8. 测量工具的使用须知

（1）使用钢卷尺时，应防止扭曲、打结，防止行人踩踏或车辆碾压，以免折断钢卷尺。携尺前进时，不得沿地面拖拽，以免钢尺的尺面刻划磨损。使用完毕，应将钢尺擦净并涂油防锈。

（2）使用皮尺时应避免沾水，若受水浸，应晾干后再卷入皮尺盒内。收卷皮尺时，切忌扭转卷入。

（3）水准尺和花杆，应注意防止受横向压力，不得将水准尺和花杆斜靠在墙上、树上或电线杆上，以防倒下摔断，不使用时一定要平放在地面上。不允许在地面上拖拽水准尺或用花杆做标枪投掷。

（4）小件工具如垂球、尺垫等，用完即收，防止遗失。

（5）不允许任何人坐在仪器箱上。

（6）测绘仪器属于价格较高的精密设备，使用时要精心爱护。无论仪器或其他工具，如有发生损坏、丢失等现象，一律按价赔偿。

9. 全站仪及其他光电仪器的正确使用与保护方法

电子经纬仪、电磁波测距仪、全站仪、GPS 接收机等光电测量仪器，除应按上述普通光学仪器进行使用和保养外，还应按电子仪器的有关要求进行使用和保养。特别应注意：

（1）尽量选择在大气稳定、通视良好的时候观测。

（2）避免在潮湿、肮脏、强阳光下以及热源附近充电。

（3）严禁把仪器存放在湿热环境下。使用前，要及时打开仪器箱，使仪器与外界温度一致。应避免温度剧变使镜头起雾而影响观测成果质量和工作效率（如全站仪会缩短仪器测程）。

（4）观测时不要将望远镜直视太阳。

（5）观测时应尽量避免日光持续曝晒或靠近车辆热源，以免降低仪器精度和工作效率。

（6）使用测距仪或全站仪望远镜瞄准反射棱镜进行观测时，应尽量避免在视场内存在其他反射面，如交通信号灯、猫眼反射器、玻璃镜等。

（7）在潮湿的地方进行观测时，观测完毕将仪器装箱前，要立即彻底除湿，使仪器保持干燥状态。

（8）要养成及时关闭电源的良好习惯。在进行仪器拆接时，一定要先关闭电源。一般电子仪器的微处理器（电子手簿）都有内置电池，不会因为关闭电源而丢失数据。另外，长时间不观测又不关闭电源时，不仅会浪费电，而且容易出现误操作。

14.1.5　测量记录与计算规则

（1）所有观测成果均用绘图铅笔（1H～3H）记录在专用表格内，不得注记在草纸上，再行转抄。

（2）字体力求工整、清晰，按稍大于格子一半的高度填写，留出可供改错用的空隙。

（3）记录数字要齐全，不得省略必要的零位。如水准读数 1.600，不能写作 1.6；度盘读数 185°00′06″，不能写为 185°0′6″ 或 185°6″。普通测量记录的位数规定见表 14-1。

表 14-1　测量数据单位及记录的位数

测量种类	数据单位	记录位数
水准测量	m	小数点后 3 位
距离测量	m	小数点后 3 位
角度的分	′	2 位
角度的秒	″	2 位

（4）观测者读出读数后，记录者要复述一遍，以防听错、记错。

（5）禁止擦拭、涂改和挖补数据。记录数字如有差错，不准用橡皮擦擦去，也不准在原数字上涂改，应根据具体情况进行改正：如果是米、分米或度位数字读（记）错，则可在错误数字上画一斜线，保持数据部分的字迹清楚，同时将正确数字记在其上方；如为厘米、毫米、分或秒位数字读（记）错，则该读数无效，应将本站或本测回的全部数据用斜线画去，保持数据部分的字迹清楚，并在备注栏中注明原因，然后重新观测，并重新记录。测量过程中，不得更改的测量数据数位及应重测的范围规定见表 14-2。

表 14-2　不得更改的测量数据数位及应重测的范围

测量种类	不得更改的数位	应重测的范围
水准测量	厘米及毫米的读数	该测站
水平角测量	分及秒的读数	该测回
竖直角测量	分及秒的读数	该测回
距离测量	厘米及毫米的读数	该尺段

（6）根据所取的位数，按"四舍六进，逢五单进双舍"的规则进行凑整。如 1.314 4、1.313 6、1.314 5、1.313 5 等数，若取 3 位小数，均记为 1.314。

（7）每测站观测结束后，必须在现场完成规定的计算和检核，确认无误后方可迁站，严禁因超限等原因而更改观测记录数据。

14.2　测量实验实例

测量实验内容与各章理论内容相匹配，是在完成各章内容讲授后安排的实践性教学课程，用于加深学生对抽象概念的理解。通过测量试验的学习，学生巩固课堂所学的基本概念，掌握测量工作的基本技能，并为课程结束后的测量实习打好基础。本节共涉及 12 个实验，其顺序基本与各章的先后顺序一致，教师可根据教学需要对试验的内容进行合并和取舍。

实验 1　水准仪的认识与使用

1. 目的与要求

（1）了解 DS3 水准仪的构造，认识水准仪各主要部件的名称和作用。

（2）初步掌握水准仪的粗平、瞄准、精平与水准尺读数的方法，测定地面两点间高差。

（3）认识和使用自动安平水准仪。

2. 计划与仪器工具

（1）实验时数安排为 2 个学时，每一实验小组由 4~6 人组成。

（2）每实验小组配备 DS3 水准仪 1 台、水准尺 1 把，视需要加测伞 1 把、2H 铅笔 1 支（自备）。

（3）由实验室人员安排 2 台自动安平水准仪，各组轮流使用。

3. 方法与步骤

（1）DS3 水准仪的认识与使用。

①安置仪器。松开三脚架并调整至适当长度，保持架头大致水平。将脚尖踩入土中，以防止仪器下沉；在水泥地面设站，须采取防滑措施；在倾斜地面设站，坡面低处安置两只脚，高处安放一只脚。

把水准仪从箱中取出，通过中心连接螺旋将其固定在三脚架上，中心螺旋松紧要适度。开箱后，注意记住仪器的摆放位置，以便试验结束后将仪器原位放回。

②认识水准仪。指出仪器各部件的名称，了解其作用并熟悉其使用方法；弄清水准尺的分划、注记方法及读数规则。

③粗平。按"左手拇指规则"，首先用双手同时反向旋转一对脚螺旋，使圆水准器气泡移至中间；然后转动另一只脚螺旋使气泡居中。若无法使气泡居中，可重复上述两步操作，直至气泡居中。

④瞄准。使用准星和照门（或瞄准器）粗略瞄准水准尺，锁紧制动螺旋；转动目镜调焦螺旋看清十字丝，再转动物镜调焦螺旋看清水准尺；检查是否存在视差，如果有则依次转动目镜和物镜调焦螺旋至十字丝和水准尺成像清晰，消除视差；转动微动螺旋使十字丝交点精确瞄准水准尺。

⑤精平。转动微倾螺旋，使气泡观察窗内的两个半气泡影像吻合成圆弧抛物线形状。自动安

平水准仪自带安平补偿系统，无须精平。

⑥读数。精平后立即读取十字丝中丝在水准尺上对应的数值。首先估读毫米位，然后按米、分米、厘米及毫米位一次读取 4 位数字。读完数立即再次检查仪器是否仍处于精平状态，若气泡偏离较大，则读数无效，须重新精平再次读数。

（2）测定地面上两点间高差。

①在地面上选择 A、B 两个固定点，依次在两点上立水准尺；

②在 A、B 两点之间安置水准仪，并使水准仪至 A、B 两点的距离大致相等。

③假设 A 点为已知高程点，高程为 $H_A = 100.000$ m，B 点为待测高程点。则 A 点为后视点，B 点为前视点。依次读取后视读数 a，前视读数 b，记入数据记录表 14-3。

④计算 A、B 两点的高差 h_{AB}，$h_{AB} = a - b$。

⑤计算 B 点高程 H_B，$H_B = H_A + h_{AB}$。

小组成员轮流操作以上步骤，要求各成员所测高差互差 ≤ ±6 mm。

4. 思考题

（1）为什么气泡移动方向与左手拇指移动方向一致？

（2）使用一对脚螺旋时，为什么要相对旋转？

（3）怎样使用微动螺旋？什么情况下微动螺旋会不起作用？

（4）为什么照准标尺的方向改变后，要重新用微倾螺旋使气泡居中？

5. 实验结果

将实验数据填入表 14-3，并通过计算完成表中的各项内容。

表 14-3　水准测量手簿

观测日期：　　　　　　　　　　仪器型号：　　　　　　　　　　观测者：

天　　气：　　　　　　　　　　地　　点：　　　　　　　　　　记录者：

测站	测点	水准尺读数/m		高差/m		高程/m	备注
		后视 a	前视 b	+	−		
1	A B					100.000	已知
	$\sum$						
计算校核		$\sum a - \sum b =$ $\sum h =$ $H_B - H_A =$					

实验 2　普通水准测量

1. 目的与要求

（1）进一步熟练掌握水准仪的使用步骤和方法。

（2）掌握普通水准测量的观测、记录、计算及计算检核的方法。

（3）掌握闭合差的调整及高程计算的方法。

2. 计划与仪器工具

（1）实验时数安排为 2 个学时，每一实验小组由 4～6 人组成。

（2）每个实验小组配备 DS3 水准仪 1 台、水准尺 2 把、尺垫 2 个，视需要加测伞 1 把、2H 铅笔 1 支及计算器 1 台（自备）。

3. 方法与步骤

在实验场地选定一已知高程点 A（假设 $H_A = 100.000$ m），选定一条能测 5 个测站的闭合水准路线，并在路线中间位置选取一个待测高程点 B，其中由 A 往 B 测段 2 个测站，由 B 返 A 测段 3 个测站。其具体施测步骤如下：

（1）甲尺手在水准点 BM_A 上立尺；观测者在闭合水准路线上的适当位置（距 A 不宜超过 50 m）安置水准仪；乙尺手步量测站后视距，并从仪器起在仪器到 B 的路线上步量大致等长的前视距后，选定转点 TP_1，以尺垫标志，并在尺垫上立尺。

（2）观测者按一个测站上的观测步骤操作仪器，依次读取后视读数 a、前视读数 b，并记入水准测量记录手簿（表 14-4）。

（3）改变仪器高度（升高或降低仪器 10 cm 以上）后，重新安置仪器并重复（2）步工作。

（4）计算测站高差，若两次测得高差之差小于或等于 6 mm，则取平均值作为本站高差，并记入水准测量记录手簿（表 14-4）。

（5）观测者将水准仪搬至适当位置处安置，同时甲尺手将尺移至转点 TP_2（用目估或步量使前、后视距离大致相等），以尺垫标志，并在尺垫上立尺，TP_1 处的乙尺不动。观测值读取后视读数 a_2，前视读数 b_2，记入手簿。重复（3）、（4）完成该测站的观测工作。

（6）按（5）步骤，直至水准点 B。完成水准点 A 至水准点 B 测段所有测站的观测工作，数据记入同一张记录手簿，并完成该测段测量成果的计算校核工作。

（7）按（1）～（6）步骤同法继续进行，最后测回到 A 点（或另一个已知水准点），完成各测段手簿的计算校核工作。

（8）根据已知点高程及各测段的实测高差，计算水准路线的高差闭合差，并检查高差闭合差是否超限，其计算与调整限差公式为

$$f_{h容} = \pm 12\sqrt{n}\,\text{mm} \quad \text{或} \quad f_{h容} = \pm 40\sqrt{L}\,\text{mm} \tag{14-1}$$

式中，n 为测站数；L 为水准路线的长度，以千米为单位。

（9）若高差闭合差在容许值范围内，水准路线测量成果有效，则对高差闭合差进行调整，计算待测点 B 的高程，将计算过程数据录入表 14-5；若高差闭合差超限，须重测。

4. 思考题

（1）什么是视差？为什么会产生视差？如何消除视差？

（2）为什么要使前后视距离相等？

（3）如何检查测量手簿计算是否有错误？如何检查测量成果是否有效？

5. 实验结果

将实验数据填入表 14-4、表 14-5，并通过计算完成表中的各项内容。

表 14-4 水准测量记录（两次仪器高法）

观测日期： 仪器型号： 观测者：
天　气： 地　点： 记录者：

测站	点号	水准尺读数/m		高差	平均高差	高程	备注
		后视 a	前视 b	m	m	m	
1	A					100	
	TP_1						
2	TP_1						
	$\sum$						
计算校核	$(\sum\limits_{i=1}^{n} a_i - \sum\limits_{i=1}^{n} b_i)/2 =$ $\sum h_i =$ $H_B - H_A =$						

表 14-5 图根水准测量的成果处理

点名	路线长度 L_i/km	观测高差 h_i/m	改正数 V_i/m	改正后高差 h_i'/m	高程 H/m
BM_A					100.000
BM_B					
BM_A					
$\sum$					
辅助计算	$f_h = \sum h =$ _____ m $f_{h容} = \pm 12\sqrt{n} =$ _____ mm（或 $f_{h容} = \pm 40\sqrt{L} =$ _____ mm） 每测站改正数为：$\dfrac{-f_h}{\sum n} =$ _____ mm（或每千米改正数为 $\dfrac{-f_h}{\sum L} =$ _____ mm）				

实验 3　DS3 微倾式水准仪的检验与校正

1. 目的与要求

（1）了解水准仪各主要轴线及其他轴线之间应满足的几何条件。

（2）掌握水准仪检验与校正的基本方法。

2. 计划与仪器工具

（1）实验时数安排为 2 个学时，每一实验小组由 4~6 人组成。

（2）每个实验小组配备 DS3 微倾式水准仪 1 台、水准尺 2 把、尺垫 2 个、50 m 皮尺 1 把、2H 铅笔 1 支及计算器一台（自备）。

（3）选定一块长度 80~100 m 且较为平坦的场地。

3. 方法与步骤

（1）一般性检验。检查三脚架是否牢固，安置仪器后检查制动和微动螺旋、微倾螺旋、脚螺旋、目镜调焦螺旋和物镜调焦螺旋等转动是否灵活、有效，将检查结果记录在表 14-6 中。

（2）圆水准器轴平行于仪器竖轴的检验和校正。

①检验：先调节脚螺旋，使圆水准器气泡居中，然后将仪器旋转 180°，若气泡仍在居中位置，说明圆水准器轴平行于仪器竖轴；若有气泡偏离，则圆水准器不平行于仪器竖轴，需要校正。

②校正：先用水笔标识出气泡偏离量的一半的位置，再校正；用校正针旋松圆水准器底部中间固定螺旋，然后转动水准器底部的 3 个校正螺旋，使气泡移动至标识记号处；转动脚螺旋使气泡居中。

重复①、②步骤进行检验校正，直至条件满足为止。校正完毕，旋紧圆水准器底部中间固定螺旋。

（3）十字丝横丝垂直于仪器竖轴的检验和校正。

①检验：上一项内容检校完毕后，将仪器粗平，再用十字丝横丝一端瞄准一明细点，转动微动螺旋使该点相对移动至横丝一端。若该点始终在横丝上移动，则条件满足要求；否则，需要校正。

②校正：旋下十字丝分划板护罩，用螺钉旋具松开十字丝分划板座的三个固定螺钉，微微转动十字丝分划板，使横丝切准该点；然后，拧紧固定螺钉。

（4）视准轴平行于水准管轴的检验和校正。

①检验：在平坦的地面上选相距 80~100 m 的两固定点 A、B（可用木桩标志点位，或用记号笔在水泥地面标识），使用皮尺量距确定 AB 线段的中点 C；将仪器安置在 C 点，用改变仪器高法测出 A、B 的高差，两次观测高差差值 ≤3 mm 时取平均值作为两点间的正确高差，记作 h_{AB}；再在距 B 点 3~4 m 处安置水准仪，依次瞄准 A、B 后读取 a'、b；a 应读数为 $b+h_{AB}$，若 $a'≠a$，视准轴和管水准轴不平行，计算两者夹角 $i=\dfrac{a'-a}{D_{AB}}\beta''$，当 i 角大于 $20''$，需要对仪器进行校正。

②校正：瞄准 A 尺，转动微倾螺旋使十字丝横丝切准 A 尺的读数为 $a=b+h_{AB}$，此时水准管气泡发生偏离；用校正针转动水准管一端的上下两个校正螺钉使水准管气泡居中，校正完毕。注意：用校正针转动上、下两个校正螺钉前，应先略微旋松左右两个校正螺钉；校正完毕后，须将左右两个校正螺钉旋紧。

以上（2）~（4）四项检校内容顺序不可改变。

4. 实验结果

将实验数据如实填写，如表 14-6 所示，并计算完成表中的各项内容。

表 14-6 微倾式水准仪的检验与校正

日期：　　　　　班级：　　　　　组别：　　　　　姓名：　　　　　学号：

（1）一般性检验内容： 三脚架（　　　），制动与微动螺旋（　　　），脚螺旋（　　　）， 微倾螺旋（　　　），目镜调焦螺旋（　　　），物镜调焦螺旋（　　　）。	

水准仪的主要轴线：

轴线间的几何关系：

（2）圆水准器轴平行于仪器竖轴的检验和校正：

用虚圆圈示意仪器检验气泡（粗平后旋转 180°）的位置。在（a）记录首次检验的气泡位置；如需校正，在（b）上记录首次校正后再次检验的气泡位置。

条件是否满足？（　　　）是否需要校正？（　　　）。

如需校正，在表中记录校正过程中每次仪器粗平后转动 180°气泡的偏差数值，直至校正完毕。

		转 180°检验次数：（气泡偏差数/mm）		
(a) ◎	(b) ◎	1.（　　　）	2.（　　　）	3.（　　　）
		4.（　　　）	5.（　　　）	6.（　　　）

（3）十字丝横丝垂直于仪器竖轴的检验和校正：

如图（a）瞄准一明细点 P，转动微动螺旋使明细点至横丝另一端，转动后影像为（　　　）。

条件是否满足？（　　　）是否需要校正？（　　　）。

校正完毕后，转动后影像为（　　　）。

（a）　　　　（b）　　　　（c）　　　　（d）

（4）对水准管轴与视准轴是否平行的检校记录：

仪器在 B 点旁检验校正，按式 $i = \dfrac{a' - a}{D_{AB}} \beta''$ 计算 i 角，角值大于 20″时，必须校正。

仪器在中点求正确高差/m			仪器在 B 点旁检验校正/m		
第一次	A 点尺上读数 a_1		第一次	B 点尺上读数 b	
	B 点尺上读数 b_1			A 点尺上应读数 a（$a = b + h$）	
	高差 $h_1 = a_1 - b_1$			A 点尺上实读数 a'	
				i 角角值	
第二次	A 点尺上读数 a_2		第二次	B 点尺上读数 b	
	B 点尺上读数 b_2			A 点尺上应读数 a（$a = b + h$）	
	高差 $h_2 = a_2 - b_2$			A 点尺上实读数 a'	
				i 角角值	
平均	二次互差≤3 mm，取平均值 $h = \dfrac{h_1 + h_2}{2}$		第三次	B 点尺上读数 b	
				A 点尺上应读数 a（$a = b + h$）	
				A 点尺上实读数 a'	
				i 角角值	

实验 4　DJ6 光学经纬仪的认识及使用

1. 目的与要求

（1）了解 DJ6 光学经纬仪的构造，主要部件的名称及作用。

（2）练习经纬仪对中、整平、照准和读数的方法。

（3）要求对中误差小于 3 mm，整平误差小于一格。

2. 计划与仪器工具

（1）实验时数安排为 2 个学时，每一实验小组由 4~6 人组成。

（2）每个实验小组配备 DJ6 光学经纬仪 1 台、花杆 1 根、小木桩 2 个（或记号笔 1 支）、小钉 2 个、2H 铅笔 1 支（自备）。

3. 方法与步骤

（1）场地准备。先在地面上任选一点，打上木桩，桩顶钉一小钉或画一十字交点作为测站点。并在离经纬仪 30~40 m 处打一木桩，桩顶钉钉，桩上立铅笔（或花杆），作为观测点。亦可用记号笔在水泥地上做十字标记替代木桩和小钉，作为测站点和观测点。

（2）初步对中整平。对中和整平的方法有两种，分别采用垂球和光学对中器进行操作。实践中，采用光学对中器进行对中和整平的方法更加高效，被测量工程人员广泛采用。此处以采用光学对中器进行初步对中和整平的技能训练为主。

①松开三脚架，调节架腿长度，使其高度适中，架头大致水平。

②从箱中取出仪器装于架上，使其位于架头中部，基座三边与架头三边大致平行。

③调节光学对中器的目镜和物镜调焦螺旋，使光学对中器分划板上的小圆圈和测站点标志的影像清晰。

④固定其中一只三脚架腿，缓慢移动另两只架腿，使光学对中器分划板上的小圆圈与测站点重合，然后踩实脚架。若光学对中器的中心与地面点略有偏离，可转动脚螺旋，使光学对中器对准测站标志中心。初步对中步骤完成，此时圆水准器气泡偏离。

⑤分别依次伸缩三脚架的其中两只架腿，直至圆水准器气泡居中，注意脚架尖位置不能移动。初步整平步骤完成，此时初步对中的状态仍然有效。

（3）精确对中和整平。

①应用"左手大拇指原则"精平照准部。松开照准部制动螺旋，转动照准部，使水准管平行于任意一对脚螺旋的连线，两手同时反向转动这对脚螺旋，使管水准气泡居中；将照准部旋转 90°，转动第三只脚螺旋，使管水准气泡居中。以上步骤反复 1~2 次，使照准部转到任何位置时管水准气泡的偏离不超过 1 格。

②脚螺旋旋转后，仪器对中的状态将失效。此时，稍松连接螺旋，在架头上平移仪器，使光学对中器分划板的小圆圈与测站点精确重合，最后旋紧连接螺旋。光学对中器对中误差控制在 1 mm 以内。

③重复操作①、②，直至精确对中和整平满足要求为止，经纬仪安置工作完成。

（4）瞄准。

①旋转目镜调焦螺旋，使十字丝清晰。

②松开望远镜制动螺旋，用瞄准器瞄准花杆或铅笔底部后，旋紧水平制动螺旋和望远镜制动螺旋。

③旋转物镜调焦螺旋，使目标成像清晰；旋转竖直和水平微动螺旋，使十字丝交点精确瞄准观测点，即十字丝竖丝精确切准（单丝）或夹准（双丝）木桩上的小钉。

④眼睛左右微微移动，检查是否有视差存在，如有则应消除视差。

（5）读数。

①打开并调整读数反光镜的方向，使读数窗内的亮度适中。

②旋转显微镜的目镜调焦螺旋，使读数窗内度盘分划清晰，注意区分水平度盘与竖直度盘的读数窗。

③对于分微尺读数的仪器，首先读取位于分微尺中间的度盘刻划线注记度数，然后从分微尺上读取该刻划线所在位置的分数，估读至 0.1′（即 6″的整倍数）。

比较同方向盘左位读数与盘右位读数的差值是否约为 180°，以此检核瞄准和读数是否正确。

4. 思考题

（1）经纬仪使用中为什么要对中？对中的要领是什么？

（2）制动螺旋和微动螺旋的作用及两者的关系是什么？望远镜转动时，不松制动螺旋有何害处？

（3）视差对测角有何影响，如何消除它？

（4）经纬仪为什么要整平后才能测角？

（5）用什么方法可以很快地照准目标？为什么有时望远镜方向已对准目标，而镜内还是看不见目标呢？

5. 实验结果

将观测读数填入表 14-7，并计算完成表中的各项内容。

表 14-7　测回法观测手簿

观测日期：　　　　　　　　　　　仪器型号：　　　　　　　　　　　观测者：

天　　气：　　　　　　　　　　　地　　点：　　　　　　　　　　　记录者：

测站	测回数	竖盘位置	目标	水平度盘读数 /° ′ ″	半测回角值 /° ′ ″	半测回互差 /″	一测回角值 /° ′ ″	各测回平均角值 /° ′ ″

实验 5　测回法观测水平角

1. 目的与要求

（1）加深对水平角测量原理的理解。

（2）进一步熟悉经纬仪的使用步骤、方法。

（3）掌握测回法测水平角的观测、记录和计算方法。

（4）要求每人至少测一测回，上、下半测回互差不超过 $\pm 40''$。多边形实测内角和与理论值之差小于 $\pm 60\sqrt{n}''$。

2. 计划与仪器工具

（1）实验时数安排为 2 个学时，每一实验小组由 4~6 人组成。

（2）每个实验小组配备 DJ6 光学经纬仪 1 台、花杆 1 根、小木桩 3 个（或记号笔 1 支）、小钉 3 个、2H 铅笔 1 支（自备）。

3. 方法与步骤

（1）场地准备。在空旷场地上任选 3 个点 A、B、C，组成一个三角形，并做好标志。

（2）安置仪器。依次在三角形的角点上完成仪器安置（精确对中、整平），用测回法分别测量三角形的各内角角值。

（3）上半测回观测。假设首次设站点为 A，且 A、B、C 三点顺序为顺时针方向。注意，观测角为三角形的三个内角值，观测时起始方向的选择错误将导致内角值错误。

①使竖盘位于望远镜的左侧（盘左观测又称正镜观测），瞄准起始目标 B，水平度盘读数稍大于 $0°00'00''$，读水平度盘读数 b_1，并记入手簿（表 14-8）。

②松开照准部和望远镜制动螺旋，顺时针转动照准部，瞄准目标 C，读水平度盘读数 c_1 并记入手簿。

③计算上半测回角值 $\beta_1 = c_1 - b_1$。

（4）下半测回观测。

①纵转望远镜，使竖盘位于望远镜右侧（盘右观测又称倒镜观测），逆时针旋转照准部瞄准目标 C，读水平度盘读数 c_2 并记入手簿。

②逆时针转动照准部，瞄准目标 B，读水平度盘读数 b_2，并记入手簿。

③计算下半测回角值 $\beta_2 = c_2 - b_2$。

（5）计算一测回角值。

①若上、下两个半测回角值互差不超过 $\pm 40''$，取平均值作为观测结果。

②计算一测回角值，$\beta = (\beta_1 + \beta_2)/2$。

4. 思考题

（1）计算半测回角值时，出现负值如何处理？

（2）对中、整平不精确，对测角有何影响？

（3）若前半个测回测完时，发现水准管气泡偏离中心，重新整平之后仅测下半个测回，然后取平均值可以吗？为什么？

（4）多测回观测，起始度盘如何配置角度？

5. 实验结果

（1）将实验数据填入表 14-8。

（2）计算三角形内角和 $\sum_{1}^{3} \beta_{测}$。

（3）计算实测内角和与理论值180°的差值，检查是否满足小于 $\pm 40\sqrt{n}''$。

表 14-8　测回法观测手簿

观测日期：　　　　　　　　　　仪器型号：　　　　　　　　　　观测者：

天　　气：　　　　　　　　　　地　　点：　　　　　　　　　　记录者：

测站	目标	竖盘位置	竖盘读数 $/°'''$	半测回角值 $/°'''$	指标差 $/''$	一测回角值 $/°'''$
O	A					
	B					
	C					

实验 6　竖直角测量

1. 目的与要求

（1）加深对竖直角测量原理的理解。

（2）了解竖盘的构造，掌握竖直角计算公式的确定方法。

（3）掌握竖直角的观测、记录和计算方法。

（4）了解竖盘指标差，掌握其计算方法。

（5）选择 2~3 个不同高度的目标，每人分别观测所选目标并计算竖直角。

（6）限差要求：同一目标各测回竖直角角值互差的限差为 ±25″。若超限，则应重测。

2. 计划与仪器工具

（1）实验时数安排为 2 个学时，每一实验小组由 4~6 人组成。

（2）每个实验小组配备 DJ6 光学经纬仪 1 台、小木桩 1 个（或记号笔 1 支）、小钉 1 个、2H 铅笔 1 支（自备）。

3. 方法与步骤

（1）场地准备。在地面选定一测站点 O，并用木桩和钉子对测站点进行标识（或用记号笔直接在水泥地面画十字标记），任选 3 个不同高度的目标点 A、B、C 作为观测点。

（2）安置仪器。在测站点 O 上完成仪器安置（精确对中、整平）。

（3）观察盘左位竖盘的构造，画出盘左位的竖盘注记草图，推导竖直角计算公式。

（4）盘左瞄准目标 A（用十字丝交点处的横丝切准目标顶部），打开竖盘指标自动归零补偿器锁止开关（或旋转竖盘水准管微动螺旋使竖盘水准管气泡居中），读竖盘读数 L，记入手簿（表 14-9）并计算上半测回竖直角值 α_L。

（5）照准部调整为盘右位，再次瞄准目标 A，读竖盘读数 R，记入手簿并计算下半测回竖直角值 α_R。

（6）计算竖盘指标差及一测回角值。竖直度盘指标差大于 60″ 时，仪器需要校正。

（7）多测回观测时，各测回间指标差互差的限差为 ±25″，各测回竖直角角值互差的限差为 ±25″，满足限差条件则取各不相同竖直角的平均值作为所测竖直角的角值。

4. 实验结果

（1）画出盘左位竖盘注记草图。

（2）竖直角及指标差计算公式。

盘左：$\alpha_L =$

盘右：$\alpha_R =$

指标差：$x =$

（3）将实验测量数据填入表 14-9，并通过计算完成表中的各项内容。

表 14-9　竖直角观测手簿

观测日期：　　　　　　　　　　仪器型号：　　　　　　　　　　观测者：

天　　气：　　　　　　　　　　地　　点：　　　　　　　　　　记录者：

测站	目标	竖盘位置	竖盘读数 /° ′ ″	半测回角值 /° ′ ″	指标差 /″	一测回角值 /° ′ ″

测站	目标	竖盘位置	竖盘读数 /° ′ ″	半测回角 值 /° ′ ″	指标差 /″	一测回角值 /° ′ ″

实验7　经纬仪的检验与校正

1. 目的与要求

（1）了解经纬仪的主要轴线及应满足的几何条件。

（2）初步掌握经纬仪的检验与校正的操作方法。

2. 计划与仪器工具

（1）实验时数安排为2个学时，每一实验小组由4~6人组成。

（2）每个实验小组配备 DJ6 光学经纬仪 1 台、小直尺 1 把、校正针及螺钉旋具 1 套、2H 铅笔 1 支（自备）。

3. 方法与步骤

（1）照准部管水准器轴线垂直于仪器竖轴的检验与校正。

①检验：先将仪器整平，再使照准部水准管平行于任意两脚螺旋的连线，转动该两螺旋使气泡精确居中，然后将照准部旋转 180°，若气泡居中，则条件满足，若气泡偏离零点超过一格，则需要校正。

②校正：用校正针拨水准管一端的校正螺钉，使气泡退回偏离量的一半，另一半偏离量通过旋转脚螺旋使气泡精确居中。

重复上述检验与校正工作，直到满足限差要求为止。

（2）十字丝竖丝垂直于仪器横轴的检验与校正。

①检验：先用十字丝的交点精确瞄准墙上的 A 点，再旋转望远镜微动螺旋使 A 沿竖丝相对移动至竖丝的一端。若 A 不偏离竖丝，则条件满足；否则，需要校正。

②校正：旋开望远镜目镜端的十字丝分划板座护罩；用螺钉旋具松开分划板座的 4 个压环固定螺钉；轻轻转动分划板座，使 A 点相对移至竖丝上；固定压环螺钉。

（3）望远镜视准轴垂直于仪器横轴的检验与校正。

①场地准备：在一平坦场地，选定 A、B 两点（相距约 80 m），在 A 点竖立一标志，在 B 点横放一根水准尺或毫米分划尺，在 A、B 的线段中点 O 安置仪器。标志、水准尺与仪器高度大致相等。

②检验：盘左用十字丝交点照准 A 点，锁紧水平制动螺旋，然后掉转望远镜，在 B 点上读出十字丝交点的尺读数 B_1；盘右再照准 A 点，锁紧水平制动螺旋，掉转望远镜瞄准 B 点刻度尺，读数 B_2。两次读数相同，条件满足，否则需要校正。

③校正：计算正确读数 B_3，$B_3 = B_2 - (B_2 - B_1) / 4$；用校正针松开十字丝分划板座上的上、下两校正螺钉，调节左、右两校正螺钉（一个松，另一个紧），使十字丝交点切准 B_3；轻轻将上、下两校正螺钉旋紧，然后旋上分划板座护罩。

重复上述检验与校正工作，直到满足条件为止。

（4）仪器横轴垂直于仪器竖轴的检验与校正。

①场地准备：在距建筑物外墙面 20～30 m 空旷处安置仪器，在建筑物高处选择一点 P，且望远镜照准 P 点的竖直角大于 20°。

②检验：用盘左位精确瞄准 P 点，锁紧水平制动螺旋，纵向转动望远镜至视线水平，在墙上标出望远镜十字丝交点瞄准的位置 P_1 点；用盘右位精确瞄准 P 点，同样操作在墙上标出 P_2 点。若两点重合，条件满足，否则需要校正。

③校正：旋转水平微动螺旋，使十字丝交点精确瞄准 P_1、P_2 的中点；上仰望远镜，寻找 P 点，此时的 P 点偏离竖丝；回拨支架上水平轴校正螺旋，使十字丝交点精确瞄准 P。

一般仪器出厂时，此项条件均基本能满足，故实验中仅做检验，不校正。并且仪器横轴是密封的，故该项校正应由专业维修人员进行。

（5）竖盘指标差的检验与校正。

①检验：分别用盘左、盘右位精确瞄准目标 A，读取竖盘读数 L、R；计算竖盘指标差 $x = (R + L - 360°) / 2$，若 $x > ±60″$时，需校正。

②校正：旋转竖盘水准管微动螺旋，使盘右竖盘读数为 $R - x$；此时竖盘水准管气泡偏离，用校正针拨水准管一端的校正螺钉重新使气泡居中。当仪器具有竖盘指标自动归零补偿功能时，该项可检验，而无法校正。

注意：上述各项检校顺序不能改变；每项检校均需反复几次。

4. 实验结果

将实验观测数据分别填入表 14-10，并计算完成表中的各项内容。

表14-10　经纬仪检验与校正记录表

（1）水准管轴垂直于竖轴			
检验次数	第一次	第二次	第三次
气泡偏离的格数			
（2）十字丝竖丝垂直于横轴			
检验次数	第一次	第二次	第三次
误差是否显著			

（3）视准轴垂直于横轴			
目标	项目	第一次	第二次
横尺读数	盘左 B_1		
	盘右 B_2		
	$B_3 = B_2 - (B_2 - B_1)/4$		

（4）横轴垂直于竖轴			
项目	第一次	第二次	第三次
P_1、P_2 两点距离			

（5）竖盘指标差的检校				
检验次数	竖盘读数/° ′ ″		指标差/″ $x = (R + L - 360°)/2$	盘右正确读数 $R - x$ /° ′ ″
	盘左 L	盘右 R		
第一次				
第二次				
第三次				

实验 8　电子经纬仪的认识与使用

1. 目的与要求

（1）了解电子经纬仪的构造和性能。

（2）掌握电子经纬仪的使用方法。

2. 计划与仪器工具

（1）实验时数安排为 2 个学时，每一实验小组由 4～6 人组成。

（2）每个实验小组配备 DJ6 光学经纬仪 1 台，视需要加测伞 1 把、花杆 2 根、2H 铅笔 1 支（自备）。

3. 方法与步骤

（1）电子经纬仪的认识。

①电子经纬仪与光学经纬仪的异同。两者相同的是均由照准部、基座、水平度盘等部分组成；不同的是电子经纬仪采用编码度盘或光栅度盘，读数方式则为电子显示。

②电子经纬仪有功能操作键及电源，还配有数据通信接口，可与测距仪组成电子速测仪，又称半站仪。

（2）电子经纬仪的使用。

①在空旷场地上选择一点 O 作为测站点，另外在两目标点 A、B 上竖立花杆。

②将电子经纬仪安置于 O 点（对中、整平），即可开机。

③盘左瞄准起始目标 A，按"置零"键，使水平度盘读数显示为 0°00′00″，顺时针旋转照准部，瞄准目标 B，读取显示屏上水平度盘角度值。

④盘右瞄准目标 B，读取显示屏上水平度盘角度值；逆时针旋转照准部，瞄准目标 A，读取显示屏上水平度盘角度值。

⑤如要测竖直角，可在读取水平度盘角度值的同时一并读取竖直盘的角度值。

4．实验结果

将实验观测数据分别填入手簿（表 14-11、表 14-12），并通过计算完成表中的各项内容。

表 14-11　测回法观测手簿

观测日期：　　　　　　　　　　　仪器型号：　　　　　　　　　　　观测者：

天　气：　　　　　　　　　　　　地　点：　　　　　　　　　　　　记录者：

测站	测回数	竖盘位置	目标	水平度盘读数 /°′″	半测回角值 /°′″	半测回互差 /″	一测回角值 /°′″	各测回平均角值 /°′″

表 14-12　竖直角观测手簿

观测日期：　　　　　　　　　　　仪器型号：　　　　　　　　　　　观测者：

天　气：　　　　　　　　　　　　地　点：　　　　　　　　　　　　记录者：

测站	目标	竖盘位置	竖盘读数 /°′″	半测回角值 /°′″	指标差 /″	一测回角值 /°′″

实验 9　钢尺量距与罗盘仪使用

1．目的与要求

（1）掌握直线定线的方法。

（2）掌握量距的测量方法及其成果处理。

（3）掌握罗盘仪使用的方法。

（4）限差要求：钢尺往、返丈量的相对误差小于 1/3 000，否则重新丈量；直线 AB 磁方位角的往返测量值互差小于 1°。

2．计划与仪器工具

（1）实验时数安排为 2 个学时，每一实验小组由 4~6 人组成。

（2）每个实验小组配备 DJ6 光学经纬仪 1 台、钢卷尺 1 把、罗盘仪 1 台（或地质罗盘）、花杆 2 根、小木桩 2 个（或记号笔 1 支）、测钎 2 个、小钉 2 个、2H 铅笔 1 支（自备）。

3．方法与步骤

（1）场地准备：在空旷场地上任选 A、B 两点（相距约 100 m），在 A、B 两点打入木桩和小钉作为标志，也可在水泥或沥青路面上直接画十字线替代。

（2）直线定线准备工作：在 A 点安置经纬仪，B 点立花杆（或铅笔）；用经纬仪在 A、B 之间定线，用测钎标志中间点位。

（3）距离丈量：用平量法丈量 A、B 之间距离 D_{AB}（边定线边量距，使 A、B 的距离由 n 个整尺段 l 和 1 个尾尺段 q 组成，$D=nl+q$）；采用同样方法，返测 A、B 之间距离 D_{BA}。

（4）计算平均距离 $D=(D_{AB}+D_{BA})/2$，计算相对误差 $K=\dfrac{|D_{AB}-D_{BA}|}{D}=\dfrac{1}{D/|D_{AB}-D_{BA}|}$，检查相对误差 K 是否满足要求。

（5）磁方位角测量：在 A 点安置罗盘仪，对中、整平后，松开磁针固定螺钉放下磁针，用罗盘仪的望远镜瞄准 B 点花杆；待磁针静止后，读取其北端指示的刻度盘读数，即得 AB 直线的磁方位角。采用同样方法，测量 BA 直线的磁方位角。检查两者互差 $\alpha_{AB}-(\alpha_{BA}\pm180°)$ 是否满足要求，满足要求则取两者的平均值 $[\alpha_{AB}-(\alpha_{BA}\pm180°)]/2$ 作为观测值。

4. 实验结果

将实验观测数据分别填入手簿（表 14-13、表 14-14），并通过计算完成表中的各项内容。

表 14-13　钢尺丈量手簿（整尺段长为 m）

起终点	往测		返测		往、返较差 /m	相对误差 $\dfrac{\lvert 往 - 返 \rvert}{平均值}$	平均长度 /m
	尺段数 尾数	D/m	尺段数 尾数	D/m			
AB							

表 14-14　磁方位角测量手簿

直线	磁方位角/° ′ ″		互差/° ′ ″	平均值/° ′ ″
	往 α_{AB}	返 α_{BA}	$\alpha_{AB}-(\alpha_{BA}\pm180°)$	$[\alpha_{AB}-(\alpha_{BA}\pm180°)]/2$
AB				

实验 10　视距与三角高程测量

1. 目的与要求

（1）掌握视距测量的基本原理。

（2）掌握三角高程测量的基本原理。

（3）掌握三角高程的观测、记录和计算方法。

2. 计划与仪器工具

（1）实验时数安排为 2 个学时，每一实验小组由 4～6 人组成。

（2）每个实验小组配备 DJ6 光学经纬仪 1 台、塔尺 1 把、钢卷尺 1 把，视需要加测伞 1 把、2H 铅笔 1 支（自备）、计算器 1 台（自备）。

3. 方法与步骤

（1）场地准备：选定距离相距 50～80 m 的 A、B 两点，两点宜有明显高差。假设 A 点已知高程为 100 m。

（2）仪器安置：在 A 点安置仪器（对中、整平），用钢卷尺量取仪器高 i（精确至 cm）。

（3）在 B 点立塔尺，用望远镜瞄准塔尺，分别读取上、中、下丝的读数和竖直度盘角度值，并计算竖直角值。

（4）计算 A、B 间的水平距离与高差。

$$D = Kl\cos^2\alpha$$

$$h_{AB} = D\tan\alpha + i - v$$

式中，$K = 100$；$l = $ 下丝读数 − 上丝读数。

（5）用钢尺检测 A、B 间的斜距（平距），验证所测结果。

4. 实验结果

将实验观测数据分别填入手簿（表 14-15），并计算完成表中的各项内容。

表 14-15 经纬仪视距测量表

测站高程 $H_0 =$ 　　　　　　　　　　仪器高 $i =$ 　　　　　　　　记录者：

点号	上丝/m	下丝/m	尺间隔 l/m	中丝读数 v/m	竖盘读数/ ° ′ ″	竖直角/ ° ′ ″	水平距离 D/m	高差 h/m	测点高程 H/m

实验 11 全站仪的认识与使用

1. 目的与要求

（1）熟悉全站仪的构造，了解仪器各部件的名称和作用。

（2）熟悉全站仪的操作界面，初步掌握全站仪的操作要领。

（3）掌握全站仪的角度测量、距离测量和坐标测量等基本功能。

（4）了解全站仪的坐标放样功能。

2. 计划与仪器工具

（1）实验时数安排为 2 个学时，每一实验小组由 4 ~ 6 人组成。

（2）每个实验小组配备全站仪 1 套，视需要加测伞 1 把、2H 铅笔 1 支（自备）。

3. 方法与步骤

本实验采用南方测绘公司生产的 NTS—360RM 全站仪，不同型号的全站仪操作界面会有区别，但是主要步骤大致相同。

（1）全站仪的认识。全站仪由照准部、基座、水平度盘等部分组成，采用编码度盘或光栅度盘，读数方式为电子显示。其有功能操作键及电源，还配有数据通信接口。

键盘一般有角度测量、距离测量和坐标测量三个基本功能键，以及电源开关、数值键、方向键、菜单键、回车和退出键、星号键和 F1 ~ F4 四个选择键等。

（2）测量前的准备工作。

①场地准备：在空旷场地，选择一个测站点 O，两个目标观测点 A、B。

②仪器准备：在 O 点上安置仪器（对中、整平），按下"电源"键开机；调焦与照准目标，此步骤与一般经纬仪相同，须消除视差。

（3）角度测量。

①按下 ANG 键，进入角度测量模式。该模式下显示屏同时显示水平度盘角度值 H_R 和竖直度盘角度值 V。

②盘左瞄准起始目标 A，按"置零"键，使水平度盘读数显示为 0°00′00″，顺时针旋转照准部，瞄准目标 B，读取显示屏上水平度盘角度值。

③盘右瞄准目标 B，读取显示屏上水平度盘角度值；逆时针旋转照准部，瞄准目标 A，读取显示屏上水平度盘角度值。

④如要测竖直角，可在读取水平度盘角度值的同时一并读取竖直度盘角度值。

以上步骤与电子经纬仪一致。可将水平角观测数据记入手簿。

（4）距离测量。

①按下 DIST 键，进入距离测量模式。该模式下显示屏不仅显示水平度盘角度值 H_R 和竖直度盘角度值 V，而且同时显示两点间的斜距、平距、高差等数值。

②照准目标点（棱镜中心），按下"测量"键（即 F2 键），仪器开始测距，测距结束后（约 2 秒钟），有关角度、距离、高差等信息一并于显示屏显示。

未事先输入仪器高、目标高等基本信息，两点间的高差、斜距数据将是不准确的。

（5）坐标测量。

①按下 CORD 键，进入坐标测量模式。

②工作环境的基本设置：输入仪器高、目标高、测站点坐标、后视点坐标等基本信息，照准后视点进行坐标检查确认后，即可进行坐标测量。

③照准目标点（棱镜中心），按下"测量"键（即 F2 键），仪器开始测量，测量结束后（约 2 秒钟），显示屏显示竖直角、水平角和目标点三维坐标 (N, E, Z)，即 (x, y, H)。

（6）坐标放样。

①在坐标测量模式下，按下 F4 键进行功能菜单翻页至 P3 页面，按下 F2 键选择放样功能。

②在"放样"菜单下，通过数字键选择"3. 设置放样点"，输入放样点坐标。

③按下 F1 ~ F4 键依次选择进入"指挥""测量"界面。

显示屏将显示：两点间平距，棱镜至放样点位置需向左/右移动的角度值和距离值、向前/后移动的距离值、向上/下移动的距离值等提示信息。

根据提示信息，指挥目标点移动，再次按下"测量"键。重复以上步骤，直至左/右、前/后、上/下均显示"接近"，并且接近的数值满足精度要求，放样工作结束。

4. 实验结果

将实验观测数据分别填入手簿（表 14-16）。

表 14-16　全站仪观测记录表

班级：　　　　　组别：　　　　　姓名：　　　　　学号：　　　　　日期：

测站名称：　　　　　仪器高：　　　　　棱镜高：　　　　　仪器型号：

测站点坐标：（$x =$　　　，$y =$　　　，$H =$　　　）后视点坐标：（$x =$　　　，$y =$　　　，$H =$　　　）

观测点	方位角 /° ′ ″	竖直角/° ′ ″	平距/m	高程 H/m	坐标/m	
					x	y

实验 12　极坐标法测设点位、高程

1. 目的与要求

（1）掌握极坐标法测设点位的方法。

（2）熟悉测设数据的计算方法。

（3）掌握高程测设的方法。

（4）限差要求：水平角测设误差小于 40″，距离测设误差小于 1/5 000。

2. 计划与仪器工具

（1）实验时数安排为 2 个学时，每一实验小组由 4～6 人组成。

（2）每个实验小组配备经纬仪 1 套、水准仪 1 台、塔尺 2 根、木桩和钉子各 2 个（或记号笔 1 支），视需要加测伞 1 把、2H 铅笔 1 支（自备）。

3. 方法与步骤

（1）场地准备。空旷场地，选择 A、B 两个控制点，建立控制轴线。根据 A、B 两点的直线距离，假设控制点的坐标分别为 A（20，20）、B（20 + D_{AB}，20）。根据场地条件，假设待测点坐标为 P_1（X_1，Y_1）、P_2（X_2，Y_2），该步骤可由指导教师确定。

（2）极坐标法放样。

①按下式计算测设数据：

测设距离数值：$D_{AP} = \sqrt{\left(X_P - X_A \right)^2 + \left(Y_P - Y_A \right)^2}$

测设水平角数值：$\beta = \left| \alpha_{AP} - \alpha_{AB} \right|$

计算方向 AB 的象限角 $R_{AB} = \arctan \left| \dfrac{\Delta y_{AB}}{\Delta x_{AB}} \right| = \arctan \left| \dfrac{y_B - y_A}{x_B - x_A} \right|$

根据方向 AB 的象限，确定方位角与象限角的关系式，求出 AB 的方位角 α_{AB}。同理求出 AP 的方位角 α_{AP}。

②在 A 点安置仪器，瞄准 B 点，测设水平角 β，确定 AP 方向；由 A 点起，在 AP 方向上测设

距离 D_{AP}，即定出 P 点。

采用同样的方法测设各待测点位置。

③检核：根据待测点坐标计算 P_1、P_2 的理论距离，用钢卷尺量取 P_1、P_2 的实地距离，其相对误差须小于 1/5 000，否则应重新测设。

（3）测设已知高程。测设已知高程就是根据地面已知水准点将已知的设计高程在实地标定出来。

①测设数据。假设控制点 A 为已知水准点，其高程为 H_A，根据场地条件，假设高程放样点 P_1 的设计高程为 $H_设$。详细数值可由指导教师根据场地条件确定。

②高程测设。测设已知数值的高程在 P_1 点打一个木桩，在 P_1 和 A 点之间安置水准仪，读出立在 A 上的水准尺的读数 a，计算出 P_1 点应有的水准尺读数 b，即 $b = (H_A + a) - H_设$。在观测员的指挥下，持尺员上下移动靠立在 P_1 点木桩侧面的水准尺，当尺读数恰好等于 b 时，在木桩侧面上紧靠尺底的位置画一条水平横线，其高程即测设高程 $H_设$。

4. 实验结果

详细记录测设数据的计算过程，在记录纸上绘制测设放样略图（将放样数据在略图上标识出来），记录测设的结果及精度。

14.3　测量实习

1. 目的与要求

测量实习是土木工程测量教学中一个重要的实践性教学环节。通过实习，学生了解建筑施工测量的工作过程，能比较熟练地掌握测量仪器的操作方法、数据记录及计算方法；掌握水准仪、经纬仪、全站仪等测绘仪器在工程测量实践中的应用；掌握大比例尺地形图测绘的基本方法和地形图的应用；能够根据工程情况编制施工测量方案，掌握施工放样的基本方法；培养动手能力和解决实际问题的能力；培养吃苦耐劳、严谨求实、团结合作、爱护仪器工具的职业道德。

2. 计划与仪器工具

（1）实验时数安排为 1~2 周（结合实习内容确定），每 4~6 人组成一小组。

（2）每个小组配备自动安平水准仪 1 套、电子经纬仪（或全站仪）1 套、钢卷尺 1 把、木桩及钉子若干、锤子 1 把、铅笔和计算器（自备）、记录手簿（自行复印）等。

3. 实习内容

下面以小节形式逐一介绍实习内容，实习内容可根据条件进行选择。

14.3.1　手工测图

该部分采用极坐标法绘制一幅校内或校外部分区域 1:500 或 1:1 000 比例尺的地形图。

1. 踏勘选点

根据已知控制网点情况，在实训场地布置已知点为起始点，利用步测边长和目视通视情况下确定图根控制导线点位，做好标志和编号，导线布置可为附合或闭合导线形式，画出导线略图。

当场地内无已知控制网点时，可采用假设已知点坐标，实测导线边磁方位角的形式替代，导线形式布置为闭合导线形式。

2. 图根控制导线测量

（1）水平角观测：采用光学经纬仪或电子经纬仪对导线边水平夹角进行测回法观测，每测回内上、下两个半测回角值互差不超过 ±40″，取平均值作为观测结果。观测数据记入测回法观测手簿（表 14-17）。

（2）边长量距：采用钢卷尺对导线边进行往返距离测量，钢尺往、返丈量的相对误差小于 1/3 000。观测数据记入钢尺丈量手簿（表 14-18）

（3）起始磁方位角测量：采用罗盘仪测量起始边的磁方位角，磁方位角的往返测量值互差小于 1°，视条件决定是否需要进行该内容作业。观测数据记入磁方位角测量手簿（表 14-19）

（4）数据处理：采用手工或电子表格进行内业计算，最后成果要满足限差要求（角度闭合差小于 $±40\sqrt{n}''$，导线相对闭合差 K 小于 1/2 000），否则补测或重测。计算过程记入闭合导线坐标计算表（表 14-20）。

3. 图根高程控制测量

（1）施测方法：按五等水准测量规格施测，采用黑红双面尺法或双仪器高法，图根点兼作水准点。

（2）手簿记录：观测数据记入水准测量记录（两次仪器高法）表（表 14-21）。同一测站，两次测得高差之差须小于或等于 6 mm。

（3）数据处理：计算过程记入图根水准测量的成果处理表（表 14-22），高程闭合差小于 $±12\sqrt{n}$ mm 或 $±40\sqrt{L}$ mm。

4. 坐标格网与图根点展绘

（略）

5. 实地测图

（1）在一个图根点上安置经纬仪，量取图根点至仪器横轴中心的竖直高度，计算出仪器高程。

（2）用与另两个相邻图根点间方向作为起始方向，度盘配置为 0°00′00″，在图板上画出相应两点间的一短线段，并作为起始方向线。

（3）扶尺员选择地形特征点立尺；观测员瞄准碎部点上水准尺，读取并记录盘左水平角数值和竖直角数值（表 14-23）；绘图员转动量角器确定方向。

（4）记录员在记录表中（表 14-23）计算出图根点至碎部点间的平距，精确至 0.1 m（可用皮尺丈量方法替代视距法测量距离）；绘图员将该碎部点展绘在图板上。沿相应地物轮廓特征点依次立尺并在图板上展绘，并相连，画出各地物的外轮廓；各地物中间的碎部点可以使用皮尺量取各间隔距离再展绘在相应位置上。

（5）将经纬仪望远镜置于水平状态（竖直角为 0°），瞄准碎部点目标读取水准尺中丝读数，精确至 ±0.01 m。绘图员将仪器高程减去该读数得出立尺点（碎部点）的高程，标在该点的右侧。亦可根据三角高程原理，应用视距测量的数据计算高程。

6. 地形图整饰与检查

各组图幅之间拼图检查和修正，然后按照"图式"要求进行铅笔清绘和图外各项说明的整饰。各实习小组实行地形图的质量检查。

7. 成果提交

各小组将外业测绘数据成果、内业数据处理成果及小组成员实习心得整理成册，和绘制的一幅地形图共同作为实习成果一并提交。

14.3.2　数字测图

采用数字测图法绘制一幅校内或校外部分区域 1:500 或 1:1 000 比例尺的地形图。

1. 踏勘选点

各组依据本组图幅范围，各选出一条导线，以闭合导线为宜，边长视地形具体情况，一般以 100～150 m 为佳。点位宜选在视野开阔且适合设站处，然后设置木桩，木桩顶部钉入小钉作为测站点位标志，也可通过在水泥地面用记号笔画十字线标志替代。

2. 控制测量

（1）图根控制导线测量。

①采用全站仪对导线边水平夹角和边长进行测量。观测数据满足限差要求，分别记入测回法观测手簿（表 14-17）和钢尺丈量手簿（表 14-18）

②起始磁方位角测量：同手工测图（表 14-19）。

③数据处理：同手工测图（表 14-20）。

（2）图根高程控制测量。方法同手工测图（表 14-21、表 14-22）。

3. 地形图测绘

为控制测量成果，在导线控制点上安置全站仪。以另一导线控制点为后视点，选择坐标测量模式，根据控制测量成果进行工作环境的基本设置：输入仪器高、目标高、测站点坐标、后视点坐标等基本信息，照准后视点进行坐标检查确认后，进行测图范围内各碎部点的坐标测量，保存碎部点坐标测量成果。

4. 现场地形素描

数字测图的同时，在图板上标出各碎部点点位及其高程，勾画出地形线及等高线略图；同时，注记地物情况。

5. 数据处理

外业完成后，将全站仪内存中观测数据传输到计算机，然后应用软件进行数据处理，输入各有关说明数据，并输出到绘图机生成机制地形图，也可用测量成果坐标信息，在 CAD 上绘制地形图。

6. 成果提交

各小组将外业测绘数据成果、内业数据处理成果、素描草图及小组成员实习心得整理成册，和有关碎部点坐标信息电子文档、软件成图电子文档等共同作为实习成果一并提交。

14.3.3　施工放样

1. 测设 15 m × 10 m 矩形

（1）在校园内模拟一建筑物 4 角点的定位。

（2）指导教师给定一已知点和一已知方向。

（3）学生用直角坐标法，确定其他 3 个角点。

（4）检查该矩形的其他边长（误差小于 1/5 000）和角度（误差小于 40″）是否符合精度要求。

2. 测设一个正多边形（五边形或六边形）

（1）指导教师给定一条 9 m 左右的已知边。

（2）用极坐标法按逆时针逐点迁站测其余各点。

（3）检查该多边形的其他边长（误差小于 1/5 000）和角度（误差小于 40″）是否符合精度要求。

3. 测设一条水平线和一条坡度线

（1）指导教师给定一个已知点，测设一条水平线。

（2）指导教师给定一个已知点和一个方向，测设一条 5% 坡度线。

（3）检查水平线、坡度线是否符合精度要求。

4. 用线坠和经纬仪垂直投点

（1）指导教师在某堵墙上给定一个已知点，用线坠往上或往下投测。

（2）对该已知点，改用经纬仪往上或往下投测。

（3）比较用经纬仪和线坠所投点位是否一致。

5. 用全站仪放样

（1）在校园内模拟一建筑物 4 个角点的定位。

（2）指导教师给定一已知点和一已知方向，协助学生确定建筑物角点的虚拟坐标。

（3）学生分别用距离测量和坐标测量功能模块中的"放样"功能，确定其他 3 个角点。

（4）比较两种不同功能模块下"放样"功能的区别以及测设点位是否一致。

（5）检查该矩形的其他边长和角度是否符合精度要求。

14.3.4　实习记录用表

各小组根据需要自行复印原始数据表格（表 14-17 ~ 表 14-23），其需同其他材料一并整理成册，并作为实习的重要成果提交。数据表格记录要真实、准确、符合精度要求。严禁数据转录、转抄，或篡改实测数据。

表 14-17　测回法观测手簿

仪器等级：　　　　　　　　　　仪器编号：　　　　　　　　　观测者：

观测日期：　　　　　　　　　　天　气：　　　　　　　　　　记录者：

测站	测回数	竖盘位置	目标	水平度盘读数 /° ′ ″	半测回角值 /° ′ ″	半测回互差 /″	一测回角值 /° ′ ″	各测回平均角值 /° ′ ″

表 14-18 钢尺丈量手簿（整尺段长为 m）

观测日期： 　　　　天气： 　　　　观测者： 　　　　记录者：

起终点	往测		返测		往、返较差 /m	相对误差 $\dfrac{\mid 往 - 返\mid}{平均值}$	平均长度 /m
	尺段数 尾数	D/m	尺段数 尾数	D/m			

表 14-19 磁方位角测量手簿

观测日期： 　　　　天气： 　　　　观测者： 　　　　记录者：

直线	磁方位角/° ′ ″		互差 $\alpha_{AB} - (\alpha_{BA} \pm 180°)$ /° ′ ″	平均值 $[\alpha_{AB} - (\alpha_{BA} \pm 180°)]/2$/° ′ ″
	往 α_{AB}	返 α_{BA}		

表 14-20　闭合导线坐标计算表

日期：　　　　　　　　　　　　　　　　　　　　计算人员：

测站	角度观测值/° ′ ″	改正数/″	改正后角值/° ′ ″	方位角/° ′ ″	边长 d/m	坐标增量计算值（改正数）/m		改正后坐标增量/m		坐标值/m	
						$\Delta x'$	$\Delta y'$	Δx	Δy	x	y
1	2	3	4	5	6	7		8		9	
总和											

计算

$$\sum d = \underline{\qquad} \quad \sum \Delta x = \underline{\qquad} \quad \sum \Delta y = \underline{\qquad}$$

$$f_\beta = \underline{\qquad} \quad f_x = \underline{\qquad} \quad f_y = \underline{\qquad}$$

$$f_{\beta容} = \pm 60\sqrt{n} = \underline{\qquad} \quad f = \sqrt{f_x^2 + f_y^2} = \underline{\qquad} \quad K = \frac{f}{\sum d} = \frac{1}{\sum d/f} = \underline{\qquad}$$

表 14-21 水准测量记录（两次仪器高法）

仪器等级：　　　　　　　　　　仪器编号：　　　　　　　　　观测者：

观测日期：　　　　　　　　　　天　　气：　　　　　　　　　记录者：

测站	点号	水准尺读数/m		高差	平均高差	高程	备注
		后视 a	前视 b	m	m	m	
	$\sum$						
计算校核	$(\sum_{i=1}^{n} a_i - \sum_{i=1}^{n} b_i)/2 =$ $\sum h_i =$ $H_B - H_A =$						

表 14-22　图根水准测量的成果处理

日期：　　　　　　　　　　　　　计算人员：

点名	路线长度 L_i/km（或测站数 n）	观测高差 h_i/m	改正数 V_i/m	改正后高差 h_i'/m	高程 H/m
Σ					
辅助计算	$f_h = \sum h = $ ＿＿＿＿＿＿ m $f_{h容} = \pm 12\sqrt{n} = $ ＿＿＿＿＿＿ mm（或 $f_{h容} = \pm 40\sqrt{L} = $ ＿＿＿＿＿＿ mm） 每测站改正数为：$\dfrac{-f_h}{\sum n} = $ ＿＿＿＿＿＿ mm（或每千米改正数为 $\dfrac{-f_h}{\sum L} = $ ＿＿＿＿＿＿ mm）				

表 14-23　经纬仪测绘法测绘地形图记录表

日期：　　　　测量员：　　　　　记录员：　　　　　测站高程：　　　　　仪器高：

点号	上丝/m	下丝/m	尺间隔 l/m	中丝读数 v/m	竖盘读数/°′″	竖直角/°′″	盘左水平角数值/°′″	水平距离 D/m	高差 h/m	测点高程 H/m	备注

参 考 文 献

[1] 李冰. 工程测量基础 [M]. 厦门：厦门大学出版社，2017.

[2] 牛全福，党星海，郑加柱. 工程测量 [M]. 2版. 北京：人民交通出版社，2017.

[3] 李天文，龙永清，李庚泽. 工程测量学 [M]. 2版. 北京：科学出版社，2016.

[4] 胡伍生，潘庆林. 土木工程测量 [M]. 5版. 南京：东南大学出版社，2016.

[5] 邓晖，刘玉珠. 土木工程测量 [M]. 2版. 广州：华南理工大学出版社，2015.

[6] 王国辉. 建筑工程测量 [M]. 北京：中国建筑工业出版社，2011.

[7] 王宇会. 工程测量试验教程 [M]. 武汉：武汉大学出版社，2016.

[8] 陈永奇. 工程测量学 [M]. 4版. 北京：测绘出版社，2016.

[9] 李长成，陈立春. 工程测量 [M]. 北京：北京理工大学出版社，2010.

[10] 张正禄，文鸿雁，葛永慧，等. 简明工程测量学 [M]. 北京：测绘出版社，2014.

[11] 张正禄，李广云，潘国荣，等. 工程测量学 [M]. 武汉：武汉大学出版社，2005.

[12] 林龙镔，李泽. 建筑工程测量 [M]. 哈尔滨：哈尔滨工程大学出版社，2014.

[13] 胡荣明. 工程测量学 [M]. 徐州：中国矿业大学出版社，2013.

[14] 李永树. 工程测量学 [M]. 北京：中国铁道出版社，2011.

[15] 罗科勤，何宇鑫. 工程测量 [M]. 北京：清华大学出版社，2011.

[16] 胡伍生，潘庆林，黄腾. 土木工程施工测量手册 [M]. 2版. 北京：人民交通出版社，2011.

[17] 张延寿. 铁路测量 [M]. 2版. 成都：西南交通大学出版社，1995.

[18] 胡伍生. 工程测量 [M]. 北京：人民交通出版社，2007.

[19] 中华人民共和国住房和城乡建设部. CJJ/T 8—2011 城市测量规范 [S]. 北京：中国标准出版社，2012.

[20] 中华人民共和国建设部，中华人民共和国国家质量监督检验检疫总局. GB 50026—2007 工程测量规范 [S]. 北京：中国计划出版社，2008.

[21] 中华人民共和国国家质量监督检验检疫总局，中国国家标准化管理委员会. GB/T 20257.1—2007 国家基本比例尺地图图式 第1部分：1∶500 1∶1000 1∶2000 地形图图式 [S]. 北京：中国标准出版社，2007.

[22] 中华人民共和国国家质量监督检验检疫总局，中国国家标准化管理委员会. GB/T 13989–2012 国家基本比例尺地形图分幅和编号 [S]. 北京：中国标准出版社，2012.

[23] 中华人民共和国住房和城乡建设部. JGJ 8—2016 建筑变形测量规范 [S]. 北京：中国建筑工业出版社，2016.

[24] 中华人民共和国交通部. JTG C10—2007 公路勘测规范 [S]. 北京：人民交通出版社，2007.

[25] 中华人民共和国住房和城乡建设部. JGJ 3—2010 高层建筑混凝土结构技术规程 [S]. 北京：中国建筑工业出版社，2011.